# Change & Transform

想 改 變 世 界 · 先 改 變 自 己

# Change & Transform

想 改 變 世 界 · 先 改 變 自 己

# 不花錢讀名校 MBA

200萬留著創業，
MBA自己學就好了！

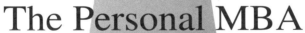

The Personal MBA
10th Anniversary Edition
Master the Art of Business

喬許・考夫曼　著　　鄭煥昇　譯
Josh Kaufman

李茲
文化

謹以此書獻給全世界在商界服務，

或多或少，一點一滴在增進人類生活的無數優秀人才。

## | 各界精英推薦 |

首先鼓勵翻開這本書的讀者，如果能耐心讀完本書，其實相當於上了好幾年精彩 MBA 課程。這本書有如管理學的葵花寶典，作者分享 271 個賺錢生意經，有多面向硬實力：如行銷銷售、價值傳遞、財務、系統等；也有極深入軟實力：如人心、自我管理、團隊合作等，是一本當你在管理上有疑惑時，提供參考諮詢的好書。

做生意道理並不難懂，就如貿易與零售，可以說是人類延續千年的古老行業，它從未消失、只是與時俱進；同樣的，累積商業知識方式或許各異，但涓滴灌溉，如何運用巧妙、存乎一心。

童至祥，前特立集團執行長

如何學習商場的事和把生意做成？有人堅信實務（做中學），也有人推崇學校學習。《不花錢讀名校 MBA》是作者集合了各類商管書、實戰與管理顧問經驗所寫成的。這是一本內容豐富、淺顯易讀的商管書，書中的二百七十一個觀念，包含了企業體系運作與人的管理，許多觀念將商業與人的問題做了很好的結合與詮釋，讀來更覺得貼切與實用。不論是上班族、或是創業家在經營和管理不同階段的公司發展，都值得參考。

我在職場多年，曾經跟很多名校 MBA 共事過，我自己則是在工作多年後進入台大 MBA 就讀。在我認識的優秀經理人和創業家中，有些畢業於名校 MBA，有些不是，但是大家多數肯定商學院的相關訓練，對他們在企業經營上的幫助。所以當我們台大 MBA 同學從學校畢業後，我們的學習是持續的，大家藉由正式的產業研討會、演講討論到非正式的聯誼會，持續的互動與交流，讓我們得以維持終身的商學教育。

MBA 的學習其實可以是多元的，你可以做個全職的學生，也可以在職進修；你可以在教室裡上課、或是遠距學習，你也可以自學。這本書中有實用的「評估市場的方法」、「運用關鍵表現指標」瞭解你的企業表現，也強調「專注在你可以影響的事務上」，更提醒大家要「問對問題」。

對於想要在商業與管理學習成長的人，不論你要開創一個具有價值的事業，還是思考如何建立一個基業長青的公司，利用各種方式的自學是一個不錯的選擇。對於考慮要不要進入 MBA 就學的人，你對書中的觀念愈能理解，將來如果還是決定進入 MBA，你也會在個案研究與討論中有更多收穫。

這本書可以是一個開始，當你面臨不同的人和事的問題時，書中的觀念分享或許可以給你一點啟示，從這裡開始，持續學習，不斷進步與成長。你也可以一段時間檢視一下對這些觀念的瞭解與看法，與如何在實際的商業中實現。預祝大家朝自己期待的商業和人生方向不斷前進，能夠更成功、更富足！

洪小玲，前 Yahoo! 台灣董事總經理、Amazon 全球副總裁、台大 EMBA

想要投資獲利，就要懂怎麼做生意！很多人並不了解，我們與有錢人的距離，是一門 "MBA" ——"MBA" 教有錢人「擇優定價」、「監控成本」、「拓展通路」——這是致富通道，亦是致富捷徑。

在這本書裡，喬許・考夫曼用我所見過，最簡潔、最有組織、最連貫的方式，帶我瀏覽 "MBA" 的知識架構；一窺 "有錢人的致富通道"，讓我變得更聰明、更睿智，更盱衡全局。

謝謝《不花錢讀名校 MBA：200 萬留著創業，MBA 自己學就好了！》。它教會我怎麼「做」，還教我怎麼「想」；它是一本值得一讀再讀的書。The good ideas in this book are worth sharing.

十方（李雅雯），富媽媽

現代價值投資的成功是建立在對產業趨勢與企業策略的理解、解讀財務報表數字背後的意義來建構公司未來發展的藍圖，最後決定是否要實際投入資金。

在這過程中投資人也扮演著管理者的角色，思維邏輯必須像經營企業一樣全面。但誰規定一定要商學院畢業才能擁有這個能力？藉由《不花錢讀名校 MBA》這本好書培養商業思維，打造專屬於你的絕佳投資事業！

Jenny，JC 財經觀點創辦人

只要花一本書的錢，就可以省去讀名校 MBA 的數百萬元學費，那麼你要找的就是這本。

但一定有朋友說，名校 MBA 不是只為了學習專業，更想要名校 MBA 學歷鍍金以及 MBA 同學人脈，那麼讀這本也一樣重要，至少能夠讓你一開學就現學現賣。

十年來持續暢銷的書，就表示這裡頭一定有點料，如果你沒讀過，建議你不要錯過，雖然無法馬上有名校 MBA 學歷鍍金，但至少要讓腦袋有點東西。

鄭俊德，閱讀人社群主編

MBA 所學知識內容不僅涵蓋範圍廣泛，又能在每個人日常生活中有具體實用價值，此書便是獲取 MBA 相關知識的最低成本管道！

愛瑞克，《內在原力》作者、TMBA 共同創辦人

作者從複雜的商業世界裡，提取出簡潔精練的重點觀念，帶你認識 MBA 課程中必學的知識。對任何想學習經商和管理的自學者而言，這本書猶如一張引路的地圖。

瓦基，「閱讀前哨站」站長

蘊含實用創意與清楚說明的寶藏。每個創業家都應該放一本在身上。

詹姆斯・克利爾 (James Clear)，百萬暢銷書《原子習慣》作者

這本書應該歸入「不讀對不起自己」的類別下。讀了它，你就能免疫於別人告訴你你不夠聰明、不夠有見地、或是不夠學富五車，所以你不能去做有意義的事情。喬許將帶你踏上一趟值回書價的旅行，你將在一路上收穫滿滿的經商至理。

賽斯・高汀 (Seth Godin)，暢銷書《紫牛》(Purple Cow) 作者

不論外界怎麼說，MBA 都不是非拿不可。只要結合這本書的閱讀與親身的實驗，你就能在商業的競逐中遙遙領先。

凱文・凱利 (Kevin Kelly)，《連線》(Wired) 雜誌創始主編、暢銷書《必然》(The Inevitable) 作者

比起真正的 MBA，喬許提供了我更好的商管教育。《不花錢讀名校 MBA》裡囊括了所有你想經商成功必備的各種心理模式，讓你受益一生的商業知識盡在其中。

沈恩・派瑞許 (Shane Parrish)，fs.blog 創辦人、知識計畫 (Knowledge Project) 播客節目主持人

這本傑作是我會推薦給所有有志經商者的「由此去」之作。本書精彩地囊括了所有你必須知道的事情，顧及了所有的基礎知識，但少掉了各種華而不實的老生常談。我近年來讀到最有啟發性的一部作品。

戴瑞克・西佛斯 (Derek Sivers)，<br>數位音樂發行平台 CD Baby 創辦人、《你想要的一切》(Anything You Want) 作者

《不花錢讀名校 MBA》是我讀過最棒的商管書。這類書通常都只觸及某個獨立的企管問題，但本書會帶你瀏覽構成一家企業的所有配件，讓你建立起基本的概念，進而可以去深究這些配件如何合體成一個完整的體系。

艾美・霍伊 (Amy Hoy)，線上時間追蹤軟體 Noko 與創業主題部落格 Stacking the Bricks 創辦人

我最推薦的商管書，沒有之一。喬許不知道用了什麼魔法，把整個圖書館的重要知識濃縮成了一本相對輕薄卻超級好讀的書，你只要花少少的時間把書讀完，就可以把寶貴的光陰拿去創業。這本書的雙重優點在於你可以當他是本商業概論，讀完了還可以當它是本索引。我自己就一天到晚會從書架上抽出這本書來搜尋我需要復習的觀念。

柯特蘭・艾倫 (Courtland Allen)，Indie Hackers 共同創辦人

《不花錢讀名校 MBA》被我從頭到尾讀完，讓我獲益良多，也改變了我觀察經商一事的角度。喬許竟能把相當於數百本書與累積數百年分量的知識蒸餾出來，匯集在這本簡單扼要與行雲流水的作品，著實令人讚嘆。

羅伯・沃林 (Rob Walling)，
MicroConf 共同創辦人、暢銷書《一路小下去》(*Start Small, Stay Small*) 作者

十年前我靠考夫曼的大作獲得了另類的 MBA 教育。他務實的經商之道與識人之術至今不曾讓我失望。《不花錢讀名校 MBA》是地表上最為去蕪存菁、速成但不馬虎的 MBA 讀本：只有客觀見地，沒有自以為是。

喬安娜・維貝 (Joanna Wiebe)，新創文案業者 Copyhackers 創辦人

被我翻爛的《不花錢讀名校 MBA》已經在我書桌上伸手可及之處待了大半個十年。自從創業以來，這本書就一直是我遇事求教的手冊，而它也提供了比我在校園學過更深入、更透徹的智慧。

尚恩・布隆科 (Shawn Blanc)，The Sweet Setup 與 The Focus Course 創辦人

十年來一讀再讀（三讀）這本書，我依舊經常向這本書請益來作成更好的決定。不論是要擬出企劃案來創辦我的寫作工作室，規劃我的一日行程，還是以有系統方式去找出並解決弊病，我都想不到有其他作品可以對我的整體生產力帶來更大助益，更別說於私，書中的教訓也讓我的生活過得更加無可挑剔。

丹尼爾‧約書亞‧魯賓 (Daniel Joshua Rubin)，<br>劇作家、《寫故事的二十七個根本原則》(27 Essential Principles of Story) 作者

《不花錢讀名校 MBA》應被列為經商者的必讀。這本書打開我的眼界，讓我見識到沒人教過的觀念、體系、密技。十年過去，我依舊經常與之朝夕相處。買下它，讀了它，讓它長伴你左右，它將長年成為你在商場上最好的戰友。

提姆‧葛拉爾 (Tim Grahl)，Book Launch 創辦人，《追逐夢想》(Running Down a Dream) 作者

在邂逅《不花錢讀名校 MBA》之前，我已經在二○○五年拿到 MBA 學位，但我還是覺得對經商一事一無所知。回首前程，我真希望自己能在入學之前先讀到這本書──果真如此，我的 MBA 會念得更有收穫，更知道重點該放在何處。誰知道呢……搞不好我會直接 MBA 就不讀了。這怎麼看都是市面上最好的經商須知與奠基之作。

許國華 (Roger Hui)，RedHat 資深軟體經理

我使用《不花錢讀名校 MBA》介紹的心法，以不到四週的時間創業獲利。喬許輕輕鬆鬆就掃除了我對於創業的迷思。他透過書給我的指引讓我在工作上的生產力與成就大進，也讓我獲得了更豐足的生命。

伊凡‧德布 (Evan Deaubl)，Tic Tac Code 公司總經理兼執行長

# The Personal MBA
## 目錄 CONTENTS

## 第四章 | 價值交付 Value Delivery 169

## 第五章｜財務 Finance　195

## 第七章 │ 善用自身的能力 Working with Yourself　302

# | 給讀者的話 |

清晰的語言，可以產生清晰的思維；清晰的思維，是教育最大的重點。

——理查·米契爾 (Richard Mitchell)，《大專教育之死》(The Graves of Academe) ❶

　　很多人想當然耳地認為他們若想開家賺錢的公司，或是在職涯上平步青雲，唯一的選擇就是去拿一個商學院的學位。嗯，沒這回事。絕大部分現代企業的營運都只需要基本常識、簡單的算術，再加上掌握一些不算多，但非常重要的觀念與原則。

　　《不花錢讀名校 MBA》是一本用來打基礎的商管書，裡面的重點全都是經商的「基本動作」。這本書的宗旨是在最短的時間內，讓你清楚而全面地掌握最重要的商業概念。

　　本書針對每一個概念，都力求解釋得簡單明瞭。不同概念間的連結也會標明出來，方便讀者比對。基本觀念有了之後，你便能自在而專注地去建立你的經商人生，無須再擔心你優先考慮的不是最要緊的事情。

　　大部分作為「MBA 替代品」的書籍，都會設法成為頂尖商學院課程的「複製品」。關於這一點，《不花錢讀名校 MBA》有不同的想法。我的目標是協助你從零開始，腳踏實地地建立對經商實務的總體理解，這個目標跟你之前的教育水準無關，也跟你做生意的經驗深淺無關。

　　你的時間寶貴，而我已經盡可能將一個龐雜而博大的主題濃縮成較為親民的厚度，好方便你在幾個小時內完食。如果為了力求謹慎，你的狀況需要進一步的研究的話，你也會知道該從哪個方向下手。

　　知道在一般狀況下，經商該以何處做為起點，是很寶貴的能力，這一點不會因為你是初出茅廬的菜鳥、創業者、老練的店主，或是有著數十年經驗的企業主管而有所改變。能夠以通行的商業語言去思考你所觀

察到的問題，會為你開啟一扇門，讓你不論以哪一行為生都可以有長足的進步。

《不花錢讀名校 MBA》十週年全新修訂版納入了許多新概念，由此本書對於基本商業概念的守備範圍將比舊版更大。再者，細節上的編輯也有助讓前版已有的概念變得更加清晰。最後，我們將目錄以中英雙語呈現，讀者在查閱時將更為便利。

將本書的閱讀與真實世界中的體驗結合起來，會讓你受益終生。我希望擁有了這本書的你，可以有更亮眼的存摺餘額，可以達到更多成就，並且在這個過程中玩得更加忘我。

---

1. 在英文裡 The Graves of Academe 是「大專院校的合稱」，這本一九八一年的作品書名是此一用法的雙關，書中是作者對美國公立教育體系的針砭。

## | 十周年全新增訂版序 |

一樣理論上有用的東西，實務上真派上了用場，真是太好了。

十五年前，我業餘啟動了「不花錢讀名校MBA」的企劃。我當時想的是要以一種直接、有效率、符合成本效益的方式來提升我的商業知識與技能。計畫開始時，我一心只想進入大型跨國企業求取發展，完全沒打算要寫書，更不可能知道我的研究會在日後讓全球數十萬人受益——還一舉改變了我自己的人生。

《不花錢讀名校MBA》讓來自各行各業的讀者——從處於職涯初期的社會新鮮人，到身經百戰的店主、企業幹部與創業者——都能更精確且實際地理解幾件事情：企業的本質是什麼？企業如何運作？如何從零開始創業成功？如何讓已經存在的企業脫胎換骨或起碼更上層樓？

很難講幸與不幸，但每當成年人認真起來想要「學商」時，他們第一個想到的就是去研究MBA的課程。相對於商學院的學習往往是很糟糕的投資，商業技能倒是非常管用，只是沒人規定你只能在特定的地方學習到這些技巧。

寫書的一大樂趣，就在於你可以聽到不同的讀者告訴你他們獲益良多。自《不花錢讀名校MBA》初版發行以來，我得知利用書中概念來創業獲利、在企業內部大舉升遷，或是讓自己於公於私的生活變好的讀者，已不下數千位。

像住在德國柏林的德克，做了一個跳過商學院，自學經商的決定：

> 《不花錢讀名校MBA》讓我避開了一個價值十五萬美元的錯誤，並啟發了我以嶄新的角度去看待自身的教育。二〇一四年，我感覺自己的職涯遇到了瓶頸，並認真開始思考起去歐洲念一個頂尖的MBA。但就在我準備寄出註冊文件，並完成第一筆學費付款的兩天前，一本《不花錢讀名校MBA》出現在我眼前……

我的計畫就此改變。我決定不要為了一個學位讓自己債台高築，而踏上了自學之旅去追逐我理想中的職涯：做新創企業的生意。我開始四處移動，出席會議，一邊參加各種研習，一邊利用各種時間大量閱讀。就這樣我只花了跟唸商學院比起來九牛一毛的經費與時間，就建立起了需要的人脈，也習得了創業需要的知識。如今我的公司已經五歲，合作過的新創業者不下三百家。

住在英國的邁可靠著《不花錢讀名校 MBA》，在企業界得到了他想要的發展：

大學畢業後的我以為自己已經做好了就業的準備……但其實我沒有。《不花錢讀名校 MBA》於我而言，是一本終生學習者的終極入門書。每個月至少讀它一遍的習慣，我已經維持了超過兩年。現在我二十六歲，在一家世界級的大公司裡率領行銷與產品管理團隊。在我之前，主管會議上從沒有人年輕到這種程度。最近我把《不花錢讀名校 MBA》傳承給了一名剛加入團隊的社會新鮮人。他從頭到尾將之讀了好幾遍。結果我發現團隊中出現了很多關於他的回饋是：「他表現得很超齡」或「他的發問都有切中要點」。多謝了，喬許。

斯里蘭卡的讀者 M. R. 借助這本書的力量管理數以百計的員工，並帶著他們提供數百萬人不可或缺的重要服務：

我三年前在馬來西亞的書店裡買下了《不花錢讀名校 MBA》。我並沒有 MBA 的學位，但我一直在練習從本書中學到的商管技能。我曾經用您提到關於系統的觀念，成功地管控了價值超過兩千萬美元的存貨，並確保了原物料的收發動線順暢。此外，我引導了一支團隊開發出的客服系統，現正服務著多達

六百二十萬名客戶。再來就是我們在最新的企業資源規劃（ERP）系統中區分出了逾兩千種企業流程來分別加以實施。由此我想對您說聲恭喜，也感謝您的努力不懈讓全球數以百萬計的企業經理人得以受益。

美國明尼蘇達州明尼阿波利斯市的伊莉莎白把書中的點子，應用在了她的日常生活中：

> 我從來沒想到自己明明沒有上過大學，卻也能有如此聰明過人的一天。您讓我知道了該如何充實自己的知識，並將這些知識應用在實務上，也教會了我什麼叫有志者事竟成。我有四個孩子要養、要教，而我已經決定要把您教給我的東西也傳授給他們。為此我有說不出的感激。

這些故事的特別之處，在於這些人都不是特例：遍布全球的數十萬名讀者都在運用著《不花錢讀名校MBA》裡的點子，有人在職場上更上層樓，有人努力讓自己的日子過得更好，也有人在把這世界變成一個更美好的地方。能夠把這麼關鍵的知識體系介紹給大家，我感到無比的榮幸，而這些搶不走的知識也會一輩子陪著大家有所進益。把這些概念學起來，有助於讓每個人的成就更加偉大、決策更加明智，一身的本領更獲得發揮，並能掌握每一個送上門的機會，而這不光是經商，而是（有志於）各行各業的你，都可以享有的機遇。

感謝您入主這本經過擴增暨修訂的《不花錢讀名校MBA》十周年全新增訂版，加入這本書的行列。希望它能讓您感覺到受用，並預祝您在每一次的嘗試中順利成功。

喬許・考夫曼
美國科羅拉多州科林斯堡
二〇二〇年九月

 | 前言

# 為什麼要讀這本書？
## Why Read This Book?

還不夠啊……又一本企管書！

——派駐甘迺迪國際機場的美國關務人員，問了我的職業後有感而發

人生很辛苦，特別是對笨蛋來說。

——約翰・韋恩 (John Wayne)，美國西部片的看板明星

　　既然你已經在看這本書，我想你多少對自己有點期待吧：你也許想要創業，也許想在公司裡爬到高一點的職位，也許想要發明點什麼。但同一時間，也許某些事情讓你施展不開手腳：

▶ 不懂生意經的焦慮。 你可能會覺得自己「不太懂做生意」，所以創業的機會不大，也不可能在現有的位置上有所突破。你最好就是留在原地，而不要想不開去面對未知、面對挑戰。

▶ 欠缺傲人的商學學歷。 你可能覺得「做生意很複雜」，只有受過專業訓練的專家才能搞懂。既沒有 MBA 的學歷，又沒有什麼名校光環，你實在不知道自己有什麼資格說自己懂得做生意？

▶ 冒牌貨的障礙心理。 你會擔心自己「小孩騎大車」，擔心自己根本不知道自己在幹什麼。你怕時間久了，你就會露出馬腳，現出原形，被人發現你根本是個冒牌貨。冒牌貨肯定沒人喜歡，你說是不？

好消息是：很多人都有上面的恐懼，這些恐懼沒有根據，還有最重要的是，這些恐懼都不難處理。你得做的，只是學習幾個簡單的觀念，讓這些新的觀念扭轉你對創業、對從商的想法。征服恐懼，你就能征服一切。

不論你是企業家、學生、店主、經理人，還是身處任何專業之中，**只要你想徹底摸清做生意的基本訣竅，這本書就是獻給你的。**不論你現在是誰，未來希望成為誰，你都能因為本書而學會用新的角度看創業，這本書能讓你知道如何腳踏實地進入經商的領域。因著這本書，你不會再被恐懼耽擱，你會專心致志，闖出屬於自己的一片天。

## 你不用什麼都懂

說到方法，方法是說不完的，但原則屈指可數。誰能夠掌握原則，誰就能選對方法。只重方法，不重原則，就是自取滅亡。

——哈靈頓・愛默生 (Harrington Emerson)，美國管理顧問及效率專家

學習一樣東西，最讓人感到放心的一件事，就是你不用什麼都懂：**你只要弄懂幾個關鍵的基本概念，就可以產生出一定的效果。**只要能用原則搭建起穩固的鷹架作為骨幹，日後的學習與進步就將指日可待，功倍事半。

《不花錢讀名校 MBA》集合了基礎的企業經營概念，內容實用。這

本書會幫助你打好基礎，讓你掌握所有該知道的經商常識，讓你不僅有夢最美，還能築夢踏實。基本動作學得好，就不用怕眼高手低，不用怕創業太難，不用怕努力達不到自己的期許。

《不花錢讀名校 MBA》涵括了一套能讓你事半功倍的基礎商業知識。掌握了基本原則，就像把工具都準備好，你便能帶著信心進入經商的世界，相信自己能在決策的關鍵時刻做出正確的判斷。抽出時間，好好讀這本書，把裡面的觀念徹底吸收，是絕佳的投資，因為善用書中的提點，你不難成為人中之龍，因為你會了然於胸：

▶ 企業實際上如何運作
▶ 如何創業
▶ 如何精進現有的事業
▶ 如何運用企管知識與技巧去完成你個人的目標

把這本書當成一個濾網。不要妄想把人類所有的企管知識一網打盡，畢竟學海無涯啊！ 這本書已經幫你把最重要的東西篩選出來，裡面有一切創業的必備知識，你的工作就是把書讀完，然後好好去闖一闖！

## 無經驗可

大部分人都把做生意想得太複雜了。做生意沒有要你上太空，真要說，做買賣根本就是世界上最單純的行業。

——傑克・威爾許 (Jack Welch)，奇異電器 (General Electric) 前執行長

說到創業做生意，別擔心你可能是一張白紙，因為跟其他的企管書不同，這本書某種程度上，就是要讓非本科、零經驗的人都看得懂，所以不用擔心你還不是某家大企業的執行長，一秒鐘幾百萬美元上下（當然如果你是也很好啦，這本書對你還是會很有用）。

如果你做過生意，我位於全球各地、許許多多有著名校 MBA 頭銜

的客戶，都會很樂意向你推薦這本書，因為**這本書的內容極其珍貴、極其實用，你在學校即便拿到學位，都不見得學得到！**

　　從頭到尾，我們會一起走過兩百七十一個簡單的概念，讓你學會用全新的角度來看待創業。讀完這本書，你對創業的了解會更為全面、更為精確，你會知道什麼是真正的創業，成功的企業又為什麼成功。

## 會答，不如會問

教育的目的不在於回答個別的問題，教育是要教會你解決所有的問題。

——比爾·歐林 (Bill Allin)，社會學家，熱中教育相關議題

　　大部分的企管書給你一堆答案：遇到這種狀況你要使出這個技巧；遇到那種狀況，你要拿出那個辦法。這本書，不是那種書。**這本書要做的，不是讓你變得很會回答問題，而是要你問對問題。問對問題，代表你知道做生意該注意什麼事情，知道該注意什麼，你才知道自己在幹什麼，每一步才能踏得穩。**問題問得愈精準，愈切中要害，代表你對現狀的掌握愈好，也愈快能摸索出你要的答案。

## 妙法存一心，無招勝有招

語言的邊界，就是世界的邊界。

——路德維希·維根斯坦 (Ludwig Wittgenstein)，哲學家、邏輯學家

　　要會做生意，要把生意做得更好，你需要的不是把所有的書都讀完。把所有的書都讀完，所有的招數都學會，不能活用，你也不會有太大的成就，這一點你毋須驚訝。**書裡所說的所有基本經商概念，我稱之為「心法」(mental models)，集合起來，這些心法可以形成一個架構；根據這個架構，你便能在商場上作出正確的決斷。**

　　心法代表著觀念，觀念正確表示你知道在表象之下，事情到底是怎麼一回事。就拿開車來說：用腳踩下最右邊的踏板，你覺得會發生什麼

| 偏差的心法 | 正確的心法 |
|---|---|
| 創業的風險很大。 | 任何生意都有風險，但風險是可以控制的。 |
| 創業一定要轟轟烈烈，商業計畫書的撰寫一定要曠古鑠今。 | 計畫書只是次要，掌握公司營運的重要環節才是王道，不論自認規劃多周全，還是會遭逢各種意想不到的狀況。 |
| 你必須籌募到一大筆資金才能創業。 | 自有資金也可以創業，籌資要視情況才會需要，比方說蓋工廠的前置資金需求較大，這時候就需要找人投資。 |
| 做生意講求的是人面廣，不是學問大、懂得多就能成功。 | 人脈確實很重要，但知識才是真正的關鍵；有了知識，人脈才能發揮最大的效果。 |

事情呢？如果車子開始減速，你會愣一下，因為最右邊的踏板理應是油門，這就是一種觀念，一種心法，一種對現實世界的了解。心法精確與否，主宰你的決策品質，以及可以達成的成就。

透過教育與生活經驗，心法會在人身上自動形成。但很多時候，這樣形成的心法並不精確。一個人的知識和經驗有限，唯有學習才能助你汲取與內化他人之智，好的教育能讓你用更有益的角度看待這個世界。

比方說，很多人認為「創業很冒險」，創業的人心都很大，要借很多錢，還有人覺得「做生意要賺錢，主要是你要認識人，學問高沒用」。這些說法，也都是心法，因為很多人心裡真是這麼想的，問題是這樣的想法並不完全正確。**修正心法，你才能把事情看清楚、想清楚，事情想清楚了，你判斷事情才會正確。**

學會本書的心法之後，我很多讀者開始了解到他們對商業的認知與對其運作方式的想像並不精確，他們把起步做生意想得太難了。與其白費精力擔不必要的心，不如熟稔這些概念來停止憂慮，開始前進。

透過本書，你將能對經商的基本原則快速上手，而多出來的時間與精力，你就能用在真正要緊的工作上：創造有價值的產品或服務、吸引客

人的注意力、談成更多筆生意、服務更多客人、（在公司服務的話）順利得到升遷、賺更多錢、改變世界。這樣你不僅能為他人創造更多更新的價值，你本身的經濟狀況也能有所改善，更別說一路上會有多好玩了。

## 我的「自學」MBA

自學，我堅信，是唯一的一種學習。

——埃薩克・艾西莫夫 (Isaac Asimov)，
科幻小說大師，創作超過五百本，曾於波士頓大學教授生物化學

> 　　這個單元闡述了我的「自學 MBA」的構想從何而來。你可能會覺得受用，不過本書的主要價值不在我的個人背景歷練，你也可以直接翻到第 42 頁開始研讀商業概念。

　　很多人問我有沒有 MBA 學位，我的回答是：「沒有，但我算是念過商學院。」

　　在辛辛那提大學求學的時候，我有幸參加了卡爾・H・林德 (Carl H. Linder) 榮譽加修 (Honors-PLUS) 學程。這學程基本上就是大學部的 MBA 課程，而且有豐厚的獎學金，所以對我來說是個難得的機運，我因而不用背債負擔美國商學院嚇死人的學費，卻體驗到了商學院大部分的教材教法。

　　我一路走來算得上「平步青雲」。透過辛辛那提大學相當受到業界肯定的建教合作課程，還在讀大二的我就在當時排名《財星》(Fortune) 前五百大的寶鹼 (Procter & Gamble) 公司找到了一份初階的管理職。等到我二○○五年畢業的時候，寶鹼的居家修繕 (Home Care) 部門就給了我一份正式的工作，要我在他們部門擔任一位品牌副理 (assistant brand manager)，這職位平常一定要有全美排名前十五的 MBA 學歷，否則你想都不用想。

大四開學後，我開始把心思從學業轉到前途之上。我在寶鹼的新工作，必須有扎實的商業知識才能勝任，同事或主管也幾乎都有名校的MBA學歷，所以我曾經考慮過要去讀個真正的MBA，但如此花大錢去洗學歷，對當時的我來說並不划算，因為MBA的學歷讀出來，也不見得能拿到我當時已經在做的理想工作，而在職讀書也不太可能，因為我當時的工作非常繁忙，晚上還得寫作業的話會把自己累死。

在如此掙扎的過程當中，我記得安迪・華特 (Andy Walter) 給過我的一個職涯建議，他是我進寶鹼後第一個直屬的主管，他說：**同樣的時間與精神，你如果不拿去讀MBA，而拿去好好工作，拿去精進自己的各項技能，你最後還是一樣可以成功。**事實上，安迪本身也沒有MBA的學位，他大學讀的是電機，現在則在寶鹼擔任國際IT業務的高階經理，主掌寶鹼許多的重要計畫。

最後我決定跳過商學院，但我並不想錯失商學教育；我沒有就讀MBA課程，沒有走入教室，轉而埋首書堆，但最終我「自學」MBA成功。

## 符合自身需求的速成商管課

很多自學的人，表現都大勝名校的學士、碩士、博士。

——路德維希・馮・彌賽斯 (Ludwig von Mises)，
奧地利經濟學家、《人類行為》(*Human Action*) 作者

我一向很愛閱讀，但在我下定決心要把創業經商這門學問徹底弄通之前，我讀的書大部分是文學作品。我的故鄉是新倫敦 (New London)，美國俄亥俄州北部的一個務農的小鎮，當地的經濟除了農業，就是一些輕工業。我母親是童書的圖書館員，而我父親是六年級的理化老師，後來也當上小學校長。在這樣的背景下成長，我的生活重心一向是書，不是什麼做生意。

在第一次真正開始工作之前，我對企業或經商近乎一無所知，我

只知道很多人會去企業上班，企業每個月會付他們薪水。在我投了履歷，進了寶鹼，一腳踏入企業的世界之前，我甚至不知道世界上有像寶鹼這樣的公司存在。

在寶鹼上班本身就是一種教育。公司營運規模之大，業務範圍之廣，統籌協調之難，都超乎我的想像。進公司的前三年，我便參與了公司業務發展的每個環節，從新產品的開發、生產的上線、數百萬美元行銷預算的配置，乃至於跟主要通路，像是沃爾瑪百貨 (Wal-Mart)、塔吉特 (Target)、克羅格 (Kroger) 與好市多 (Costco) 的聯繫建立，我都有所涉獵。

身為品牌副理，我手下帶了寶鹼的同仁、包商、與代理商的員工，一共三、四十人，全都不只要忙我的案子，他們每個人都有很多企劃、很多工作得忙。牽扯利益之高、工作壓力之大，時至今日仍讓我記憶深刻，我實難忘記當年為了讓一瓶小小的洗碗精在美國各地的超市上架，我的團隊是如何沒日沒夜工作，如何背負上百萬美元的預算壓力，如何跑完複雜到無以復加的繁瑣程序。所有的事情，小到瓶子的形狀、產品的香味，還有出貨紙箱上的文書說明，都必須臻於盡善盡美。

但是我在寶鹼的工作，並不是我當時唯一的考量。我最終決定放棄商學院，改採自學；自學原本只是玩票性質，最後卻變成我還蠻著迷的一件事情。每天每天，我會花好幾個小時閱讀研究，只為了弄懂一、兩樣小事，讓自己更了解商場的運作模式。

畢業後的暑假我沒有去放空，也沒有去度假，而是天天泡在書店裡看商業類的著作，讓自己像海綿一樣盡可能吸收相關知識。就這樣等到二○○五年九月我正式開始在寶鹼全職上班的時候，在我腦中的資訊早已超越商學院所教授的範疇，**商學院學得到的，我都知道，多數商學院學不到的，像是心理學、物理學與系統理論 (systems theory) 我也略知一二**。於是從第一天到寶鹼報到，我就覺得自己萬事俱備，能夠與公司的菁英平起平坐，共商大業。

事後證明，我的自學完全符合我的需求。我的工作甚有意義、甚有

成效、甚獲肯定。但隨著時間慢慢過去，我了解到下面三件要緊的事：

一、 大公司動得慢。好的點子往往在上達天聽之前便中途夭折，因為中間要蓋的圖章實在太多。

二、 想做大官，只會阻礙人做大事。我在公司裡面只想把事情做完、把事情做好，而不會一天到晚只想升官，但進了大公司，權力鬥爭與地盤的爭奪就很難避免。

三、 心情不好，人會累倒。我只希望每天能開開心心地工作，但進了公司，我每天都非常煎熬，都像是一種酷刑。我的身體開始變差、心情開始變差，人際關係開始變差。每多待在企業界一天，我愈覺得自己不屬於這裡。我於是千方百計想要走出去，按自己的想法，做自己的事業。

## 去蕪存菁

學生面對課程，多少得帶著一點不屑，一點輕蔑的態度，因為他們進學校，不是為了崇拜已知，而是要質疑已知。

——傑可布・布羅諾威斯基 (Jacob Bronowski)，
作家、BBC《人類崛起》(The Ascent of Man) 節目製作人

　　說到專長，我還蠻擅長把大量資訊加以吸收，然後濃縮出當中的精華。儘管如此，要過濾這些可以取得的龐大商業資訊也是項嚴峻挑戰：因為每年有數萬本的商管新書面世，還有不計其數的商業期刊、報導和網站每天更新最新研究內容。這些資訊有些確實很受用，但大部分並非如此。

　　早期我的研究工作比較是亂槍打鳥，我會跑到書店，信手拿起本看起來好像蠻有趣的書，而這種方法談不上多有效率，因為我每找到一本值得看的書，大概得先失望個十次，要知道大部分的商管書都是急就章，這些書與其說是真正的資訊來源，不如說是一張三百頁厚的「名

片」，是作者用來打知名度的工具。

於是我開始思考：在這片資料海中——我說資料海並不誇張，到底有多少資訊對我有用？我要如何才能有效去蕪存菁，把有用的東西從糟粕中蒸餾出來？人的時間與精力有限，資訊的過濾勢在必行，於是我開始尋覓好用的工具，這工具必須能像燈塔一樣，指引我到有用的知識水塘邊，讓我能夠真正吃到米，不會吞下一堆糠。只不過我愈是研究，愈覺得這樣的工具並不存在，至少還不存在，於是我決定求人不如求己。

我開始分析哪些資訊有用、哪些資訊沒用，然後把心得發布在個人網站上，一方面當作我個人的資料庫，一方面與有興趣的網友分享。我這麼做主要還是為了自己，畢竟當時我大學剛畢業，還很熱血地想要吸收知識，至於把成果與網友分享，只不過是順手人情，舉手之勞。

但是一個宿命的早晨，自學 MBA 莫名其妙出了名，我的人生也從此不同。

## 自學 MBA 走入世界

誰能把問題說清楚，誰就能夠解決問題。
　　　　——丹・羅姆 (Dan Roam)，《餐巾紙的背後》(The Back of the Napkin) 作者

除了讀書之外，我還定期追蹤數百個商業類部落格。不少獨到的商管觀念或概念，我們在書本或平面媒體上看到的時候以為很新穎，但其實網路上可能早幾個月，甚至早幾年就已經傳得沸沸揚揚。而我追蹤部落格，就是希望走在商管思潮的最前端。

我追得最勤的一個部落客是賽斯・高汀 (Seth Godin)。身為暢銷作家，他出過的書包括《願者上鉤》(Permission Marketing)、《紫牛》(Purple Cow) 與《夠關鍵，公司就不能沒有你》(Linchpin)，同時身兼非常成功的線上行銷前輩，賽斯善於提出破舊立新的「大」概念，語不驚人死不休地刺激你去百尺竿頭、更進一步、精益求精、挑戰現狀，最終做出改變。

這天早上，賽斯正在對某件時事發表意見，那就是哈佛取消了一百一十九位準 MBA 學生的入學許可，[1]因為這些準哈佛人在正式的錄取信寄出之前，就自己駭入哈佛的入學部門網站去一探究竟，而這麼做在道德上有其瑕疵。這件事在當時非常轟動，很快地就愈演愈烈，引發了輿論爭辯 MBA 學生是天生有說謊、欺騙與偷竊的傾向，還是商學院的教育讓他們如此。

照理賽斯應該對於學生的惡劣行徑大發雷霆，但他沒有；賽斯（出人意表地）提供了不同的角度看這件事：哈佛這樣做，對學生而言是一份大禮，因為取消他們的入學資格，哈佛等於替學生省下了十五萬美元的學雜費，還有兩年的光陰，讓他們不用浪費這些資源去追逐一張幾乎是廢紙的文憑。「我很難理解，」他寫道，「耗費同樣的時間跟金錢，MBA 學位哪一點會贏過去職場上累積經驗，閒暇時再精讀個三、四十本好書。」

「天啊！」我一想，「我不是正在這麼做嗎？」

接下來的兩天，我列出了讓我在自修過程中獲益良多的書籍與各種資訊來源，[2]然後把這份清單刊登在部落格上，另外附上連結通往賽斯的文章。這樣，任何人如果讀了賽斯的文章，覺得心嚮往之，但不知從何做起，就可以善用這張清單。接著，我敲了一封電子郵件，署名寄給賽斯，上面同樣附了我的部落格連結。

兩分鐘後，賽斯的部落格發布了一篇新的文章，上面推薦了我所建立的清單，結果我的部落格開始湧入大量的讀者。

許多知名自我成長與生產力部落格，包括像是「生活駭客」(Lifehacker)，輾轉知道了這件事情，加以報導，結果各個社群媒體網站也紛紛成為口碑的中繼站。於是在自學 MBA 誕生的第一個星期，就有三萬人次的網友來過我在網路上的小天地，想知道我在忙什麼。更讓人

---

1. Seth Godin, "Good News and Bad News," Seth's Blog (blog), March 14, 2005, https://seths.blog/2005/03/good_news_and_b/.
2. Josh Kaufman, "The Personal MBA Recommended Reading List: The 99 Best Business Books," The Personal MBA, https://personalmba.com/best-business-books/.

感動的是這些來的朋友並不害羞，跟我開始有了互動。

有些讀者問了：從哪裡開始才好？有些人說了：他們看了些好書值得推薦，讓我和我的研究工作也可以在這樣的互動中獲益。有幾位朋友覺得自學 MBA 這個計畫太過天真，覺得我是在浪費時間。但無論得到的回饋與意見為何，我都還是持續閱讀、研究，並持續利用閒暇時間開發自學 MBA 的課程；而這樣一路走來，商管自學的風潮就像雪球一樣愈滾愈大，蔚然成形。

以驚人的速度，自學 MBA 由一個人的玩票企劃，蛻變茁壯成全球許多人共同參與的大型實驗。我所建立的網站：personalmba.com 自從二〇〇五年開站以來已有數百萬計的網友造訪，而「自學 MBA」這個企劃獲得《紐約時報》(*New York Times*)、《華爾街日報》(*Wall Street Journal*)、《彭博商業周刊》(*Bloomberg Businessweek*)、《金融時報》(*Financial Times*)、《時代雜誌》(*Time*)、《財星》(*Fortune*)、《Fast Company*》等數百家主流媒體及網站也不斷加以報導。於是，二〇〇八年底，我離開了實驗，全心投入自學 MBA 的研究、寫作和改善計劃，並全職服務我的客戶。

分享我的閱讀清單，帶領國際化的自學 MBA 社群向前邁進，固然讓我覺得很有成就感，但我很快就意會到一張書單不足以成大事。很多人讀商管書是因為他們遇到了特定的問題需要解決，又或者是因為他們想要讓自己的營運能力有顯著地提升。總之，他們需要的是解決方案，一堆書名不能說沒用，但是不可能真正幫助他們有所突破。

書本身並不重要，重要的是裡面的觀念與知識，但對很多讀者來說，這些有用的觀念與知識往往與他們擦身而過，因為一本書那麼厚，幾個小時看下來人都累了，於是翻著翻著不小心，好東西就看走眼了。很多自學 MBA 的讀者一開始都是興沖沖地要讀這讀那，但真正讀了幾本就虎頭蛇尾，有始無終，主要是播種跟收成之間，距離實在太遙遠，而工作跟家庭還是得顧，於是慢慢地，熱情就這樣熄滅了。

為了讓這樣的遺憾不再發生，我還有很長的路要走。

# 蒙格的心智模型 (Munger's Mental Models)

我覺得一個不可否認的事實，是人腦的運作仰賴模型。而要讓你的大腦運作得比別人的好，祕訣就在於掌握最基本的模型，最基本的模型，效用最大。

——查爾斯‧T‧蒙格 (Charles T. Munger)，股神巴菲特的富豪合夥人、威斯科金融公司 (Wesco Financial) 執行長、波克夏‧海瑟威 (Berkshire Hathaway) 公司副董事長

我第一次覺得自學 MBA 大有可為，得感謝我知道了查爾斯‧T‧蒙格。

經濟大恐慌後不久，查理（查爾斯的暱稱，Charlie）生於美國內布拉斯加州的歐馬哈 (Omaha)。年輕時的他蹺掉體育課跑去讀書，因為他對世界充滿了好奇，吸收知識一刻都停不下來。他早期做生意的經驗包括曾在一間家庭式的雜貨店上班，每天賺美金兩塊錢。

一九四一年，查理高中畢業。在密西根大學 (University of Michigan) 讀了兩年數學跟物理之後，查理加入了美軍的陸航單位，受訓成為氣象專家。一九四六年，離開了美軍的他在大學沒畢業的狀況下得到了哈佛法學院的入學許可。在當時要進法學院深造，大學文憑並非必備。

一九四八年查理從哈佛法學院畢業後，展開了為期十七年的執業律師生涯。一九六五年，他離開了自己一手創辦的律師事務所，創業開了一家合夥投資公司。這家投資公司他一樣辦得有聲有色，十四年間的複合年增報酬率比大盤正好好上十九‧八％，以他一個半路出家，又沒受過正式商學教育的投資人來說，這樣的表現不僅難能可貴，甚至可以說是出類拔萃。❸

查理‧蒙格不算出名，但跟他合夥的華倫‧巴菲特，絕對稱得上家喻戶曉。一九七八年，查理加入巴菲特的波克夏‧海瑟威公司，一起把

---

3. Warren Buffett, "The Superinvestors of Graham-and-Doddsville," Hermes, May 17, 1984, https://www8.gsb.columbia.edu/articles/columbia-business/superinvestors.

這家原本搖搖欲墜的紡織廠，改造成望之令人生畏的投資控股公司。

按巴菲特的講法，波克夏‧海瑟威的一鳴驚人得歸功於查理以心智模型為本的經營策略；可以說沒有查理‧蒙格，巴菲特就不會成為我們心目中的股神與鉅富。巴菲特說：「面對任何一筆交易，查理的分析與評估做得又快又好，無人能出其右。給他六十秒，他就能看出事情的破綻。他是最棒的合夥人。」❹

查理能夠在吃人不吐骨頭的投資界中殺出一條血路，在於他習於有系統地去觀察、分析市場的運作。雖然沒有上過一天真正的財經課程，但他勤於自修，廣泛涉獵相關知識，終於讓他能夠建立起他口中的「心智模型網」(latticework of mental models)，並將之應用在商場的決策上：

> 我一直相信我可以建立一種系統——是人都能學會的一種系統，會比現在多數人的系統更適於我們用來理解這個世界。我們需要的，是在腦中編織出一個心智模型的網路。有了這樣的網路、這樣的系統，事物就會各就各位，讓人易於理解。
>
> 就像每個系統都會有多重變數一樣，我們也需要吸收建立來自不同知識領域的各種心智模型，才能夠了解我所說的這個系統……你必須了解朱利安‧赫胥黎 (Julian Huxley) 作為生物學家的真知灼見：『生命就是關聯性的集合，一個接著一個，永無止境。』所以你必須掌握所有的模型，必須看清這些關聯性，了解各種關聯會產生的影響……。❺

> 人坐著，用腦打敗聰明才智遠在你之上的對手，其實還蠻有趣的，因為這過程是一種訓練，經過訓練你看事情會更加客觀，對不同學問的涉獵更廣。再者，這裡面的商機無窮，我自己就是最好的例證。❻

**加深自己對商業運作、對人性、對各種體系的了解，然後以這些了解**

為出發點，去判斷投資機會的良窳，造就了巴菲特與蒙格的投資帝國，讓他們得以帶領波克夏‧海瑟威公司市值成長難以想像的五千億美元。這樣的成績對一個出身小鎮歐馬哈，報過氣象，當過律師，沒喝過財經墨水的人來說，算不錯了！

對我來說，蒙格自成一格的自學哲學，就是一個燈塔，指引了我一條明路。他是個活生生的例子，讓我知道早我幾十年，就有人做過我想做的事情，而且結果出奇地好！對我來說，蒙格掌握原則、應用原則的方法都很聰明，比我看過大部分的商管書裡所建議的都要聰明。我當下下定決心，要把「心智模型」這一套徹底摸熟，要像查理一樣，在職場上每每做出正確的決定。

很可惜，查理從沒把他的心智模型集結成書。不過，在演講與寫作當中，查理三不五時都會提及這些模型，甚至在傳記式作品《窮查理的普通常識：巴菲特 50 年智慧合夥人查理‧蒙格的人生哲學》(Poor Charlie's Almanack) 裡面，他還把自己覺得最好用的心理原則列成清單。但即便如此，並沒有哪一本書能涵蓋他口中「要在商場闖出一片天，你所需要知道的一切」。

我如果想要了解企業家成功的基本原則，我必須自己一個一個去找，一步一腳印地從頭重建我對做生意的認知。

## 按圖索驥，抽絲剝繭

不論什麼事情，偶爾質疑一下習以為常的作法，都算健康。

——柏特蘭‧羅素 (Bertrand Russell)，近代哲學大師，

《哲學問題》(The Problems of Philosophy) 與《數學原理》(The Principles of Mathematics) 作者

---

4. 《投資奇才蒙格》(Damn Right: Behind the Scenes with Berkshire Hathaway Billionaire Charlie Munger)，珍妮‧洛爾 (Janet Lowe) 著，第七十五頁。
5. 《傑出投資人文摘》(Outstanding Investor Digest)，一九九七年十二月二十九日。
6. 《窮查理的普通常識：巴菲特 50 年智慧合夥人查理‧蒙格的人生哲學》(Poor Charlie's Almanack)，彼得‧考夫曼 (Peter Kaufman) 著，第六十四頁。

多數商管書（與商學院）都以為學生已經知道什麼叫做生意、怎麼做生意、做生意在幹嘛，好像沒有人不知道做生意是怎麼一回事兒一樣。最好是這樣。生意，商業交易，是一種非常複雜，而且牽涉範圍極廣的一種人類活動，要想了解商業的運作絕非易事，別因為買賣每天在我們身邊發生，就以為自己可以隨隨便便將之弄懂。

交易之於人類，就像水之於魚，所以我們容易忽視其複雜性，容易覺得商業的存在與發生理所當然。日復一日，商業的存在讓我們所需無虞，讓我們不論想要什麼，都可以不費吹灰之力取得。看看四周，你身邊所有稱得上商品的東西，背後幾乎都有一條產業鏈，當中有數不清的供應商、製造商、經銷商，正所謂一日之所需，百工斯為備。

在我們看不到的地方，企業創造著、交付著各式各樣的商品，手法千變萬化，不一而足，因此任誰也很難幾句話把做生意這件事交代清楚：蘋果西打跟泛美航空到底有什麼地方一樣呢？原來還不少，但你得是內行人才會知道。

對我來說，所謂（成功的）生意必須符合下列的定義：

成功的企業必須 ① 創造或提供有價值的東西，而這東西必須 ② 有人想要或需要，價錢 ③ 必須為人所能接受，表現必須 ④ 能滿足購物者的需求、符合購物者的期待，最後這東西還要能 ⑤ 讓生產的公司賺到足夠的錢，讓老闆會想繼續把生意做下去。

上面五項條件只要少了任何一項，**價值創造、客戶需求、銀貨兩訖、價值交付與有利可圖**中只要缺了一個，你就不能夠說自己在做生意，這裡的每項條件都是缺一不可，沒有例外。

在我拆解上面每一項商業元素的同時，我發現到還有些東西也同樣不可或缺。比方說要創造價值，我們不能不了解消費者想要什麼，所以市場研究不能不做；要讓顧客光顧你的生意，首先你得讓他們注意到你，讓他們對你的產品或服務產生興趣，所以行銷非常重要；為了確實把生意做成，顧客必須信賴你有能力交付承諾的產品或服務，信賴你有

能力交付價值，有能力永續經營。客戶要滿意，有賴於你持續超越客戶的期待，持續讓他們有超值的感覺，所以客戶服務非常重要；有利可圖意謂著你賺的得比花的多，所以企業財務管理必須到位。

上面說的這些工作都不是要你吞劍還是跳火圈，也沒有要你上太空，但這些工作是必要的，不論你是誰，也不論你要做什麼買賣。把這些基本功顧好，你的生意就自然會好；荒廢了這些基本動作，你在商場上肯定撐不了太久。

**每家公司都需要兩樣東西，兩樣很基本的東西，那就是人跟體系。公司是人開的，也要對人群有貢獻才能成長茁壯。要了解企業如何運作，你必須先能確實掌握人的思考與行為模式，你得了解人遇到狀況如何決斷，如何根據這些決斷採取行動，還有人與人之間如何溝通。**近年來人類研究在心理學與腦科學等領域中的突破，已經慢慢揭開了人類思考與行為的神祕面紗，讓我們能深層知悉如何自我提升，如何加強與人的溝通效率。

另一方面，體系，或者說是系統，則是看不見，但建立了企業不可或缺的骨架。**企業的核心都有一組足堪信賴的作業程序可以反覆操作，藉以產生出特定的結果。掌握了精密的體系如何運作，我們才有可能找到方法去強化現有的體系，**不論你所經手的是需要創意的行銷活動，抑或是自動化的生產流程。

這本書動筆之前，我花了好幾年的時間跟客戶、讀者合作，藉此測試上述種種基本原則。對於這些「商業心智模型（心法）」的掌握與應用，確實協助我的客戶與讀者，他們因而得以轉換跑道、成功創業，在業界或學界得到更好的發展；有些人拿到更好的工作邀約，進入名聲更響亮的企業；有些人則順利升等或得到拔擢，不一而足；甚至有人從企劃構思到產品上市，把產品開發的流程完整走了一遍，前後不到一個月。

這些概念之所以重要，在於它們有用。善用這些概念，你不僅能創造出更多能夠為人所用的價值，還能改善自己的職涯，可謂利人利己；有了這些概念的幫助，你會發現達成目標容易多了，也好玩多了。

## 如果你還是有所保留……

花十五萬美元去受正規的 MBA 教育，是一種浪費，因為你只要到公立圖書館借書，然後罰一塊五毛錢晚一點還，所有的知識都看得到，都看得完。

——麥特·戴蒙 (Matt Damon) 所飾演的威爾·杭丁 (Will Hunting)，

出自電影《心靈捕手》(Good Will Hunting)

> 這個單元檢視了傳統 MBA 學程和從校園外學得商管知識的優劣。如果你已經申請了 MBA 課程或正在就讀中，這個單元可能對你幫助不大，可以跳過此單元從 24 頁開始閱讀。

這本書要談的是基礎的經商概念，不是要談商學院的教育。不過，很多人就是沒辦法相信不花錢能有好東西；沒砸下一大筆學費，換得一張常春藤盟校的畢業文憑，怎麼可能學到一樣的東西。針對這些還有所保留的人，我特地寫了這一節，我們就來討論一下傳統 MBA 學程的利弊得失。

## 商學院到底該不該讀？

請分清楚 ① MBA 課程如何能讓你看來很強，與 ② MBA 如何能真的讓你變強，這是兩碼子事。

——史考特·勃肯 ( Scott Berkun )，

《讓事情發生：專案管理之美學》(Making Things Happen)

與《創新的迷思》(Myths of Innovation) 作者

年復一年，無數人下定決心闖出個名號，他們是這樣想的：「我想要賺大錢，想要學會做生意，那麼首先我應該申請哪一間商學院的 MBA 呢？」而既然翻開了這本書，你在某個階段大概也納悶過一樣的問題。我的回答是：**兩句話，可以省下你數年的光陰、無數的精力，與**

十幾萬美金，更別提一去不復返的青春，讓你自由享受不盡。

跳過商學院，自學出頭天！

這本書會告訴你不用賭身家，也能在商場上成為大咖。

## 商學院的三大問題

在學院裡，兩百個人讀同一本書，真是笨得可以；兩百個人可以讀兩百本書。

—— 約翰・凱吉 (John Cage)，自學成功的作家與作曲家

　　我對在商學院上班的朋友沒有意見。大致上，商學院的教授與職員都非常親切，也都很努力工作，他們都希望看到同學或校友功成名就。問題是，全世界的 MBA 課程都存在著三個問題：

一、**MBA 課程愈來愈貴，不賭身家根本付不起學費。**「投資報酬率」永遠取決於你付出的成本，而經過了數十年的學費調漲後，MBA 課程的投資報酬率已逐年遞減。最大的問題已經不是讀大學有沒有用，而是讀大學划不划算。❼

二、**MBA 課程所教授的觀念或做法很多既不實用、又不新穎，甚至根本有害，根本不能幫助你成功創業、提高身價。**我有很多讀者與客戶都交了好幾萬甚至好幾十萬美元的學費，把複雜的財務公式與統計模型的裡裡外外都學得滾瓜爛熟，拿到了 MBA 的文憑與頭銜，但最後還是跑來找我。讀完了 MBA，他們才發現學校沒有教他們怎麼

---

7. 這不只是商學院的問題，而是大學的普遍現況。自一九八〇年代起，大學學費漲幅達高七至十四％，然而整體薪資水平卻停滯不前，可以說大學教育的投報率是逐年下滑。參見〈大學：大手筆投資，超低報酬率〉"College: Big Investment, Paltry Return", 法蘭西斯卡・梅格里歐 (Francesca Di Meglio) 著，《彭博商業週刊》(*Bloomberg Businessweek*), June 28, 2010, https://www.bloomberg.com/news/articles/2010-06-28/college-big-investment-paltry-returnbusinessweek-business-news-stock-market-and-financial-advice.

創業，至少沒有教他們如何成功創業，而這是個很大的問題，因為從商學院畢業仍不能保證你知道怎麼管理一家公司，那你讀這學校幹嘛呢？你讀書不就是為了知道怎麼成功嗎？

三、**MBA 課程不保證你能找到高薪的工作，更別說讓你變成嫻熟的管理者或領導者，進駐大辦公室了。**決策、管理技巧與領導能力的開發，需要把手弄髒、需要經驗，而在商學院的課堂上你得不到這些東西，不論你讀的是多了不起的學校。

與其花大錢去學有限的東西，不如把寶貴的時間與資源拿去學習真正有用的東西。如果你有意願、也有能力要投資自己，讓自己在技術與能力上有所提升，那麼僅僅靠自己，你就能學到所有你需要學會的商管知識，不用花大錢去讀商學院。

# 虛名

雄心的本質只是幻夢的投影。

——威廉・莎士比亞 (William Shakespeare)，劇作家、演員、詩人

不難想像為什麼商學院的學位會那麼誘人。學校會告訴你想得到穩定而舒適的物質生活，這是唯一的終南捷徑，希望你來讀。這樣的說法在你腦中種下了幻夢的種子，你會想像讀完兩年的課程，做完一堆案例研究，跟老師、同學在吃飯聊天中建立好人脈之後，企業的人事部門就會對你投懷送抱，每家國際級的公司都爭先恐後地要給你多到嚇死人的錢，求你去當他們的高階經理人。

進了公司之後你會平步青雲，升官升得又快又急。你會成為「產業的舵手」，喊水會結凍，動見觀瞻，每年的分紅都會上新聞；忙到一個段落，你可以坐在氣派的紅木辦公桌後，在摩天大樓超高層的角落辦公室裡，悠閒地數著公司發給你的股票，看看最近股價又漲了多少。你會變成許多人口中的老闆，會對著一群人發號施令，等到他們都知道自己

該做什麼了，你就可以準備搭飛機去打高爾夫球，或搭遊艇出去看海。你可以天天錦衣玉食，雲遊四海，腳邊的平凡人會對你歌功頌德，像明星一樣把你捧在手心上，對你的成就讚嘆不已。你所到之處，大家都會覺得你好棒，好有錢、好聰明，羨慕你集財富與權力於一身，而你也覺得他們好有眼光吶！

　　而要晉身這樣的榮華富貴，代價是什麼呢？申請費幾千塊美金，再動幾下筆填些表格，辦個貸款，你就可以準備上路，你朝功成名就即邁進一大步了！而且這兩年邊讀書，你還可以順便休個假，暫時不用工作，根本就是一舉兩得！

　　可惜，這樣的白日夢跟現實生活根本是兩回事兒！

## 你的錢跟你的生活

天底下，沒有白吃的午餐。

——羅伯特‧海萊因 (Robert A. Heinlein)，科幻小說大師，

《異鄉異客》(Stranger in a Strange Land) 與《寒月，屬婦》(The Moon is a Harsh Mistress) 作者

　　假設，你覺得進入商學院，你就能拿到翻身的門票，那你出運了，因為商學院何其多，申請到其中一家並非難事。你只要拿得出幾千塊美金的申請費用，把自傳與經歷寫得既謙虛又不失自信，讓審查的老師看了滿意，面試的時候再誇讚一下學校的課程設計，相信某家學校慷慨地給你機會成為下一個比爾‧蓋茲 (Bill Gates)，[8] 只是遲早的事。

　　但這幅美麗的想像有個小問題，那就是現代的商學院都非常貴。除非你家裡或本身非常有錢，或者申請到金額很高的獎學金，否則你唯一的選擇就是賭身家，也就是用你的前途當抵押去跟銀行借一大筆錢，好付學費。

---

8. 很諷刺的是比爾‧蓋茲商學院沒畢業，也沒拿過 MBA。事實上多數人功成名就，都沒讀過商學院，他們幾乎都是白手起家，邊做邊學。

大部分準 MBA 學生都讀過大學，所以他們身上多少都已經背負了學貸。根據大學升學與成功研究所 (Institution for College Access and Success)——一個致力於讓高等教育更普及、實惠的非營利組織，二〇一七年時美國學生讀完大學、拿到學位，一個人身上平均得背負的學貸高達兩萬八千六百五十美元。❾ 學生如果選擇繼續攻讀 MBA，累計的學貸更會高達六萬六千三百元美金，❿ 而這還不包括房租、雜貨與交通費等必要與不必要的生活開支，因為學生往往會申請額外的學貸來支應這些費用。

如果你申請的是「一般般」的學校，那麼六萬六千塊只能算是很大的一筆「零錢」，但既然要讀當然要讀最好的，誰會想要居於人後呢？於是如果你畢業後想進的是像高盛 (Gold Sachs) 這樣的一流券商，或是像麥肯錫 (McKinsey) 或貝恩 (Bain) 這樣的頂級顧問公司——像貝恩一向對剛畢業的 MBA 最為慷慨，那你就一定要讀全美排名前十名的商學院，而要讀這樣的頂級名校，六萬六千美金真的只是零頭。

## 一擲千金

借錢找麻煩……愚夫難守財。

——湯瑪斯‧圖瑟 (Thomas Tusser)，十六世紀務農的詩人

在本書出版的此時，頂尖的 MBA 課程收取每年五萬到八萬美元的學費。⓫ 這個金額還沒算進雜費、學貸利息，還有每年以五到十％的速度在通貨膨脹的生活費。

這還不是最糟糕的。根據商學院動態網站 Poets & Quants 所整理的資料顯示，以全職學生身分就讀兩年課程的直接成本會超過二十萬美元的商學院有九所，包括：哈佛、史丹福、華頓、紐約大學、哥倫比亞大學、達特茅斯、芝加哥大學、麻省理工學院、還有西北大學。⓬ 這再加上一％到三％的貸款開辦費、貸款餘額每年六到十％的複利率、在大型都會區的生活費，還有因為上學而少賺的收入，才是你加入這場教育盛

宴的真實成本。用這種方式去計算，頂級商學院學位的代價超過四十萬美元。就算你評估畢業後可以拿到十萬美金起跳的薪水，這四十萬也不是馬上就可以回收的數字。

何況就算你捨得這個錢，商學院也不是你想進就能進——商學院的入學是出了名的競爭，畢竟商學院的口碑取決於校友日後的成就，所以校方對學生很挑。由此他們有充分的動機錄取那些不管有沒有 MBA 的頭銜，都有十足條件可以在社會上成功的人選。

此外，頂尖學校往往得倚賴大咖捐贈者、有錢的校友，還有在企業界的人脈等力量去募款、招生、擴建校園。這麼一來，家世背景雄厚的申請者就會有更好的機會入學。[13]《彭博商業週刊》的一項調查訪問了來自一百二十六所商學院的畢業生，結果四十四％的學生表示他們並沒有貸款拿學位。[14] 乍看之下這個比例高得令人匪夷所思，但仔細想想你就會意識到貧窮限制了你的想像，你忘記了除了學貸，還有人可以靠家裡有錢、靠爸媽捐錢，或是靠企業贊助入學。

商學院不是人讀了會變有錢有勢的東西，商學院是人有錢有勢後會去讀的東西。商學院的邏輯是收有錢人當學生，然後倒果為因地說那是自己的功勞。

9. 大學升學與成功研究所，〈2017 年大學學生負債：第 13 期年度報告〉，2018 年 9 月，https://ticas.org/files/pub_files/classof2017.pdf.

10. 教育統計國家中心 (National Center for Education Statistics)，〈大學畢業生負債趨勢研究〉(Trends in Graduate Student Loan Debt), NCES Blog, 2018 年 8 月 2 日，https://nces.ed.gov/blogs/nces/post/trends-in-graduate-student-loan-debt.

11. "Find the Best Business School," U.S. New, accessed January 29, 2020, https://www.usnews.com/best-graduate-schools/top-business-schools.

12. Marc Ethier, "How Much Does a Top MBA Now Cost? Nine Schools Are in the $200K Club," Poets& Quants, December 24, 2018, https://poetsandquants.com/2018/12/24/cost-of-an-mba-program/.

13. 關於頂尖大學如何在接受申請時偏心出身有錢或有背景家庭的學生，我建議參考 The Price of Admission (New York: Crown, 2006)，作者丹尼爾．高登 (Daniel Golden) 因為這個議題的報導獲得二〇〇四年普立茲獎。

14. Shahien Nasiripour, "Top U.S. B-School Students Pile on Debt to Earn MBAs," Bloomberg Businessweek, June 17, 2019, https://www.bloomberg.com/news/articles/2019-06-17/top-u-s-b-school-students-pile-on-debt-to-earn-mbas.

進得去，學校會盡可能幫助你找到不錯的工作，但真正要有所成，還是要看你自己。畢業之後幾年如果做得不錯，母校就會把你當成宣傳的範例，證明自家的教育品質有多好，希望藉此增加學校的光環，讓招生更加盛大、申請更加踴躍。如果你失業又破產，學校理都不會理你，更不可能雪中送炭，你會變成債奴，負債愈陷愈深，彷彿一切都是命。

我這兒有位克里斯汀・施拉加 (Christian Shraga)，二○○二年華頓商學院畢業後，在他的個人網站 [15] 上發表文章談到 MBA 的求學經歷：

> 親身體驗告訴我 MBA 課程有其好處，但代價實在太高。如果你正在考慮全職念 MBA，請捫心自問你願不願意冒險。
>
> 讀商學院非常冒險。一旦決定註冊，你唯一能確定的事情就是你會狂花掉約十二萬五千美元，等於每個月還一千五百塊美元的貸款，連還十年而且還不能抵稅，這十年內你一毛錢的積蓄也不會有。
>
> 如果你覺得為了 MBA 學位、為了兄弟會的人脈、為了晚兩年就業、為了一個發大財的機會，你不惜付出這樣的代價，那麼就衝吧；如果你下不了這樣的決心，請記得你還有很多別的選擇。

我覺得這段話說得非常好。除非你沒有 MBA 的光環不行，否則請不要輕易跳入火坑。

# MBA 可以給你什麼

虛偽的人想如何畫大餅、如何夸夸其言都沒關係，他們都玩得起，反正他們從來沒有想過，也不用擔心如何實現承諾。

——艾德蒙・柏克 (Edmund Burke)，職業政治家、政治評論家

在《商學院的終結？看不到的成果》(*The End of Business Schools? Less Success Than Meets the Eye*)，一份發表在《管理學院與教育》(*Academy of Management Learning & Education)*[16] 期刊上的研究當中，史丹佛大學的傑佛瑞·菲佛博士 (Jeffrey Pfeffer) 與華盛頓大學的克莉絲媞娜·鄺博士 (Christina Fong) 分析了共計四十年的資料，希望證明商學院的教育確實提高 MBA 畢業生在職場上的勝算。兩位博士的研究假設非常直接：

> 如果 MBA 教育對日後從商有所助益，那麼合理的結論如下：一、擁有 MBA 學歷的人在其他條件相同的情況下，應該會在職場上成就較大、職位較高、薪水較多；二、如果在商學院所學確實能夠讓人做好準備在職場上大顯身手；換句話說，如果商學院確實能夠傳授學生有用的商場知識，那麼學生在課業上的表現好壞，比方說修課的成績或報告的分數，多少應該可以用來預測學生畢業後的成就高低。

經過分析，兩位博士得到的結果相當令人震驚。**他們發現商學院的教育對學生幾無任何影響，除了讓他們變窮以外。**

> 讀商學院的效用不大。MBA 的學歷有無或成績高低，都與職場上的表現無涉，由此我們必須懷疑學校教育究竟能不能讓學生準備好就業。另外，也幾乎沒有證據顯示商學院的研究對管理實務有任何影響，由此我們不得不懷疑管理學程與經商或創業有何關係。

兩位博士的看法是不論成績好壞，名列前茅也好、低空飛過也罷，**MBA 的學歷都跟你長期的職場成就無關，不是關係不大，是完完全全無關。**

---

15. http://mbacaveatemptor.blogspot.com/2005/06/wharton-grads-caveat-emptor-for.html
16. http://www.aomonline.org/Publications/Articles/BSchools.asp

幾無證據顯示 MBA 文憑——特別是中後段的商學院文憑，或者是商學課程的成績好壞——一般來說是學生有沒有念熟教材的指標，能預視學生進入企業後的薪水多寡或職位高低。這些資料最起碼說明了商學教育的訓練與課程內容，跟企管實務的連繫相當薄弱。

這樣的結果很令人心碎，尤其如果你砸下了幾十萬美金去買個學位，只是希望讓自己更懂得如何做生意。

更糟糕的是：MBA 也不會讓你的人生更富有，我是說更有錢。為了拿到這個學位，你會給自己挖一個很大的洞跳，而為了爬出來，你得辛苦工作幾十年還債。前面介紹的**克里斯汀‧施拉加身為華頓商學院畢業的 MBA**，他用淨現值法（一種用來估計特定投資划不划算的財務分析技巧）算出頂級 MBA 學位的十年期淨現值為慘不忍睹的負五萬三千美元。克里斯汀計算的假設包括你的基本年薪會從拿到學位前的八萬五千美元增加三十五％、而達到取得 MBA 學位後的十一萬五千美元，邊際稅率會因為你得搬到大都市而有所提高，另外考量機會成本，也就是你為了讀 MBA 而放棄的其他選擇，或是學費原本可以拿去做的其他投資，克里斯汀將折現率訂為七％。用人話來說，就是**施拉加用商學院教的技巧證明了從財務的角度來看，名校 MBA 並不是個聰明的投資。**

假設施拉加的假設正確，那麼名校 MBA 的淨現值要到第十二年才能歸零，亦即從你付出第一個學期的學費開始，你要辛辛苦苦案牘勞形，畢業後扎扎實實上班一共十二年，這筆投資才能回本，之後才是真的賺的。而且這還得畢業跟求職一切都很順利；萬一你一畢業就遇到不景氣，問題就大了。

## 商學院是怎麼出現的

現代的教育，竟然沒有完全澆熄人類的好奇心與求知欲，也算是個不折不扣的奇蹟。

——愛因斯坦 (Albert Einstein)，物理學家，曾獲頒諾貝爾獎

MBA 課程之所以沒能讓學生學到東西，是因為課程裡面有用的、實用的東西太少。按照菲佛與鄺博士在論文中的說法是：

大量的證據顯示商學院的課程安排，跟真正重要的商場技巧並沒太大的交集……如果這是事實，如果商場上所需要的技能與研究所課程內容的關係不大，那就難怪即便是讀過 MBA 的高材生，也不見得能在畢業後大展鴻圖了。

看一眼任何一家商學院的課程表，你會發現當中內建了一些假設，彷彿學校認定你在畢業後會成為某家大型製造業或零售業公司的小主管，成為某種形式的企管顧問，或者進入某間投資銀行或對沖基金的財務部門。因著這樣的假設或想像，**商學院的課程往往會神不知鬼不覺地建構在一種成見上，那就是學生得知道該如何維持大規模生產或物流的運作，還要懂得如何進行非常複雜的量化分析，但這些東西在真正的商場上，一百個人裡只有一個人需要。**

商學院的操作方式是宣稱他們可以教出更能幹的企業幹部、經理人與企業負責人，但現實中並沒有證據顯示大學等級的商學教育可以讓你搖身一變成為技巧高超或例無虛發的商人：環境因素要重要得多了。在一份名為《MBA 迷思與 CEO 崇拜》(*The MBA Myth and the Cult of the CEO*) 的大型論文中，丹‧拉斯穆森 (Dan Rasmussen) 與李浩南（Haonan Li；音譯）分享了他們關於「MBA 文憑對 CEO 之個人與所屬企業表現有何影響」這個問題，針對八千五百名企業執行長所做的研究。[17] 利用這項研究，兩名學者想知道的一部分問題是：

---

17. Dan Rasmussen and Haonan Li, " The MBA Myth and the Cult of the CEO," Institutional Investor, February 27, 2019, https://www.institutionalinvestor.com/article/b1db3jy3201d38/_The-MBA-Myth-and-the-Cult-of-the-CEO.

執行長的特質能用來預測企業的股價表現嗎？ MBA 學位的有無會影響執行長的表現嗎？在有 MBA 學位的執行長當中，名校畢業生表現會優於其他學校的畢業生嗎？在頂尖顧問公司或投資銀行工作過的執行長會表現比一般執行長凸出嗎？問得更簡單一點，所謂「最優秀、最聰明」的執行長真的就比較會經營公司嗎？

拉斯穆森與李浩南的研究結論是：即便是在針對每所學校都研究了一定數量的樣本後，我們仍未發現 MBA 學位具有統計意義上的（優勢）。MBA 學程生產出來的執行長，並沒有把企業經營得特別好，至少以企業股價來看的話是如此……實際上，執行長的表現與一樣東西高度重合，那就是機率……股東與董事會還要被隨機性與空洞的文憑主義唬弄多久呢？

學校所教與職場所需的脫節，並不難理解，因為你要知道，商學院的老師在設計課程內容的時候，在傳授各種商管觀念、原則與技巧的時候，腦中所想的是個完全不同的時空環境。研究所層級的商學教育之濫觴，是在十九世紀末，當時商學研究所如雨後春筍般出現，剛好與方興未艾的工業革命並駕齊驅。你可以想像，早期 MBA 課程的宗旨在於訓練出一批能幹的經理人，由他們去推動讓工業生產更加科學、更有效率。

佛德列克‧溫斯洛‧泰勒 (Frederick Winslow Taylor) 是很多人口中的「科學管理」(Scientific Managment) 之父，而科學管理正是現代管理學的基礎。而科學管理所追求的，就是即便拿個碼表，也要讓工人再快個幾秒鐘，趕緊把生產的鋼條放到軌道車上。這樣你懂了吧！商學院的管理課程所研究的、關心的、教授的，就是這些東西。

管理在這類商學院的想像中，基本上是要想辦法讓員工更快、更聽話。足以代表管理哲學的「哲學家皇帝」，一開始是伊凡‧帕弗洛夫 (Ivan Pavlov)，日後更演化成 B‧F‧史基納 (B.F. Skinner)，他們都篤信只要刺激正確，反應就會正確。他們認為只要你找對方法、用對方法，任誰都能成為你的棋子、你的工具。出於這樣的心態，企業開始砸錢讓員工

推磨。高薪、分紅、配股，企業無所不用其極，就是要鼓勵旗下的人才為股東賣命。

但愈來愈多證據顯示在現實中，砸錢這樣的直接誘因往往會有反效果，包括員工的表現會變差，人會變得不想上班，工作的滿意度也會降低。[18] 雖然後來有更多更有用的理論出現，可以解釋人類行為，[19] 但刺激論點至今仍好好地活在商學院的課堂之中。

## 銷售規模不是愈大愈好

*任何技巧，不論多有用、多好，都不能沉迷，否則都會變成一種弊病。*

*——李小龍 (Bruce Lee)，傳奇武打巨星*

另一方面，行銷原本是希望讓對零售店面的實體出貨增加，好讓花大錢建起來的工廠產線能馬不停蹄地發揮最大效益。廣播與電視自二十世紀初期以來大規模普及，對全美廣大的聽眾與觀眾進行廣告宣傳於是變得可行，進而催生出全國性的品牌與規模遍及全美的大型零售商。一般來說，廣告量增是可以增進零售出貨量，零售量增又可以帶動公司收入增加，公司賺了錢又可以更加卯起來打廣告，一個循環於焉誕生。幾十年過去，自我強化的這個循環提供了環境與養分，讓大企業如巨人一般，從各個產業中站起身來睥睨一切。在這樣的背景下，商學院開始迷戀起市占率，開始覺得聰明的企業就是應該透過併購，快速崛起成為產業的霸主，大還要更大，變成一種信條，**但他們忘記了在併購的市場裡每下一城，公司經營的財務考量就愈複雜，風險也就愈大。**

對現代企業家來說，風險性資本已經是家常便飯，彷彿做生意非得弄得每天緊張兮兮不可，但話說回來，不引進這些風險性資本，不一直

---

18. 詳見丹尼爾‧品克 (Daniel Pink) 所著《動機：單純的力量》(*Drive: The Surprising Truth About What Motivates Us*)。

19. 當中包括「感知控制理論」(perceptual control theory)，對此我們會在第六章加以討論。

增資，企業哪來那麼多錢蓋工廠、增產、猛打廣告，好在短短幾年內成為舉國皆知的大牌子？生產上的「規模經濟」(Economics of Scale)，說的是大公司因為生產規模大，所以可以把成本壓低，然後再用便宜的東西去打敗小型對手；股東要的是公司立刻賺錢，賺很多錢，他們才不管什麼叫做風險，風險意識是什麼東西，能吃嗎？於是市場上的投機份子應運而生，他們只要隨便開家公司，畫個大餅，貪圖暴利，想一夕致富的金主就會拿出錢來給他們「創業」。這些人有了錢，市場上原本一些好的公司反而被併，甚至遭到開膛剖肚，美其名為集團化或創造「綜效」，但其實這些都不過是學院派附和的溢美之詞罷了，粉飾太平莫此為甚。但是要不斷併購、擴張營運體系，當中其實要付出的成本、所須承擔的風險都極其高，但在特定的氣氛下，這樣的成本與風險會遭到「無視」，於是大部分的公司就這樣飲鴆止渴，走向滅亡一途。

## 玩火

書呆子拿著公式，可以要命！

——華倫・巴菲特 (Warren Buffett)，
波克夏・海瑟威公司董事長與執行長，名列世界首富之一

在此同時，人類的金融體系日益複雜。在二十世紀之前，會計與財務都是日常生活的一部分，販夫走卒也懂，因為這時所謂的金融只是加加減減，相對單純。後來十三世紀問世的複式簿記日漸普及，帶來了許多的好處，比方說帳目變得更加精確，偵錯找碴也變得更加容易，偷雞摸狗的狀況於焉減少，但得付出的代價就是記帳變得複雜。

同時間隨著統計學開始應用在金融實務中，帳務資料的分析變得更加可行，財報分析也變得更有價值，但犧牲掉的同樣是記帳的單純性，一家公司的帳目變得像是天書，沒學過根本看不懂；而這，就給了有心人上下其手、偷天換日的機會。慢慢地，經理人與主管們開始用統計數據與財報分析來進行財測，資料庫與試算表在他們手中，就像古

代靈媒運用杯底的茶葉渣，或者是羔羊的內臟一樣，後者是胡謅，前者也是，畢竟世事難料，一廂情願的財測就像靈媒的妖言惑眾一般，只是映照出人的偏見與欲望，只是要左右外界的想法。

統計模型，與建構在其上的金融交易，都一天比一天更詭譎難辨，但又一天一天成長茁壯，終於時至今日，只有極少數專業的會計師或內部人，才能徹底掌握這些財務模型的運作方式，也才知道這些模型的預測能力有其極限，並適可而止。就如《連線》(Wired) 雜誌在二〇〇九年二月號中一篇文章《災難的處方：殺了華爾街的公式》(Recipe for Disaster: The Formula That Killed Wall Street) 所說，定義清楚的財務公式有其侷限。「布萊克—修斯選擇權定價公式」(Black-Sholes Option Pricing Formula)、「高斯—聯結相依函數」(Gaussian Copula Function)、「資本資產定價模型」(Capital Asset Pricing Model；CAPM) 都是二〇〇〇年科技泡沫，乃至於二〇〇八年房市與衍生性商品風暴的頭號戰犯。

會計算複雜的財務公式，不代表你懂得如何開公司，更不表示你做生意會賺錢。懂得企業如何創造價值、交付價值是必修的基本知識，**但許多商管課程反而不強調價值創造這個環節，也不傳授企業的日常運作方式，只是一味要學生變成財務操作與量化分析的專家**。在《新共和》(New Public) 期刊的〈高階主管的倒行逆施〉(Upper Mismanagement) 一文中，記者諾姆・薛伯 (Noam Scheiber) 探究了美國產業衰敗的主因：

> 一九六五年以來，商學院名門畢業生進入顧問公司與金融服務業的比重翻了一倍，從原本的大約三分之一提高到三分之二。這些頂著名校光環的企管顧問與華爾街金童，後來有些轉換跑道進入到美國的製造業，於是問題產生了……近幾十年來，通用汽車大部分的高階主管都出身自金融業，並不具有企業經營的背景，這樣上來的主管往往對於創新麻木不仁，殊不知沒有這類創新，公司的產品就沒辦法做到物美價廉。[20]

短視近利的商學背景主管上台，一旦想讓一、兩季的財報好看，製程的提升與精進很容易遭到犧牲，他們才懶得管製程的良窳會不會動搖公司的根本。對公司運作的本質視而不見，這些 MBA 出身的執行長會帶領著自家公司到處攻城掠地，把別人經營得好好的公司據為己有，吃乾抹淨好讓「集團」績效狂升、單季每股盈餘大增。

在此同時，大量舉債也已經變成企業界的常態。透過所謂的財務槓桿，[21] 企業變得愈來愈大，債務負擔也愈來愈重，這在市況好的時候有其好處，公司可以多賺點錢，但是只要景氣稍微有點風吹草動，公司經營就會面臨到極大的危機。惡名昭彰的槓桿收購 (LBO) 是很多商學院課堂上一定會教的東西，說穿了就是借錢收購公司，然後轉賣牟利，[22] 萬一賣不出去，或賣不到好價錢，原本好端端的公司也會淪落得負債累累，難以為繼。就算成功轉手，市場也會被這場企業不斷易主的「大風吹」弄得烏煙瘴氣，誰也沒辦法好好做生意。

風險意識與永續經營的態度一旦遭到財務幻術及短線暴利的篡位，受害的就會是顧客與員工，爽到的只有 MBA 出身的主管級財務作手與基金經理人，他們除了原本就高得離譜的薪水，還可以賺到數億美元的交易規費，但被犧牲掉的就是原本健康的公司體質，數十萬個工作機會，還有數十億美元的市場價值。

做生意講的是創造價值，交付價值，不是聯手用合法的手段去誆騙別人。很不幸對活在現代的我們來說，商學院揭櫫的價值不是前者，而是後者。

## 一動不如一靜

我們需要教，是學校教我們的。

——伊凡‧依利西 (Ivan Illich)，神父、神學家，常以批判角度痛陳教育之失

世界隨時在變，但商學院卻沒有與時俱進。隨著網路普及與科技的日新月異，冒出頭的現代企業規模愈來愈小，愈來愈不需要大筆資金，固

定成本愈來愈低，需要的人手也愈來愈少。美國中小企業局 (U.S. Small Business Administration) 的資料顯示美國雇傭企業中有九十九‧九％是中小企業，[23] 提供的工作機會達到私部門僱用人數的半數；[24] 同時從二○○○年至二○一八年，[25] 美國淨新增工作數有六十四‧九％源自於中小企業，更別說中小企業貢獻美國非農（業）國內生產毛額 [26] 將近四十四％。但只看商學院的課程表，你實在很難想像上面這些數據是真的，因為以現狀來看，**大部分 MBA 課程都獨尊大公司，彷彿只有大公司值得任職、需要管理。**

　　大打廣告已經不能保證讓營收放大，庫存如果有，也相對變小。企業間的依存共生關係加深，市場變動與調整的速度也只能用瞬息萬變來形容。**速度、彈性、與新意是今日企業的成功特質**，而這些正是過去幾十年，大企業夢裡尋他千百回的特質，也是商學院絞盡腦汁想要傳授給學生的特質。

　　一旦公開上市，企業就會受到股東的壓力，就會有業績的壓力，於是經理人會放棄追求永續經營，轉而汲汲營營地堆砌亮眼的短線獲利，

20. http://www.tnr.com/article/economy/wagoner-henderson

21. 財務槓桿就是舉債來放大投資報酬率 (ROI)，其副作用是萬一投資失利，虧損也會放大。我們會在第六章細部討論槓桿與投資報酬率。

22. 要了解相關實例，可參閱 http://www.nytimes.com/2009/10/05/business/economy/05simmons.html。

23. "Frequently Asked Questions," US Small Business Administration Office of Ad-vocacy, September, 2019, https://cdn.advocacy.sba.gov/wp-content/uploads/2019/09/24153946/Frequently-Asked-Questions-Small-Business-2019-1.pdf.

24. "Small Businesses Drive Job Growth In United States; ey Account For 1.8 Million Net New Jobs, Latest Data Show", US Small Business Administration Office of Advocacy, April 24, 2019, https://advocacy.sba.gov/2019/04/24/small-businesses-drive-job growth-in-united-states-they-account-for-1-8-million-net-new-jobs-latest-data-show/.

25. "Frequently Asked Questions," US Small Business Administration Office of Ad-vocacy, September, 2019, https://cdn.advocacy.sba.gov/wp-content/uploads/2019/09/24153946/Frequently-Asked-Questions-Small-Business-2019-1.pdf.

26. "Small Businesses Generate 44 Percent Of U.S. Economic Activity," US Small Business Administration Offi ce of Advocacy, January 30, 2019, https://advocacy.sba.gov/2019/01/30/small-businesses-generate-44-percent-of-u-s-economic-activity/.

結果只要景氣稍差，或者經濟有點小閃失，裁員解僱就變成家常便飯，預算控管更儼然成為第一要務。在此同時，職場上愈來愈多人開始追求自由、彈性與穩定，而在這些東西的誘惑之下，新世代的勞工開始走出傳統職場的範疇。事實上，你手下可能就有很多這樣的人，而既然他們一開始就不想困在辦公室替你賣命，你又該如何來帶領他們呢？

MBA 課程不是不想嘗試因應這樣的新局，但實際上課堂上教授的仍舊是過時的、偏差的，甚至根本錯誤的商管理論。但即便如此，你也不要奢望他們會改弦易轍。我是說何必呢？反正 MBA 課程對很多人來說，只是一種很貴的裝飾品，是一種身分地位象徵，對大學來說則是棵穩賺不賠的搖錢樹，一堆人搶著要讀。換句話說，只要學生前仆後繼來讀，你就別妄想自命不凡的商學院傳統會有所動搖。

## 讀商學院唯一的好處

一個體制會看好某個問題，不使其消滅，因為體制就是這問題的解答。

——克雷·薛基 (Clay Shirky)，

紐約大學教授、《眾志成城：沒有組織的組織力量》(Here Comes Everybody) 作者

讀商學院最大的一個好處，是你會比較有機會接觸到《財星》五百大企業的人事部門，比較能跟顧問公司、投資銀行在校園徵才活動中搭上線，比較能得到校友人脈的庇蔭。從商管名校畢業之後，你會發現不論是《財星》五百大企業、華爾街投資銀行、或是大型的顧問公司，他們的人資部門都比較會找你去面試，特別是應屆畢業的那一年。但也就只有這一年，這樣的效應會在之後的三、五年內快速減退，三、五年過後，你就跟一般人沒有兩樣了。負責找人的企業經理不會在乎你從哪裡來，他們在乎的是你之後去了哪裡。

對於企業的人事主管，MBA 的學歷是一個很好的門檻，跨過門檻的就可以得到面試的機會。人事經理很忙，用 MBA 學歷來篩選面試者，理論上可以省下寶貴的面試時間。另外，雇用 MBA 的畢業生，對

人事部門來說也是預留退路，因為萬一所聘非人，人事部可以理直氣壯地說：「我也不知道是怎麼回事，她是哈佛商學院畢業的耶！」

MBA學歷作為企業面試敲門磚的地位非常穩固，你雖然不認同也難以撼動。如果你真的很想躋進身為西裝畢挺、走路有風的企管顧問，一秒鐘幾百萬上下的國際金融人士，或是《財星》五百大企業內坐著直升機上去的明星經理人之列，那麼這二十萬美元的MBA學費是不能省的。要走上這條路，要寄出申請表格，請你務必先想清楚，因為這是賣身契，而且是一張非常昂貴的賣身契；一旦簽下去，龐大的債務會讓你很難回頭。

如果你比較想自由自在，自己做老闆，或者做自己的老闆，熱愛工作但不想因為工作犧牲生活，那麼讀MBA既浪費錢也浪費時間。正如「AMLE商學院研究」共同作者菲佛博士在二〇〇六年《商業週刊》(Businessweek) 一篇針對商學院學程的文章中所言：「**如果你申請得到MBA，那就表示你夠優秀，夠優秀，有沒有MBA就不那麼重要。**」[27]

## 卡債、房貸，讓我乖乖上班

要是出了問題，這地方你還想待嗎？

——路易斯・拉摩 (Louis L'Amour)，作家、歷史學家

假設你衝了，拿到了夢寐以求的MBA學位，再加上運勢夠強，或許某家大型金融服務業或顧問公司會找你去上班，每天你得工作超過十個小時，換來年薪超過十萬美金。這樣的待遇確實不錯，但你工作以外將幾乎沒有生活可言，排山倒海的工作壓力會讓你幾乎喘不過氣來。就算不喜歡你的工作內容，你也得咬著牙撐下去，畢竟每個月的學貸都得繳，你如果現在喊停，別人會怎麼看你，更別提你已經投入的時間與精

27. Lavelle, Louis. "Is The MBA Overrated?" Bloomberg Businessweek, March 20, 2006. https://www.bloomberg.com/news/articles/2006-03-19/is-the-mba-overrated.

力；你一定得玩到最後，否則這筆「投資」就會虧了。

　　如果這是你現在的處境，那麼恭喜你：你用自己的聰明才智與上進心，把自己賣進了十八層地獄當長工。

　　如果表現好，你可以獲得升遷、加薪，但管的事情愈多，就表示工作時間愈長，有些人一個星期可以工作一百個小時以上。這樣的你最好做好心理準備得獨享辛苦工作的果實，因為高階主管一向在離婚率與家庭革命的比率上名列前茅。有句話是這麼說的：只要願意不擇手段、不計代價，沒有什麼東西是得不到的。問題是值得嗎？

　　如果你不是那少數的「幸運兒」，談到的薪水只比沒拿到 MBA 時多一丁點，更糟糕的是，畢業進入一個充滿不確定性的就業市場，你說不定一時半刻還得待業，但每個月上千塊美金的學貸帳單可不會停下來休息。嚴峻的就業市場會讓你覺得工作機會怎麼都不見了，但學貸繳款單卻絕對不會消失。在美國，學貸是絕對賴不掉的，就算你宣告破產也是一樣。你混得好也好、不好也罷，學貸就是得繳，要是不繳，你的電話就會響個不停，每一通都是要向你討債。

　　我想我已經表達得很清楚了：想過得很慘嗎？沒問題，借錢最快。還不出來，你的日子自然好不起來。很多人困在一個自己不喜歡的工作上，做一輩子，痛苦一輩子，都是因為有債得還。經濟壓力會讓你與親友交惡，會讓你的健康走下坡，會讓你的價值觀扭曲。你真的願意付這些代價，只為成為角落那間大辦公室的主人嗎？

　　**學貸確定很多，回收還很難說，這樣的 MBA 值得讀嗎？這樣的 MBA 到底是投資？還是陷阱？**

## 更好的選擇

教育者才需要教育！但教育教育者的人得先自我教育；我寫東西，就是給他們看的。

——弗里德里希・尼采 (Friedrich Nietzsche)，哲學家，

《權力意志》(The Will to Power) 與《查拉圖斯特拉如是說》(Thus Spoke Zarathustra) 作者

還好，你有選擇，你可以選擇如何教育自己。這選擇做得好，你會比 MBA 的畢業生更有出息、更有成就，同時間又可以省下大筆學費。靠自己學會做生意的根本，靠自己去結交屬於你的良師益友，就可以達到正式商學教育九成九的效果，但成本卻是九牛一毛。與其虛擲寶貴的光陰與辛苦賺來的血汗錢去學一些老掉牙又用不著的理論，倒不如把時間跟錢省下來自學你真正需要的成功祕訣。

如果你有能力申請到頂級 MBA，也有能力高分畢業找到好工作，那乾脆跳過這一大段冤枉路，直接從這本書裡學會經商的一切基本知識，也許才是你最好的選擇。

## 這本書能告訴你什麼

剛開始接觸一門新的學問，你會覺得要背好多東西，這是錯的。你需要的是掌握每個領域三到十二個不等的基本原則，其他數不清、你覺得應該背起來的東西，只不過是這些基本原則的排列組合，不影響你全盤了解這門學問。

——約翰‧T‧瑞德 (John T. Reed)，不動產投資專家，《成功之路》(Succeeding) 作者

這本書的設計，是要在最短的時間內，用最有效的方法，讓你知道做生意有哪些基本的常識。下面是你可以快速預覽一下的本書內容：

**企業的運作**。一家成功的企業，大致上說，是要提供 ① 有價值的產品或服務，給 ② 有需求的人，收 ③ 他們覺得合理的價錢，讓 ④ 客人覺得滿意，覺得產品或服務符合預期，由此 ⑤ 業務能夠創造足夠的利潤，讓業主覺得值得、覺得會想要永續經營下去。這五項概念，也就是第一到第五章要討論的內容，你可以從中了解到企業如何運作，你又能如何讓營運成效有所提升。

**人的管理**。每家公司都跟人有關，開公司的是人，而對人沒有好處的公司，也絕對開不下去。**要了解企業如何運作，你必須**

確實掌握人的決策思路，知道人怎麼做出決定，怎麼貫徹決定，怎麼與別人溝通他們的決定。第六到第八章會介紹幾個重要的心理學概念，讓你知道人心如何理解這個世界，你又應該如何與人應對進退，才能創造、維繫商業上重要的人脈。

體系如何運作。企業是個複雜的體系，當中存在著眾多要素與變數，而企業之上還有許多複雜程度有過之而無不及的體系，像產業、社會、文化與國家都是。第九到第十一章會幫助你了解體系何以複雜、如何運作，並協助你分析現有體系的架構，讓你找到方法讓企業體系更加精細，運作更加順暢，但又不用擔心引發意外的後果。

至於你不應該期待本書的東西，有下面幾點：

▸ **過度管理與過度領導**——很多企業（和所有的商學院）都錯誤地把**領導統馭與經商能力畫上等號，這是個迷思，管理與經商是兩件事**。管理與領導對企業的經營非常重要，但不是商學教育的全部。**不先具備扎實的經商知識，即便你能把一群人組織起來，你也不知道要把他們帶往哪個方向**。企業存在是為了創造價值，交付價值給付錢的顧客。管理與領導只是手段，不是目的。在第八章，我們會用實際的案例去探討有效管理與領導統馭的要素，憑空想像於事無補。

▸ **CFA/CPA 層級的財務會計**。財務會計是非常重要的主題，我們會在第五章探討當中的核心概念與實務，包括常見的錯誤與陷阱。但話說回來，我們有太多主體可以探索，而財務並不是本書唯一的焦點。針對財務分析與會計標準的深度研究，已經遍布在遠比本書厚重的幾千本專書裡，而除非你的目標是成為一名特許金融分析師 (CFA) 或特許公認會計師 (CPA)，否則你學基本的東西就好，細節留給專家。

好消息是，我們不用把輪子重新發明一次：市面上已經有許

多以財務會計為題的傑作。如果你在看完第五章後還有興趣深究這些主題，我推薦以下的作品：

* 凱倫·柏曼 (Karen Berman) 與喬·奈特 (Joe Knight) 合著的《企業家該有的財務智商》(*Financial Intelligence for Entrepreneurs*，暫譯)
* 葛雷格·卡比翠 (Greg Crabtree) 所著的《簡單數字、直白對話、豐厚獲利》(*Simple Numbers, Straight Talk, Big Profits!*，暫譯)
* 麥克·派柏 (Mike Piper) 所著的《我把會計變簡單了》(*Accounting Made Simple*)
* 約翰·A·崔西 (John A. Tracy) 所著的《財務報表這樣看就對了：108 個看報表的關鍵訣竅與注意事項》(*How to Read a Financial Report*)

此外，包括 MBA Math (http://mbamath.com) 與 Bionic Turtle (http://bionicturtle.com) 在內的線上課程也唾手可得，可以滿足想對這些課題有進一步了解的你（不少商學院與企業財務訓練學程都把這些線上課程列為入學前的推薦或必備修習內容）。

▶ **量化分析與模型建立。**我們會在第十章討論到測量與分析的基本功，但本書無法把你變成華爾街的量化鬼才或可以上天下地的試算表牛仔。統計學與量化分析只要使用得當，都會是經商的利器，但實際的技術面問題極其需要因個案置宜，而那已經超出本書的範圍。如果你在看完第十章後還對統計分析欲罷不能，那我推薦下列書籍：

* 烏里·布蘭 (Uri Bram) 所著的《統計學的思考》(*Thinking Statistically*，暫譯)

* 戴瑞・赫夫 (Darrell Huff) 所著的《別讓統計數字騙了你》(*How to Lie with Statistics*)
* 強納森・庫米 (Jonathan Koomey) 所著的《活用數字，作分析》(*Turning Numbers into Knowledge*)

　　想一探更進階的分析方法，M・G・鮑默 (M.G. Bulmer) 所著的《統計學原理》(*Principles of Statistics*) 會是一本很就手的參考書。

# 如何善用本書

所有真正睿智的思想，都已經被想過成千上萬次了。但要讓它們真正成為你的東西，我們必須誠實地反覆思考它們，直到它們在我們的生活體驗中生根。

——約翰・沃夫岡・馮・歌德 (Johann Wolfgang Von Goethe)，詩人、劇作家、博物學家

　　這邊提醒幾點，希望本書讓你獲益良多：

▶ **翻閱、瀏覽、掃描。**你或許不相信，但想因為這本書受益，你並不需要把這本書從頭讀到尾。翻閱，可以讓你在閱讀上事半功倍。運用這樣的概念，你可以定期瀏覽本書，邊瀏覽邊找尋你有興趣的章節，讀完後把當中介紹的概念應用在工作上幾天，我相信在不經意中，你會開始注意到許多進步，你的想法也會愈像是個「殷實的商人」。

▶ **本子跟筆帶在身上。**本書的宗旨是給你觀念，讓你知道如何把事情做得更好，所以請你做好準備，靈光乍現的那一瞬間，就要能把心得立刻記錄下來，這樣你日後的複習工作會輕鬆許多。從筆記出發，你的筆記本更會慢慢演化成你的企劃書草稿。[20]

▶ **定期複習。**把這本書放在公司，讓你想到隨時可以參考，特別是你有新的企劃案要發想之前。熟能生巧是不變的定律，書中的觀念

愈能內化成你自己的東西，你就愈能將之運用自如，來提升企業經營的績效。我也建議你在行事曆上提醒自己每幾個月把本書或筆記拿出來重看，藉以強化你對觀念的掌握，進而激發出更多生意上的靈感。

▶ **和工作夥伴們討論書中的觀念。**若你共事的每個夥伴和你一樣熟悉這些心法，你的職場會效能大增，因為你們討論起事情來不再雞同鴨講。書中每個心法文末皆列出了參考網頁連結，你可以在寫電子郵件、企劃案或網路文章時附上該連結，以期在和對方交流時縮小概念上的落差，特別是碰到商場生手的時候。

▶ **學無止境。**書中會提及兩百七十一個心法，每一個都有極大的應用空間，本書不可能鉅細靡遺地深究每個心法的潛力。這個世界很大，有無窮盡的資源，商管文獻更不知凡幾，在在都可以幫助你深化對觀念的理解，讓你親炙特別有興趣的心法。歡迎到personalmba.com 跟我一起探索，讓我們一起把這些觀念應用在日常的工作與生活中。

走吧！

---

28. 想進一步了解閱讀時做筆記的好用訣竅，可參考：" 3 Simple Techniques to Optimize Your Reading Comprehension and Retention" at https://personalmba.coma.com/resources/.

# 第一章

# 價值創造
## Value Creation

別人想要什麼，你就去做什麼⋯⋯可以滿足還沒有得到滿足
的需求，無價。如果你發現一樣東西壞了，而你又知道怎麼
去修，可以替很多人修，那你就發了。

——保羅・葛雷翰 (Paul Graham)，
Y Combinator 創投創辦人、Paulgraham.com 駐站作家

　　每家成功的企業，每門賺錢的生意，背後都有個具備價
值的產品。這世界遍地黃金，你每天都可以想辦法去改善人
的生活，而這些辦法都是商機。人們在商場，你的工作就是去
找到有什麼東西是大家想要卻還沒完全得到，然後把東西做出
來提供給他們。

　　如此你所創造出的價值可以有不同面貌，但其目的萬變
不離其宗，那就是要改善人的生活，即便只是一點點都好。
創造不出價值，企業也就無以存在──拿不出有價值的東西，

你就沒有辦法跟人交易。

　　想成為世界上最好的企業，就要替眾人創造出最大的價值。有些企業能夠做得不錯，是因為提供一點點價值給很多的人，有些企業能存活得不錯，是因為他們專注在提供很大的價值給一小部分人。不論如何，你愈能替人創造出真正的價值，你的企業就能經營得愈好，你的身價也就水漲船高。

觀念分享：http://book.personalmba.com/value-creation/

# 每家企業都有的五個部分
## The Five Parts of Every Business

一門生意，就是一段可以反覆操作、賺取獲利的流程，其他的東西，都只能算是興趣而已。

——保羅・佛瑞特 (Paul Freet)，職業創業家、商品化專家

　　簡單來說，企業就是一段可以反覆操作的過程：

一、創造出有價值的東西，然後交貨出去……
二、這東西必須有人想要或需要……
三、價格必須讓他們付得起……
四、能滿足客戶的需求或期待……
五、最終企業能賺進足夠的獲利來經營下去。

　　重要的不是公司的大或小。你可以是一人公司，也可以是資本額數十億的國際品牌，但你一定要有上面五個部分，不然你所擁有的就不是一門生意，而只能說是一項興趣。一項投資如果不能創造價值、回收成本，就定義上來說，就只是打發時間的一門興趣；一項投資如果不能吸引到市場的注意，就是失敗；一家公司如果不能把所創造出來的價值銷售出

去，就等於宣告自己是非營利組織；一家公司無法交付自己所承諾的產品或服務，就是詐騙；一家企業如果不能創造足夠的現金流來維持營運，終究會關門大吉。

說到底，每家企業都是由五個「獨立的」流程所構成的，而這五項流程是有方向性的，一個會接著一個：

一、**價值創造**。發掘消費者需要什麼，然後去從事創造。

二、**行銷**。吸引市場注意，為你所創造出來的產品打開市場。

三、**銷售**。把潛在的客戶轉化為付錢的客戶。

四、**價值交付**。把承諾的產品或服務交付到客人的手中，直到他們滿意為止。

五、**資金流入**。創造一定程度的現金流入，別讓自己做了白工，也讓業務能夠持續推動。

如果你覺得這五項東西聽起來很簡單，那你就對了，這些東西一點都不難。做生意本來、從來就不是什麼高深的學問，你唯一要做的只是看到問題、找出方法去解決問題，然後讓交易雙方各取所需、創造雙贏。如果有人把做生意這檔事說得天花亂墜，說得比上面這五樣事情還要複雜許多，那他不是想要讓你覺得他很了不起，就是想要推銷一樣你不需要的東西給你。

每家公司都有的五個部分是每個創業靈感與企劃案的根基。如果你可以清楚地定義一門生意的上述五項流程，你就能完全掌握這公司要如何開門運作。如果你在思考創業，我的建議是你得先想清楚自己的這五樣東西長得什麼樣子；如果你沒有辦法用文字或圖表去描述這些核心流程，那麼你就還沒有準備好創業。❶

觀念分享：http://book.personalmba.com/5-parts-of-every-business/ ↖

# 具有經濟價值的技能
### Economically Valuable Skills

不要到處遊說世界欠你一份生計，這世界並不欠你什麼──人家可是先來的。

——馬克·吐溫 (Mark Twain)，美國小說巨擘

如果想提升自己作為商業人士的價值，你就應該聚焦與「每家公司都有的五個部分」直接相關的技能，然後努力去增強這些技能。

不是每項技能或每門專業知識都具有經濟價值，但這並不打緊──很多事情即便當成休閒娛樂，也很值得我們去努力。你可能喜歡泛舟，但除非你的泛舟技術能對任何人產生任何幫助，否則一般人不太可能願意付錢看你去浪裡打滾。但話又說回來，如果你能成功將個人的興趣升級成專業的產品與服務，那寓賺錢於娛樂確實不是不可能──這世上不乏許多熱愛冒險的靈魂，會願意付錢跟你買泛舟的設備，請你當泛舟的教練。

正如麥可·馬斯特生 (Michael Masterson) 在《賺錢公司養成術》(*Ready, Fire, Aim*) 中所說，不要期待跟「每家公司都有的五個部分」無關的技術能夠產生任何經濟上的效益。如果你實在是很想用自己的興趣去賺錢，你就得發揮創意，讓自己的興趣產生經濟價值。

任何技術或知識若能夠幫助你完成「創造價值、打開市場、售出產品、交付價值、取得現金流入」，就能稱得上具有「經濟價值」──由此，本書就將討論這五個面向。

觀念分享：http://book.personalmba.com/economically-valuable-skills/

---

1. 想看我示範如何做到這一點，請前往：http://book.personalmba.com/resources/。

# 市場的鐵律
## The Iron Law of the Market

市場才是王道；不論你的團隊再強，也不管你的產品多棒，都不是惡劣市場環境的救贖。市場若不存在，你再聰明又能怎樣。

——馬克・安德瑞森 (Marc Andreesen)，創投家、網景 (Netscape) 創辦人

你有沒有想過某天你辦了一場派對，卻連一個人都沒出現，你該怎麼辦？你該好好想想這個問題，因為在商場上，這樣的事情天天上演。

狄恩・卡曼 (Dean Kamen) 是個多產的知名發明家，他的作品除了史上第一台胰島素幫浦「史特林發動機」(Sterling engine)、淨水器，還大手筆花了超過一億美元去開發出賽格威 (Segway PT)，一台零售價五千美元、能自我平衡的兩輪滑板車。賽格威問世時，狄恩宣稱這好傢伙會是個人交通上的里程碑，是一項革命性的產品，就像「內燃機汽車取代了馬車一樣」。二〇〇二年當賽格威正式問市，卡曼的公司宣布他們預期的銷售量是每年五萬台。

快轉到五年後，公司卻只賣出了兩萬三千台，還不到公司原本目標的一成。（公司的財務資料保密，但是我想不過分地說，上頭的數據應該不會好看。二〇一五年，這家公司賣給專售電動滑板車的納恩博公司 (Ninebot)，售出價格沒有對外公開。）

**賽格威賣不好，問題不在於產品的設計不好**——賽格威能跑，其所使用的科技是非常精密、非常先進的，而且這產品的優點也非常多：賽格威很方便、很環保，很適合作為都會區的代步工具，有了賽格威，你可以不開車。它之所以賣不好，問題在於很少有選擇不走路、不騎腳踏車，而花五千美元去買一台自己站上去像個土蛋的「交通工具」，換句話說，**卡曼擘畫中的大眾市場，並不存在**。

同樣的戲碼每天都在創業的舞台上演。沒有足夠的營收去支持公司運作，任何生意都不可能做起來，而你所提供的商品或服務必須真正有人

想要，你才能有營收可言。

任何生意基本上都受到市場規模與市場品質的限制。這是一條冷血、無情、殺無赦的鐵律：你如果不能找到夠多夠死忠的客戶，你想成功創業就會相當困難。

所以聰明如你，應該努力去做大家想要的東西。沒有人要的東西，做出來只是浪費時間、浪費力氣。市場調查對企業來說，就像高空彈跳之前要先看看下面是什麼東西一樣。而像約翰・馬林斯 (John Mullins) 的《創業測試：企業家及經理人在制定商業計畫前應該做些什麼》(*The New Business Roadtest*)，還有其他類似的書籍，就可以幫助你在出發之前，先掌握哪些產業具有前景，這樣你創業成功的機率必然會增加。

在下面幾節當中，我們要探討的是在你投入寶貴的時間與血汗錢去創造一項新產品之前，怎麼先去想清楚消費者的需求。

觀念分享：http://book.personalmba.com/iron-law-of-the-market/ ↖

## 核心人性需求
### Core Human Drives

*了解了人類的需求，你就很有機會滿足這些需求。*

——艾德萊・史蒂文森二世 (Adlai Stevenson II)，政治家、前伊利諾州州長

想成功創業，對人性需求有基本的了解是一定要的。關於人性需求，最廣為人知的泛用理論是一九四三年由心理學者亞伯拉罕・馬斯洛 (Abraham Maslow) 提出的需求金字塔 (Maslow's hierarchy of needs)。馬斯洛的理論認為人會依循五大階段來追求自己的需求：生理需求、安全需求、歸屬感／愛的需求、受到尊重的需求、自我實現的需求。其中最基本的是生理需求，最高階的需求是自我實現（探索人的內在潛能）。

在馬斯洛的排序中，人一定要先滿足了低階的需求後，才能夠去追求較高階的需求。如果連飯都吃不上，或連命都保不住，我想你應該沒

心思去管別人看不看得起你或你有沒有發揮潛力。

實務上，我喜歡克雷頓・埃爾德弗 (Clayton Alderfer) 版本的馬斯洛金字塔，他稱之為 ERG 理論：人類會依序追求三樣東西——存在 (existence)、關係 (relatedness)、成長 (growth)。有了可以存活的條件之後，人就會進一步去交朋友跟尋求伴侶。接著等友情跟愛情都穩定後，他們就會專心在自己的志趣上去精益求精。

循序前進的 ERG 理論解釋了人類欲望的基本排序，但並沒有說明具體應該怎麼去滿足這些欲望。為此我們必須求助於其他的理論。根據《欲望的推動：人性如何形塑我們的選擇》(*Driven: How Human Nature Shapes Our Choices*) 一書的合著者，哈佛商學院教授保羅・勞倫斯 (Paul Lawrence) 與尼汀・諾瑞亞 (Nitin Nohria) 所說，所有人都有四樣「核心人性需求」(Core Human Drives) 會深深影響著我們的決策與行動：

1. 「**得到的需求**」。得到與收集東西的需求，是與生俱來的，而這東西可能是具體的物品，也可能是抽象的地位、權力與影響力。建構在「得到的需求」之上的產業，包括零售商、證券經紀商與政治顧問公司。這類公司之所以能夠觸及人類「得到的需求」，是因為他們承諾了我們財富、名聲、影響力與政治權力。
2. 「**連結的需求**」。這是一種渴望受到重視、渴望被愛、渴望與人建立精神或肉體關係的需求；建構在「連結的需求」之上的產業，包括餐廳、會議公司與婚友社等。這類公司能夠觸及人類「連結的需求」，是因為他們承諾讓我們有魅力、讓我們受歡迎、讓我們受到肯定。
3. 「**學習的需求**」。這是種想要滿足好奇心的需求。建立在這種需求上面的企業包括學術學程、書籍出版商與訓練機構。企業承諾讓我們知識更淵博、技能更完備，便能跟這樣的需求搭上線。
4. 「**抵禦的需求**」。想要保護我們自己、我們心愛的人，還有我們的身家財產的需求。建立在這種需求之上的企業包括居家保全

系統、保險產品、武術訓練與法務服務。企業如果能承諾讓我們安全、幫我們解決問題，或是避免讓壞事發生在我們身上，便可以與這樣的需求建立連結。

還有第五個核心需求，是勞倫斯跟諾瑞亞忘記提到的：

5. **「感覺的需求」**。想要獲得新的感官刺激、強烈情感體驗、愉悅、興奮、娛樂與期待心情的需求。建立在這種需求之上的企業包括電影院、遊戲機、演唱（奏）會、（職業）運動比賽。企業若承諾能讓我們得到愉悅、刺激、讓我們心中充滿期待，便能夠觸動我們心中「感覺的需求」。

**當一群人有上述任何一種需求尚未得到滿足，就會有一個相應的市場出現來滿足這個需求。由此，你所提供的商品或服務若能與愈多的需求有所連結，你的潛在客戶就會對你所提供的東西愈感興趣。**

在其核心，所有成功的生意賣的都是財富、地位、權力、情愛、知識、安全感、愉悅感、刺激感，或者是這些東西的排列組合。你愈能清楚說出自己的產品要滿足哪一個或哪些上述需求，你的企劃案就會愈具有市場吸引力。

觀念分享：http://book.personalmba.com/core-human-drives/

心法
5

# 社會地位
## Social Status

一個看不起水管工，覺得這活兒幹得再好也不是什麼高尚的工作，對於濫竽充數的哲學卻睜一隻眼閉一隻眼的社會，最終將會兩頭落空，既訓練不出好的水管工，也培育不出優秀的哲學家：這種社會裡會漏水的不光是水管管線，還有其哲學思維。

——約翰・威廉・嘉德納 (John W. Gardner)，卡內基 (Carnegie) 公司前總裁

除了理解核心人性需求以外，同樣重要的是我們要明白人類是社會性的動物。就跟許多哺乳類一樣，人類演化出了「啄食順序」去代表群體中的權力或地位排名。與人競爭地位、權力一旦獲得勝利，就可以帶來許多的好處，包括得到食物、伴侶、各種資源，還有團體中其他成員的保護。

在文明社會裡，人的地位已不再直接牽涉到生存，但我們的大腦在經年累月的發展下，仍會不自覺地把社會地位 (Social Status) 當成一件舉足輕重之事。這也就是關乎到社會地位的考量會影響我們絕大多數的決定與行為。

**社會地位是一種普世的現象：神經系統正常的人類都會在乎別人對自身的觀感，並花費大量的心力去追蹤比較他們與群體中其他成員的相對地位。每當有機會往上爬，大部分人都會毫不遲疑抓住它。只要有迴旋的餘地，沒有人會不選擇能讓自己地位看起來更高的做法。**

整體而言，我們會希望跟我們認知中有權力、有重要性、非人人都能觸及，或是在特質與行為上展現出較高地位的個人或組織建立關係。同時我們還會希望其他人都能意識到我們的地位：不然你以為大家在臉書上幹嘛？

社會地位是現實的一部分；無所謂絕對好與壞，我們對之也無須避之唯恐不及。事實上，對地位的渴求可以激勵人去追求至善至美。套句哲學家與社會評論家艾倫‧狄波頓 (Alain de Botton) 的話說，「一個人如果感覺自己成功了，那他就找不到動機去真正成功了。」

當然若無適當的節制，這種對地位的渴望也會讓人誤入歧途：所以才有人會買了豪宅、名車、名牌服飾，最後卻落得破產或債台高築的下場。身而為人，觀察自己對地位的重視程度可以做為購物時一個很好的參考，尤其是當雜牌或副牌的東西可以用更低廉的花費滿足我們相同的需求與欲望時。

至於做為商務人士，我們必須了解地位考量存在於核心人性需求的每一個階層。當你開出條件要聘用一名新人時，他們自會評估你的「待

遇包」可以如何影響他們的社會地位。**內建的地位象徵，幾乎都能有效增加產品或服務對目標市場的吸引力。**

觀念分享：personalmba.com/social-status/

## 心法 6 評估市場的十種方法
### Ten Ways to Evaluate a Market

*太多時候，我們把努力的對象搞錯；先把努力的對象弄對，恐怕要比悶著頭去胡亂努力一通，來得重要許多。*

──卡特琳娜．菲克 (Caterina Fake)，Flickr.com 與 Hunch.com 創辦人

　　如果你正在考慮創業，或是想讓目前的公司業務拓展到新的領域，你最好能在跳下去之前先做好事前評估的工作。

　　評估市場的十種方法，說的是有人在餐廳用餐時想到，臨時寫在餐巾紙背後，非常實用而不輕易外傳的一套方法。**這套方法是將產品或服務的市場性分解成十個因子，分別給予零到十分的評分，其中零分表示極度欠缺吸引力，十分代表非常具有吸引力。如果不確定，給分上寧可保守一點。**

一、**急迫性**：消費者有多想立刻得到你的產品或服務？（租一部老電影往往不是很急；新電影的首映則有其急迫性，因為首映只有一場。）

二、**市場規模**：有多少人會想要主動購買這樣東西？（教人在水面下編織竹籃的課程，市場肯定非常小，但癌症治療的市場就非常大了。）

三、**定價潛力**：對於一個解決方案，消費者平均願意付出的最高價是多少？（棒棒糖一支可以賣到〇．〇五美元，航空母艦一台可以賣到幾十億美元。）

四、**客戶開發的成本**：取得新客戶容不容易？平均來說，你得花多少成本，包括人力與財力，才能做成一筆買賣？（蓋在州際道路旁邊的

餐廳，輕輕鬆鬆就會有客戶經過上門；專做政府生意的包商則需要花費好幾百萬美元，才能在公部門採購的招標中勝出。）

五、**價值交付的成本**：你得花多少人力與物力，才能將價值創造出來、交付出去？（把做好的檔案用網路寄出去，幾乎不用任何成本；投資一項產品、建設一座廠房，則需要好幾百萬美元的資金投入。）

六、**產品或服務的獨特性**：你所提供的產品或服務，相對於市場上的競爭對手，有多獨特？你的對手如果想要抄襲你，容不容易？（坊間的美髮沙龍很多，但能提供私人太空之旅的旅行社就非常稀少了。）

七、**上市速度**：你能多快把產品做出來，賣到市場上？（你可以隨時提議要幫鄰居除草，幾分鐘內就可以就緒，但是要申請開家銀行，沒有個幾年你不用想。）

八、**前置投資**：在能把東西做出來，開始開店做生意之前，你得先拿出多少錢？（要當家政婦你需要的只是一些很平價的清潔用品；要挖金礦，你需要購置土地，還有挖土機等重型機具。）

九、**追加銷售的潛力**：你的主要產品有沒有相關的周邊商品可以提供給消費者？（買了刮鬍刀，消費者還可能會順便買刮鬍泡跟補充的刀片；但買飛盤的人，就沒什麼配件可以追加了，除非舊的掉了、壞了，否則消費者不會再上門。）

十、**持續付出的需求**：第一筆價值交付之後，你是不是需要繼續付出心力，才能確保營收持續入帳？（企業顧問或諮詢機構必須持續提供建議，顧客才願意付錢給你；作家書只要出了，就是出了，接下來就只要持續一直賣就可以了。）

做完上面所有的評估之後，把分數加起來。如果分數只有五十，甚至低於五十，那你還是另外想想別的生意好了，你的精力和資源可以用在更好的地方，大涯何處無芳草嘛！如果分數達到七十五分，甚至更高，那恭喜你，你的構想很有希望，放手去拼吧！至於分數落在五十分與七十五分之間的，我只能說這樣的生意有潛力打平，但沒有雄厚的人力

與財力資源做後盾，想要真正做起來的機會也不太大，所以真的決定要做的話，我建議你應該量力而為。

觀念分享：http://book.personalmba.com/ten-ways-to-evaluate-a-market/ ↖

## 心法 7 競爭的潛在好處
### The Hidden Benefits of Competition

我們應該害怕的競爭，來自那些完全不會管你在幹嘛的對手，他們只會專心把自己的生意，一天做得比一天更好。

——亨利・福特 (Henry Ford)，福特汽車公司創辦人、生產線的先驅

　　初次創業的人常常有一個共同的經驗，就是發現自己的企劃並不如原本想像中的那麼有創意、那麼有原創性：其他公司早就已經推出類似的產品或服務了。這個發現常常會動搖創業者的信心，畢竟如果別人已經在做了，自己幹嘛還去蹚這趟渾水呢？

　　開心一點，振作起來：競爭其實不是件壞事，競爭的潛在好處是存在的。當兩個市場在其他各方面都具有相同的吸引力時，你應該選擇投身有競爭對手的那個市場，理由是：競爭對手的存在，意謂著付錢的客人確實存在，而沒有客人，才是你最大的風險，因此競爭對手的存在，其實是幫你消滅了最大的創業風險。

　　市場的存在意謂著你已經在市場的鐵律上選對邊站，此後你可以多把時間花在產品或服務的精進上，而不用再去質疑市場到底存不存在。如果同一個市場裡有好幾家成功的業者，你就不用擔心自己的投資會有去無回，因為你已經知道這東西有很多人在買。

　　想觀察你的潛在對手在幹什麼，最好的辦法就是去消費、去扮演顧客的角色。在你的財力許可範圍內，多買些他們的產品。把對手的產品拿在手上，站到第一線去了解對手，可以大幅增進你對市場的掌握：對手提供給消費者什麼樣的價值，他們如何引起市場注意，他們收多少錢，

他們如何做成生意，他們如何取悅客戶，他們如何排除障礙，他們還沒能提供的產品或服務有哪些？

　　**作為付錢的客戶，你可以確認對手哪裡做得對、哪裡做得不對，並根據這些對錯來擬訂你的營運策略；以競爭對手為師，從他們的成功與失敗中學習，然後創造出更具市場價值的產品或服務。**

觀念分享：http://book.personalmba.com/hidden-benefits-of-competition/

## 心法 8　傭兵法則
## The Mercenary Rule

*尊金錢為神祇，這惡魔就會讓你墮落。*

—— 亨利‧費爾汀 (Henry Fielding)，十八世紀毒舌派小說家

　　當傭兵絕對划不來：創業不要只是單純為了賺錢，原因很簡單，創業從開始到進入常軌，都絕對比你想像中辛苦。

　　就算你找到一門生意是幾乎可以放著不管的，你還是得先建立好一套制度，只有制度健全，之後的營運才可以照著制度走，才能不耗費你太多精神，而建立系統（系統的細節容後再論）也需要你的堅持、你的投入。**如果想創業的你只對錢有興趣，要撐到生意開始獲利會是很困難的。**

　　你要格外注意自己一再面臨到的問題。要把一件事情做起來、做到好，大體上就是得不斷地嘗試錯誤、重新來過，同時工作對你有吸引力也是很重要的。要兼顧以上兩點，**最好的作法就是去找到一門你喜歡的生意、一個你樂在其中的市場，這樣你才會有動力，每天去想該如何精進自家的產品或服務，而要找到這樣的市場，你必須要有恆心、耐性與積極去探尋的毅力。**

　　不過在這樣的過程當中，不要看到某些生意表面上好像很無趣，就對其嗤之以鼻，完全不去深思熟慮。事實上，有些調查工作是不可少的，有些生意只要有某些地方能讓你覺得趣味盎然、讓你忘情其中，也就夠

了；即便這個市場整體來說並沒有什麼特殊之處，甚至有點平淡無奇，你還是可能覺得受其吸引，能夠做得下去。「黑手」的工作像是水電工，甚至是垃圾的環保回收，固然「賣相」不好，但這些行業只要做得好，一樣可以賺大錢的，因為市場就是會不斷地有這方面的需求，而願意放下身段去滿足這些需求的人，相對又相當地少。

如果你想到辦法能讓一個有需求、但不吸引人的市場變得有趣，讓自己起心動念去投身其中，那恭喜你，你可能已經挖到寶了。

觀念分享：http://book.personalmba.com/mercenary-rule/ ⬆

## 十字軍法則
### The Crusader Rule

*狂熱者展現的是信仰的力量，智者展現的是信仰的根基。*

——威廉·申斯頓 (William Shenstone)，十八世紀詩人與地景設計師

具備十字軍般的狂熱心情，一樣不會有什麼好處。有些時候，你會發想出某個點子，你會對這個點子非常著迷，以致於失去了客觀思考事情的能力。九星連珠，仙界的號角響起，於是你深信不疑，你終於找到了你的天命。

在種種的亢奮之中，你很容易忘記興趣跟生意之間的差異；在樂觀的催眠之下，你會忘記小心：要是連水電費都付不出來，你還能奢望去改變世界嗎？

有些點子不是不好，但這些點子背後沒有足夠的商機、足夠的市場去支撐起一門生意，但這也不是什麼滔天大罪。不能開店賣錢不表示你應該忽視這些點子。下班後的興趣可以幫助你拓展知識、增進能力、體驗新的方法與技巧。我舉雙手雙腳贊成發展副業或興趣，只要這副業不是你收入的主要來源；只要你財務狀況沒有問題，你想當怎樣的十字軍都沒有關係！

在創業之前，記得要做功課，「評估市場的十種方法」一定要確實完成。如果覺得保持客觀很難，你可以找個信得過的同事，或是某位良師益友幫你，總之你得用最快的速度、最低的成本，評估過市場的潛力之後，才好跳進一門生意。花幾個小時評估商機，可以避免日後好幾個月，甚至好幾年的一蹶不振，更別提資源與精力的浪費。

觀念分享：http://book.personalmba.com/crusader-rule/ ↖

## 心法 10 　價值的十二種標準型態
### Twelve Standard Forms of Value

*價值並非內存，也不在物體裡面；價值存在人的身上，存在於人與外在環境條件的互動之上。*

——路德維希·馮·彌塞斯 (Ludwig Von Mises)，奧地利經濟學家與《人類行為》(Human Action) 作者


　　為了成功提供價值給顧客，我們必須將價值包裝成顧客願意用金錢來交換的型態。而我們很幸運，這些型態都已經有人發明出來了，就像輪子一樣，我們不用傷腦筋再去重新改東改西——經濟價值（Economic Values；心法 34）通常有下列十二種標準型態：


一、　**產品**。創造一具體的東西或物品，然後用高於成本的價格賣出去進而牟利。

二、　**服務**。提供幫助或協助，然後根據顧客受惠的程度來收費。

三、　**資源分享**。創造耐久性的資產，提供給眾人使用，然後向使用者收取費用。

四、　**訂戶制**。長期性提供特定經濟效益，收取固定的規費。

五、　**轉售**。自批發商處取得資產或商品，然後轉賣給零售商賺取價差。

六、　**租賃**。取得資產，然後交由第三人使用，然後根據使用的時間收取租金。

七、 **代理**。代表第三方，行銷或販售某項資產或服務；代理商並非此
產品或服務的擁有者，但可就所提供之代理銷售服務，收取銷售
價格中的一定比例作為佣金。

八、 **聚集觀眾**。運用手段吸引群眾的注意力，然後將相關的廣告潛力
（時段）賣給需要宣傳自家產品或服務的企業。

九、 **放款**。借出一定金額的款項，然後在一段時間後收回本金與事前
約定的利息。

十、 **選擇權**。 提供於約定時間內執行特定交易的權利，換取權利金的
費用收入。

十一、**保險**。承擔特定壞事會發生在保單持有人身上的風險，藉以交換
事前約定好的一系列保費收入，萬一特定事件真的發生，就必須
給付保險金給被保險人。

十二、**資本市場投資**。買進某家公司的股權，然後一次性或長期性取得
相應於持股比重的獲利分配，也就是股利。

接下來讓我們更仔細地來分析價值的這十二種型態。

觀念分享：http://book.personalmba.com/12-standard-forms-of-value/

心法
11

# 價值型態 1：產品
**Form of Value #1: Product**

做生意不是一門財務學問……做生意講的是創造好的產品或服務，讓消
費者願意掏錢出來。

——安妮塔‧羅迪克 (Anita Roddick)，企業家、美體小舖 (The Body Shop) 創辦人

產品 (Product) 是價值具體化的產物；要經營一產品導向的企業，
你必須：

① 創造出消費者會想要的實體產品。

② 盡可能壓低產品的成本，同時維持可接受的品質水準。

③ 在市場可接受的範圍內，盡可能提高產品的銷售量與定價。

④ 維持足夠的成品庫存以滿足隨時會流入的訂單。

　　你手上現在所拿著的這本書，就是一種產品。書必須要有人寫出來、排好版、送去印刷與裝訂，然後以足夠的數量出貨給書店，最後才能到達你的手中。上面的流程只要少掉任何一樣，你就讀不到這本書了，而為了營利，一本書的售價必須高於其創作、印刷與經銷的單位總成本。

　　有些產品經得起一定程度的耗損，能在某種程度上耐久，就像汽車、電腦與吸塵器；另外有些產品屬於消耗品，像是蘋果、甜甜圈、處方藥，都算是這一類。產品不一定要具有形體，就像軟體、電子書，跟 **MP3** 音樂，都稱不上具體，但都是貨真價實，可以販售牟利的商品。

　　以產品的形式提供價值，是有利可圖的，因為產品在定義上就是可以複製、可以重複生產的物體。這本書寫出來只有一道手續，但是只要翻印、再刷，就算你想賣個幾百萬本到世界各地，都不是什麼太大的難題。也因為可以複製、甚至繁殖的特性（容後於心法 89 再行討論），產品往往可以在數量成長上遙遙領先其他形式的價值。

觀念分享：http://book.personalmba.com/product/ ↖

心法
12
# 價值型態 2：服務
## Form of Value #2: Service

*每個人都可以偉大，因為每個人都可以服務。*

　　　　　　　　——小馬丁·路德·金 ( Martin Luther King, Jr.)，人權鬥士

　　服務 (Service)，意謂著提供他人協助以換取財務上的報償；欲透過

服務創造市場價值，你必須能夠提供某種形式的效益給服務的使用者。

服務型的創業想要成功，你的公司必須：

① 讓員工習得某種技能；這種技能有人需要，但因為某種原因而不能、不願，或不想自己來從事。
② 能長期穩定提供高品質的服務。
③ 能吸引並留住付錢的客戶。

服務業一個很好的例子是理髮店。理髮，不是產品，沒有辦法放在架子上賣。理髮的服務是由一連串的動作構成，透過這一連串的動作，髮型設計師可以改變你的頂上造型，讓你美美地、開心地走出店門。在這層意義上，醫師、接案的設計師、按摩治療師、草坪修剪服務商、各類諮詢與顧問，都算是服務業裡的同業。

服務業做得好，是可以非常賺錢的，特別是你所具備、所提供的技能很罕見，或者難度很高；當然這裡也有一個問題，那就是罕見、困難的服務，施作起來通常也格外辛苦，比較難以不斷地重複。服務往往有賴於服務業者付出時間與精力作為投資，而這兩項資源都是有限的。心臟科醫生每進一次手術房，就是四個小時起跳，你說他一天能開幾床刀？

如果你正在開發一項服務，記得要根據你每天所投入用來服務客人的時間長度來收取費用，要不然你很快就會發現你做得要死要活，收入卻不成比例。

觀念分享：http://book.personalmba.com/service/

心法
13

# 價值型態 3：資源分享
Form of Value #3: Shared Resource

獨享的快樂難以持久。

——安·塞克斯頓 (Anne Sexton)，普立茲獎得主、詩人

資源分享 (Shared Resource) 是將某種耐久的資產拿出來讓眾人使用。透過資源的分享，你可以花一次功夫把資產創造出來，然後多次讓顧客付費使用。

　　要透過資源分享來成功創業，你必須：

① 創造出一樣消費者會想要使用的資產。
② 在不降低個別使用者體驗品質的前提下，盡可能提供這些資產給更多的人使用。
③ 收取足夠的費用來維護此一資產，使之長期處於良好的運作狀態下。

　　**健身房與運動俱樂部就是最典型的資源分享業。**某家健身房或類似性質的俱樂部，我們假設一下，可能會購置四十台跑步機、三十台固定式自行車、六套啞鈴、六套壺鈴，還有其他各式各樣會員樂於使用，但單價昂貴，所幸使用年限也很長的運動器材或設備。俱樂部的會員可以享受這些器材，但不用花大錢每個人家裡買一台，就像你要喝牛奶，不代表你要牽隻牛回家。**個人會員只要按時付會費，就可以使用俱樂部裡的各種設備，而這比起購買整套設備不知道要便宜多少。**（多數健身房結合資源分享與服務、加入會員等價值型態，而這正是一種很典型的搭售行為，請參考心法 26。）

　　電影院與遊樂園的經營模式，基本上是大同小異的。不論你是觀賞最新上映的好萊塢大片，還是人坐在雲宵飛車裡驚聲尖叫，都屬於資源分享，而**資源分享讓眾人能夠用少少的錢，獲得原本應該很昂貴的體驗。**

　　**資源或設備的使用頻率至為關鍵，必須要嚴密地加以監控，**因為萬一使用者的數目不夠，你就沒有辦法攤平資產的成本、沒有辦法回收設備的前置成本，更沒有辦法負擔後續的維護費用。如果使用者的數量太多，過度擁擠可能會導致體驗的品質大幅下降，進而使消費者覺得不滿意，最終停止與他人分享這項資源，甚至變成負面的口碑，使得其他人也不願意上門光顧，因為在這樣的過程中，你的聲譽（Reputation；心法 61）

已經遭受到打擊。在使用者的過與不及之間找到甜蜜點，是透過資源分享成功創業的重要關鍵。

觀念分享：http://book.personalmba.com/shared-resource/

心法 14

# 價值型態 4：訂戶制
## Form of Value #4: Subscription

*請接受我的辭呈。我對當任何團體的任何成員，一點兒興趣都沒有。*

——格魯喬‧馬克斯 (Groucho Marx)，喜劇演員

訂戶制 (Subscription) 方案提供預先規劃好的福利，然後按期收取一定的費用。方案所提供的福利可以有形也可以無形，重點是訂戶要能期待因為加入方案而獲得額外的好處，而業者可以持續收取費用直到訂戶退出方案。

要透過加入訂戶的業務模式來成功創業，你必須：

① 常態性提供顯著的價值給每位會員。
② 建立起一定規模的訂戶基礎，並經常性吸引新的訂戶加入來彌補舊客戶的流失。
③ 定期向訂戶收取費用。
④ 盡可能延長訂戶訂閱服務的時間長度。

有線電視（第四台）或衛星電視的服務就是典型的會員制業務模式。加入會員後，只要你按時交費，有線電視業者便會持續提供有線電視訊號給你。你犯不著每個月打電話去續約，只要繼續繳費就是了；只要收得到錢，業者就會繼續提供訊號給你。

**訂戶制是一種非常具有吸引力的價值型態，因為這樣的業務模式提供非常穩定的營收流入。**相對於你得對著走進店門的每位老客戶反覆推

銷，訂戶制的好處是你只要經過一定的時間、建立起一定的訂戶基礎，之後你每期都會有穩定的收入進帳。

訂戶制要成功，關鍵在於將訂戶的流失率壓到最低。只要你能持續讓訂戶開開心心、感到滿意，每期都只有極少數的訂戶取消服務，那麼你就能更有把握地去規劃你的公司財務。即便有舊的訂戶流失，也不見得需要驚慌失措，前提是你能繼續開發新的訂戶加入。

觀念分享：http://book.personalmba.com/subscription/ ↖

## 價值型態 5：轉售
### Form of Value #5: Resale

心法 15

低買，高賣。

——股市名言

轉售 (Resale) 的意思是先從大盤商那兒批貨，然後加價轉賣給零售業者；而你所熟知的零售商，幾乎也都是轉售概念的實踐者，他們也都是從上游其他廠商處進貨，然後加上利潤後轉賣給你。

為了成功以經銷商的身分提供價值，你必須：

① 盡可能壓低進貨成本，通常是透過以量制價的方式為之。
② 在售出之前，必須保持產品的狀況良好——瑕疵品不能無良拿去賣給消費者。
③ 鎖定消費者要快狠準，藉此壓低庫存水準。
④ 盡可能擴大欲轉售產品的利潤或附加價值，能夠翻倍是最理想。

經銷商的存在有其價值，是因為他們有助於批發商或大盤商將產品銷售出去，不用為了煩惱如何與個別消費者搭上線而傷神；對務農的人而言，要靠自己把農場裡成堆的蘋果賣到數百萬家庭或個人的手中，是一

件既耗時、又非常沒有效率的工作。比較好的做法，是把蘋果賣到雜貨通路當中，讓雜貨店家去煩惱怎麼賣蘋果，他們自己只要專心研究怎麼種蘋果就好了。收購的連鎖超市買到了蘋果，就會將之列成存貨，然後加上利潤賣給上門的終端消費者。

大型的零售商包括沃爾瑪百貨 (Wal-Mart) 與特易購 (Tesco)、連鎖藥妝店 CVS 和沃爾格林 (Walgreens)，還有型錄商店像是海角天涯 (Land's End) 等等，基本上就是採取這樣的營運模式：低價向製造商購得產品、建立存貨，然後盡快加價轉手賣給終端消費群。

**建立良好的低價貨源，遂行完善的庫存管理，是經銷商成功的關鍵。欠缺物美價廉的穩定貨源，零售商就難以獲利，也不容易走得長久。這也就是何以零售商中的佼佼者都會與供應商建立密切的合作關係；若非如此，零售商將難以確保高品質的低價穩定貨源。**

觀念分享：http://book.personalmba.com/resale/ ⬉

## 心法 16　價值型態 6：租賃
### Form of Value #6: Lease

人類，就我的深入觀察，可以分為兩種：一種向人借錢，另一種是借錢給人。

——查爾斯・蘭姆 (Charles Lamb)，散文名家

租賃 (Lease) 牽涉到資產的取得，然後將取得的資產交由他人使用一段時間，條件是對方得支付事前約定好的費用。可供出租的資產五花八門，車子、船舶、房屋、腳踏車，都在此列，只要這資產經得起長期的反覆使用，而且能夠快速地回復到可使用的狀態，你就可以嘗試將之拿去出租。

欲透過租賃提供價值，你必須：

① 取得有人想租的資產。

② 以優惠的條件將資產出租給付錢的客戶。

③ 保護自己不受意外或不利事件發展的衝擊，這當中包括出租資產的喪失或損壞。

　　租賃對客戶有利，是因為他們不需要花大錢把東西買斷，就能夠獲得特定資產的暫時使用權。你或許拿不出數萬美元買一台賓士或 BMW，也買不起名貴的遊艇，但每個月拿出幾百塊美元應該還是可以的，而這樣的「小錢」就可以讓你租到上面這些看來高不可攀的代步工具。同樣的道理，也適用於食衣住行裡的「住」，租賃市場的存在讓你即便沒有錢買下豪宅，或者蓋一棟豪宅，也有機會住進豪宅。租約到期後，資產的主人還可以繼續把同個東西租給別人。

　　為了成功地透過租賃提供價值到市場上，你必須確定資產使用年限內的租金收入，足以超過資產的購置成本。多數資產都有使用年限，所以在訂定租金水準時，必須精打細算；大原則就是前面所說的，要讓使用年限內的租金收入超過資產的購置成本。另外在資產出租之前，你還必須將潛在的維修費用，乃至於可能因意外失去資產的風險成本計算在內。

觀念分享：http://book.personalmba.com/lease/

## 價值型態 7：代理
### Form of Value #7: Agency

心法 17

*死後我希望火化，之後十分之一的骨灰請交給我的經紀人，合約裡有寫。*

*——格魯喬‧馬克斯 (Groucho Marx)，喜劇演員*

　　代理 (Agency) 牽涉到行銷，但代理商或經紀人所行銷的資產或產品，並不屬於自己。代理商並不自行創造價值，而是與價值的所有人組成團隊，然後負責替這項價值找到買家。換句話說，代理商或經紀人的角色

就是在產品／服務與買家之間扮演橋梁，一旦牽線成功便可收取佣金或手續費。

為了透過代理提供價值，你必須：

① 找到手握價值的製造或服務業者。
② 與潛在買方建立起聯繫與信任關係。
③ 折衝樽俎，交涉出雙方可以接受的代理條件。
④ 按照簽訂的代理條件，向廠商收取銷售佣金。

廠商願意付錢去找代理商，是因為這樣做對其有利。**透過代理商，製造業者可以打入原本搆不著的市場、打不入的消費族群、搞定弄不懂的區域市場文化。**作者經紀人就是一個很典型的範例：初出茅廬的作者可能有本很棒的書在腦中醞釀，但他在出版界裡根本誰也不認識。這時如果有個人面夠廣的經紀人替他打點，這新人拿到書約的機率就能夠大大地提高。而因為替作者爭取到出版商與合約，經紀人也可以分得預收款與版稅中一定比例的錢，而這就是經紀人的佣金。

買方，同樣是代理制度的受益人，因為好的代理商或經紀人，可以幫他們發掘出優質的資產，讓他們用同樣的錢買到更好的產品或服務。代理商往往替買家扮演起守門人或過濾網的角色；值得信任的代理商，會將買家導引到值得購買的產品或服務面前，讓粗製濫造的產品或濫竽充數的服務提前出局。房地產仲介也是個很好的例子：對市場熟門熟路的仲介，可以幫助沒有頭緒的買家，提高他們買到好房子的機率。

從事產品或服務的代理要能夠成功，關鍵在於你得確定收到的費用或佣金得夠高、得值得你去付出相當的心力。由於多數代理關係要稱得上成功，你必須確確實實地把生意談成、把東西賣出去，而要做到這一點，你必須花很多時間、跑很多地方，所以得到的抽佣必須讓你覺得不虛此行，不枉你這麼辛苦地東奔西走。

觀念分享：http://book.personalmba.com/agency/ ▶

# 價值型態 8：聚集觀眾
## Form of Value #8: Audience Aggregation

*只要有一首廣告歌曲讓你給記住了，看電視就不能說是完全免費。*

*——傑森・勒夫 (Jason Love)，行銷人*

聚集觀眾 (Audience Aggregation) 的重點在於號召、聚攏一群具有某種共同性質的個體，然後把這樣的集合當成商品，賣給想要與這樣的族群直接聯繫或互動的第三方。不知道你有沒有想過，人的注意力其實是一種稀有的商品，因此把特定背景的族群聚攏起來，對有行銷需求的企業、或者對其他需要對大眾訴求事情的團體而言，是有價值的商品。

為了透過「聚集觀眾」來提供價值，你必須：

① 找出具備特定相同背景或興趣的一群人。
② 找出辦法，長期吸引住這個族群的注意力。
③ 找到有意願購買「注意力」的第三方。
④ 在不引起群眾反感的前提下，把與他們的接觸管道當成商品賣掉。

「聚集群眾」對群眾同樣有益，因為他們會聚集起來，必然有他們感興趣、想知道的事情。雜誌或其他以廣告做為收入來源的媒體，像是網站，都是很好的例子：讀者雖然必須看些廣告，但是他們還是可以得到雜誌或網站上的資訊，這是一種交換。如果廣告實在太誇張、太討人厭，讀者或網友自然會受不了而離開，但大多數人，只要雜誌內容、網站文章夠好，是可以接受看些廣告的。

「聚集觀眾」可以讓廣告主受益，因為他們需要讓群眾注意到他們，注意到他們的產品或服務，只有在被注意到的前提下，他們的東西才有可能賣得出去。試想你要參加一場會議、或者一個商展，無論如何，你會希望攤位最好在場地的中央，裡面最好能塞爆對你公司產品有興趣的

參觀人群。做得好，買廣告便是創造注意力的最好辦法，而受到矚目，產品就有「錢」景。只要廣告創造的效益可以蓋過廣告費加上企業的例行營運成本（Overhead；心法 112），那麼廣告作為客戶開發的工具是有其價值的，而這也表示廣告主確實會願意掏出錢來買廣告，而有能力聚集觀眾的企業，自然也就有辦法持續獲得收入而生存下去。

觀念分享：http://book.personalmba.com/audience-aggregation/ ↖

## 價值型態 9：放款
### Form of Value #9: Loan

*心法 19*

錢會説話──但信用有回聲。

──鮑伯·薩維斯 (Bob Thaves)，漫畫家、《法蘭克與厄尼斯》(*Frank and Ernest*) 作者

放款 (Loan)，讓借款人可以在約定的時間內使用特定金額的金錢，而他們付出的代價就是要分期償還這筆借款，直到本金還完，而且這每一期的還款當中，還得外加事前約定好的利息。

為了透過放款提供價值，你必須：

① 有錢可借。
② 找到人想要借錢。
③ 選定你覺得滿意的放款利率。
④ 評估借出去的錢拿不回來的風險，然後設法尋求保障。

有責任感的人可以運用貸款去買到原本財力無法負擔的產品或服務，日後再慢慢還款，畢竟有些需求實在沒有辦法等；房貸讓人可以即便手上沒有百萬美元存款，也可以先買到房子來遮風避雨；車貸讓人不用一下子付清，也可以開著新車在路上拉風得很；信用卡之類的小額信貸讓人可以先享受、後付款，甚至可以分期付款。

放款對金主也是有利的，因為他們可以把多餘的錢借出去賺取利息；複利加上本金，意謂著債權人可以領回遠大於本金的金額。以房貸這樣的長期借貸為例，銀行回收的款項可以比貸出的本金多上兩到三倍。

借貸一旦成立，放款人就不需要再費心去管理，唯一要做的大概就只剩下收錢——除非債務人還款出現異常，否則基本上是沒有什麼額外的工作得做。也因此，對於放款的風險評估，也就是「承作」這筆貸款的過程，就變得至為重要；**放款機構必須取得某種資產作為抵押品，以便在借款人還款出現異常時獲得保障，亦即萬一借款人喪失還款能力，抵押品的所有權便會移轉給放款機構，而金融機構往往會出售抵押品來彌補壞帳的損失。**

觀念分享：http://book.personalmba.com/loan/ ↖

## 價值型態 10：選擇權
### Form of Value #10: Option

心法 20

*你付了錢，然後做出你的選擇。*

*——一八四六年，語出自十九世紀英國漫畫雜誌《龐奇》(Punch)*

**選擇權 (Option) 是在事前付出一筆費用，讓你在約定的期間內有權力去執行特定的動作。**聽到選擇權三個字，多數人會想到衍生性金融商品，但其實選擇權做為一種概念，跟我們的生活息息相關：電影票、演唱會門票、禮券、資格的保留，還有各式各樣的授權，都屬於選擇權的範疇。付筆費用，出錢的人就可以獲得採取某種行動的權利——觀賞表演、購買資產生產授權商品，或在約定期間內以特定價位買進（金融）商品。

為了透過選擇權提供價值，你必須：

① 找到未來會有人想要採取的行動。
② 提供潛在買主在特定期間內採取這項行動的權利。

③ 說服潛在買家，讓他們相信這項權利值這個錢。

④ 按照約定的期間與條件去執行合約內容。

選擇權之所以有價值，是因為購買了選擇權，你就可以有權力去執行某項行為，但是你也可以選擇不執行，你買到的是一種權利，而不是義務。比方說，如果你買了一張電影票，你就有權力在電影上映期間在戲院裡頭占一個位子，但這並不表示你非得看這部電影不可，你可以選擇。如果到時候有更好的選擇，你可以選擇不看。你花錢，買到票，買到的是執行「看某一場電影」這項動作的權利，如此而已。

選擇權的用意，常常是要在特定的時間內保留某項選擇。比方說要從紐約搬到科羅拉多州，我跟太太凱爾希在動身之前先付了筆預付金，訂下一間我們並沒有親身看過的公寓房子。而因為收了這筆預付金，屋主便不能在我們抵達紐約之前把這房子租給別人，等到我們到了科羅拉多州，跟房東正式簽了租約，這筆預付金就搖身一變成為房租的押金。萬一我們租屋的計畫生變，房東就可以把這預付金收下，當成他替我們保留房子的補償，然後另外再去找新的房客。在這樣的狀況下，「選擇權」創造出的是一個雙贏的局面。

選擇權作為一種價值，經常被人忽略，而選擇作為一種彈性，其實是三種通行全球的「貨幣」（Three Universal Currencies；心法 72）之一；找到辦法去提供顧客彈性，你就能發掘出確切可行的商業模式。

觀念分享：http://book.personalmba.com/option/

**心法 21**

# 價值型態 11：保險
## Form of Value #11: Insurance

經過計算之後的冒險，跟冒失是兩碼子事。

—— 喬治‧S‧派頓將軍 (General George S. Patton)，二次大戰時的盟軍指揮官

保險 (Insurance) 的意義在於將風險由買保險的人，轉移到賣保險的一方身上。為了交換為其接下特定風險，保戶必須分期付給保險公司約定好的保費。如果風險成真，保險公司就必須跳出來買單，替保戶承受損失；如果承保的事件沒有發生，保險公司就可以賺進保費。

為了經由保險提供價值，你必須：

① 擬定具有法律約束力的文件，讓特定風險（如財產的損失）能由保戶轉移到你的身上。

② 運用現有資料，評估這項風險發生的機率。

③ 定期收取保費。

④ 按照保單內容給予保險理賠。


社會上有保險的需求，是因為買了保險，我們可以保護自己不受天有不測風雲的傷害。比方說，一棟辛苦買來的房子可能因為各種原因着火而付之一炬，而萬一真的不幸發生火災，多數屋主並沒有多餘的錢再買一戶。但如果屋主有保險，就可以把火災的風險轉移到保險公司，這時如果房屋被火燒毀，保險公司就會理賠屋主的損失，讓他有錢重新置產。若是萬幸，火災沒有發生，保險公司就可以賺進屋主所繳的火險保費。

保險的宗旨，在於把風險盡可能地分散給眾人；一家保險公司承作的房屋險保單少則上萬筆，多則可以上百萬筆，而這麼多房子全部、同時遭遇祝融之災的機率，可以說微乎其微，比較可能的狀況是裡面有少部分、甚至是極少部分的房子會遭到火舌吞噬，而這些不幸的屋主就可得到理賠。只要保險公司的保費收入高過其理賠的金額，那麼保險公司就還是可以獲利。汽車保險、健康保險、許多消費性產品的保固，其道理都是相通的。

保險公司所收取的保費愈多、理賠的金額愈少，企業的獲利就愈高。因此對保險公司而言，符合他們企業利益的作法是避開風險、增加

保費、減少理賠。在這樣的邏輯下，保險公司必須時時保持警覺，因為詐領保險金時有所聞，另外公司也必須在投保與理賠的審核上嚴格把關，該理賠的就得理賠，否則就變成保險公司理虧了。保險公司如果不照保單規定理賠，很容易被告，因為保戶通常都會根據保單合約來主張自己的權利。

觀念分享：http://book.personalmba.com/insurance/

## 心法 22 價值型態 12：資本投資
### Form of Value #12: Capital

資本跟一般財富的不同，在於資本可以用來賺取更多的財富。
——阿佛列德‧馬歇爾 (Alfred Marshall)，經濟學家、《經濟學原理》(*Principles of Economics*) 作者

**資本投資 (Capital)** 指的是購得某家企業的所有權（股權）。對於有資源（資金）在手的人而言，已經成立的公司可以增加資本（股權）去交換這些資金，然後用募得的資金去開拓新的業務，進軍新的市場；或者想要創業的人，也可以透過這樣的方式去取得資金，讓新的公司能夠順利成立。天使投資 (angel investing)、創業投資（創投）、或在公開市場買進上市公司的股票，都是透過資本提供價值的範例，關於這部分我們後面會再就「資金的優先順序」（Hierarchy of Funding；心法 125）來進行探討。

為了透過資本提供價值，你必須：

① 擁有可以投資的資金。
② 覓得值得投資的企業。
③ 評估這家企業的現值與未來的價值，並計算這家公司倒閉而讓你血本無歸的機率。
④ 與這家企業交涉你的投資條件，亦即你得投入多少資金，可換得多少

股份。

　　資本投資的進行對企業有利，因為透過資本投資，企業可以籌措到足夠的資源去開疆闢土、拓展業務。有些產業，像是高科技的製造業或金融業，都有很高的資金進入門檻；不論你是要創立一家晶圓廠或銀行，或是已經存在的晶圓廠要擴充產能，還是銀行要進行併購，都需要非常龐大的資金。為了籌措這些有時候是天文數字的錢，公司可以引進投資人，用增加的股權（增資）去換得金主或投資人手上的資金，這樣會比全部靠自己的盈餘累積來得快上許多。

　　資本投資對投資人具有吸引力，是因為他們一旦取得公司部分的所有權，就代表他們有權利分享公司營運的成功，但卻不用自己跳下去參與營運。相對於把錢放在銀行，投資人可以把錢拿去投資他們看好的明星產業或潛力股；如果他們的眼光精準，這樣的風險投資將為他們帶來豐碩的報酬。如果公司年度的盈餘亮眼，配發的現金股利會讓投資人荷包滿滿；如果有大公司想要收購他們投資的公司，原始的投資人往往可以得到收購金額中特定比例的一次性收益；若是他們投資的公司決定公開上市，那麼原始投資人可以選擇用高價在公開市場上出售持股，獲得可觀的資本利得。

觀念分享：http://book.personalmba.com/capital/

心法
23
麻煩溢價
Hassle Premium

有人在的地方，就有不方便。

——班傑明・富蘭克林，十八世紀美國政治領袖、科學家、博學家

　　花錢消災，是幾乎所有人都願意做的事情。但凡那些他們想到要親手去處理就覺得一個頭兩個大的事情，大家幾乎都願意花點錢讓旁人代勞。換句話說，麻煩在哪裡，商機就在哪裡。

麻煩的模樣千變萬化，比方說某個企劃或任務可能會：

▶ 太花時間。
▶ 要做出像樣的成果太費精神。
▶ 會令人無法專心去處理優先順序更前面的要務。
▶ 過程牽扯到太多難解、不確定與複雜的因素。
▶ 需要某些成本過高而令人卻步的前置經驗。
▶ 需要難以取得的特殊資源或專門設備。

**一項專案或任務牽扯到愈多麻煩，就愈多人願意花錢換取解決方案或請人代為把事情完成。**比方說：家裡有泳池的屋主會願意花五十美元買一組可以重複使用的泳池清潔器材，但他會更願意每月花一百美元請人直接幫他把泳池弄乾淨。

不論是買器材自己動手，或是花一倍的錢請人弄，最終的結果都是泳池變乾淨了，差別就在於前者麻煩到的是屋主自己，後者是麻煩到專業人員：同樣的結果，後者讓屋主省下了麻煩。由此，泳池清潔服務公司賺到了這筆「麻煩溢價」(Hassle Premium)。事實上，業者可以把清潔泳池的年費收到一千兩百美元——足足比自己動手做的器材成本多出了一千一百五十美元——這當中的價差，就來自於他們願意替泳池主人消滅麻煩。

不過麻煩溢價也有上限就是了。如果你把清理泳池的月費收到一萬美元，哪可是沒有人會買單的，因為絕大多數屋主不會在意泳池的清潔到那種程度。所以為了恰恰好地賺到麻煩溢價，你必須知道一項麻煩對潛在客戶來說，究竟有多「麻煩」。麻煩愈大，麻煩溢價也就愈大。

如果你剛好在思考創業的靈感，那就開始「找麻煩」吧。麻煩之所在，機會之所在。你能替客人解決的麻煩愈多，你能賺到的營收也就愈多。

觀念分享：personalmba.com/hassle-premium/ ◤

# 認知價值
## Perceived Value

消費者不拿錢去換你的東西，是因為他覺得他的錢比你的商品值錢。

——洛伊·H·威廉斯，《廣告魔法師》(*The Wizard of Ads*)

不同形式的價值並非生而平等。價值就跟美醜或擇偶一樣，是很主觀的。

認知價值 (Perceived Value) 決定了你的客戶願意出多少錢買你的服務或產品。你的產品在潛在客戶心目中愈是有價值，他們就愈願意買它，或愈願意用高價去買它。

至於具體而言價值是什麼呢？那就是要看你的產品或服務能不能做到下列幾件事：

▶ 滿足客戶一或多個核心人性需求（Core Human Drives；心法 4）。
▶ 提供某種具有吸引力且容易視覺化的成效（End Result；心法 47）。
▶ 將終端使用者的參與度降到最低，以提供最高的麻煩溢價（Hassle Premium；心法 23）。
▶ 提供地位訊號（Status Signals；心法 144）讓客戶在眾人眼中有面子，滿足潛在客戶對於社會地位（Social Status；心法 5）的渴望。

很重要的一點是認知價值非常主觀。認知價值基本上全取決於你潛在客戶目前的處境、價值觀、信仰與世界觀。如果你的潛在客戶不覺得你的產品或服務有價值，那你的東西就無法得到他們的接納 (Receptive)。

專心把最顯著的利益跟最崇高的地位以無須終端使用者努力也最不會讓他們氣餒的方式提供出來，你就能提升自家產品或服務的認知價值。

觀念分享：http://book.personalmba.com/perceived-value/ ◥

# 模組化
## Modularity

事情成功不能夠憑著一股衝動，只有把一連串的小事做好，才能拼湊出成果。

——文生·梵谷 (Vincent van Gogh)，藝術家

　　請記住上面說的「價值的十二種標準型態」並不互斥：你可以任意挑選當中的某種或某幾種型態，加以排列組合之後提供給你的客戶，看看他們最滿意的是哪種再進行調整，這種作法即為模組化 (Modularity)。

　　很多企業非常成功，而他們提供的價值都不只一種。就以辦雜誌來說；雜誌社會向訂戶收取月費或年費，然後逐月把出刊的雜誌印出來後郵寄到訂戶家中，但同時雜誌也能「聚集觀眾」（心法 18），因此雜誌社也有廣告主的生意可以做，於是我們翻閱雜誌的時候，裡面每隔幾頁就有許多精美的產品在向你招手。

　　旅遊網站像是 Orbitz.com 什麼都賣，機票（選擇權；心法 20）、出團取消的意外保險（心法 21），到網頁廣告（聚集觀眾）都在其營業範圍之內；電影院結合了電影播映（資源分享；心法 13）、電影票販售（選擇權）與搭配的爆米花或其他折扣零食銷售（產品）。像網飛 (Netflix) 和思播 (Spotify) 這類公司則提供大量館藏電影和音樂的數位使用權（資源分享）來收取月費（訂戶制；心法 14）。

　　**多數公司雖然身兼很多業務，但各項產品或服務都是分開處理的，客人可以選擇自己要的東西即可**；換句話說，這些產品或服務已經模組化，而成為了彼此獨立的業務區塊。**模組化之後，企業平日可以設法把個別的產品與服務做到更好，到了市場上，則可以把這些產品與服務加以混搭，提供給消費者最想要的組合。**這樣的過程，跟玩樂高沒有什麼不一樣：一旦手上有了一組積木，你想要組合出什麼樣的業務模式，都不成問題。

觀念分享：http://book.personalmba.com/modularity/ ◥

# 搭售與拆售
## Bundling and Unbundling

> 一點這個加上一點那個,所謂新穎於焉降生。
>
> ——薩曼·魯西迪 (Salman Rushdie),英國小說家

模組化最主要的好處之一就是,它能讓你有辦法去運用所謂「搭售」(bundling) 的策略。搭售讓你能夠重新定位你現有的產品或服務價值,進而創造出更多的價值。

搭售,是將多種不同的價值(產品或服務),組合在一起,包裝成單一較大的價值。我舉手機產業為例,手機廠商往往會與電信業者合作,把手機(實體商品)與通話/上網方案(訂戶制服務)綁在一起「搭售」,稱之為一種「特惠方案」,同樣的大賣場裡「買一送一」實際上也是一種搭售。

一般來說,同一包裝裡面綁的項目愈多,消費者的「認知價值」就愈高,商家也就可以索價較高,而這也就是何以行動電信業者會在基本的方案上再加上語音通話可以免費打多少分鐘,簡訊可以「吃到飽」,或者是可以行動上網,須知整組方案看起來愈是五花八門,消費者就愈能接受比較高的月租費。

拆售 (unbundling) 是搭售的相反:拆售是將一組產品或服務拆成好幾個小的項目,提供客人更多樣化的選擇。一個關於拆售的絕佳案例是提供單曲下載,而不是賣一整張專輯。消費者不見得想花十美元買一整張專輯,但可能會願意支付一、兩美元買首喜歡的歌曲。因為把一整張專輯拆成單曲,很多原本做不成的生意變得可行,產品拆開了,買賣的橋梁反而建立了起來。

搭售與拆售讓你即便沒有新產品的出現,也能為不同屬性、有著不同需求的消費者創造價值;透過不同商品與服務的排列組合,你可以做生意做到顧客的心坎兒裡。

觀念分享:http://book.personalmba.com/bundling-unbundling/ ⬉

# 中介與去中介
## Intermediation and Disintermediation

發財最快也最好的辦法，就是讓人知道拉你一把就是拉自己一把。

——尚‧德‧拉‧布呂耶（Jean de La Bruyère），十七世紀哲學家與諷刺作家

　　思考價值創造的另外一個方法，牽涉到一個很簡單的問題：對於你的潛在買家而言，你服務要做到什麼程度才不會太少，但也不會太多？

　　假設現在有一筆非同小可的消費要決定，比方說買房。沒有人能隨便走進一家房仲分店，把所有在找買方的房子瀏覽一遍，選出條件最符合自身要求的物件，然後若無其事地走到收銀機前去刷卡或付現。不論是實際看房，釐清自己的居住需求或偏好，找銀行辦貸款，跟屋主討價還價，還是完成最後的文件簽署與法律程序，都不是門外漢可以三兩下完成的事情，這每一件事情都需要時間、專業與經驗。

　　這就是為什麼房仲在市場上會有生存的空間：潛在的買家往往不清楚自己有哪些房子可以選擇（尤其如果跟購屋區域沒有地緣關係的話）；他們沒有太多完成這類交易的經驗，很容易就會被種種細節弄得暈頭轉向。房仲的利基就在於它們可以協助買方找房子、做決定、跑程序，而買方也往往很樂於讓專家助他們一臂之力。

　　**這種「一臂之力」有個專有名詞，就叫做中介 (Intermediation)：在買賣雙方之間引入第三方來負責協助其中一方完成交易，或從購買行為中獲得價值。**

　　中介在複雜的處境中很管用，因為買方往往可以受益於專家提供的協助或指點。有種地方很常見到中介者，那就是選項非常多的市場——譬如零售商的其中一項功用，就是決定要進哪些貨讓消費者選購。另外一個中介很活躍的場域，是複雜的談判與買賣，如商業併購的經紀商就能協助企業家為他們的生意定價，然後再幫助找到願意照價收購的企業。在多數案例裡，中介者也扮演著買賣之間的緩衝者（Buffer；心法

74），讓他們不用直接暴露在不必要的壓力或不舒服的場面。

與中介對應的就是去中介 (Disintermediation)：將交易當中不必要的主體排除，好讓買賣雙方可以進行直接的接觸。在網路崛起前，多數製造商都必須與零售商打交道，東西才能賣得出去，理由是針對大眾進行的廣告與經銷機會都既昂貴且供應量有限，但網路的出現讓製造商得以直接自行去吸客、成交、出貨：過程中完全不需要零售商插手。由此現今有愈來愈多的製造與服務業者得以長久地生存獲利：原本會被中介者賺走的利潤，可以重新導向成為對於消費者的低價回饋、精準打擊的標靶式廣告行為，產品研發的經費，或是直接變成廠商的獲利。

位於光譜兩端的中介與去中介都存在著機會：你該自問的是：你的準客戶需要你多管點閒事，還是少來礙事？

觀念分享：personalmba.com/intermediation-disintermediation/

## 原型
### Prototype

心法 28

道理就是這麼簡單：如果我什麼都不嘗試，就永遠學不到任何東西。

——休‧普萊瑟 (Hugh Prather)，《給自己的話》(Notes to Myself) 作者

MBA 課程裡經典的產品開發模型，就像謎一般神祕：你得私底下去進行產品的研發，研發團隊裡每個成員都必須簽下保密協定 (non-disclosure agreement)，[2] 募得數百萬美元的創投資金，研發好幾年的時間讓產品臻於至善，最後才拉開布幕，讓世界讚嘆、讓自己的荷包進帳滿滿。

很不幸地，就是這樣的心態讓人身敗名裂、血本無歸。創意，本身是沒有太大價值的，真正重要的，是要確認你到底有沒有能力將之化為現實，這才是你創業成功的關鍵所在。

不要羞於讓你的潛在客人看到你的半成品。除非你所屬的產業有著非

常積極、強悍、而且口袋極深的對手，否則你真的毋須過慮有人會來偷走你的創意。創意說穿了，是很廉價的，真正有價值的是創意化為現實的能力，而這種能力是別人偷不走的。

「偷偷摸摸」的行事方式只會讓你錯失學習的契機，讓你的學習曲線拉長，讓你處於非常不利的位置。絕大多數的時候，你應該設法盡快得到第一線消費者的真實回應，一秒鐘都耽擱不得。

透過產品的原型 (Prototype)，你可以讓你的產品搶先問世；這原型可能是一個塑膠模型，可能是一幅電腦輸出，可能是一張手繪草圖，可能是流程分解，可能是一張 A4 紙上面寫著產品的特色與優勢。這原型不需要設計精美，不需要雍容華貴，只需要能具體地說明你構想中的產品或服務，到底長得什麼樣子，重點是要讓你的目標客群了解你想要做什麼，然後給你最直接的、有建設性的回饋。

在最理想的狀況下，想收集到最具參考價值的回饋，你的原型可盡量做得跟成品一樣。如果你正在開發的是一個具體的商品，那麼你可以做個等比例的模型出來；如果最終想要做的是一個內外兼修網站，你可以先弄個僅具基本網頁的雛型出來；如果你想進軍服務業、想提供某種服務，那麼你可以先弄個關係圖或服務流程出來，讓看的人知道你的服務是打算如何進行，然後你可以照著你提供的流程嘗試操作看看。你的原型愈是接近真實，看的人就愈能掌握你想要做出的成果為何。

要創造出一樣有用的產品或服務，原型就是你的第一步，而每個人學走路的時候，第一步都是很不穩的，甚至會摔個四腳朝天，讓你不好意思得很，但記住這是你的第一步，不是最後一步，所以不論你如何出糗、如何不夠完備，都是可以接受的，不用擔心。原型的價值，在於透過它你可以得到真實的回饋，有了真實的、具有參考價值的回饋，

---

2. 一種具有法律約束力的合約或承諾，簽下後便不得向他人透露業務上的機密，包括與產品有關的訊息。

你日後投資的金錢、時間與精力，才不致於付諸流水。**製造原型的目的，不在於達到完美，而在於在最短的時間內讓你的努力聚焦，讓你跟關心這項創意的人，都可以有一個觀察、評估與提供意見的標的。**

潛在客戶看過原型，回饋意見（Feedback；心法 31）便會穩定流入，而根據這些意見與回饋，你便可以去修正商品或服務的設計。

觀念分享：http://book.personalmba.com/prototype/

## 心法 29

## 循環修正的週期
### The Iteration Cycle

我沒失敗，我只是發現了一萬種不成功的作法。

——湯瑪斯・A・愛迪生 (Thomas A. Edison)，多產的發明家

一個人不論多麼聰明、多有才華，也不可能什麼事都第一次就做對。

不同意嗎？想想人類歷史上的傑作。在「蒙娜麗莎」(Mona Lisa) 的畫布上，如果你仔細看，你會發現一層又一層的素描草稿、重新畫過的痕跡，甚至有大改的證據。西斯汀大教堂 (Sistine Chapel) 的穹頂壁畫，上面布滿了無以數計、小到幾乎難以察覺的畫筆筆觸，每一筆都讓這幅傑作更接近完美一點點。同樣地，米開朗基羅也是敲了幾百萬下鎚子，才讓一塊原本平凡無奇的大理石，變成了曠古絕倫的大衛雕像。

**循環修正的週期 (Iteration Cycle) 作為一種過程，可以幫助你把事情做得更好，讓你的作品臻於盡善盡美。**藝術家不停地對著畫布或草稿改來改去，看起來很浪費時間，但實情並非如此；實際上每改一筆，都讓作品的完成度更高。

循環修正講究的是科學方法，其中有五個基本的步驟：

① 觀察 (Observe) 現狀，找出你想改善的地方。
② 設計 (Design) 實驗來確認出各種指標，再讓這指標告訴你你打算進行

的改變是否是一種進步。

③ 執行 (Conduct) 實驗並蒐集資料。

④ 評估 (Evaluate) 實驗結果。

⑤ 接受 (Accept) 或否認改變是一種進步。

　　循環修正顧名思義，是一段過程、一種週期性的重複。一旦你測量、評估完改動的成果，決定好要不要保留這項改變，就可以再從頭開始觀察現狀，重複循環修正的過程。

　　為了得到最佳的結果，你必須清楚地定義每次循環修正想要達成的目標。你是希望讓提供的產品或服務更優、賣相更好？還是想讓產品增加某個你覺得消費者會覺得很貼心的功能？抑或是你想要把產品或服務的價格壓低，但不減少所提供的價值？你愈是能把這一點釐清，就愈有能力去解讀你所得到的回饋，你也就愈能受益於每次的循環修正。

觀念分享：http://book.personalmba.com/iteration-cycle/ ↖

心法
30

# 循環修正的速度
## Iteration Velocity

我們的目標是單位時間與成本內擠入比對手更多的點擊次數。

——艾瑞克·史密特 (Eric Schmidt)，前谷歌 (Google) 董事長與執行長

　　開發新產品或服務的時候，你的首要目標應該是盡快完成手邊的循環。循環修正的週期是一個結構化的學習曲線，讓你能夠把產品或服務修整得更好，而你愈快走完一個循環，學習曲線縮得愈短，你就愈能拉高自己的產品品質或服務水準。

　　愈快完成修正循環，你所提供給客人的產品或服務就能愈快提升品質，這就是循環修正的速度 (Iteration Velocity)。如果你夠厲害，一天之內搞不好就可以跑好幾個循環，重點是循環要盡量迷你、清晰、迅速，

同時每一次新的循環都必須在前一次的基礎上尋求突破。

　　修正循環常常會讓人覺得有變相加班的感覺，這是正常的，因為修正循環確實是加班。而這也是為什麼很多人都沒辦法養成這個好習慣：跳過所有看起來非必要的環節，直接把成果作出來，實在是一種很難抗拒的誘惑啊！

　　不按部就班，一次一次修正，有一個最大的風險，那就是你可能會投入了大量的時間、精力與資源，但創造出的東西卻被市場打槍。如果你的創業構想很不成熟，那晚發現不如早發現，浪費的成本會比較少，你不會想什麼都不確定，就把東西拿到市場上去賭身家。

　　修正循環是一種先苦後甘的作法，你得先付出，先辛苦一下，但在你完成了幾個循環之後，你會發現自己對市場的了解更深，對消費者想要什麼、願意掏錢買什麼有更直接的掌握，更重要的，你會知道自己有沒有能力去滿足消費者的需求。

　　如果你發現自己有能力提供消費者想要的東西，那就衝吧！如果市場上並不需要你想要賣的東西，循環修正則可以幫助你懸崖勒馬，另覓他途。

觀念分享：http://book.personalmba.com/iteration-velocity/ ↖

## 回饋意見
### Feedback

*每一個企劃案，都必須接受與顧客面對面的考驗。*

——史提夫・蓋瑞・布蘭克 (Steve Gary Blank)，

創業老手、《四步的頓悟》(*The Four Steps to the Epiphany*) 作者

　　從潛在客戶那兒擷取到有用的回饋是循環修正的核心，因為像這樣建設性的回饋意見 (Feedback)，可以幫助你了解該如何去滿足客戶的需求，而這些客戶是真正有可能會買你的東西的；只有在產品或服務的開發過

程中加入這些意見，你才會知道該怎麼去調整、去修改產品來達到市場的期望。

這邊有幾個步驟，可以讓回饋意見的價值發揮到最大：

一、**要回饋，不要去找親朋好友，而應該去找真正的潛在客戶。**你的親朋好友，你最內層的社交圈會希望你成功、希望鼓勵你，不會想要打擊你的信心，畢竟難聽的話沒人想聽，也沒人想說實話把跟你的關係弄僵。所以也許不是故意的，但親朋好友總是會比較婉轉，甚至報喜不報憂，但這樣的回饋沒有意義。為了讓回饋發揮作用，你一定要去找跟你素昧平生、沒有利害關係的人來徵詢意見。

二、**問題不要預設立場，要採取開放的態度。**在徵詢意見的時候，你應該「有耳無嘴」、多聽少說。草擬問題的時候記得要採取開放的態度，不要先入為主地加入自己的成見，問題本身只是要讓對話的過程有一個架構在，僅此而已，你真正的目的是希望訪問的對象暢所欲言。而要達到這樣的目的，**要鼓勵對方多講話**，問題應該短一點，盡量讓對方去回答「誰／什麼／何時／哪裡／為何／怎麼會」，**多察言觀色、看看他們是否言行相符。**

三、**立場要堅定，態度要冷靜。**要得到真誠的意見（唯一有意義的意見），臉皮得厚一點——沒有人喜歡聽到別人說自己的寶寶很醜。不要聽到別人稍微批評自己的產品就惱羞成怒，他們是在幫你，正所謂良藥苦口，忠言逆耳。

四、**聽到什麼不要照單全收，學貴多疑，打破砂鍋研究到底。**即便是最嚴峻、最不堪的批評，裡面都可能有你用得上的資訊，都可能讓你知道該如何改進。**最糟的回饋不是尖酸的批評，而是無動於衷、沒有反應。沒人在乎的產品，沒人在意的服務，不會有任何商機可言。**

五、**讓潛在客戶有機會預購。**在循環修正的過程當中，你所能得到最重要的回饋，就是消費者究竟願不願意買你的產品或服務。某人用嘴巴說他會買某種東西，是一回事，現實生活中他到底會不會真的把錢

或信用卡從皮夾裡掏出來買單，是另外一回事。即便你的產品或服務還沒有完成，你還是有辦法可以測試這一點，因為有一種策略叫做「影子測試」（Shadow Testing；心法 37），這一點我們後面會提到。另外在徵詢回饋意見的時候，可以順便問問對方要不要預訂，如果預訂的人很多，那你的創業計畫應該就沒什麼大問題了：你知道你的產品有市場性，現金流量也獲得了鞏固。相反地，如果都沒有人要預訂，那麼你就應該知道自己的產品還不夠成熟，在業務正式上路之前，你得再多花點時間與精神去改善產品或服務的設計。你可以問受訪對象為什麼不願意購買現有的產品，進而確認什麼是這當中最主要的「消費障礙」（Barriers to Purchase；心法 79），也就是讓消費者裹足不前的那樣東西。

觀念分享：http://book.personalmba.com/feedback/

心法
32

# 選項
**Alternatives**

下定決心之前，你都可以猶豫，可以有機會抽腿，也因此你的努力都不會有效率可言。只要是牽涉到開創性、創造性的工作，都有一項真理你不得不注意，否則無論你的點子再多、計畫再棒，最終都會一事無成，這項真理就是：只有你下定決心動起來，上天的配合也才會跟著動起來，天助自助之所謂也。

——W・H・莫瑞（W. H. Murray），登山家與作家

星期五的晚上，飢腸轆轆的你想著要上館子吃飯。你已經決定今天要給人伺候，多花點錢也沒關係，唯一的問題就是要選哪一家餐廳。

如果你選擇家附近的小店，食物的種類很多，東西不難吃，價錢也不會太貴。這樣的店家通常跟富麗堂皇沾不上邊，但是你知道你不用等太久，就可以好好吃頓飯，不用講究打扮也不會讓荷包瘦太多。

如果你選擇去吃大餐，去一家不訂位就沒位子，華美絕倫的高檔餐廳，你可以享受到裡頭精緻的裝潢，還有大廚精心烹調出來的美食；事前你可以感受到心中有一份期待、一種興奮、一段悸動，事後你則會有很多細節可以跟朋友分享；當然結帳的時候，你的心情也會比較沉重。

除非你已經三天沒吃飯，不然你應該不會一個晚上連跑這兩個地方，換句話說，這是二選一的問題。同時，這個問題是沒有對錯、沒有標準答案的；事實上，你可以選擇今天先去家附近的小館子，隔天再去市中心的潮店，那都是你的自由，全看你當下想要的是什麼。

現在我們換個角度。假設身為小館子的老闆，你希望提供客人更好的服務，讓更多人想來你的店裡吃飯，那麼你該優先做出的改善是什麼？增加主餐的選擇？強化內場訓練讓出菜更有效率？重新裝潢？究竟哪一種做法可以讓店更賺錢？

在理想的狀態下，你可以全部都做，但最近的生意並不很好，預算無上限實在強人所難。現實狀況是你知道你得做點什麼，但是你不確定應該先做什麼——如果下定決心要做的話。你想知道的是，哪一個選項才能讓收銀機開關的聲音更響亮？

在開發產品或服務的過程當中，你必然會面對到上述這樣互相衝突的**選項 (Alternatives)**。你要做的手機到底應不應該加上攝影功能？你應該針對 A 市場還是 B 市場的需求來設計產品，還是該想辦法左右逢源？你下重本的結果，能夠換得客人心甘情願多付點錢嗎？

**檢視手邊的選項，思考客人的需求，能讓你做出相對正確的選擇。**如果你必須決定在產品功能或服務內容中增加或刪除什麼，很重要的一點是你必須設身處地，想想客人在消費時所面對的選項，想想他們決定買或不買時的心路歷程；一旦你掌握了所有的選項，你便可以將之排列組合，最後看看哪一種作法的賣相最好。

觀念分享：http://book.personalmba.com/alternatives/ ↖

# 取捨
**Trade-offs**

我沒有成功的公式可以送你，但我可以告訴你怎麼做保證失敗：要讓所
有人永遠滿意。

——賀柏·貝爾德·索普 (Herbert Bayard Swope)，記者、普立茲獎得主

　　**取捨 (Trade-offs) 是一個決定，決定在若干彼此競爭的選項當中，哪一個最有價值。** 這個世界的時間、人力與物力都是有限的；一天就是只有二十四個小時，你也不是鐵打的超人永遠不會累，同時在特定的時間點上，你能動用的現金也有一定的額度。在這樣的現實下，**你該怎麼讓有限的資源發揮最大的效果？**

　　人生不如意事，十之八九；你不是神，不可能要什麼有什麼。就算你有錢到可以買下一座島，你還是得決定要買哪一座，世界上的小島何其多，你總不能全都包了吧！人的欲望無窮，但人不可能什麼都要，你只能在做決定的當下，擁抱最合你意的選項。

　　每分每秒，你跟身邊的人都在取捨。有些取捨是經濟上的考量：你要買哪一條牛仔褲？有些取捨牽涉到時間：下午天氣這麼好，你應該跟朋友出去玩還是自己去看電影？有些取捨跟你有多少精力有關：你應該去開小組會議，還是把拖了好久的豐田生產方式 (TPS) 報告寫出來？

　　**研判人會做出何種取捨並非易事，因為人的好惡瞬息萬變，端視當下所處的環境而定。** 人的價值與偏好——我們想要多少？渴望多少？對特定商品、對品質、對特定生活方式的重視程度多高？你今天早上可能還喜歡 A，到了晚上可能變成喜歡 B；你今天愛瑪麗亞·凱莉，明天可能不能沒有艾莉西亞·凱斯。

　　要決定產品特色或服務內容，你必須要去觀察、去找出模式 (Patterns)，亦即特定的消費族群，在特定的情境下會有什麼樣的價值傾向。**不管決定留下什麼、刪去什麼，你都做不出一種產品能讓所有的人滿**

意，但你可以鎖定某個消費族群，觀察他們的消費模式、價值模式，然後針對這樣的模式去設計商品或服務，直到大部分你鎖定的客人，能夠在大多數的時候，覺得你的產品或服務瑕不掩瑜。

觀念分享：http://book.personalmba.com/tradeoffs/ ↖

心法
34

# 經濟價值
## Economic Values

一門生意能夠成功，一定跟愛或需要有關。

——泰德・李昂西斯 (Ted Leonsis)，
曾任美國線上 (AOL) 高層、華盛頓資本公司 (Washington Capitals) 負責人


　　客戶每次買你的東西，都可以解讀為他們覺得在這筆錢可以買到的東西當中，你的東西最棒、最討他們歡心。所以你在開發商品的時候，必須思考相對於皮夾裡的購買力，客人覺得更有價值的東西是什麼。

　　每個人在不同時候，珍視的東西都會有稍許的不一樣，但人在評估要不要做某項消費時，有一些行為模式還是一樣的。假設特定商品或服務是有賣點的，那麼消費者在決定到底要不要購買時，通常會考慮九項「經濟價值」(Economic Values) 的優劣，這當中包括：


一、效果：這產品或服務的效果好不好？

二、速度：這產品或服務多久可以見效？

三、信賴：這產品靠得住嗎？

四、便利：這東西用起來會不會弄得我滿身汗？

五、靈活：這產品的功能多不多？

六、地位象徵：當別人看到我在用這樣的東西，是不是一件很有面子的事情？

七、美感：這東西美不美或至少看起來順不順眼？

八、主觀感受（奇蒙子）：這項產品給我的感覺如何？

九、售價：我得花多少錢才能成為這項產品的主人？

　　在《取捨：高質感 vs. 超便利，找到核心定位，才能贏得市場》(Trade-Off: Why Some Things Catch On, and Others Don't) 一書中，凱文‧曼尼 (Kevin Maney) 從方便性與質感兩方面討論到這些共同的價值。快、穩、好用、多功能的東西，算得上是「方便」；品質好、能彰顯主人身分、美觀、讓人想要擁有的東西，稱得上有「質感」。

　　你對產品或服務所做的任何一點點改進，大抵都不脫這兩個方面。但往往你只能在這兩類改進當中選一種，想兼顧兩者的難度極其高。也因此大部分成功的產品或服務，都是因為跟競爭對手比起來更「方便」，或者更「有質感」。如果想吃「高質感」的比薩，你可以在芝加哥的「烏諾比薩」(Pizzeria Uno) 本店訂個位子，相信你不會失望；如果你只是臨時想吃幾片油膩膩的義大利烙餅，達美樂 (Domino's) 隨時等著你的電話打過去叫外送，「方便」得很。因著這樣不同的定位，烏諾比薩想要讓生意更好，就必須日起有功地提升自己的食材與服務，讓客人每次造訪都覺得賓至如歸，值回票價，而達美樂則應該想辦法讓自己的外送速度愈快愈好，因為客人就是不想等，才會想到達美樂這三個字。

　　產品或服務開發中之所以需要取捨，就是要追求一種獨特性，讓客人知道我們這家企業能提供他們的是質感還是方便，這裡我舉一個成衣產業的例子：「老海軍」(Old Navy)、「香蕉共和國」(Banana Republic) 和蓋璞 (Gap) 都屬於同一個公司，也就是蓋璞集團 (Gap Inc.)，而三個品牌也都販售同樣類型的成衣，產品不外乎襯衫、褲子等等，但即便如此，這三個牌子的產品設定還是有著不同的取捨、不同的考量。

　　因為不想用單一品牌來訴諸所有的消費者（這一點本身就不可能，因為消費者何其多，要的東西不可能都一樣），蓋璞集團於是讓三個子牌分別進行不同的取捨。「老海軍」強調功能性（效果）與低價；蓋璞強調中價位、個人風格、有型；香蕉共和國強調美感與地位象徵，價格相對較

高。每一個牌子都有自己的明確定位，也鎖定不同的潛在客群，即便這三個牌子的衣服，事實上可能根本出自同一間工廠，使用同一個製程，最後營收也流入同一家企業。

觀念分享：http://book.personalmba.com/economic-values/ ↖

**相對重要性測試**
Relative Importance Testing

頭等重要的事情，決不能讓一點兒也不重要的事情，給牽著鼻子跑。
——約翰·沃爾夫岡·馮·歌德 (Johann Wolfgang von Goethe)，十九世紀劇作家、詩人、博學家

想搞清楚人的欲望，之所以不容易，是因為人什麼都要。證據就是：找一群潛在消費者來做焦點團體 (focus group) 市調，請其中一位受訪者就你的產品或服務進行經濟價值的評分，前面說過的九項價值通通要評，最高十分，最低零分。你覺得結果會是怎樣？

不論你的產品或服務為何，結果都會是一樣的：每個人都會希望你的產品或服務效率出奇地高，效果出奇地好，永遠不出問題，操作出奇地容易。在此同時，他們還會希望這項產品或服務能夠讓他們一夕致富、瞬間爆紅、男的變得像布萊德·彼特、女的變得像安潔莉娜·裘莉，從此過著幸福快樂的日子。對了，他們還希望這產品或服務可以免費。如果你問他們願意用什麼來換，他們會說自己的東西都重要的不得了，少一樣都不行，要拿出來跟你交換只有兩個字：免談。

出了這個焦點團體，現實完全是另外一回事兒。市調一結束，受訪者一個個就都跑去四面八方買東西，但這些東西既得花錢、又不完美，而剛剛大言不慚的受訪者，卻也不像是很介意的樣子。這到底是怎麼回事？

一般來說，除非沒有選擇，否則人會盡量不去選擇，他們會希望全部都要，有所取捨絕對不是一種人性。如果有一百分的選項，他們當然

會買；但因為世界上沒有一百分的選項，大家還是會很開心地去買那個「次佳選擇」(Next Best Alternative；心法 70)。

要知道消費者看重什麼，最好的辦法就是觀察他們如何取捨，而焦點團體作為一種市調方式，最大的問題就是消費者並不需要做任何真正的抉擇——受訪者可以什麼都選，於是他們當然全部打勾。

相對重要性測試 (Relative Importance Testing) 是由統計學者喬登・路維耶爾 (Jordan Louviere) 於一九八○年代所開發出來的一組分析技巧。❸ 測試當中有一系列的問題，是特別設計要讓受訪者做出取捨的，這些問題都很簡單，但牽涉到的都是真實生活中的孰重孰輕；從這些問題的答案中，便可以得知受訪者的價值排行。下面我們說說這項測試如何進行。

假設我們進行「相對重要性測試」，是為了前面提過的那家餐廳。這次我們不讓受訪者從零到十分之間給分，而讓他們看到下面的東西：

A. 五分鐘以內上菜。
B. 多數主餐定價在二十美元以下。
C. 餐廳裝潢美輪美奐。
D. 菜色選擇眾多。

看完這些描述之後，讓受訪者回答下面的問題：

① 這些敘述當中哪一點最重要？
② 這些敘述當中哪一點最不重要？

等受訪者回答完這些問題之後，再給他們看另外一組描述：

E. 別的地方吃不到的主餐。
F. 每次都點得到我最喜歡的那一道菜。
G. 在這裡用餐是件很有面子的事情。

H. 餐點份量很大。

　　像這樣隨機的每組問題提供四到五筆描述，你可以持續拿給受訪者做，直到沒有題目可做，或是受訪者已經精神渙散到做不下去，其中後者通常五到十分鐘之內就會發生。

　　這些簡單明瞭的問題，對受訪者而言都非常容易回答，但結果卻能告訴我們很多事情。因為他們是真的要在不同的選項當中做出取捨，所以你得到的資訊會很具有參考價值，你會更能掌握這些人在現實生活中，會有什麼樣的消費行為。不同受訪者的資料如果彙整起來進行統計分析，我們就可以非常清楚地看出在大部分的消費者的心目中，各種選項的相對重要性分布。同時取樣愈多，相對重要性的判斷也會愈發精準。❹

　　有了相對重要性測試，你可以很有效率地去判斷該如何調整你的產品或服務，以便對消費者產生最大的吸引力。

觀念分享：http://book.personalmba.com/relative-importance-testing/ ↖

## 心法 36　成功要件
### Critical Assumptions

大概對比完全錯要好。

——約翰·梅納德·凱恩斯 (John Maynard Keynes)，經濟學家

　　試想你要在洛杉磯開一間瑜伽教室，你覺得這麼做很有商機。主要是你發現有一個社區，裡頭的居民中應該有很多人想學瑜伽，但是當地

---

3. 路維耶爾稱此方法為「最大差異量表」(MaxDiff) 測試：http://en.wikipedia.org/wiki/MaxDiff。
4. 有興趣者可前往：https://personalmba.com/resources/，那裡會有舉例說明如何實施相對重要性測試。

的瑜伽教室卻嚴重不足，更重要的是這個社區的收入在水準之上，應該有閒錢可以負擔得起每個月一百美元以上的會員費用。你已經勾勒出教室的輪廓，對於課程的內容、師資的延聘，也都有了初步構想。

你找到了一個合適的地點，簽約一年的話，月租可以壓到一萬美元以下，另外你估計自己還需要每個月多準備一萬兩千塊美元來支付員工的薪水與其他營運費用。再者你還得先拿出大約五千美元來購置各項設備，這當中包括伸展用的墊子、泡棉瑜伽磚，還有用來管理會員資料的電腦。

仲介催促著你盡快下決定，他說你不趕快把地點敲定，你看上的那個地方可能會被別人捷足先登。你手邊所有的積蓄剛好可以支應開店初期的成本與三個月的周轉金，心裡的興奮難以言喻，但興奮中你還是有著些許惶恐，於是你希望能夠更確定一點，你想確定自己所做的決定正確，畢竟創業不是兒戲。所以怎麼樣，你該簽約嗎？

像這樣的故事天天上演：創業新手滿懷著夢想，希望擁有自己的餐廳、酒吧，或是書店，於是他們拿出所有的積蓄，甚至再去跟銀行貸了一大筆錢，只是為了一圓創業夢。有時候這些創業的故事會有美好的結果，但那絕不是常態。在大部分的例子中，第一次創業都不會上手。事實上往往不出幾個月，這些創業新手就會面臨周轉不靈、被迫歇業的窘境，也不知道自己的生意是哪裡出了問題。

這時候你就需要想想「成功要件」(Critical Assumptions)。只要成功要件都存在，你的生意或產品或服務，就有在市場上奮力一搏、突破重圍的機會。每門新的生意或產品都有自己的一組成功要件，想成功就得全部具備，少一項都不行。

就以上面說的瑜伽教室為例，創業的成功要件主要有三：

一、附近的居民必須願意每個月付至少一百美元的學費，來享受在家附近就可以學瑜伽的方便。
二、你必須在三個月內招募到兩百二十名願意付全額費用的會員。

三、起先的十二個月，單月營收必須達到兩萬兩千美元以上，這樣你才能至少打平店租。

現在我們來看看如果上面的成功要件達不到，你的瑜伽教室會面臨什麼樣的狀況：

一、你店一開，有興趣而上門的人就很多，但大部分人一聽到你的月費要一百美元，說話就變得吞吞吐吐。他們說他們寧可開車到遠一點的地方，這樣學費就可以省個二十五塊美元。人家都這麼說了，你只好降價到每個月七十五美元，而這意謂著你現在得招募到三百名會員，才能維持教室的正常運作。降價之後，你雖然招募到了原本規劃的二百二十名會員，但現金流量還是不足以支撐每天開門所需。

二、你的瑜伽教室沒辦法吸引到足夠的會員來支撐日常營運，因為社區裡對瑜伽有興趣的人，都已經被幾公里外對手的一年期優惠方案給綁住了，於是你的教室沒多久就燒光了資金，只好關門大吉。

三、一家美輪美奐的瑜伽教室跟你同一個時間在同一個社區開幕。經過三個月的正面交鋒，你的教室只募得打平所需的一半會員數。但是你的房租已經簽約，還得再繳九個月，這讓人不禁為你的財務捏把冷汗。

每門生意或產品／服務都有屬於自己的一套成功要件，而這些要件的成立與否，將會決定創業的成敗。因此你對這些要件的事前掌握愈是精準，出發前的測試做得愈是到位，你創業所冒的風險就會愈小，你對自己在創業路上所踏出的每一步也會展現更大的信心。

觀念分享：http://book.personalmba.com/critical-assumptions/ ↖

# 影子測試
## Shadow Testing

得到預警，就是最好的預防。(*Praemonitus praemunitus*)

——羅馬諺語

　　要確認你的創業計畫具備所有的成功要件，最好的辦法就是直接去測試，但只是為了測試就把創業的流程整個跑一遍，沒有必要，風險太高，也不合成本。比較聰明、風險小很多的作法是把你的產品或服務拿給真正的客戶試用，視結果再決定要不要把頭洗下去。

　　影子測試（**Shadow Testing**）作為一種測試的方式，是在產品或服務還沒有誕生之前，就先把東西拿出來賣。只要你跟潛在客戶坦白這產品／服務還在開發階段，影子測試就可以又有效、又便宜，又快速地幫助你了解你的成功要件完不完備。

　　真正付錢的客戶跟想像中的客戶絕對不同，而影子測試可以讓你取得別的方法都拿不到的客戶回饋：消費者到底願不願意掏錢出來買你正在開發的產品？為了把創業的風險降至最低，你應該盡可能鉅細靡遺地去了解你的目標客層。

　　像 Fitbit，就是一家把影子測試的價值發揮得淋漓盡致的公司。艾瑞克‧弗里德曼 (Eric Friedman) 與詹姆斯‧帕克 (James Park) 在二〇〇八年九月創立了 Fitbit，旗下的主力產品是一種別在身上的隨身記錄器，可以幫助你蒐集自己運動與睡眠的相關數據。Fitbit 的產品會夜以繼日追蹤你的體能活動水準，然後自動將資料上傳到網路上進行健康、體能與睡眠模式的分析。

　　這個產品的概念很酷，但是開發相應的硬體既費時又花錢，風險不低，於是 Fitbit 的兩位創辦人想了一個辦法。宣布 Fitbit 概念的同一天，他們開放讓消費者在網路上預購 Fitbit，但他們並沒有拿出樣品，消費者只能聽公司描述這產品的功能與外貌，來決定要不要訂購。公司記下了預

購者的姓名、地址，確認了他們的信用卡號，但交貨前不先收錢，如此這構想萬一行不通，公司還是有條退路可走。

訂單開始如雪片般飛來，股東開始有信心可以籌到兩百萬美元的資金，最終他們也開成了公司。一年之後，第一台 Fitbit 正式出貨，而這，就是影子測試的厲害之處。

觀念分享：http://book.personalmba.com/shadow-testing/

## 心法 38　起碼可賣的商品／服務
### Minimum Viable Offer

*要是第一個版本的產品沒讓你覺得尷尬，那你一定是研發搞太久了。*

——瑞德・霍夫曼 (Reid Hoffman)，領英 (LinkedIn.com) 創辦人

為了進行影子測試，你得先有東西要賣。所幸產品或服務還沒有百分之百成熟，並不影響你的開賣。

**起碼可賣商品／服務 (Minimum Viable Offer) 以能夠成交為前提，提供的是最低限度的經濟效用。**這樣的產品或服務基本上是一個原型，但已經會讓人願意掏錢購買。這產品／服務不需要多複雜、多成熟：Fitbit 的「起碼可賣商品」只是個原型，甚至可以說只是個畫出來的餅，幾張電腦做出來的設計圖。你需要的，只是想辦法把構想釐清，然後說服潛在的消費者下單。

「起碼可賣」的產品開發概念之所以有用，是因為一般來說，我們沒有辦法百分之百在事前預判一項產品或服務是不是能夠受到歡迎。你不會想投入了很多錢、花了很多時間、精力之後，才發現事情行不通；你愈快確定自己的方向正不正確，你成功的機率就會愈大。

潛在客戶的回饋口說無憑，事前付清的訂單才是王道，「起碼可賣」的產品／服務讓你能夠在最短的時間內，開始蒐集真實客戶的真實想法，讓想試水溫的你，能夠確實掌握自己的產品或服務企劃是否具備成功條

件，讓你把產品設計的學習曲線縮到最短，讓你把踏錯一步、心血付諸流水的風險降至最低。

就以前面假想的瑜伽教室創業為例，「起碼可賣」與「影子測試」的概念可以如何運用呢？以下是步驟的說明：

▶ **步驟一**：善用網路的力量，架設網站，在上面詳細介紹教室的狀況，包括所在地點、課程規劃、師資、空間設計、會費方案等。網站的一個功能是讓造訪者加入會員，然後用信用卡號碼來預購課程；完成這道手續後，客人便可以自教室開幕起享有十二個月的會員資格。開幕前如果客人突然覺得不妥，可以取消預購；如果瑜伽教室最後不開了，所有的課程預購訂單自動取消，教室分文不取。**賭這一把的成本，就是架設網站的費用而已，幾百塊美元就可以搞定。**

▶ **步驟二**：引導潛在客戶去參觀你的網站。要做到這一點，有好幾種便宜的辦法：發傳單、挨家挨戶宣傳、發DM、在所在地的搜尋引擎上打廣告。總成本：幾百塊美元。

▶ **步驟三**：追蹤看有多少人在網站上登記預購會員資格或索取資料。總成本：幾個小時的研究分析。

這樣的測試方法簡單、快速又不用花大錢。就像Kickstarter (kickstarter.com) 這家募資平台所做的測試一樣，他們只靠著一支影片、幾張草圖介紹，還有基本文案說明，就讓潛在客戶下訂。花幾個小時幾百美元去測試成功要件的存在與否，是個非常划算的投資，特別是測試結果顯示出你的點子根本行不通時。

從「起碼可賣」版本開始的目的在於降低你的創業風險。遵照由小而大、循序漸進與不斷修正的精神，從「起碼可賣」出發讓你可以在短時間內知道客戶要什麼、不要什麼。如果商品或服務得到的初步迴響不錯，

你就可以抱著信心走下去；如果你的構想沒有得到預期的回應，這樣的測試也可以幫助你進行損害控管，讓你的虧損降至最低，讓你還有東山再起的本錢，自信也不致於受到毀滅性的打擊。

觀念分享：http://book.personalmba.com/minimum-viable-offer/

## 心法 39

# 精雕細琢
## Incremental Augmentation

找三種產品的功能或特色，做到最好、非常好，至於其他的事情都可以拋諸腦後……產品第一個版本只需要有幾個核心的賣點，心不要太大，這樣你才能在過程中發掘產品的精髓與真正的價值。

——保羅‧巴克海特 (Paul Buchheit)，Gmail 與 Google AdSense 之父

一旦起碼可賣的產品或服務找到了市場，一旦確定了創業企劃具備成功要件，你便可以稍微鬆一口氣，因為你算是有了一個好的開始，但這還不算是大功告成。如果真的有決心要把產品或服務做到最好，你就得持續不斷在細節上做出改進，這樣你才能維持自身在市場上的競爭力，讓你對客戶永遠保有吸引力。

精雕細琢是透過循環修正讓產品在現有的基礎上精益求精，作法極其簡單：不斷將核心的產品或服務交付測試，然後去蕪存菁，保留討人喜歡的功能或特色，清除不討喜的部分。

改裝車子就是「精雕細琢」的好例子。喜歡改車的人會找來一台再普通也不過的車子，然後開始「發揮創意」。可以換的零件實在太多了，引擎要換顆馬力大的，空力（空氣動力）套件是一定要的，窗戶要貼上隔熱紙才有隱私，輪圈也要鍍鉻的才夠潮。每一個小小的改變，都是要讓車子看起來更好一些，只要還有一點點空間可以「改」善，車主都不會放過。就這樣改出來的車，已經完全看不到原廠的影子了。

「精雕細琢」讓你能提供客人更好的產品或服務，同時避免掉單一修

改可能出現的誤判，結果讓你萬劫不復的風險。一個不小心，你午餐回來隨手做的更動，就有可能抹煞產品原本最大的吸引力，甚至可能讓你藉以創造出產品價值的體系一夕崩潰。但如果你勤勞一點，把原本的大刀闊斧換成小碎步，修改的頻率提高但調幅縮小，你還是可以很有效率地讓產品更好，但又不用跟瞬息萬變的市場賭身家，由此長遠來看，你將能讓客人享受到更多好處。

記住「精雕細琢」並不是萬靈丹。要打入新的市場或發明新的遊戲規則，你必須在產品或服務上推陳出新。只有不斷創新、不斷地設計出新的產品或服務「原型」、不斷地重複價值創造的流程，你才能在市場中爭得一席之地。準備好了，就用原型去徵詢客戶的回饋，用各種測試去比較新舊版本間的差異，最後再把你認為最好的成果交由市場評斷。

觀念分享：http://book.personalmba.com/incremental-augmentation/

## 田野測試
### Field Testing

一天洗不到三次手，不會是個成功的工程師。

——豐田章一郎 (Shoichiro Toyoda)，前豐田汽車社長


一年有多達一百五十天，派崔克・史密斯 (Patrick Smith) 會住在美國科羅拉多州的荒野裡頭，五十年來都是如此。史密斯先生是「科羅拉多野外求生學校」(Colorado School of Outdoor Living) 的創辦人，另外還開設了兩家打獵／登山公司，同樣經營得有聲有色，其中一家是他在一九九五年賣掉的「蒙特史密斯」(Mountainsmith)，另外一家則是他於一九九七年創立的「犀牛國際」(Kifaru International)。

成為犀牛國際的客戶，是一件很危險的事，因為你的信用卡會很容易刷爆，主要是犀牛國際的登山、狩獵、露營用具稱得上是名牌，品質在世界上是數一數二的：不僅超級耐用、超級輕，而且設計精良。犀牛

國際出品的背包一個賣好幾百塊美元，但可以輕鬆承載兩百磅的重量，而且用個幾十年也不會壞。

很多熱血的戶外運動員與職業軍人都會一擲好幾千美元訂做犀牛國際的裝備，下單之後還得苦苦等上六到八個禮拜，才能等到公司做好交貨。你可以盡量去找、去問，但是你要遇到任何一個客人對犀牛國際的產品不滿意，就跟中樂透頭獎一樣容易。事實上通常只要買過犀牛的東西，你就回不去了，這輩子你都不會再用其他牌子的東西。

**犀牛牌產品品質如此傲人，背後祕密就是田野測試 (Field Testing)。**多年來，史密斯親自設計、使用，並修正每個產品，確定自己滿意，才會賣給消費者。一旦問世，即便是最難搞的客人，也沒辦法雞蛋裡挑骨頭。

對他個人採行的田野測試，史密斯先生如是說：

> 鄉下地方絕對是我的靈感來源，也是我的實驗室。我學會了在鄉野中發想出產品的設計，因為這是一個很棒的方法。這樣想出來的設計，可以馬上得到回饋，因為我人在鄉野中，而這些產品就是設計來在這樣的環境中使用。我可以在真實的狀態下，測試這些設計能不能達到預想中的效果，同時也沒有任何時間上的延誤……跟坐在市中心辦公室的電腦前面比起來，我衷心覺得這樣才是產品設計該走的路。我認為這樣才是所謂雙贏的作法。[5]

就幫助企業成功這點來說，田野測試有其源遠流長且獨樹一格的歷史。一九二三年，紐約防護衣公司 (The Protective Garment Corporation) 的 W‧H‧墨菲 (W.H. Murphy) 在大庭廣眾下，找了同事站在十呎外，然後朝他胸前開了一槍。他這麼做，是要證明自家的產品有用，同時也可以當作一個很好的宣傳。但在譁眾取寵的表象下，這樣的做法背後其實隱

---

5. http://www.kifaru.net/radio.htm

藏非常縝密的田野測試，用意是要確認這防彈背心能夠阻擋實彈射擊。
如今米蓋·卡巴耶洛 (Miguel Caballero) 作為一位來自哥倫比亞的服裝
設計師，除了親手為美國總統歐巴馬，以及委內瑞拉總統查維茲 (Hugo
Chávez) 等國家元首設計防彈衣物外，也延續一九二三年以來的實彈測
試傳統，你可以在 YouTube 找到他上傳的影片，上面記錄有人穿著他所
設計的防彈衣，近距離在腹部的位置受到射擊，結果毫髮無傷。❻

　　全球主要車廠也會讓自家設計出來的新車接受道路與越野障礙環境
的測試，看看底盤、避震，還有各項零組件在真實路況下的表現如何。
軟體公司像微軟與谷歌也會在內部讓自家產品接受大規模由員工進行的
實測，通過測試才會讓產品上市。內部測試讓軟體公司可以在產品見公
婆（客戶）之前，先盡量把除錯工作做到最好。

　　想讓產品更好，最好的辦法就是自己每天也用這些產品，只有自己也
卯起來用，自己也對產品覺得不夠滿意，你才會想辦法去做出改進。

觀念分享：http://book.personalmba.com/field-testing/ ↖

---

6. http://www.youtube.com/user/miguelcaballerousa

# 第二章

# 行銷
## Marketing

行銷的大忌，兩字曰之無聊。

——丹‧甘迺迪 (Dan Kennedy)，行銷專家

　　產品有其價值或效用是不夠的。如果沒有人知道你的產品，或沒有人在乎你的產品，那你的東西再好也是白搭。沒有行銷，就沒有企業，至少沒有活的企業；如果人家根本不知道你存在，又如何能跟你做生意買東西呢？人家如果不覺得你的產品或服務有趣，就不可能掏出錢來買你的東西。

　　每家成功的企業都會找到自己的辦法去吸引到正確的買家，讓客戶對自己的產品產生興趣。心裡沒個譜要把東西賣誰，東西就很難真的賣得好，而東西賣不好，你的生意就很難做得下去。

行銷作為一門藝術，一項科學，其精髓就在於找到「潛在客戶」(prospects)，也就是真正對你的產品或服務有興趣的人。知名企業之所以能夠大發利市，就是因為他們很有效率，用很低的成本去吸引到潛在客戶的注意。愈多潛在客戶被你吸引，你的公司業績就愈能蒸蒸日上。

行銷不等於銷售。雖然在「直銷」的例子當中，從吸引注意力到問對方要不要買，這當中的時間往往被壓縮得非常短，但無論如何，行銷與銷售仍然是兩碼子事。

**行銷講求的是吸引注意；銷售（Sales，見第三章）講求的是銀貨兩訖。**

觀念分享：http://book.personalmba.com/marketing/ ↖

## 注意力
### Attention

*在決勝於注意力的（現代）經濟當中，行銷人千方百計爭的就是消費者關愛的眼神。沒有注意力，你就輸了。*

——賽斯・高汀 (Seth Godin)，暢銷書《紫牛》(Purple Cow) 作者

現代人每天張開眼睛，就得面對需索無度的眾多瑣事向你猛拋媚眼，希望得到你的半點垂憐，他們要的，是你的注意力。想想眼前有多少事物在向你招手，要你看看他們：有工作要做，有人要連絡，有電郵要回，有電視要看，有音樂要聽，還有無數的網站要上。每個人都有太多事情要做，每個人都覺得自己時間不夠。

行銷工作的第一堂課，就是你要知道消費者的注意力有限。你可以想像一下，任誰也不可能每件事都關心、每件事都注意，那樣需要的注意力實在是太大了。於是我們會開始過濾事情，會對有限的注意力進行配給；在乎的事物多給一點，不在乎的事情少給一點。這是人性，而你的潛在客戶也不會例外。**為了讓人注意到你，你必須能夠避開他們腦中的過濾機制。**

高品質的注意力不會憑空而降。你要人家注意你，就是要跟全世界競爭。為了獲得注意，你必須有所作為，你必須讓自己比其他事物更加有趣、更加有用。

但光是讓人注意到你還是不夠的，你還得讓人在乎你。如果你只是要別人的注意，那就不用管什麼生意不生意，行銷不行銷，你只要換上粉紅色的兔子裝、走到馬路上，然後放聲大叫，我保證你要多少注意力就有多少。但說到做生意、說到行銷，你面對注意力就不可以照單全收、撿到籃子的都是菜，你得要有所取捨。你希望注意到你的，是你的潛在客戶。

能成為矚目的焦點，是件令人開心的事情，但在商言商，你開門做生意就是要賺錢，是要拿到訂單，其他都是假的；得到最佳人緣獎不能讓你衣食無缺，扎扎實實地完成交易才是真的。能登上全美聯播的電視節目很棒，能出現在大型網站的頭版很了不起，但往往名不一定等於利，名氣不一定能轉換成銷售量。拼了老命躋身上流社會，反而排擠到你用創新產品或服務為客戶創造價值的時間與精力，而這是任誰都不樂見的狀況。

讓會掏腰包的潛在客戶注意到你，你的生意就能做得起來，而本章會分享許多心理模型，讓你了解我這麼說的背後道理。

觀念分享：http://book.personalmba.com/attention/ ↖

## 感受性
### Receptivity

同一隻鞋這個人穿剛好，那個人就會擠腳，生命不是下廚，日子的過法沒有所謂的最好。

——卡爾‧榮格 (Carl Jung)，精神醫學與心理學先驅

人會忽視很多事物，往往是因為他們對這些事物漠不關心。人腦一項很重要的功能就是「感知的過濾」：決定自己該注意什麼、忽視什麼。

你想被人當成空氣、當成透明人，最好的辦法就是一直講人家覺得很無聊的東西。

感受性 (Receptivity) 可以用來衡量某人對於你要傳達的訊息，能夠接受到什麼程度。暢銷小說像是 J・K・羅琳（J.K. Rowling）的哈利波特系列有很多粉絲，這些瘋狂的粉絲都是感受性的代表性人物：只要是跟哈利波特系列沾上點邊的東西，他們都有興趣，相關商品一出來，他們會立刻一掃而光。對哈利波特系列產品的片商與周邊廠商而言，這些粉絲就像是老天爺賜給他們的禮物一樣，廠商隨便做點什麼東西，粉絲們的胃口都超級好。

感受性的組成分子有二：何物與何時。人類的感受性，往往只會對特定的事物在特定的時間內開啓。我有空時會去逛書店，看看最近出了哪些新的商管書，但半夜三點，請你不要打電話到我家來，跟我說你們家最近出了什麼新書。

如果你希望自己的訊息能夠傳達出去，媒體的選擇至為關鍵。訊息所採取的形式，會大大影響別人的接受程度。如果形式讓人感覺到這訊息是為他們量身打造，那麼你贏得注意力的機會就會大增。

舉個例子：看到信箱裡的垃圾郵件，大多數人都會嗤之以鼻，因為這些東西一看就是純粹想要賣東西，而且又是大量印刷、千篇一律，九成九的人連看都不看，就會直接丟進垃圾桶。但如果能讓這些郵件在形式上脫胎換骨，收件人的感受也會有所改變。

如果收件人地址是手寫的，那多數人至少會把信打開，畢竟寫上住址也需要時間和力氣，對方總算是有心寄信過來。在另外一個極端，幾乎所有的人（包括每天忙得團團轉的高階企業主管），如果收到 FedEx 連夜以急件寄來、手寫地址的大信封，都至少會打開來看一看裡面是什麼吧：這麼大的東西寄起來肯定不便宜，住址用手寫也有加分。但即便如此，如果裡面的東西令人失望，收件人的注意力還是會馬上煙消雲散的。

觀念分享：http://book.personalmba.com/receptivity/ ↖

# 特殊性
## Remarkability

廣告費是一種稅，你之所以被課，是因為你的東西有夠普通。

——羅伯特·史蒂芬斯 (Robert Stephens)，奇客小組 (Geek Squad) 創辦人

每次我去跑步都會遇到人問我的鞋子。他們好奇不是因為我的鞋子很「潮」，而是因為我的鞋子很「怪」。

Vibram 的五趾鞋 (Vibram FiveFingers) 看起來有點像襪子，又有點像手套，穿起來讓你像隻青蛙：每一個腳趾都有自己的位置，所以你的腳會看起來有點像蹼，有點怪，怪到讓人會想看、會想問。

我之所以敗了一雙五趾鞋，是要實驗看看光腳跑步是什麼感覺；這種鞋子的底是橡膠，非常地薄，可以保護你的腳底不被石頭或玻璃弄傷，但又不會增加你跑步的負擔，由此你在跑步的時候，腳的動作會非常接近光腳時的狀態，換句話說，人腳的設計可以得到完全的釋放，按照最自然的方式去運作。穿著五趾鞋跑步，我只能說，出奇地有趣，而這也是我穿它最大的原因。

穿五趾鞋出門，別人很自然會注意到你的腳，因為這鞋長得跟我們對鞋的想像差太多。於是常常在路上，就會有人饒富興味地問東問西，即便在略顯冷漠的紐約市也不例外，由此可見這雙怪鞋的威力。像這樣的攀談到最後，我都會跟「新朋友」分享很多事情，比方說這到底是什麼鞋、我為什麼想穿、多少錢買的、哪裡有賣。

五趾鞋的設計，成功克服了每項新產品都會遇到的第一個問題，那就是如果人家不知道你的存在，買賣就不可能發生。而**每個穿上五趾鞋的客人，很自然地都會成為 Vibram 最好的活動廣告**。有了這些活招牌，Vibram 省下了額外的廣告費用，但仍可以不斷地成長。

從企業的角度來看，五趾鞋的設計讓人印象深刻，讓產品本質與廣告效益做了完美的結合。到街上問問，店家會告訴你五趾鞋真的賣得很

好，只要上架就被秒殺。《紐約時報》(New York Times) 在二〇〇九年八月三十日寫了篇報導叫做〈動動腳趾，笑傲鞋業大廠〉(Wiggling Their Toes at the Shoe Giants)，裡面說到五趾鞋系列自二〇〇六年問世以來，銷售每年都成長兩倍，二〇〇九年的銷售金額光在北美，就超越了一千萬美元大關，而他們幾乎沒有做什麼廣告。❶對一雙看起來像蛙蹼的鞋子來說，你真的不得不給它拍拍手，說聲幹得好。

　　特殊性是吸引注意力的終南捷徑。在行銷經典《紫牛》(Purple Cow) 一書中，賽斯・高汀 (Seth Godin) 提出了一個很妙的比喻來說明特殊性。一片原野上如果都是黃牛，多麼乏味，這時如果眼簾中映入一頭紫牛，那是多麼地令人感覺心曠神怡啊！你身邊如果有人，那麼你們看到的、討論的，一定會是這頭紫牛，而不會是其餘那些看來都一樣的黃牛。

　　如果你能將產品或服務設計得很特別，特別到讓你的潛在客戶的好奇心得到撩撥，那他們的注意力就能夠手到擒來了。

觀念分享：http://book.personalmba.com/remarkability/ ⬉

心法
44

# 可能的買家
## Probable Purchaser

地球上有六十億人，當中百分之九十九・九九九都不想給你錢。

——休・麥克李奧 (Hugh MacLeod)，
漫畫家與作家、《不鳥任何人！創意的 40 個關鍵》(Ignore Everybody) 作者

　　如果你以為世界上每個人都會在意你的產品，那就大錯特錯了。你可能以為你的產品或服務是切片吐司麵包之後最了不起的發明——如果是這樣，我也非常替你開心，但即便如此，也不能改變的事實是你的產品不可能適合每一個人。不論你想賣的東西或服務是什麼，我都可以向你保證，世界上大部分的人都不會在意——現在不會，未來也不會，永遠都不會；這很殘酷，卻是現實。

但反過來說，這也表示你不用去迎合每個人，一樣可以成功。你只需要吸引到一部分人相當的注意力，完成一定數量的交易，達成某個水準的獲利，公司的營運就可以繼續下去。而要做到這一點，你應該把自己的注意力集中在那些真正在乎、真正會買你東西的族群身上。

老練的行銷人不會妄想得到所有人的注意力，而會想辦法在正確的時候讓正確的人注意到自己。如果你要行銷的是哈雷 (Harley-Davidson) 機車，那你並不需要千辛萬苦去上歐普拉 (Oprah) 的節目，因為即便你在這樣的脫口秀上把今年最新的車款全部介紹一遍，銷售也不會因此增加多少。反過來說，每集歐普拉節目都不錯過的觀眾，裡面應該不會有太多人穿著皮衣、留著八字鬍、兩手刺青；所以你也不用想說歐普拉會在機車展上買個攤位來打廣告。

所謂「可能的買家」(Probable Purchaser)，指的是完全符合你產品／服務定位的那群人。哈雷機車最可能的買家是週末戰士，也就是有錢有閒，想重溫力量、速度與刺激的中年男人。對歐普拉來說，最可能買她帳的人是想要自我提升、享受傾訴、彼此掏心掏肺的中年女性。哈雷機車不會想要去訴求歐普拉的潛在買家，反之亦然——這兩門生意各自有各自的目標族群，而且兩者分流的效果也非常好。

想要討好每個人既浪費時間也浪費錢：應該把行銷資源集中在「可能的買家」身上。資源固然有限，但需要關心的消費族群同樣有限，所以應該把兩者之間對應起來，讓你的行銷與廣告活動發揮到最大的效用。

觀念分享：http://book.personalmba.com/probable-purchaser/

## 心法 45

# 心思
## Preoccupation

*要是你知道別人有多不關心你的死活，你就不會一天到晚糾結別人是怎麼看你的了。*

*——愛蓮娜・羅斯福 (Eleanor Roosevelt)，前美國第一夫人*

---

1. https://www.nytimes.com2009/08/30/business/30shoe.html.

為了吸引到潛在客戶的心思，你必須讓他們從正在做的事情中抬起頭來，而那談何容易。

心思爭奪戰是現代行銷人員的日常：站在行銷工作的起點，你的潛在客戶一定有別的事在忙，而那件事情絕對不是你。此時為了讓他們注意到你的產品，你只有一條路可走，那就是讓他們覺得你比他們手邊的事情有趣。

要打破潛在客戶現行的心思所在，最好的辦法就是挑起他們的好奇心，出奇不意地讓他們對你產生關心。我們代代相傳的古老大腦有一個特色，就是會關注周遭的機會與威脅，我們的雙眼會時時刻刻去掃描環境中的新刺激，看看什麼東西有助於我們，什麼東西又會傷害我們。

這種刺激愈是強烈，愈是能挑起情緒，就愈有助於我們爭取到客戶的心思。行銷人員愛用聳動的影像、文字與聲音，不是沒有理由的：我們的大腦設定就是會讓人停下來去評估這些東西。

當然這並不是說你的行銷都得搞得血淋淋或一堆噪音：巧妙而具神效的行銷手法不勝枚舉。根據潛在客戶的環境與心境不同，要引起他們興趣的門檻不見得都高聳入雲。如果客人現在很無聊、很煩悶，或是很需要娛樂或刺激，那你要趁虛而入就會相對容易。

當然我們進行行銷工作，最好是先設定對方處於專注的狀態裡，然後設法去打破他們當下的這種狀態。如果這樣你都有辦法如此爭取到他們的心思，那其他的狀況就會更加容易。

觀念分享： personalmba.com/preoccupation/ ➘

心法
46

# 意識程度
## Levels of Awareness

*承諾——重大的承諾——是任一則廣告的靈魂所在。*

*——塞繆爾·詹森 (Samuel Johnson)，十八世紀散文家兼辭典編纂者*

上善之行銷，會移樽就教，瞄準潛在客戶的所在地，而不會瞄準你希望他們待在的地方。若你希望吸引到的注意力之後轉換成實際的業績，那你就必須要去留意你的潛在買家對你所能提供的產品與服務知道多少，又在乎多少。

在堪稱經典的《突破性廣告》（*Breakthrough Advertising*，暫譯）一書裡，尤金・史瓦茨 (Eugene Schwartz) 主張潛在客戶會在行銷及銷售的過程中歷經五種不同的意識程度：

（1）**毫無意識**：潛在客戶完全沒意識到他對你的產品有任何需求或欲望。
（2）**意識到他的問題**：潛在客戶知道他們需要或想要什麼，但他們並未意識到任何適合之解決方案的存在。
（3）**意識到解決方案**：潛在客戶知道潛在的解決方案存在，但他們並未意識到你能提供的那則解決方案。
（4）**意識到你的產品**：潛在客戶意識到了你的產品，但他們還不確定那適不適合他們。
（5）**完全意識**：潛在客戶相信了你能提供最符合他們需求或欲望的解決方案，他們只差再了解你的開價跟其他條件，就能決定要不要進行購買了。

你該如何去吸引潛在客戶的注意力，取決於他們當下的意識程度，而你每一次的行銷接觸，都應該將目標設為讓潛在客戶的意識程度更上層樓。

假設潛在客戶連需要跟欲望都還沒有萌生，那你把自家產品說得再好再便宜，他們也根本無感，因為對他們而言，你的行銷於他們只是無關的噪音。反過來說，已經具備完全意識的潛在客戶聽到你滔滔不絕在講你的產品能替他們解決什麼問題，只會讓他們覺得煩躁，因為這些他們早就都知道，他們只差下決心購買而已。這時候單刀直入才是你最好的選擇。掌握好對方的意識程度再去行銷，你的話對方才聽得進去。

這種心法也適用於業務的銷售過程。教育基礎銷售（Education-Based Selling；心法 69）有助於潛在客戶理解何以購買你的東西符合自身最大的利益，即這筆交易能對他們產生多少好處。

意識程度可以創造出許多行銷口中的「漏斗」效應。你初始的行銷活動可以先讓他們意識到產品或服務的存在，但多數新客人出於各種原因都不會馬上購買。惟隨著意識程度愈來愈高，他們仍可能慢慢從行銷階段朝銷售階段移動，最終從漏斗底部流出來的就是成交的結果。

觀念分享：personalmba.com/levels-of-awareness/ ↖

# 成效
## End Result

沒有人想要鑽子，他們要的是那個洞。

——L・E・「醫生」・霍伯斯，曼哈頓互助壽險公司廣告，一九四六年

多數人找尋商機，卻對日常生活的細節不太在意，也不懂開公司是一項多大的責任。他們會去買商管書、上財經課，希望自己的未來也能像成功創業的人一樣，那麼不愁吃穿、那麼隨心所欲、那麼充滿希望。

多數人買有越野能力的休旅車，不是因為他們真的要去越野，而是越野的性能讓他們覺得很刺激、覺得自己是冒險王，就算突然有什麼狀況，他們也可以應付自如。

多數女性買一條二十美元的口紅，不單純是因為顏色漂亮，而是因為她們相信這東西能讓她們變美、更秀色可餐。

多數大學生花幾十萬美元去讀哈佛、史丹福、耶魯等昂貴的名校，不是只為了坐在歷史感十足的教室裡美美的；他們來到這些學校，或者應該說父母花錢送他們來，是因為他們相信這些學校的名字說出來，會讓別人覺得他們好有氣質、好聰明，甚至於無所不能。

**行銷的效果要達到最高，就要去強調產品或服務的成效 (End Result)，**

不論那是一種獨特的經驗，或是跟核心人性需求（Core Human Drive；心法4）有關的任何感受。購買行為所能交換到的產品或服務很重要，但更重要的，**消費者真正要的，是花了錢所能得到的成效，而這成效，也應該是行銷人宣傳的要角。**

行銷時，介紹產品的功能或服務的特色是比較方便的作法，賣東西的人當然知道自家產品或服務的裡裡外外，但更有效的做法，是說明你的產品或服務能夠達到什麼樣的成效，那才是真正能夠提供給消費者的價值。

成效才是王道。把重點放在成效上面，你就能一天天更接近讓你的潛在客戶在心中告訴自己：「這東西我不買，誰買！」

觀念分享：http://book.personalmba.com/end-result/ ↖

## 現場示範
### Demonstration

*真相往往都是看到的，鮮少是聽說的。*

——巴爾塔沙・葛拉西安（Baltasar Gracián），十七世紀西班牙哲學家

行銷人員常費盡唇舌想說明自己的產品或服務有多好，但事半功倍的做法往往是讓潛在客戶見識一下活躍中的產品英姿。**透過眼見為憑，現場示範 (Demonstration) 可以增加潛在客戶對你產品好處的信心。**

現場示範是最古老，也最有效的一種行銷技巧；幾百年來都有人用這種辦法來影響輿論。布魯克林大橋在一八八三年啟用，但行人並不相信其結構強度——那是當時全世界最長的吊橋，也是第一座跨越紐約東河的吊橋。剛開始使用的人都緊張兮兮。

布魯克林大橋對外開放的六天後，一名女性在通往橋面的階梯上滑了一跤。騷動造成了民眾的恐慌，就跟戲院起火造成觀眾往外衝的感覺一樣。十二名行人在這場意外中喪生，七人受到重傷而性命垂危，在踩踏中受傷的民眾則有二十八人。❷

在這場公關危機發生後，紐約市府讓知名馬戲團演員費尼爾司‧泰勒‧巴納姆 (P. T. Barnum) 趕著二十一頭大象跟十七匹駱駝在橋上大遊行，但即便有這些龐然大物在橋上大搖大擺行進，橋身依舊紋風不動，而這也恢復了民眾對於橋樑結構的信心：如果布魯克大橋受得了不下二十頭五噸重的大象，那行人走上去應該算不了什麼。❸

　　二十世紀許多最賺錢的生意，都是以「現場示範」作為其行銷策略的主力。想想在資訊型廣告的黃金時代：比爾 ‧ 梅斯 (Billy Mays) 曾透過直銷式的電視廣告賣出了總值一億美元的居家產品如 OxiClean（萬用去汙粉）、Mighty Putty（強力補土）、Orange Glo（地板亮光劑）與 Kaboom（浴廁清潔劑）。❹ 比利以其過人的熱誠，爭取到了觀看者的「心思」，也打敗了他們想轉台的自然衝動。比利在螢幕上用各種產品把髒兮兮的地板跟襯衫回復到昔日的光輝，而這也讓他的收銀機響個不停。觀眾買單不是因為比利說了什麼，而是因為他們看到了比利做了什麼：產品的表現在電視上有目共睹。

　　**現場示範可大大提升產品或服務在潛在客戶心目中的地位。可以的話，盡量別想用嘴巴說服你的客戶：秀給他們看最快。**

觀念分享：personalmba.com/demonstration/ ↖

## 客戶評估
### Qualification

不打廣告賣不出去的東西，打了廣告還是賣不出去。

——艾爾伯特‧賴斯科 (Albert Lasker)，
洛德與湯瑪斯 (Lord & Thomas) 廣告公司前執行長、現代廣告業先驅

　　你可能不相信，但有時候客戶想要付錢買東西，拒絕才是正確的做法。不是送上門的都是好客戶，我必須說，因為對某些客戶，你必須要付出更多的時間、精力、關注，甚至風險，而這樣的投資，不見得能

等比例反映到你的獲利上，於是乎這樣的客戶，就不是你應該去爭取的客戶。

客戶評估 (Qualification) 作為一道程序，是要在生意做成之前，判斷一位客戶究竟是不是個值得擁有的好客戶。這麼做，可以讓你避免掉因為一名不適合的客戶，而浪費掉寶貴時間的風險。

進步車險 (Progressive Insurance) 公司就是透過成功的客戶評估，確保公司能夠持續獲利。想看看他們實際上如何進行客戶評估，請到進步車險公司的網站，網址是：www.progressive.com，然後請他們提出車險的報價。

收到你的申請之後，他們會問你一些基本的問題：

① 你開的是什麼車？
② 車是自己的還是租的？如果車是自己的，車貸繳完了沒？
③ 你居住地的郵遞區號是？
④ 你結婚了嗎？
⑤ 你有大學畢業嗎？
⑥ 過去五年有沒有肇事紀錄？

根據這些答案，進步車險會去搜尋若干資料庫，以便回答下面兩個問題：

A 你是不是他們會想要承保的那種客戶？
B 如果是，他們應該收你多少保險費？

---

2. Jaya Saxena, "130 Years Ago, Elephants Solved Panic on the Brooklyn Bridge," Behind the Scenes (blog), New-York Historical Society Museum and Library, May 29, 2014, http://behindthescenes.nyhistory.org/elephants-panic-brooklyn-bridge-1883/.

3. "The Elephants Cross the Bridge," New York Times, May 18, 1884, https://www.nytimes.com/1884/05/18/archives/the-elephants-cross-the-bridge.html.

4. 想觀看比利的廣告範例，可前往：https://www.youtube.com/watch?v=91K8MvN01b4.

如果你是他們想要的客戶，他們會報價，然後鼓吹你立即購買保單；如果你不是他們設定的客戶類型，他們會告訴你別家保險公司的保費更划算，積極鼓勵你去跟他們的對手買保險。

這句話很怪，我知道，世界上怎麼會有公司把真正想消費的客戶往對手那裡推？你記得我前面談保險時所說的嗎？保險公司的獲利要訣，是盡可能增加保費收入，減少理賠給付。

進步車險選擇不要最大化客戶基礎，**他們的策略是只承保他們研判會小心開車，事故機率低的保險人。**這類客戶往往會繳很久的保費，卻從來不申請理賠。客戶評估做得好，讓進步車險承保的大都是賺得到錢的好客戶，而高風險的駕駛人，則都在他們的強烈建議下轉到了對手處。這樣對客戶也有好處，因為低風險對應的是低保費，因此進步車險的保戶都可以得到相對優惠的保單條件。

過濾客人讓你可以去蕪存菁，讓你在事前把不好的客人擋在門外。你愈清楚自己想要的是什麼樣的客人，你就愈能順利篩選出理想的目標，也就愈能把符合你條件的客人，全心全意服務到最好。

觀念分享：http://book.personalmba.com/qualification/

## 心法 50　市場切入點：變身成客戶的瞬間
### Point of Market Entry

漠不關心的軟，是不可承受的硬。

——璜‧蒙塔爾沃（Juan Montalvo），作家

假設你沒有小小孩，短期內也沒有計畫生，那麼你應該就不會對紙尿布、學步車、小孩床、嬰幼兒玩具、托兒所，或是標榜「不讓孩子輸在起跑點上」的各種商品有任何興趣；即便你在生活中接觸到跟上述商品或服務有關的資訊，也會自動被你的大腦過濾掉，因為這些東西與你目前的生活，一點關係都沒有。

但如果你是準爸媽，小寶貝已經出發準備進入你的人生，你的眼睛就會突然打開，上面各種產品都會突然變得有意義，你會開始注意這些產品的廣告，哪一家的品質比較好，哪一家比較便宜。在老婆告訴你她懷孕了之前，在醫生告訴妳妳懷孕了之前，這些東西好不好、貴不貴，一點都不重要，但那已經是之前的事情了，正所謂此一時，彼一時也。

有些市場有很明確的進出點。知道老婆／自己懷孕了，是市場切入點 (Point of Market Entry) 的典型例子。一旦知道老婆或自己有了，嬰幼兒產品／服務的廣告或宣傳，就會突然轉到你的頻率，你一張開耳朵就聽得到。對牛彈琴很浪費時間，對擺明沒興趣的人推銷產品也是一樣，不論你砸再多錢、花再多時間、傷多少神，也是不會有用的。所以最好的做法，就是**先去找到值得的人、值得的客戶，判斷什麼時機接觸他們最好，然後再把資源投進去。**

能在客人變身的瞬間，也就是他們跨過「市場切入點」的瞬間吸引到他們的注意力，是一種令人稱羨的能力。像寶鹼 (Procter & Gamble)、金百利克拉克 (Kimberly Clark)、嬌生 (Johnson & Johnson) 與費雪 (Fisher Price) 這樣的大公司都非常注重客人何時跨過「市場進入點」，因為他們知道這一點，會大大影響每項嬰幼兒產品的行銷成敗。很多新手爸媽從醫院把寶寶帶回家，手上都會拎著各家廠商免費贈送的樣品組，裡面可能有紙尿布、尿布疹軟膏、嬰幼兒奶粉，還有其他照顧寶寶的基本配備。

如果你能在第一時間爭取到潛在客人的注意力，你的產品就會成為其他產品比較的基準，而這是一個非常有利的位置，潛在客人最後選擇你的機會會大大增加。

在跨過門檻、產生興趣之後，客人會到哪裡去搜尋產品資訊，是你必須掌握的重要情報。在網路出現之前，多數準爸媽會立刻開始買一堆書猛 K，或者到處找養兒育女的「前輩」們討教。但時至今日，新出爐的父母會立刻上網，而這就是何以自然形成的或付費買來的搜尋引擎優化會大行其道、會有其價值。透過關鍵字的設定，你跟對手要比拼的，是誰第一個在電腦螢幕上跳出來。

觀念分享：http://book.personalmba.com/point-of-market-entry/ ⬎

# 市場的可及性
## Addressability

*有時候，有些路，之所以沒人走，不是沒有原因的。*

——傑瑞·賽菲爾德（Jerry Seinfeld），喜劇演員

　　我小時候住在俄亥俄州鄉下，附近有好幾處因為信仰而「反璞歸真」的阿米許人 (Amish)❺社區，不過不像一般人所以為，阿米許人並不排斥全部的現代科技：他們會判斷一項科技會強化或弱化其社群，再來決定該如何處理。❻ 氣動工具與蒸氣系統都很常見，不少阿米許人的中小企業工廠都會使用精密的電動工具。但即便如此，業務員也不會鎖定阿米許人作為他們主力的目標市場：一筆生意的成交，要從移樽就教去一一拜訪客人做起，接著是面對面銀貨兩訖，之後還可能得把宅配或技術支援延伸到深鄉僻里。為了一筆生意弄到如此人仰馬翻，CP 值實在太低，所以多數行銷或業務人員都會直接放棄。

　　**市場的可及性 (Addressability)** 衡量的是你能不能很容易地接觸到可能買你東西的人。市場或潛在消費群可及性高，意謂著你可以輕輕鬆鬆接觸到他們；消費族群的可及性低，則表示要接觸到他們，必須歷經千辛萬苦；可及性零，或感受性零，表示你無論如何也接觸不到這些人，或者不論你說什麼，他們都當耳邊風。

　　瑜伽作為一個例子，代表的是可及性高的市場。要找到對瑜伽有興趣、有在注意瑜伽發展的人，相對而言不是件太困難的事情；健身中心、瑜伽雜誌、跟瑜伽有關係的集會、網站等等，都可以讓你大有斬獲。瑜伽是全球年產值高達一百六十億美元的巨大市場，是一片廣大的藍海，你可以從上面提到的幾個管道切入，讓喜歡瑜伽的男男女女，知道你有什麼產品或服務可以提供給他們。

　　**比較敏感或令人感到害羞的事情，市場的可及性通常較低**，即便相關的需求確實存在，甚至很大，像慢性病就是個例子。牛皮癬或潰瘍性

結腸炎的患者，都已經羞於見人了，你想要找到他們，讓他們通通跳出來聽你賣東西，談何容易。這些慢性病的病人往往散落各地，你不用想他們會都在同一個地方出沒，更不用想他們會有什麼共同的期刊，很多人甚至會什麼活動、什麼團體都不參加，免得在公開場合被認出來尷尬。所以，要找到他們、跟他們說話，絕對比你想的還要再難一點。

醫生，相對之下，就是一個可及性較高的族群。他們有名片，名片上有住址、有電話，而且他們也有意願、有能力跟藥廠的業務見面，討論醫院最近需要什麼樣的新藥。因為每個醫生要看的病人都很多，而且每個醫生都扮演著處方藥開立的守門人，所以很明顯地，藥廠的行銷部門必須花很多時間跟精力去搞定醫生。

網路大大改善了許多市場的可及性。病人若患有難以啟齒的隱疾，就非常有可能匿名在網路上搜尋資訊，由此就有可能看到你所刊登的廣告。部落格、討論群組、網路告示板，還有像 WebMD.com 之屬的資料庫，能讓素昧平生的網友彼此分享經驗、知識，進而大大提高了潛在市場的可及性。

**市場的可及性是開發新產品時的重要考量。**如果你有選擇，就應該盡量讓產品訴求鎖定你「搆得到」的市場或消費族群，而不要像無頭蒼蠅般跑來跑去，抱著一堆很難賣的東西，硬要賣給並沒有很想要這樣東西，甚至連理都不想理你的客人。

選擇可及性高的產品或市場來創業，你賣起東西來會容易得多，血本無歸的機率也會大大降低。

觀念分享：http://book.personalmba.com/addressability/ ↖

---

5. 阿米許人是基督新教重洗派門諾會中的一個分支（又稱亞米胥派），以拒絕汽車及電力等現代化設施，過著簡樸生活而聞名。

6. Kevin Kelly, "Amish Hackers," e Technium (blog), February 10, 2009, https://kk.org/thetechnium/amish-hackers-a/.

# 欲望
## Desire

可是我就是想要嘛！

——所有的二歲小孩

　　有效行銷能讓潛在客戶渴望你的產品或服務。為了讓客人願意花大錢買你的東西，他們必得先想要你的產品。如果你的行銷策略沒能讓他們心中油然而生一種「欲望」（Desire），那這樣的行銷就是讓錢跟時間付諸流水。

　　激起欲望是行銷活動中，讓人最不舒服的一環，而這是可以理解的：流行文化背後永遠有行銷人在暗地裡操盤，用盡手段催眠廣大的消費者，讓他們自覺想要種種他們根本不需要的東西；流行文化與行銷手法的這種關係，就像熱戀中的情侶，別人怎麼拉都分不開。而事實是，我們想要的東西，往往是我們最不需要的東西。

　　說到事實，事實是**要讓一個人對一樣東西從不想要到想要，幾乎是不可能的任務**。當然，行銷有很多地方可以學習詐騙集團，可以去操弄人的心理，你可以說賣的是 A，但其實賣的是 B，可以把產品說得天花亂墜，宣稱一些產品根本做不到的東西，但無論如何，行銷還是行銷，你不是變魔術的大衛・考柏菲，行銷也不是洗腦。你想把好幾百萬美元的廣告預算丟到水裡，最好的辦法就是強迫人買他們原本並沒說自己想要的東西。人的心理不是你說改就改的，**我們都只會買我們原本就已經暗自傾心的東西。**

　　行銷要奏效，首要工作就是要了解消費者固有的欲望，知道了他們固有的欲望，你才能把產品包裝成他們想像中的樣子，換句話說，**你呈現產品的方式，必須跟他們原本的欲望有所交集。**說到最高段的行銷，讓人想到「教育基礎銷售」（心法 69）。教育基礎銷售是要讓準客戶知道這項產品或服務，能如何幫助他們達成或滿足自己最大的欲望，而你身為

行銷人的責任，不是要去說服消費者他們想要這項產品或服務，而是協助他們說服自己：你的東西可以幫助他們完成自己的夢想、滿足自己的欲望。

問題是消費者想要什麼呢？關於這一點我們前面已經提過，他們想要的就是所謂的「核心人性需求」（Core Human Drives；心法4），從這些需求開始，你可以出發去探尋目標客戶有哪些最最基本的需求。產品或服務能對應到的核心人性需求愈多，你的行銷工作就會愈有效、愈順手。

觀念分享：http://book.personalmba.com/desire/ ↖

# 視覺化
## Visualization

*你的作品自己會說話，不用你多嘴。*

*——亨利・J・凱薩 (Henry J. Kaiser)，*
*現代造船技術的先驅、凱薩醫療機構 (Kaiser Permanente) 創辦人*


你一踏進新車經銷商的大門，業代心裡就只想著一件事，那就是說服你坐到試駕車的駕駛座上，開出去兜一圈。

全世界的業代賣車，都會使出試駕這一招，原因很簡單：因為有效。為了讓你當場下訂，試駕是車商業代最好用的武器。在親身試駕之前，你比較可以超然地去看待買車這件事，比較容易控制住自己買車的欲望；試駕前，你可以理性地比較各個品牌的優缺點與價格高低，你可以告訴自己「我只是隨便看看」，不會急著下決定。

然而一旦你坐到方向盤後面，感性就會全面控制你的心智，你會開始幻想有車的生活是多麼愜意。之前的你可以不帶感情地比較不同車款的馬力大小與加速表現，如今你只感覺到引擎的音浪，還有方向盤的轉動是多麼順暢，你腦中開始浮現鄰居看到你在車裡，所投以那種尊敬、甚至欣羨的目光，而你帶著一絲驕傲，緩緩地將閃亮亮的新車駛入通往家的康莊大道上。

這時的你，已經沒有能力比較，你的腦中只剩下「想要」。而一旦你開始「想要」，你最後決定買車幾乎已經是確定的了，刷卡或開支票，只是遲早的事情。

B&H 賣的是攝影器材，而這家店在一個生存非常艱困的市場裡，就採用了上面所說的策略。B&H 的旗艦店位於曼哈頓，而漫步在店裡的走道，是感官刺激非常強烈的一種經驗。在這裡，你可以感覺到名牌相機的重量與質感，你可以親眼看到這些先進的相機是如何精準快速地對焦，可以親耳聽見這些寶貝的快門作動，那「喀擦」聲對喜歡相機的人只能說非常之銷魂啊！在這裡，有數百台不同的名貴相機供你把玩，你可以細細感覺每一台的不同個性和萬種風情。這就難怪 B&H 的攝影器材會賣得這麼好，畢竟在「試駕」過幾台相機之後，熱血沸騰的你想要全身而退、空手回家，談何容易！

要激起人對某項商品的欲望，最有效的辦法就是鼓勵他們去想像、去視覺化 (Visualization) 他們一旦購買了你的產品或服務，生活會變得多麼美好。我們之後談到心智模擬（Mental Simulation；心法 140）會再討論，但現在我可以先告訴你，人類的心靈，其設計就是會自動去想像自己行為的後果。你可以善用這樣的人性，增加自己創業成功的機率，你可以藉此鼓勵潛在客戶去想像某項消費，可以為他們的生活帶來多少正向的改變。

消費者愈能「看到」購買你產品或服務的好處後，他們下定決心花錢的機率也會相應提高。而要讓他們「看到」這些好處，最好的辦法就是讓他們暴露在大量的感官刺激之中，這些刺激自然會反覆提醒消費者的大腦：這個我要！

觀念分享：http://book.personalmba.com/visualization/

# 取景／避重就輕

Framing

我們聽到的每一件事都是主觀的意見，而非客觀的事實。我們看到的每件事情都是眾多角度之一，而非獨一無二的真相。

——馬可士·奧瑞里厄司（Marcus Aurelius），羅馬帝國的哲學家皇帝

　　心理學家阿莫斯·特沃斯基 (Amos Tversky) 與丹尼爾·卡納曼 (Daniel Kahneman) 曾經做過一個很有名的實驗，當中受試者必須決定要不要給一群六百名的病人提供醫療。受試者有兩個選擇：治療 A 可以救兩百個人的性命，治療 B 有三十三％的機率可以拯救全部六百個人的生命，但也有六十六％的機率會一個都沒救成。

　　治療 A 與治療 B 在數學上沒有任何差別。在統計上，這兩種療法的期望值是一樣的。但現實人生中的結果，卻顯示受試者的心理有非常明顯的偏好：七十二％的受試者選擇治療 A，僅二十八％的人選擇治療 B。

　　同樣的實驗做第二次，這次選項換成了治療 C 跟治療 D，其中治療 C 會導致四百人死亡，而治療 D 有三十三％的機率可以讓所有的人活下來，但也有六十六％的機率會讓所有的病人一命嗚呼。七十八％的受試者一面倒地偏好治療 D，僅二十二％的人選擇治療 C。

　　有趣的是治療 A 跟治療 C 在統計上也是完全相同的兩個選項，但治療 A 卻遠比治療 C 受到青睞。想到哪些人得以活下來、哪些人卻得死去，讓受試者的決策過程難以客觀，即便客觀的統計告訴我們，這些選項沒有什麼不一樣。我們在談到損失趨避（Loss Aversion；心法 146）時再來討論受試者有這樣偏好的其他理由，但現在我想告訴你的，是不同選項的不同強調，如何影響了人性的判斷、如何改變了實驗的結果。

　　取景 (Framing) 這道手續，就是要把特別重要的細節凸顯出來，而讓不那麼重要的部分盡量低調，所謂低調，就是讓不重要的部分變小，或是完全拿掉。取景使用得當，可以幫助你在尊重客人意願，又不耽誤他們

時間的前提下，讓你的產品展現出最佳的賣相。

取景原本就是溝通的一部分：不可避免地，我們有時會把特定訊息加以濃縮；溝通的時候要把所有的資訊與所有的上下文都交代清楚，無所不包，本來就是不可能的事情。**我們跟其他人溝通時，本來就會強調特定事實**，同時刪除掉次要的東西，這樣溝通起來才會有效率，才不會過於冗長。我們取景，是因為我們不得不；要是不取景，人類的溝通會變得極度冗長，即便是最簡單的訊息，傳遞起來也會變得盤根錯節，讓人極度難耐。點個比薩可能得花上兩個小時，因為你不僅得跟電話另一頭的達美樂員工說明你想要的比薩口味與大小，還得向他解釋你怎麼會知道他們的電話，為什麼今天晚上你會突然心血來潮想來片夏威夷、而不想吃左宗棠雞，或是外帶其他的中國菜。

而因為取景是溝通中不可或缺的一部分，聰明的你就應該主動去面對。**關於你的產品或服務，你應該主動去評估有哪些東西你想要強調、哪些東西你不希望客人看見**。經由這樣的評估，你可以凸顯自家產品或服務有哪些優點，讓潛在客人可以一下子就了解買你的東西有什麼好處，這樣不論你用什麼方法去行銷，說服力都會大得多。

**取景不等於說謊或欺騙**。誠實就跟學校教你的一樣，永遠是上上策，而我這麼說，並不是假道學，也不是把你當作還在讀小學，而是**對於產品或服務的內容不老實，也許能夠幫你騙到一、兩個散客，但絕非長久之計**。因為久了，客人一定會覺得受騙上當、覺得不滿意，讓你的口碑／聲譽（Reputation；心法 61）受到永久性的傷害（詳見心法 84「期待效應」）。

善用取景能夠幫助你面對可能的客人，更有力、更有效率地說明自家的產品或服務好在哪裡，前提是該讓客人知道的事情，你不會故意把他們蒙在鼓裡。

觀念分享：http://book.personalmba.com/framing/ ↖

# 免費
Free

不收人錢，就不可能獲利。名氣是不能當飯吃的。

——喬瑟夫·費羅拉（Joseph Ferrara），智財法律師

想一夕成名，就把值錢的東西免費送人。

沒有人不喜歡免費的東西。超級市場裡的免費試吃你應該不陌生，街坊新開的店家，也會在開幕期間提供免費的試用或服務體驗。我可以大膽地說，至少有那麼幾次，你會因為這樣而比平常多買一點。**免費試用、試吃會持續存在，是因為這樣的做法有效，而廠商願意提供免費體驗，是因為增加的成本可以獲得額外銷售的彌補，正所謂失之東隅，收之桑榆。**

教學與顧問生涯剛開始的時候，我也會在網站上刊登研究成果與文章，免費供人閱讀。因著這種作法，我直接、間接吸引了數十萬人次的點閱，讓我的 Personal MBA 得到了免費的宣傳，而網友因為這些免費資訊而獲益良多，慢慢也增加了對我的信任，把我當成重要的參考意見來源。多數人會因此允許我繼續用電子郵件，為他們提供有用的資訊。

我會定期致電給潛在的客戶，表示願意提供免費諮詢。所謂免費，我會告訴客人這裡面沒有陷阱，不會強迫他們買任何東西，而對他們提出的問題保證會傾囊相授，絕不留一手。而每次如此提議，都會得到熱烈的迴響，願意見面的客戶不下數百人，當中不乏素未謀面、讓人眼睛為之一亮的新朋友。**見過面後，不少人會願意接受免費的試用，進而成為付費的客戶，由此免費策略，為我的教學與顧問業務奠定良好的基礎。**

大部分的時候，提供免費的產品或服務，能夠幫助你快狠準地受到矚目。**讓客戶先享受、不先收錢，你可以賺到宣傳、可以讓未來的客人有機會體驗產品或服務的價值所在。**用得好的話，免費策略可以幫你掌握住原本離你千里之外的商機。

**免費體驗可以換來知名度，但別忘了，名氣不能當飯吃。**病毒行銷的

成功，使其對企業產生了一種致命的吸引力；企業主往往忘記了獲利的初衷，一時間投入過多資源進行免費試用，結果產品是紅了，但獲利模式卻沒有同步建立或者得到改善。**想建立付錢的客戶基礎，知名度是必要的，但光有知名度是務虛，只有轉成獲利才是務實。**

要得到最好的效果，你應該盡量把免費試用的機會與資源，保留給真正殺手級的產品，給真正有可能持續光顧你的客人。

觀念分享：http://book.personalmba.com/free/

## 徵得同意
### Permission

跟真正願意聽你說話的人做生意，會比在街上向懶得理你的陌生人搭訕，來得容易許多。

——賽斯・高汀，暢銷作書《紫牛》作者

我以為自己永遠不會這麼做，但我剛剛就這麼做了：我打開自己電子郵件信箱裡的垃圾郵件夾，而裡面有一千五百五十五封信未讀取，標題大同小異：

「俄羅斯辣妹想跟你談談心！」
「線上買便宜好用的威而鋼！」
「馬上停止掉髮！」

我沒有叫人寄這些垃圾郵件給我，發垃圾郵件的人也沒問過我要不要，他們反正就是亂槍打鳥。我對跟俄羅斯辣妹談心，一點興趣都沒有，用不著買地下威而鋼，更不在意自己頂上無毛、亮得發光。我沒有逞強，我真的覺得禿頭蠻好的！

先不要說回信，光是要我讀這些垃圾郵件的內容，你覺得可能性有

多高？答案是完全不可能；事實上，我會卯起來去避免注意到這些垃圾郵件。如果要我買這些垃圾信所推銷的東西，我想只有等天下紅雨、太陽打西邊升起！

很不幸地，很多生意人都以為垃圾郵件是宣傳的利器。掛了無數次還是鍥而不捨的電話行銷、報紙上自吹自擂的置入性廣告、鋪天蓋地但沒有方向的媒體宣傳、把你家信箱塞爆的 DM 傳單，都可以說是合法版的垃圾郵件。除了不違法之外，這些行銷手法都跟垃圾郵件一樣，非常地「全面性」，不論對象的背景有多不同，收到的都會是千篇一律、完全標準化的廣告內容；我只能說這真的是標準的亂槍打鳥，這些廣告主真的就是希望會有一、兩隻迷途的小魚上鉤。

在電視與廣播廣告的萌芽階段，節目看到一半被打斷、賣起東西，真的是可行的作法。在只有三台的年代，電視觀眾真的會去注意這些廣告。在美國三大電視網的黃金時段各買個三十秒的廣告，你就可以掌握單日九成左右的收視人口。

**時至今日，我們已經有能力過濾自己想看什麼、不想看什麼；我們可以擋掉令人生厭的手機簡訊、篩選電子郵件，看電視遇到廣告可以轉台。你的客人也是一樣，只要一聽到你說一個字是他們不想聽的，他們馬上就會立刻消失在你的眼前。**

徵得同意 (Permission)，在免費體驗之後讓你繼續提供資訊，會比硬生生打斷別人看電視，來得聰明許多、有用許多。**提供真正好的產品或服務可以讓你獲得潛在客人的注意，而在進一步之前先徵求同意，可以幫助你集中行銷火力在你確定對產品有興趣的客戶身上。**

客戶的同意絕對是一種資產，因為萬事起頭難，開發新客戶總是又貴又辛苦。相對之下，在已經認識的基礎上更進一步，會容易許多，你只需要在網路上寄封信，或到郵局寄封真正的信，或打通電話，看你方便，就可以花小錢輕輕鬆鬆把產品進一步介紹給已經同意你這麼做的客人。所以遇到每個潛在客戶，想要進一步之前，你都應該徵求對方同意，這樣你的力氣才可以花在刀口上。

要徵得對方的同意，最好的辦法就是直接開口。不論你賣的是什麼樣的東西，都請你養成這個習慣，就是一定要問他們可不可以進一步提供資料，問他們想不想進一步了解你的產品或服務。假以時日，你的潛在客戶就會愈來愈多，而潛在客戶愈多，你的事業就有機會愈做愈大。

一旦得到客戶的首肯，就一定要好好去運用，但不要得意忘形、得寸進尺。對方只是同意你提供進一步的資料，不是給你一張空白支票，不是答應讓你寄些有的沒的東西給他們。**在向潛在客戶徵求同意之前，一定要向他們清楚說明你所謂的「進一步的資料」長得是什麼樣子，一定要確定他們真的用得上你的產品。**

如果你能展現紀律，持續提供好的產品或服務，同時不亂寄跟客戶不相干的資訊給他們，那麼恭喜你，你擁有的是一項很有價值的資產，這資產可以幫助你與優質客戶建立深度的業務往來關係。

觀念分享：http://book.personalmba.com/permission/ ↖

## 鈎鈎
### Hook

做得到，就不算唬爛。

——迪基·迪恩（Dizzy Dean），前美國職棒選手、名人堂一員

訊息太複雜，下場就是看到的人視而不見，或是看了幾眼，沒多久就忘記。可能的買家都很忙，沒有時間注意每天蜂擁而至的眾多資訊。如果你希望人家記得你、記得你是賣什麼的，你就必須攫取他們的注意力，讓他們不單看到你，還願意停下腳步聽你。困難的是，你只有幾秒鐘的時間完成這一切。

**鈎鈎 (Hook)，可能是一個片語、一句話，而這句話必須簡單明瞭地說明產品或服務的賣點。有時候鈎鈎可能是一個書名，又或者是一句雙關，這都不重要，重要的是你要告訴看到的人，他們為什麼需要你的東西。**

釣鉤有一個很經典的例子源自出版界，那是一本書，作者是提摩西·費里斯 (Timothy Ferriss)，書名是《每週工時四小時》(The Four-Hour Workweek)。這樣的書名，隱含著幾個誘人的訊息：一、每個禮拜只工作四個小時，那比大多數人都輕鬆非常多；二、你的收入跟每週工時超過四十個小時比起來，不會比較少；三、一週僅需工作四個小時，表示你有更多時間去做自己想做的事情、好玩的事情。少少幾個字，可以讓人聯想到這麼多好處，真的是沒什麼好挑剔了。另外書的封面是在熱帶島嶼上，一個人愜意地躺在吊床上，這樣的意象更是強化了讀者買書的動機。

蘋果在推出 iPod 的時候，則是運用了這樣的釣鉤：「一千首歌，就在你的口袋裡。」在當時，大家說到隨身聽，腦海中浮現的大多還是笨重的 CD 隨身聽，而賣起剛問世的 MP3，蘋果的對手掛在嘴上的，又都是一些讓人聽得一頭霧水的宅男術語，像是：XX 棉角 (mega) 的磁碟空間，讓人一點購買的欲望都沒有。蘋果的「釣鉤」則一槍中的，讓人一聽便知這東西的賣點，是讓你能把好幾百張專輯的歌曲帶著趴趴走，而這，是錄音帶或 CD 的時代難以想像的，更別提 iPhone 帶在身上，一點都不影響你對時尚的堅持。

蘋果的這幾個字，發揮了不成比例的宣傳效果。不到一年，第一代的 iPod 就締造了二十三點六萬台的銷售佳績；這對在可攜式音樂播放器市場中初試啼聲的蘋果來說，非常令人振奮。釣鉤就像先發投手吸引到市場注意力，而產品的品質就是可靠的後援投手，把勝利確實拿下。

設計釣鉤時，應該凸顯產品或服務最大的賣點，強調產品或服務的特色，讓消費者了解這產品或服務能如何改善他們的生活。腦力激盪出一系列跟產品或服務賣點有關的字眼或片語，然後排列組合，看看怎樣的口號或標語最引人注目、最能琅琅上口。釣鉤的設計需要創意：你能腦力激盪出愈多選項，當中愈有可能、愈快能出現你能用的「真命天鉤」。

完成了釣鉤的選秀之後，馬上派它上場！把釣鉤放在你的企業網站上、用在你的廣告文案中、印在你的名片上，讓它成為潛在客戶對企業的

第一印象。釣鉤一旦發揮作用，客人一旦上鉤，行銷與業務工作就要接棒完成買賣。

釣鉤的效果愈好，就會有愈多人注意到你的產品，這再搭配上優異的產品或服務品質，公司的口碑就會慢慢地建立起來。

觀念分享：http://book.personalmba.com/hook/

## 動員令
## Call to Action

世上所有美好用心的加總，都比不上一次討人喜歡的舉動。

——詹姆士·羅素·羅威爾 (James Ressuel Rowell)，十九世紀詩人

吸引到客人的注意力只是成功的一半，不是成功，因為注意力稍縱即逝。如果你真正想做成買賣，你必須引導客人去採取行動。

客人不會知道你在想什麼。如果你希望客人照著你的意思往下走，你必須精確地下「動員令」(Call to Action)，告訴他們下一步是什麼。行銷要有效，你得讓看到的人，讓潛在的客人很清楚知道下一步，由此這個動員令必須要單一、清晰、簡短可行。

想想公路沿線的廣告看板，如果上面寫的是：「湯尼漢堡最好吃」，看到的人會採取任何行動嗎？答案是：應該不會。要問我的話，我會覺得這樣的廣告一點用都沒有，白白浪費了商家的錢跟時間。

這廣告應該做的，是下明確的動員令，比方說「下第二十五號出口右轉，美味漢堡等你」。若能這麼寫，我相信湯尼漢堡裡一定能塞滿飢腸轆轆的長途旅客。

有了動員令，潛在客人就能很明確地知道下一站在哪裡，他會知道只要一個簡單的動作，他就可以增進自己對產品的了解，乃至滿足對這項產品的欲望。這下一步可能是點入企業網站，提供自己的電子郵件，撥個電話，寄出回郵信封，點選某個連結，買某個產品，或把產品介紹

給朋友。

　　要藉由「動員令」達到最好的行銷效果，你要追求的是訊息的簡單明瞭。訊息愈清楚，客人照做的機會就愈高。

　　希望客人「輸入電子郵件信箱訂閱電子報」，你就要不厭其煩地連說好幾次「輸入電子郵件信箱訂閱電子報」，並且把電子郵件的欄位放在最顯眼、最容易找到的位置，清楚交代提供電子郵件信箱的好處，輸入好以後應該按哪裡確定，確定之後會有什麼樣的畫面出現。總之各項人事時地物，何時、何地、為何，都要說清楚講明白，愈細愈好，把客人當白痴就對了。

　　動員令的正確用法，是直接問客人要不要買，或至少徵得同意繼續與其聯絡。能直接做成生意是第一志願，因為東西好不好賣，是行銷效益最顯著的指標。徵得同意能繼續聯繫是第二志願，因為這表示只要鍥而不捨，你還是有機會做成生意，這表示有一天，這樣的行銷成本還是能花得值得。

　　記住每次與客人進行溝通，都要提供明確的動員令，這樣你的行銷工作才能事半功倍。

觀念分享：http://book.personalmba.com/call-to-action/ ↖

## 心法 59　說故事的能力
**Narratives**

萬事萬物，皆有故事。

——威廉・渥茲華斯（William Wordsworth），十九世紀詩人

　　從有歷史以來，人類就一直有說不完的故事。說故事是人類共同的經驗，商人更一直是說故事的高手。**不論是多好的產品，精采的故事都能讓它更吸引人。**

　　說故事的能力，有賴精采的故事，而精采的故事有特定的架構。

在知名神話學者喬瑟夫‧坎貝爾 (Joseph Campbell) 的口中，這種故事情節的原型叫做「英雄的旅程」(The Hero's Journey) 或是「原神話」(monomyth)。只要是人，都會非常認同這樣的故事主題，因此你可以利用這樣的基本架構，去創造、去述說屬於你自己的故事。

在「英雄的旅程」一開頭，你得先介紹一下英雄：一個飽受生活磨難的平凡人，某天突然受到天命的召喚，於是展開一段冒險。這冒險的目的可能是通過某項挑戰，可能是要找尋某樣寶物，也可能被賦予某項責任，總之英雄得超脫貧賤的出身，砥礪自己的各種技術能力，終於得到最後的勝利。

英雄一旦受到召喚，就能擺脫平凡，進入刺激的冒險世界。一連串的意外，會將英雄推往不凡的新境界，正所謂時勢造英雄，而在新世界中度過一個又一個的難關之後，蛻變成人中龍鳳，得到最後的成功。

在克服困難、打敗強敵、贏得勝利之後，英雄會得到豐碩的獎賞或特殊的能力，這時的他再回到現實世界中，會變得有很多知識、智慧與財富可以與人分享，而英雄便能因此得到眾人的景仰與尊崇。

每個人都想成為英雄，你的客人也不例外；每個人都希望得到眾人的景仰與尊崇，希望大權在握、地位不凡，希望自己面對逆境也能咬緊牙關；每個人都希望自己能吃得苦中苦、成為人上人，都希望看到別人成功的故事能夠得到啟發，正所謂有為者亦若是。**跟有興趣的人分享成功者的故事，很容易就能激發讓他們起身效法的念頭。**

**過來人的證言、實際案例，或者其他類型的故事，都很適合用來鼓勵潛在客戶接受你的「下一步」。**把老客戶的滿意當成故事，告訴潛在的客人，有助於你吸引到後者的注意力，讓他們知道選擇你，他們走上的會是一條什麼樣的康莊大道。你的故事說得愈是鮮明生動，愈是輪廓清晰，愈是能動之以情，你能吸引到的潛在客戶就愈多。

搞清楚潛在客戶想聽什麼故事，說給他們聽，你就能讓他們把眼光牢牢地黏在你身上。

觀念分享：http://book.personalmba.com/narratives/ ↖

# 爭議
## Controversy

想讓人圍觀，就去找人打架。

——愛爾蘭諺語

**要引發爭議 (Controversy)**，你得採取很多人不認同、不欣賞、不支持的立場。用得好，爭議可以**幫助你成功吸引到注意力**：輿論會開始談論、關心、注意到你的立場，而被人注意到總是好的。

自學 MBA 本身就是一個很好的例子，可以用來說明爭議所具有的正面力量。自學 MBA 談的是從商的基本原則：要在商場上幹出番事業，你必須知道的事情。我堅信任何人都可以自修，學會所有商場上需要知道的事情，不一定要照傳統的作法去賭身家、去讀非常昂貴的企業管理碩士 (MBA) 課程。

不意外地，很多人對我這樣的看法非常不以為然，許多常春藤盟校 (Ivy League) 的商學院校友更是橫眉豎眼地對我多有批判，不論是 MBA 與準 MBA，都毫不避諱他們跟我的意見相左。具體表現在外，他們往往會在自己的網站上，用很嚴厲的語言貶低自學 MBA 作為一種學習法在商管教育上的價值；尤有甚者，有些人會跑到我的網站上來踢館，公開留言表達不滿。

但這些都不是壞事：**溫和的爭議不斷，就像不用錢的廣告一樣，讓自學 MBA 得以年年成長。因著反對者的聲音，愈來愈多人知道在正規的商學院教育之外，還有別的選擇，而其中一種，就叫做自學 MBA。**

爭議讓許多新朋友對自學 MBA 起了好奇心，讓他們去更深入了解自學 MBA 的內容，最終帶領他們去了解到這套方法的實用性。很多人會因此成為我網站的常客，甚而在讀了些免費的資料之後，他們會決定買書、會決定來上課，或聘請我擔任顧問。只要反對我的人還算理性，我對這樣的批評指教都覺得多多益善。

有意見不是壞事，堅持自己的立場也沒有錯。人都希望受到歡迎，被人批評都會不開心，於是為了不要被別人討厭、被別人批評，我們很容易會吝於表達自己的看法，或者把意見的稜角都磨光，讓人抓不到任何把柄。問題是沒有人有意見的意見，往往也是沒有人會注意的意見；因為無聊而沒有找你麻煩，一點也不值得開心。

選擇有些人不喜歡的立場，沒有什麼不對；選擇跟別人意見不同，也沒什麼好大驚小怪。不要怕跟別人唱反調，不要怕挑戰別人的看法，不要怕跟別人站在對立面，因為**爭議可以激發討論，而討論就是受到矚目的表徵，而受到矚目是一件好事**，因為愈多人注意到你的優質產品或服務，你就能改變愈多人的生活。

當然，並不是爭議就一定好，引起注意跟一場鬧劇只有一線之隔。**爭議要有意義，才有價值**；只為了爭議而爭議，或用以貶低別人抬高自己，是沒有意義。如果你不知道自己為何而戰，那爭議就沒有辦法幫助你。

如果你能不忘初衷，總是能把眼光放遠，記得自己的產品或服務好在哪裡、對社會有什麼助益，刻意引發一點爭議並不礙事，因為有時候只有這麼做，你才能讓人對你產生興趣，人家才會去研究你的葫蘆裡到底賣的是什麼藥。

觀念分享：http://book.personalmba.com/controversy/ ↖

## 聲譽
### Reputation

*市場怎麼看你，都是對的，這兒輪不到你說話。*

——豪爾德・曼 (Howard Mann)，喜劇演員

在我看來，「品牌建立」一詞在現代商場上已經遭到濫用、遭到神化。建立品牌這檔事兒既不神奇、也不複雜。每次企業高層說他們想要「強化品牌」或「建立品牌價值」，他們真正的意思，幾乎都是他們

想要「改善自己的聲譽」。

　　**聲譽 (Reputation) 指的是想到特定的產品或企業，消費者普遍的印象或看法。**人跟人在交談、在互動的過程中，產品或企業的聲譽就會自然浮現，這可以說就是所謂的口碑。有些產品與服務讓人覺得值回票價，有些不然；有些體驗讓人意猶未盡，有些使人悔不當初；作為同事，有些人好相處，有些人很難搞。沒有人願意浪費自己的時間與金錢，而這也就是為什麼聲譽／口碑會如此重要，想想你是不是在買東西或服務之前，都會去打聽看看廠商的名聲，看看買過的人、用過的人，對產品或服務或師傅的評價是高是低，消費者的感受是好是壞。

　　建立好聲譽有其難以言喻的價值；有響亮的名聲在外，消費者往往願意多花點錢，也要把生意交給你做。即便同類產品已經幾乎是標準化的大宗商品，汰漬 (Tide) 的洗衣精與佳潔士 (Crest) 的牙膏還能夠繼續享有比較高的附加價值、賣得比較貴，一個原因就是這類消費品牌的聲譽或口碑較佳。潛在客戶希望買到的東西好用，希望別人認同他們的消費品味；不希望買的東西被人家笑，不希望錢白花，於是乎他們會選擇品牌形象好、聲譽好的產品。企業採購經理的圈圈裡有句話是這麼說的：「從來沒有人回家吃自己，是因為買了 IBM 的東西。」

　　問題是，你的聲譽並不永遠操之在己，你的口碑建立在你所有的行為之上，是外界對你所有評價的總和。你賣的產品、你打的廣告、你提供的客服，都會決定你的名聲好壞。無論多麼小心翼翼、多麼鉅細靡遺，你都不可能一個人決定、一個人「管理」你的聲譽。你只能發揮耐心，盡其在你，希望每一筆交易都能讓客戶覺得開開心心。

　　不要忘記對你的聲譽來說，市場才是三審定讞的法庭，而這法庭無時無刻不在對你蒐證。一旦有好的聲譽或口碑，客戶便會樂於跟你合作，甚至把你推薦給其他人，這除了是因為他們覺得你好，也是因為他們覺得推薦你讓他們有面子，讓他們也可以在友人心目中建立起更好的聲譽。總之，樹立聲譽、建立口碑，需要時間與相當的心血投入，但這樣的付出，有一天一定會讓你覺得值回票價，因為**沒有什麼行銷比好口碑更有效。**

觀念分享：http://book.personalmba.com/reputation/ ↖

第三章

# 銷售
## Sales

> 沒有人喜歡你賣他東西,但每個人都喜歡買東西。
>
> ——傑佛瑞・基特瑪 (Jeffrey Gitomer),
> 《銷售聖經》(*The Sales Bible*) 與《銷售之神的 12 $^{1/2}$ 真理》
> (*The Little Red Book of Selling*) 作者

　　一家企業能夠成功,最終還是得靠把產品賣出去。潛在客戶再怎麼多,還是潛在的客戶;他們如果不肯掏出皮夾,開口說:「這個幫我包起來」,那一切都還是夢一場。**銷售始於潛在客戶,終於客人買單。沒人買帳的生意,不算生意。**

　　企業所以成功,一定是要贏得客戶的信賴,讓他們覺得錢花得值得,知道自己的錢花在什麼地方。買錯東西的感覺沒人喜歡,更沒人會想當凱子、當冤大頭,花了錢卻沒得到想要的效果,因此銷售的祕訣,就在於讓準客戶了解錢怎樣能花在刀口上,而你的產品或服務又為何是他們最好、最可以相信的選擇。

　　銷售如果成功達陣會令人非常興奮,因為你不但會增加

一位新的客戶，銀行裡的存款餘額也會慢慢增加幾個位數。

觀念分享：http://book.personalmba.com/sales/

## 交易
### Transaction

真正的老闆只有一個，名叫客人。從董事長到工友，他都有辦法要你捲
鋪蓋走路；什麼辦法？不跟你買就行了。

——山姆‧華頓 (Sam Walton)，沃爾瑪百貨 ( Walmart ) 創辦人

**交易 (Transaction) 代表的是至少兩方之間的價值交換。**我有你要的東西，你有我要的東西，我們就可以透過交易來讓雙方各蒙其利。

交易是每家企業存在的目的。銷售是交易循環中，唯一有資源會流入企業的一站，由此確實完成交易就變得至為重要。企業能夠生存，倚賴的是現金流入大於支出，而沒有交易，這一點就是癡人說夢。

**交易要發生，你必須先擁有某樣東西，而這樣東西必須具有經濟價值。**如果倉庫裡沒有客人要的東西，你就不可能跟他們做成生意。這聽起來像是廢話，但這也是很多人做不到的廢話。你毋須感到驚訝，要知道很多人冒冒失失闖進這個吃人市場，手上根本沒有一樣東西可以賣給人家。而這也說明了，起碼可賣的商品／服務（Minimum Viable Offer；心法 38）的開發與測試是件多麼重要的事。只要透過這道手續，你才能在賭上身家之前，確定自己到底玩不玩得起這場創業的遊戲，你才能知道自己到底有沒有武器，闖一闖這廣大的產業天地。

創業之始，你的目標應該是盡快做成第一筆生意、盡快開始獲利。這樣的目標之所以重要，是因為只有先到達這個境界，你才能說自己是在經商，否則你就只是在扮家家酒。在這一章裡頭，我會提供實例與觀念，讓你知道如何去創造銀貨兩訖、買賣雙贏的交易。

觀念分享：http://book.personalmba.com/transaction/

# 信任
## Trust

幸福人生的祕訣在於誠實與童叟無欺的交易；只要能假裝做到這兩點，你就成功了一半。

——格魯喬·馬克斯（Groucho Marx），喜劇演員

你看這樣好不好：你現在寄一張銀行確認過餘額的支票給我，金額填十萬美元，十年後我答應給你一棟位於義大利阿瑪菲（Amalfi）岸邊，占地三百坪的全新海景獨棟豪宅。我沒有樣品屋可以給你參考，你十年內也不准與我聯絡，好讓我專心去蓋房子，中間無論任何理由，你也都不能要求退錢。可以嗎？

除非你對人完全沒有戒心，錢又多到沒地方花，否則我想你應該會婉拒我的好意。畢竟，我有什麼通天本領，能用這麼少的預算蓋出臨海第一排的豪宅？你要怎麼確認這一點？還有，你怎麼知道我不會捲款潛逃？

結論是上面這些問題的答案，你根本無從得知。所以很自然地，你不應該開票給我買什麼鬼豪宅，尤其還蓋在地中海這麼遠，你根本沒辦法監工的地方。

換個角度，如果今天我真的有能力蓋出這樣的豪宅，而你也有興趣買豪宅，聰明如我應不應該先買土地、先破土動工、先開始打地基、搭鷹架，再去問你到底有沒有錢、到底買不買得起豪宅？我想如果我真的這麼做，恐怕稱不上聰明，因為萬一你那邊有個閃失，我臨時要去哪裡找新的客人，那要是找不到別人接手，我恐怕就要血本無歸了。

人與人之間若是沒有一定程度的信任，交易就會變得窒礙難行。不論你如何保證、不論買賣條件看起來有多優惠，客人都不會拿自己的血汗錢開玩笑；他們一定得相信你有能力按合約交貨，才會把這錢讓你賺走。同樣的道理，你也不應該讓不熟的客人隨便賒帳。

建立讓人有信任感的聲譽（Reputation；心法 61），需要長時間童叟無欺地做生意，就如誠實，是讓人相信你最好的辦法。當然，還可以用一些方法去凸顯自己的可靠，比方說像美國有優良企業局 (Better Business Bureau) 提供信用與背景調查服務，另外財務方面有用以保證履約的專款專戶 (escrow account)，都可以幫助建立、維繫買賣之間的信任關係。這些制度都有助於搗毀阻礙買賣成立的心牆，讓交易雙方跨越信任的鴻溝。少了這類特殊的徵信制度與帳戶設計，許多交易都將難以成行。你愈能取信對方、愈能信任對方，雙方交易的成功機率也就會愈高。

觀念分享：http://book.personalmba.com/trust/ ↖

## 心法 64　共通處
### Common Ground

妥協作為一種藝術，就像切蛋糕，你要讓每個人都覺得自己拿到了最大的一塊。

——路德維希・艾哈德（Ludwig Erhard），政治家、前西德總理

**共通處 (Common Ground)** 指的是兩方或多方利益重疊的地方。如果你的選擇圍著你繞成一個圈圈，而準客人的選擇也圍著他繞成一個圈圈，那麼你的工作就是找到這兩個圈圈的交集，確認這兩個圈圈重疊的地方。**而要事半功倍地做到這一點，你必須了解「可能的買家」**（Probable Purchaser；心法 44）**想要什麼、需要什麼。**

想想你現在的工作或是前一個工作，你之所以願意去上這個班，大抵是因為你願意挑起某些責任，而你的雇主樂意用你；又或者，你對薪資有一定的期望，而雇主願意給的薪水高過這個期望。兩種情形，都顯示勞資雙方的利益有所重疊，亦即求才與求職之間出現了共通處，於是乎一個職缺與一名人才，就這樣順利地結合了起來。

同樣的狀況也發生在你每次跟零售商買東西的時候。**店家裡面陳列**

著你想要的商品，同時你心裡有一個預算，也就是你準備好用多少錢去買這個產品。如果店家的產品不是你所想要，抑或店家開價高過你的預算，那麼交易就不會發生。

共通處是所有交易的先決條件。沒有重疊的利益，潛在客人就沒有動機跟你合作。畢竟，對你的價值不到那兒，你便沒有理由去破壞行情。對他們沒有好處的提議，你憑什麼覺得他們應該接受？

想辦法讓兩方利益能夠一致，是「求同」的關鍵所在。所謂銷售，不在於詭騙對方去做不符合他們自身利益的事情。在理想的狀態下，你跟準客人應該有共同的追求，那就是滿足欲望或解決問題。你跟客人的利益愈趨於一致，他們就會愈相信你有能力去提供他們想要的東西。

條條大路通羅馬，成功的交易有很多辦法達成，而這一點，往往得倚賴協調的功夫。協調作為一道程序，是要探究雙方在共通處的建立上有哪些可能性。你愈是不遺餘力地去探究這些可能性，你就愈有機會找到雙方興趣的交集；你愈是以開放的態度去面對各種選擇的可能性，最大公約數愈有可能在驀然回首處向你招手。

觀念分享：http://book.personalmba.com/common-ground/

## 心法 65 價格不確定原則
### The Pricing Uncertainty Principle

萬事皆有價，要讓事情變好有個價錢，要讓事情不變也有價錢，沒有什麼可以例外。

——哈利·布朗 (Harry Browne)，《萬無一失的投資》(Fail-Safe Investing) 作者

說到銷售，很有趣的一件事是我所謂的價格不確定原則 (The Pricing Uncertainty Principle)。這個原則說的是所有價格都是人訂的，也因此都是一種妥協的結果，都是有彈性的；換句話說，沒有什麼價格是不能談的。定價，是一種決策行為。如果一塊小石頭你想賣三億五千萬美金，請

便；過一個小時你想降價到美金一毛錢，也沒人攔著你。任何時間、任何價錢，都可以套在任何產品上面，這是個自由的國家。

　　價格不確定原則有個很重要的附帶條件，那就是這開價要有意義，你必須能夠面對客人說出個道理。一般來說，人都會希望用最低的價錢買到自己想要的東西；當然凡事都有例外，我們前面在社會地位（Social Status；心法 5）對此有所討論。但大多數人，一定還是能省則省的，所以你要客人用你指定的高價買你的東西，說出個理由是最起碼的。

　　如果你要賣的是一顆小石頭，開口就要三億五千萬美金當然是太離譜了，除非這顆小石頭剛好是傳奇的希望之鑽 (The Hope Diamond)，畢竟深藍色的它重達四十五點五克拉，背後又有一段輝煌燦爛的歷史。

　　希望之鑽的現任主人是美國史密森索尼恩自然歷史博物館 (Smithsonian Natural History Museum)，是非賣品。但哪天如果博物館決定把它賣了，隨便開個十億美元，應該算是易如反掌，誰能說他們不准賣這麼貴呢？

　　拍賣，也可以用來佐證價格不確定原則。在拍賣會上或在網拍網站上，價格可用一夕數變、甚至一瞬數變來形容，基本上只要是有興趣的人愈多、競標的人氣愈旺，價格就會被喊得愈高。

　　由預設的底價起標，讓買家們彼此競標，是一種發掘價值的好辦法；最後得標的價錢，往往就是最貼近真實價值的價格，畢竟會拿去拍賣的東西，多半都是獨一無二或至少限量的寶貝，不像量產的標準化商品，自有市場機制能運作出所謂的市價。而正因為沒有市價可以依循，所以如果主人真的願意忍痛割愛的話，希望之鑽這樣的稀世珍寶多半會走拍賣的途徑出售。而說到寶鑽，史上售出過最貴的一顆鑽石，是重達五百零七點五克拉，名為「庫里南傳家」(Cullinan Heritage) 的裸鑽，拍定的成交價是三千五百三十萬美元。[1] 以一顆小石頭來說，賣到這樣的價錢還算不差。

觀念分享：http://book.personalmba.com/pricing-uncertainty-principle/

# 四種定價法
## Four Pricing Methods

定價就是為你企業中各種有形無形的有價元素訂下一個匯率，讓人用現金來兌換這些元素背後的價值。

——派翠克‧坎貝爾（Patrick Campbell），盛益公司（Profitwell）創辦人暨總裁

假設你有一棟房子要賣，那按照價格不確定原則，你可以隨意定價，話說你也非訂個價錢不可，畢竟房子上面也沒有條碼，刷不出價錢來。那麼再假設你希望這房子能盡量多賣點錢，你該如何開價，才能賣到客人預算的上限呢？

一樣商品在定價的時候，有四種方法可以幫助我們發現合理的價格在哪兒：一、重置成本法；二、市價比較法；三、折價現金流／淨現值法；四、價值比較法。這四種定價法可以幫助你估算你的東西對客戶的潛在價值有多高，讓你在出價時有所本，不會覺得徬徨無依。

重置成本法 (Replacement Cost Method) 的定價依據繫於一個問題：「你要用一樣東西取代這樣商品，成本是多少？」在賣房子的例子裡，這個問題可以寫成：「你要生（蓋）一棟跟這棟一模一樣的房子出來，需要多少成本？」

假設一顆隕石不偏不倚地直擊屋子，將之夷為平地，你得另外找塊類似的土地重建，請問你的土地成本、建築師的設計費、與原屋同等級的建材成本、請工人的費用，加一加要多少錢，才能讓你蓋出一棟跟原本差不多的房子呢？你先算出這個金額，再加上一點利潤來彌補你為了賣房子所付出的時間與精力，就是這房子初步的價值了。

對多數的產品而言，重置成本法在使用上都採行「成本加成」(cost-plus)，亦即先估算出重置成本，然後再加上設定的利潤，最後得到的就是你的產品定價。

市場比較法 (Market Comparison Method) 問的是：「跟這個類似的東

西，市場上賣多少錢？」以房子為例，這個問題就會變成：「在這附近，條件類似的房子，近期的成交價是多少？」

　　放眼周遭的街坊，多半可以找到類似自家條件的房子在近幾年內轉手；這些物件跟你的房子可能不盡相同，有些可能多個房間，有些可能少個幾坪，但基本上差別不大。只要根據格局上的若干差異進行調整，你便可以用這些房子的售價作為基礎，訂定符合自家房子身價的價格。

　　市場比較作為一種定價方式，甚為常見；不論你賣的是什麼，你都可以去找類似的產品或服務來做為定價的參考。

　　折價現金流 (Discounted Cash Flow, DCF) ／淨現值法 (Net Present Value, NPV) 問的問題是：「如果這樣東西未來可以替你賺錢，那它當下應該值多少？」以房子為例，這個問題就變成：「如果這房子未來可以收租，那在某一段時間內你可以收到多少租金？這些租金可以換算成多少當下的價值？」

　　租金收入通常是算月的，這讓事情方便許多。折價現金流／淨現值法有公式，[2] 可以方便計算出未來一段期間內逐月流入的租金所得，相當於立刻一次領到多少錢。假設你評估這棟房子可以出租十年，月租一萬元，住房率九十五％，同時你的「次佳選擇」（Next Best Alternative；心法 70）是收取七％的年息，那麼根據這些數據，便可以計算出房子應該值多少錢。

　　折價現金流／淨現值法適用能產生現金流量的商品，所以經常用在企業出售時的定價。一家企業每個月能賺得愈多利潤，對收購者來說就愈值錢。

　　價值比較法 (Value Comparison) 問的是：「這樣東西對誰最有價值？」以房子為例，這個問題就變成：「這間房子有什麼特色，能使其吸引到特定的購屋族群？」

---

1. Edon Ophir, "507- Carat Cullinan Heritage Diamond Sells for $35.3 Million," IDEX Online, March 1, 2010, http://www.idexonline.com/FullArticle?id=33728.

2. 想了解公式請參考：https://www.investopedia.com/terms/d/dcf.asp.

假設這房子的地段非常好、附近的治安極佳，而且正好在公立明星學校的學區裡面，那麼家裡有學齡兒童的家庭，就會非常受到此一物件的吸引，尤其如果他們很想進那間明星學校的話。亦即相對於格局類似、但學區較差的房子，此一物件會對上述背景的買方產生更大的購屋誘因。

又或者如果是貓王艾維斯‧普雷斯利 (Elvis Presley) 住過的房子，特定族群可能就會趨之若鶩；而所謂特定族群，我指的是家財萬貫的貓王歌迷，這棟房子對他們來說肯定是無價之寶。貓王與這棟建物的淵源，輕輕鬆鬆就可以讓這棟房子的價值，在歌迷的心目中翻漲到重置成本法、市場比較法、折價現金流／淨現值法所計算出價格的三倍或四倍。**看出產品的特殊之處，乃至於這些特殊處對特定族群的獨特價值，你便能瞬間將定價衝高。**

價值比較法所估出的價格，往往是上述四種中最高，因為對產品有特殊認同的消費者，往往願意用遠高出正常行情的價格來購買一樣東西。**因此，你可以用其他三種方法所估出的價格作為底線，再想辦法去發掘你的產品對目標族群有什麼特殊的吸引力，最後訂出對你最有利、買方也可以接受的價格。**

觀念分享：http://book.personalmba.com/4-pricing-methods/ ↖

## 價格過度衝擊
### Price Transition Shock

想當個長命百歲的飛行員，你就要知道何時該衝，何時該放。
　　　　——查克‧耶格（Chuck Yeager），首位突破音障而達到超音速的飛行員

產品或服務的價格一旦改變，其效果並不會侷限於你目前的目標市場。事實上價格的改變，可以一夕之間改變你的基本客群是誰。

經商的菜鳥大都以為想增加營收，最好的辦法是降價以求。但這其

實要看情況。很多時候，漲價反而能有效吸引到更多客人。

　　打折可以吸客，前提是你賣的是一種標準化的「商品」。這間加油站跟那間加油站，賣的都是一模一樣的汽油，這時候誰賣的便宜，誰的客人就多。而由於多數加油站的主要營收都來自於附設的便利商店，所以汽油降價反而能讓他們獲利變多。

　　基礎經濟學管這叫做「價格彈性」(price elasticity)。價格彈性大的產品或服務會因為價格的漲跌而出現需求的劇烈波動；價格彈性小的產品或服務則不論價格如何變動，需求量都差不多。經濟學者閒來無事，就喜歡畫一條下降的定價曲線來表示需求隨著價跌而增加。

　　但這種傳統定價曲線有個問題，那就是一旦你所賣的東西不是規格化或標準化的商品，這條曲線就無法反映真實的情況。實務上，漲價可以為你吸引到更棒的客群，讓你的產品更受追捧。

　　汽車就是這類價格敏感性的典型案例：有些車之所以搶手，就是因為它身價不凡。買賓利 (Bentley) 的客群跟買豐田的客群，基本上是兩碼子事。

　　在你測試各種定價策略的過程裡，你會注意到一些閾值。有時候過了某個坎，你就會失去對某一類或某幾類客戶的吸引力，轉而開始引起另一批有著不同特色之客人的興趣。這種價格過度衝擊 (Price Transition Shock) 有可能改變你經商的體驗，由不得你小覷。**考慮到價格過度衝擊，你在定價時要考慮兩件事情：（一）潛在的利潤；（二）理想的客戶特性。最理想的定價策略，必須要「打到」你最喜歡的潛在客人，同時讓你從中得到最高的獲利。**

　　要在這當中取得平衡，關鍵在於你的目標市場。在某些市場中，追求便宜的客人很好「按奈」，而在另一些市場裡，貪小便宜的客人都是些沒禮貌的奧客。同樣地，買東西從來不問價錢的貴客有可能富而好禮，謙恭溫馴，也可能目中無人，覺得有錢就是大爺。這一切都會隨著產業的不同，也隨著客戶對產業的期待值不同而有所差別。

　　我這些年來待過的其中一個行業，就成功地屏除了低價訂單，讓單

筆成交金額一舉翻成原本的兩倍，而獲利自然也隨之升高。作為一種二階效應（Second-Order Effects；心法230），公司的主力客戶開始變得很令人頭大：準客人開始愈來愈常提出一些不合理的要求，一旦不能為所欲為，其反彈也愈來愈誇張。公司的短線業績或許變好看了，但第一線同仁卻得每天承受很大的精神壓力。

另一方面，我輔導的一家服務業決定將其主力產品的價格變成原本的四倍，結果他們發現這樣的新定位，訴求到的正好是他們眼中的模範生客人：這些客人不僅懂得他們公司的價值所在，而且也很把與他們的合作當一回事。被漲價給嚇跑的，都是些眼裡只有價錢的奧客。對公司來說，這樣的定價策略是兩全其美：他們不僅可以專心服務那些讓人覺得值得的客人，而且還讓自家的獲利增加了不只五倍。公司的同仁們都對這樣的做法豎起大拇指：他們能夠替好客人提供更多服務，然後又可以用自身的專業換來更好的收入。

調整價格，就是在調整吸引來的客人。只要生意能讓你達到「所需無虞」（Sufficiency；心法101）的狀態，那想做誰的生意或不想做誰的生意，都是你的自由。

觀念分享：personalmba.com/price-transition-shock/

心法
68

# 價值基礎銷售
**Value-Based Selling**

你付出的是價錢，得到的是價值。

——華倫‧巴菲特 (Warren Buffett)，波克夏‧海瑟威 (Berkshire Hathaway) 公司執行長、知名富豪

想像你是一家服務業者，你的客戶包括一家名列《財星》(Fortune)五百大企業的公司，而因著你的服務，這家企業的年營收可以增加一億美元，那麼你的服務值不值一年付一千萬美元的費用呢？當然值，因為沒有企業會笨到為了省一年一千萬美元，而放棄九千萬美元的獲利。

有人會說，提供這項服務的成本很低，根本不需要收到一千萬美金，但我必須說收多少費用，跟成本高低沒有關係，這兩件事根本八竿子打不著。即便你提供這項服務，成本只需要一百美元，但你提供的仍舊是上億美元的價值，因此多收點錢絕對是合理的。

有人會說，B2B（企業對企業）的服務，多數收費都在一萬美元以下；但我必須說：那又如何？這同樣是兩碼子事。你提供的服務，在價值上要遠優於一般沒有利基的 B2B 服務，因此你收高出一大截的費用，是合理的。

**價值基礎銷售 (Value-Based Selling)** 作為一個程序，是要發掘、去強化商品／服務對買家的價值所在，給買方一個付高價的理由。在前一節裡，我們談過價值比較法常常是最有利於你訂出高價的方法，而價值基礎銷售就是價值比較法的「施行細則」。只要你能找到一個理由，用產品的價值去取信於買家，並且將這個理由發掘、強化、發揚光大，那麼你便可以一方面增加成交的機率，一方面讓成交價衝到最高。

價值基礎銷售不是用說的，而是用聽的。一般人說到銷售，就會想到咄咄逼人、伶牙俐齒的無良奸商，千方百計、不擇手段地要把買賣搞定。感覺很黑的二手車商，就是個很好的例子；你想讓客戶對你的信任屍骨無存，讓準客人覺得你只想賺錢、根本不在乎他們的需求，你就學這些賣二手車的黑店就對了。事實上，**真正的好業務，得從傾聽客人的需求做起**。

而要確認你所提供的商品或服務，對客人來說有多少價值，最好的辦法就是問對問題。在銷售經典《銷售巨人：教你如何接到大訂單》(*SPIN Selling*) 裡頭，尼爾‧瑞克門 (Neil Rackham) 描述了成功銷售的四個階段：一、了解狀況；二、定義問題；三、釐清問題的短期與長期意義；四、量化買方的需求──利益 **(need-payoff)**，亦即消費者在問題解決之後，所能體驗到在財務上與情感上的好處。成功的業務員不會冒冒失失地闖進別人的空間，硬要把一個還不到位的產品、很難賣的產品，塞到別人手上，他們會知道該問什麼問題，抽絲剝繭、追根究柢地搞清楚客人真正

的需求是什麼。

　　你應該鼓勵準客人跟你掏心掏肺，讓他們親口告訴你他們的需求，這樣做有兩個好處。首先，經過這樣的過程，客人對於你對狀況的掌握會更有信心，這樣的他們會對你解決問題的能力給予更多的信任。再者，經過這樣的過程，你可以蒐集到更多資訊，幫助你去強調自家的產品或服務對客人而言有什麼特殊的價值，進而透過取景（Framing；心法 54）的程序讓你凸顯出產品所提供的價值，然後將這價值轉換成讓你滿意的價格。

　　你應該先確認你的產品或服務為何能、如何能、又能在何種程度上讓客人受益，然後再用客人聽得懂的方式向他們解釋說明這產品的價值；一旦他們了解產品或服務對他們有什麼價值，財源廣進就能指日可待了。

觀念分享：http://book.personalmba.com/value-based-selling/ ↖

## 教育基礎銷售
### Education-Based Selling

你該提升的不是你的產品，而是你的客戶。『價值』不在於商品本身，而在於商品的作用；所以不要去想怎麼做出功能更強的相機，你應該想的是怎麼教出更優秀的攝影師。

——凱西‧西耶拉 (Kathy Sierra)，作家，《深入淺出》(Head First) 程設系列書籍作者之一


　　在搬到科羅拉多州之前，我內人凱爾希在紐約市的馬克‧英格雷姆新娘藝術工作室 (Mark Ingram Bridal Atelier) 任職，職稱是銷售經理，而這家公司堪稱是全世界首屈一指的婚紗店。凱爾希的責任是幫助來自世界各地的新娘，找到獨一無二、最適合自己、最夢幻的那件禮服，讓她們能在一生一次的婚禮上美艷動人。

　　馬克‧英格雷姆就像是新娘妝扮產業當中的瑪莎‧史都華 (Martha

Stewart)，主要是馬克對婚紗的品味是一則傳奇，他所擁有、所能提供的禮服中許多都是出自莫妮克・盧里耶 (Monique Lhuillier)、蕾拉・蘿絲 (Lela Rose)、王薇拉 (Vera Wang) 等名家之手。馬克手下的婚紗顧問都非常老練，通常推薦的前三套就可以正中新娘的脾胃，讓她們點頭稱是。此外，在馬克・英格雷姆購物是件非常愉快的事情，他們對客戶的服務滴水不漏、無懈可擊。馬克不來打折那一套，但準新娘們就是吃他這一「套」。

相對於大多數的婚紗店同業，馬克・英格雷姆賣的都是些非常高檔的禮服，平均售價都要六千美元，相當於美國平均婚紗價格的四倍。這樣高的價格，要讓客戶甘願買單，馬克手下的婚紗顧問必須想方設法讓新娘，或是往往才是真正金主的爸媽，了解他們的禮服貴在哪裡、貴得有什麼道理。

想省錢，別家婚紗當然有很多便宜的選擇，但是一分錢一分貨，東西便宜是有原因的。別家比較便宜的禮服常常會「偷吃步」，要不就是用品質比較差的布料，要不就是在車工的地方馬虎一點，再不，就是捨人工而採用機器做出來的蕾絲或珠飾。另外，要讓禮服做到完全合身，適時的修改是必要的，而馬克的女性縫紉團隊在改衣服這方面，可說無人能出其右，但想要享受這群菁英縫紉師的服務，你除了買他們家的婚紗之外，別無他法。

如果你在乎這些東西，如果你跟大部分的新娘一樣，希望自己在婚禮那天能夠美美的，你便不難了解為什麼只要經濟上負擔得起，大部分的人都會選擇馬克・英格雷姆的東西。

**教育基礎銷售 (Education-Based Selling)** 作為一個過程，是要讓你的準客戶更好、對產品的了解更多，讓他們更知道什麼是好的選擇。在婚紗顧問的角色裡，凱爾希努力的是兩件事情：一、讓準新娘舒服、放鬆；二、在身心舒服、放鬆的狀態下，讓準新娘成為禮服的半個專家，讓她們了解婚紗的製作過程，知道在選購上應該注意哪些地雷。

凱爾希不會咄咄逼人地要準新娘趕快選一件買單。她會不疾不徐

向準新娘與她的家人介紹布料、蕾絲、編珠、車工與修改的裡裡外外；她會把這些時間的投入當成一種投資，希望讓新娘對婚紗了解更多，因為愈了解婚紗，新娘就愈有可能提高這方面的預算。這一方面是因為準新娘們知道了自己花錢可以買到的是什麼樣的品質，一方面是因為凱爾希得到了準新娘們的信任。

教育基礎銷售要能奏效，你得先付出，先在準客戶身上投資時間與精力，但這樣的投資是值得的。因為投入這些時間與唇舌，能夠讓你的準客人變成有做功課的好客人，同時他們也會在過程中慢慢增加對專業的信任。不過我也得提出警告的是，對客人的「教育」要能開花結果，你的產品或服務必須要有一定水準，否則你把客人教會了，他們知道好壞了，反而會躲你躲得更遠。所以繞了一大圈，你最重要的課題，還是要確定自己有像樣的東西或服務可賣。

觀念分享：http://book.personalmba.com/education-based-selling/ ↖

## 次佳選擇
### Next Best Alternative

當別人感覺到你可能會轉身走開，你的籌碼就增加了，能打的牌就變多了……有時候，不願點頭，事情懸而未決，反而是一件好事。

——羅伯特・魯賓 (Robert Rubin)，前美國財務部長 (Secretary of the Treasury)

要是能知道陷入僵局的時候，對方會怎麼做，對談判是非常有利的。有時候，達成協議真的是不可能的任務，一點共同處都沒有，雙方最後只好同意各奔東西，這時你得自問：然後呢？

一旦你與談判的對手找不到任何存異求同的空間，次佳選擇 (Next Best Alternative) 就可以派上用場。現在假設你在找工作，有三家公司想要用你；你的第一志願是 A 公司，但如果你跟 A 公司的條件談不攏，知道還有 B 或 C 公司可以讓你安心，讓你說話大聲點，畢竟你總是還

有退路，不會非 A 公司不可。如果你只有 A 公司一條路，而 A 公司也知道這一點，你就很難談到好的年薪。

你的談判對手也都會有 B 計畫當作次佳選擇，而這也是你在談判時最大的障礙。如果你的產品賣一百塊錢，那麼你的對手就是潛在買方如何處置這一百塊錢的次佳選擇，比方說買方可以把這一百塊拿去存起來、拿去投資或者拿去買別的東西。如果你要請人，你要對抗的就是別家公司開給他們的次佳年薪；你想請的人選擇愈多，局勢對你就愈不利。

了解對方的次佳選擇，能讓你在銷售時占盡優勢；知道對方的次佳選擇，表示你能掌握機先，永遠讓你的銷售條件比對方的次佳條件好一點，但也只好一點。對方究竟有多少選擇，你知道得愈清楚，就愈能藉由各種選項的搭售與拆售（Bundling and Unbundling；心法 26）來凸顯自家產品或服務的優點，讓你透過取景把自家產品最美的一面，展現出來。

而你自己如果能有一個很強的次佳選擇，談判起來就可以非常快；很多即將取得自由球員身分的職業運動員，都會利用機會去母隊談更高的薪水，或者要求簽訂新的、更優渥的合約，特別是如果他們同時被其他球隊看上，有別的球團也有興趣延攬他們的話。這時如果不願意失去這名球員，母隊就會考慮用高薪盡快把事情擺平。

在任何談判裡，占上風的永遠是想走、也走得了的那一方；幾乎沒有例外的一點是，可以接受的選擇愈多，你的處境就愈優越、愈有利。你的其他選擇愈優渥，愈不會捨不得另覓歸宿，往往能拿到愈好的條件。

觀念分享：http://book.personalmba.com/next-best-alternative/ ⬏

心法
71
獨門生意
Exclusivity

最好的戰略，就是永遠沒有弱點。

——卡爾·馮·克勞塞維茲（Carl Von Clausewitz），軍事謀略家

在多數的銷售情境中，最符合你利益的作法都是保持你開店做的是「獨門生意」(Exclusivity)：只此一家，別無分號，某樣產品或服務就只有你有，去找別人都沒有用。只要潛在客戶想要的東西只有你或你的公司可以提供，那你就與客戶議價或談判的姿態就只會高，不會低。

想買支 iPhone 嗎？你只能找蘋果：別家的手機長得很像，但差一點就不是蘋果。你可以去直營店或坊間的手機店買，但無妨，最終錢都還是讓蘋果賺去。只有你捨棄不了蘋果生態系，只要你覺得安卓你不行，那你就是輸，蘋果永遠贏。

獨門生意的好處是多方面的。**獨家的特性會讓你比較容易維持產品或服務的「認知價值」**（Perceived Value；心法 24），因為你首先就沒有直接的對手。替代品或其他選擇或許存在，但只要潛在客戶非你的東西不可，那他就還是得乖乖回來找你。這麼一來，你想把東西賣貴一點，行；想把利潤拉高一點，也沒問題。

**想做獨門生意，主要是你得創新**，而這一點對提供產品或服務的廠商比較容易，經銷環節的廠商比較難建立獨家特性，除非他們能在製造端有所涉獵，而這也解釋了何以許多賣場會推出「自有品牌」(private label) 的東西。好市多 (Costco) 建立知名的「科克蘭」(Kirkland Signature) 自有品牌，就是想要創造獨門生意，另外像喬氏超市 (Trader Joe's) 偕製造業者聯手生產特規的產品，也是為了同一個目的。

總之，只要客人要的東西只有你有，你就贏了。

觀念分享：personalmba.com/exclusivity/ ⬈

## 心法 72 三種通行全球的貨幣
### Three Universal Currencies

時間就是金錢，但金錢買不回時間。

——詹姆斯·泰勒 (James Taylor)，音樂家

在任何談判當中，主要的通貨不外乎三種：資源、時間與彈性。這三種通貨中的任一種，都可以成為與對方談判交換的籌碼。

資源是具體的、有形的物資，比方說金錢、黃金或原油。因為資源具有形體，所以你可以持有資源，將之握在手中。想買家具，你可以拿錢去交換；你賣車，買方可以（經你同意）給你一條金塊，或者給你一本《行動漫畫》(Action Comics) 的創刊號來交換，要知道這本創刊號是非常值錢的，因為超人第一次躍然紙上，就是在這本創刊號裡。這些例子顯示資源確實可以相互交換。

時間是第二種重要的通貨。上班領時薪，就形同用定量的時間與勞力付出去換取資源；或者你也可以反過來用資源去換取時間，比方說你可以付錢雇人來替你工作，由此創造出全職、約聘與接案等不同的雇傭型態。

彈性是第三類舉世通用的貨幣，但相較於前面兩者通貨，彈性往往遭到低估。上班族為了換取資源所付出的不僅僅是薪水，他們也同時犧牲了彈性，因為答應在某家公司上班，形同承諾你在上班時間內不會做其他事情，而這就是「機會成本」(Opportunity Cost；心法 121)。去上班，就表示你放棄了忙其他事情的彈性。

在交換勞力或資源的同時，你當然可以透過溝通與談判去決定，去選擇你要被綁死，還是要有多一點彈性，比方說你可以選擇兼差就好，這樣你收入會少一點，福利比不上全職員工，但你也就不用上很長的班。如果你願意背三十年的房貸，買房子也會比較容易成交，但相對地你就得付出更多資源（利息），你的支出彈性（財務自由）也會受到排擠。

你可以設法在這三種通貨中取得平衡，讓你的總所得放到最大。如果你比較重視加薪或較優渥的合約，你可以拿更多時間或彈性去交換，這樣你的空閒時間就變少了，但是你的收入肯定增加。如果你希望生活多點自由、多點彈性、多點空閒，你可以少賺一點，不要那麼拼；如果你的雇主或客戶希望你多進公司，或開店時間長一點，你可以跟他們多要點錢，看他們是要讓你多賺點還是要讓你休息。

心中時時想著這三種通貨，你一定會驚訝於面對談判對象，自己的選擇竟然如此寬廣，由此達成協議、兩全其美的機率也會提高許多。

觀念分享：http://book.personalmba.com/3-universal-currencies/

## 心法 73 談判時的三個面向
### Three Dimensions of Negotiation

進入談判會場前要想清楚的第一件事，就是對方說不你要怎麼回應。
——厄內斯特・貝文 (Ernest Bevin)，前英國外務大臣

　　說到談判，多數人立即想到的是桌子兩邊各坐著一群人，雙方你來我往地丟出許多提議或條件。這不能說不對，但這其實已經是談判的最後一部分，前面的兩個部分早在坐上談判桌前，就已經完成。

　　談判的三個面向，分別是籌備 (set-up)、建構 (structure) 與磋商 (discussion)。如大衛・萊克斯 (David Lax) 與詹姆士・賽比紐斯 (James Sebenius) 在《談判的三度空間》(3-D Negotiation) 中所言，這三個面向／階段都非常重要：若能創造出有利於達成協議的環境，加上事前的沙盤推演，你就能大大提高雙贏的機率。

　　不論何種談判，第一個階段都是籌備：所謂籌備，是指搭建一個抽象的平台，讓談判可以在其上得到最圓滿的結果。在事前的準備上，你愈能讓自己處於有利的位置，談判結果令你滿意的機會也就愈高：

▶ 參與談判的是哪些人？他們願不願意與你對談？
▶ 你談判的對手是誰？他們知不知道你？你能給他們什麼？
▶ 你有什麼提議？這提議對對方有什麼好處？
▶ 談判的場地為何？討論如何進行？你是要親自作簡報、透過電話對談，還是採取其他形式？
▶ 綜觀談判，整體的環境因素有哪些？有什麼時事會影響另一方對

談判結果的重視程度？

籌備相當於談判中的「指導結構」（Guiding Structure；心法 136），
而這當中所牽涉到的環境因素，絕對會左右談判的結果，也因此我們必
須要在事前確保環境適於談判的進行，才符合自身的最佳利益。

籌備做得好，你必能確保你談判的對象沒有搞錯，要知道如果你搞
錯對象，跟沒有權力（Power；心法 189）、不能拍板定案的人說了半天，
只是浪費你的時間，你說再多也得不到想要的結果。如此研究工作就變
得非常重要，因為只有做過研究，籌備工作才能成功；在籌備階段，你
對談判對手的了解愈深入，進入談判之後就能愈胸有成竹、愈得心應手；
做好功課，你說起話來才不會結結巴巴，才不會被對方看破手腳。

談判的第二個階段／面向是建構。在這個階段裡，你要建構起的是提
議的條件，你要把提議的草案整合起來，讓談判對手能夠了解，進而接
受你的提議：

▸ 你的提議內容為何？你要如何透過取景，將提議內容呈現在談判
對手眼前？

▸ 你的提議，對談判對手最大的好處為何？

▸ 對方的次佳選擇為何？你的提議相對之下好在哪裡？

▸ 你要如何回應、排除對方的反對意見？如何讓對方能夠跨越購買
障礙（Barriers to Purchase；心法 79）？

▸ 為了讓雙方達成協議，你願意做出何種取捨或讓步（Trade-offs；
心法 33）？

記住，你建構提議的目的是要找到談判雙方的共通處，也就是雙方都
樂於接受的協議內容。事前想好提議的內容與架構，先沙盤推演幾個你
認為對方會想要的選項，先思考一下你的底限在哪裡，都可以幫助你達
到這個目的。

如果你預期對方會嫌你的報價太高，你可以事前想好一套說詞，到時讓對方啞然無語，只能接受你的開價；比方你可以告訴對方如果嫌這項產品貴，另外一種比較便宜，但是效果就差很多。先想好你要怎麼回應，你就不會在談判桌上手忙腳亂、不知所措。

談判的第三個階段／面向是磋商，在這個階段，你得讓媳婦見公婆，把你的提議呈現在對方面前。在磋商階段，你得跟談判對手討論提議的每個環節；有時候，磋商的過程真的就像你在電影裡面看到的一樣：偌大的會議室裡裝飾著紅木的牆壁，橢圓長桌的另外一邊，跟你面對面坐著的是執行長層級的對手。有時候，談判是在電話中進行；有時候，談判的進行是透過電子郵件的傳遞。不論情境是哪一種，你都必須在磋商階段交出提案，跟對方說明有疑義的地方，答覆反對意見，掃除購買障礙，要求對方買單。

不論磋商階段順利與否，每輪談判的結果都不脫下面三種：一、「好，就按照這些條件，合作愉快！」二、「不行，這些條件得再研究研究，我們是希望能這樣，您可以過目一下。」三、「不行，您的條件我們完全沒辦法接受，我們的交集是零，共通處完全不存在，我想我們只好暫停與貴公司的談判，並保留與其他方接觸的權利。」磋商會一直進行下去，直到雙方達成協議或者有一方決定放棄。

如果你能透過準備把談判的這三個面向顧好，那麼你順利透過談判達成雙贏的機會，也會比且戰且走大上許多。

觀念分享：http://book.personalmba.com/3-dimensions-of-negotiation/ ↖

心法
74

# 緩衝者／白手套
## Buffer

光熱血而搞不清楚狀況，與愚蠢相異者幾希。

—— 約翰‧戴維斯爵士 (Sir John Davies)，愛爾蘭前檢察總長

除了極少數情有可原的特殊狀況之外，共通處都能確保談判各方的利益在大致上獲得保障。然而，協議中總會有些部分不能讓所有的人滿意，總是會幾家歡樂幾家愁。你去面試工作，當然希望談到高一點的薪水，而你的薪水變高，公司的費用就會增加；你的獲得，必然是老闆的損失。

　　在某些狀況下，談判的過程非常緊繃，氣氛會非常僵。你希望談到最好的條件，這一點無可厚非，但如果你逼得太緊、太得寸進尺，難保對方不會惱羞成怒，導致你條件也沒談成，又把跟對方的關係搞壞，偷雞不著蝕把米，賠了夫人又折兵。為了避免弄巧成拙的情形發生，你應該找個幫手，而這樣的幫手有一個名字，叫做緩衝者或者白手套 (Buffer)。

　　緩衝者的身分通常是第三方，但經授權可以代表你進行談判。代理人／經紀人、律師、協商代表、仲介、會計師，或其他具有類似功能的專家，扮演的都是緩衝者的角色。緩衝者除了本身的專業，若能再具備特定的談判技巧，就會非常吃香、非常有價值，因為這樣的他可以幫助你把條件談到最好。你可以不懂艱澀的侵權法 (tort law)，也可以對稅務一無所知，只要找到兼具能力與操守的緩衝者來幫你，事情就會好辦很多。

　　在加入某個球隊之前，職業運動員如果要談合約，一般都會尋求經紀人或律師的協助。經紀人的工作是為運動員爭取到最好的薪資待遇，而球隊的總經理與老闆也都知道這一點，所以他們不會因為經紀人的態度強硬而不高興，因為在他們的認知中，經紀人的工作就是這樣。最終，運動員的薪資能夠提高，而經紀人也可以荷包滿滿。

　　運動員請律師也是同樣的道理。律師會代表運動員檢視合約，然後主張應該增加或刪除某些條款，以維護運動員的權益。律師在捍衛運動員權益的時候，可以堅定、可以凶悍、可以賣弄自己的法律專業與執業經驗，因為跟經紀人一樣，律師本來就是要跟球隊老闆與經理周旋，以確保運動員拿到的是球隊能夠接受的最佳條件，但也不致於衝擊到運動員的名聲或與球隊的關係。

　　緩衝者還有一個功能，是在高張力的談判過程中為當事人爭取到時間

與空間；如果球在你這一邊，那麼有個緩衝者可以推托拉真的是非常地方便。有了緩衝者，你便可以說：「我得再跟我的經紀人／會計師／律師討論一下」，不用在慌亂中草草決定，如此便可避免誤判形勢，讓所有的重大決定都可以有再檢查一次的寶貴機會。

但在與緩衝者合作的時候，仍要非常注意的是「動機偏見」（Incentive-Caused Bias；心法267）。因著合約內容的不同，你的緩衝者可能跟你產生不一樣的利益。比方說，房仲可以在買賣之間扮演緩衝者，但如果你是要買房子，最好是能夠找買方(buy side)的房仲合作，同時你得去了解一下他們的收費方式，才能讓自己的權益獲得保障。

說到收費方式，像房仲之類的銷售經紀人通常是以抽成的方式賺取佣金，因此你得留意他們是不是從買方的立場出發去居間牽線，因為只有交易成立，房仲才賺得到錢，所以有時房仲會不擇手段成交，不論這筆交易究竟符不符合買方的利益。

可能的話，盡量跟緩衝者約定不論成交與否，你都會付給他們固定的報酬，這樣他們的利益就會跟你比較一致，你就可以期待他們會為你爭取最好的合約，因為這樣有利於他們的聲譽。

別讓緩衝者替你下決定，別把主控權拱手交給緩衝者，那樣非常不智，尤其如果你們的利益有所衝突時。很多投資人一時不察，就會發現自己的辛苦積蓄全都沒了；他們給了理專或所謂的投資專家一張空白支票，但理專想的不是替你投資賺錢，而是提高錢的周轉率，這樣他們才能賺到手續費，才能抽佣。讓你的錢不斷地進入各種金融市場，不停地買賣各類金融商品，理專便可以合法地吸你的血，收你很多根本不必要的費用。要簡單避免這樣的情況發生，你可以做的是不要把會直接影響自身財富的決定，無條件地交到他人手上。

緩衝者可以是一個寶貴的資產，前提是你很清楚他們的收費方式、他們應該發揮的作用，還有你心目中理想的合作方式。

觀念分享：http://book.personalmba.com/buffer/

# 說服抗拒
## Persuasion Resistance

銷售成敗取決於業務員的態度，而不是潛在客戶的態度。

—— 威廉・克萊門特・史東 (W. Clement Stone)，保險業務員、慈善家、作家

　　潛在客戶因為業務員的存在而覺得如坐針氈，某部分原因是業務員給人的印象就是會「霸王硬上弓」，再不然就是會避重就輕地用詐術讓客人簽下並不符合他們利益的東西。**客人體驗到的這種感覺，就叫做「說服抗拒」(Persuasion Resistance)，而這正是想讓交易成立時最大的死敵。**

　　潛在客戶只要一感覺到有人在說服他們或強迫他們做一件他們不太確定的事情，他們就會很自然地產生抗拒心理，想從對話中逃離，尤其是當業務員想讓他們馬上做決定，或是限定他們只有幾個選項時，這種抗拒心理更會變本加厲。

　　這種心理學者稱之為「抗性」(reactance) 的東西，可見於童年早期。當過爸媽的都有過叫小孩「不可以怎樣怎樣」或「一定要怎樣怎樣」，結果把事情弄得一發不可收拾的經驗。把爸媽 vs. 孩子的組合換成業務員 vs. 潛在客戶的組合，結果也差不多一樣。客人也跟孩子一樣會為了保護自己的獨立性而本能性地抗拒。業務員愈是死命地推銷，潛在客人就愈想跑。這就是為什麼硬賣長久不了。

　　比較有效的辦法按照知名銷售專家吉格・金克拉 (Zig Ziglar) 所說，**是要讓自己在潛在客戶的面前像是個「輔助買家」(assistant buyer)，亦即你的工作不是要把一大堆東西賣給客人，而是要幫助客人對於「怎樣最符合自身利益」做出有憑有據的判斷。你不是在逼他們掏錢，而是在幫**助他們把資源變成明智的投資。這種對業務員基本角色的「重新解讀」(Reinterpretation)，是有用的：這麼做可以讓客戶相信你是在照顧他們的利益，進而讓他們感覺不那麼有壓力。

　　值得注意的是，**業務員一旦發出兩種訊息，就可能觸發客人的「說**

服抗拒」，這兩者分別是：狗急跳牆與窮追猛打。在推銷過程中釋出這其中任何一種訊息，都會對你成交的比數與規模造成打擊。

客人若感受到你急於成交，他們對產品的興趣就會馬上退燒。狗急跳牆所暗示著的，就是你的產品在其他客人之間的人氣並不高，由此社會證據（Social Proof；心法 204）就會開始扯你的後腿。就像沒有人想跟急於找對象的人交往一樣，客人也不會想跟急於賺到錢的業務員下單。

比這好上一大截的做法是讓自己看起來有自信，然後讓這股自信去告訴你的客人：我的產品很棒、很有價值，很適合客人，而且買起來是很值得的投資。當然你要真心這麼想才行，如果手中的產品不能讓你有這種自信，那就代表你該去賣別的東西。

再來，潛在客戶若察覺到你在窮追猛打，他們的第一個衝動就是離你遠點。追與被追是演化的模式：數千年來，人類都一直在追著他們想要的東西跑，也一直在被威脅追著跑。即便我們並不見得會用「追／被追」這樣的語言去形容買賣東西的過程，我們的大腦都會自動注意到這樣的類比，並不自覺地做出反應。

為了成交而追著客人跑，絕對是在搬石頭砸自己的腳，也絕對是一種時間跟精力的無用消耗。與其如此，**你該做的是設法運用「取景」的技巧去讓客人覺得不是你在追他，而是他在追你。**一旦客人覺得他們有必要說服你，讓你相信他們有資格買你的東西，那你在銷售中想成交或想談到好的條件，位置就非常有利了。

之後在「**穴居人症候群**」（Caveman Syndrome；心法 130），我們會額外談到原始大腦是如何在應對現代環境。就目前而言，你要記住的是這些社交訊號或許看來有些傻，甚至是在操控人心，但這些的確就是很重要的社會現實。知己知彼，百戰百勝，你只要了解了客戶在評價產品或服務時的心態，你就能設計出適合的推銷手法去減少「說服抗拒」，讓潛在客人產生去「渴望」你手中產品的動力。

觀念分享：personalmba.com/persuasion-resistance/ ↖

# 互惠
## Reciprocation

*沒有什麼禮物是真正免費的：禮物會把送禮與收禮的兩方，綁在互惠的*
*輪迴之上。*

——馬歇・茅斯 (Marcel Mauss)，社會學家、人類學家

**互惠 (Reciprocation) 其實是一種欲望，是人，有時都會有股衝動想要回報別人給予我們的協助、餽贈、方便或資源。**如果你曾經在過節時收到別人的禮物，自己卻沒有給對方什麼，你就應該知道我在說什麼，就應該知道那樣的感覺有多不舒服。別人幫了我們，我們總是會想投桃報李，這是很自然的。

作為一種「社會力」，互惠是人類得以彼此合作，底層相當核心的一種心理傾向。那種「你替我抓背，我給你按摩」的本能非常強大，並且是各種友誼與盟約的基礎。回顧歷史上，互相送禮本來就是權貴維繫自己地位，以便繼續當權、掌握權力（後議）的作法。國王或皇帝們會砸大錢設宴，用頭銜或封地去攏絡貴族，增加他們對諸侯或重臣的影響力，以便在需要的時候召喚他們來「鞏固領導中心」。

問題是，我們想要互惠、想要回饋的程度，不見得與得到的東西成比例。在《影響力：讓人乖乖聽話的說服術》(*Influence: the Psychology of Persuasion*) 一書當中，羅伯特・席爾迪尼 (Robert Cialdini) 舉了一個賣車的例子來說明互惠這件事。賣車的業務員通常會在客人走進門時略施小惠。「要不要喝杯咖啡？」、「要不要來罐汽水？」、「白開水？」、「餅乾？」、「您坐這兒舒不舒服，要不要來條毛巾擦擦汗？」這些話，聽起來是不是都很耳熟？

表面上，對客人服務周到很正常，甚至是應該的。但別被騙了，事情絕對不是如你想的那麼簡單。**事實是一旦接受了這些蠅頭小利，你心裡就會埋下想要互惠的種子，使得情勢慢慢有利於車子的業務員。**來看車

的消費者一旦拿了這些小禮物，訂車的機率便會大增，甚至原本就要買車的人，也會選擇比較多、比較貴的配備，貸款分比較多期，繳更多利息。換句話說，這些小禮物拿與不拿，消費金額可能會差到好幾萬塊，而這一點道理也沒有，因為咖啡跟餅乾能值幾個錢，但互惠的心態卻使我們在無意間「滴水之恩，湧泉以報」。

你願意先付出的愈多、愈有價值，將來你需要對方的時候，回應也會愈強。**免費提供價值，可以替你累積社會資本，讓更多人對你心存感激，讓你在有一天需要的時候，有人可以找。**

**表現大方，是超級業務員的大絕招，是他們業績傲人的祕方。**身外之物盡量大方一點，做得到的事情盡量幫人一把，這樣的你必然能得到別人的尊敬、能建立起好的聲譽。更重要的是當你下了動員令（Call to Action；心法58），這樣的你才叫得動他們。

觀念分享：http://book.personalmba.com/reciprocation/

# 自揭瘡疤／家醜外揚
## Damaging Admission

我們承認小毛病，好讓人以為我們沒有大缺陷。

——拉羅什富科 (Francois de La Rochefoucauld)，十七世紀法國名流與箴言作家

前面說過，內人凱爾希跟我從紐約市搬到科羅拉多州北部的山裡面，新的房東叫班跟貝蒂。他們開門見山跟我們提了兩件跟我們新家有關的事：

一、坍方落石是家常便飯，要習慣。
二、黑熊與山獅是鄰居，別驚訝。

這兩件事沒有讓我們打退堂鼓，我們還是簽了租約，也很欣慰能在

事前掌握這些訊息，這讓我們覺得兩位新朋友的人品果然不凡。我們評估了風險，加買了保險，添購了防熊胡椒噴霧，最後在租約上簽了字。

一般人或許會覺得奇怪，但像這樣對客人自揭瘡疤 (Damaging Admission)，反而能提升客人信任，讓他們更相信你能給他們滿意的服務。

住在曼哈頓的時候，凱爾希跟我並沒有車，而搬到科羅拉多之後，我們覺得有輛車是必須的。於是我們開始注意，最後在網路上看上了一台，但因為買車畢竟是一筆開銷，我們還是希望能在付錢之前親眼看看車況，否則心裡總感覺不踏實。

為了化解我們的疑慮，刊登這輛車的經銷商，不辭辛勞、大費周章地拍下了所有車輛外觀的細部照片，包括左邊車身烤漆有個並不嚴重的小瑕疵。他們這種「不因惡小而為之」的態度，這種不粉飾太平的誠懇，讓我們相信車輛的全貌已經盡收我們眼底，讓我們有信心進行這筆交易。於是我們買下了車，而車況也跟我們所想的一模一樣。如果這家車商沒有「自揭瘡疤」，這筆生意就不可能做成。

潛在客戶知道你不完美，所以你也不需要逞強；事實上過度粉飾太平，更會使人起疑心；如果一個產品、一種服務、一項方案，好到一個不像話的地步，客人正常的反應會問：「有什麼陷阱？」

與其假裝一切都美好得不得了，不如親口招認問題有哪些。老實告訴客人你的產品有哪些優缺點，有哪些需要他們去取捨的地方，你可以強化客戶對你的信任，進而完成買賣。

觀念分享：http://book.personalmba.com/damaging-admission/

心法
78

# 選擇疲乏
## Option Fatigue

別讓我需要動腦。

——史提夫・克魯格（Steve Krug），電腦易用性專家

假設你打算買一部電腦，你應該挑選的是現行最快處理器的機種？或是效能最普通但要價只要一半的機種，還是在效能與價格間取得平衡的機種呢？你需要多少硬碟儲存空間？又需要多少記憶體來讓軟體都跑得動呢？你該選擇哪一種顯示螢幕？還有你應該買筆電、桌機，還是平板呢？

這一拖拉庫的問題會讓大部分的電腦買家暈頭轉向。做出最好的選擇，表面上看來不會太困難，但實際上這並不簡單：如果需要選擇的變數有五個，而這每個變數都刻有三種選擇，那你需要考慮的組合就是三的五次方，也就是兩百四十三個。任何人的大腦都可以因此秀逗。

選擇疲乏 (Option Fatigue)，是很多人進行購買決定時的一大障礙：如果一名潛在客戶被決定弄得一個頭兩個大，他們往往就會好逸惡勞地放棄不買。客人因為多一件事情要選，完成交易的可能性就會降低一點。

整體而言，最好的做法是引導購買者去從兩三種預先定義好的選項中選出一種，使其成為特定類型買家的良好起始點，然後在從這個點上出發，視情況做一些客製化。這就是何以像戴爾或蘋果等電腦業者會先準備幾種預設好的規格來吸引特定的客群，然後再提供在特定零組件上升級或降級的彈性。這麼做的目的在於需要選擇的東西固然數量不變，但消費者在認知上的負擔可以有效減輕。

你不好把每一項需要選擇的東西都一股腦丟到客人面前：你只要先提出少少的大方向讓客人做出簡單的選擇，他們把整個銷售流程走完的機率就會大增。

觀念分享：personalmba.com/option-fatigue/

心法
79

# 消費障礙／購買障礙
## Barriers to Purchase

賣東西，是從客人說不開始。

——銷售格言

假設你向客人介紹一項產品或服務時，而他們的回應是「謝謝，我用不到」這一類的，你是不是就應該整裝再出發，心想下一個客戶會更好呢？

客人最後說不的原因很多，但既然他們肯聽你講話，就代表他們不是完全沒有興趣，否則他們不理你就好了，何必那麼麻煩。換句話說，只要你問對問題，成交永遠都有希望。

賣東西的精髓，在於搜尋消費障礙 (Barriers to Purchase)，然後排除之，而這些障礙包括：購物的風險、對產品的陌生感受、還有各種疑慮，在在都會讓客人下不了決心掏錢。身為業務員，你最重要的工作就是要找到這些障礙，掃除障礙，最後讓你跟客人之間是一片坦途，兩者間能夠順利完成交易。只要讓客人找不到理由拒絕，讓客人面前沒有任何消費的障礙物，你想要成交的願望就能夠順利達陣。

不論你賣的是什麼東西，客人不買最常見的五種理由如下：

一、**太貴**：損失趨避（Loss Aversion；心法 146）讓花錢感覺像是一種損失。在購買的過程中，客人放棄了某樣東西（金錢），而這很自然會讓客人卻步，使其猶豫不決。（有些人甚至是在決定要買了之後，才會體驗到這種若有所失的感覺，而這種感覺，就是所謂「買家的懊悔」(Buyer's Remorse)。）

二、**沒用**：如果潛在客人覺得你的產品有可能達不到他們要的效果，不論問題出在他們自己還是你的產品，他們都不會購買這樣東西。

三、**對我沒用**：潛在客人可能認為這項產品或服務對其他人有用，但對他們沒用；換句話說，他們覺得自己是特例。

四、**我可以等**：潛在客戶可能認為他們現在還不需要這項產品或服務，即便你不這麼認為。

五、**這太麻煩**：如果買這樣東西，會讓客人感到麻煩，那他們大抵就不會買了；一般而言，客人既然花錢，就會希望自己一根手指頭都不用動。

為了在最短的時間內各個擊破這些理由，最好的做法是在第一版產品上就考慮到這些問題。由於這些理由都非常常見，因此任何有助於緩解這些問題的辦法，你都應該照單全收，好讓客人認真考慮到底要不要買你的東西。

　　理由一（太貴）最好的解藥就是「取景」與「價值基礎銷售」。如果你賣的是一種一年可以幫助客人省下一千萬美元的企業用軟體，那麼你開出一年的授權費用是一百萬美元，就不算貴，甚至幾乎可以說是免費了。只要透過產品或服務，你所提供的價值遠大於索價，那麼這理由就不攻自破了。

　　對付理由二跟三（沒用／對我沒用），最好的武器就是「社會證據」，意思是你可以讓他們知道有多少跟他們背景類似、需求類似的消費者，選擇購買你的產品而獲益良多。你舉的實例與證言愈接近準客戶的處境，推介（Referrals；心法201）就能發揮最大的力量，要知道做得好的話，推介真的是非常好用的銷售手法，客人自己用的好的話，介紹東西給有類似狀況或需求的人是人情之常，而受到這樣推薦的人，會很難再拿沒用二字來當擋箭牌。

　　理由四跟五（我可以等／這太麻煩）可以用「教育基礎」銷售來處理。潛在客戶不了解自己的需求、不知道自己需要幫助，是可以理解的，這並不是什麼太稀奇的事情，像「眼不見為無」（Absence Blindness；心法150），就是很常見的一種案例。如果一家企業客戶不明瞭自己正莫須有地每年損失一千萬元，那麼你說破了嘴，他們也很難看到你產品或服務有什麼價值。要突破這個瓶頸，你應該從一開始便集中火力去教育你的客戶，讓他們開竅、讓他們知道你也是內行人，也知道他們在忙些什麼，然後再引導他們透過「視覺化」（Visualization；心法53），去想像有了你的加入、你的協助，他們能夠達到什麼樣的境界。

　　在取得了準客戶的注意與同意之後，要是他們還有別的意見，你的選擇有兩條路：一、說服客戶他們多慮了；二、說服客戶他們的疑慮並不影響大局。至於你該採用什麼樣的方法來達成這兩點，端視客人的疑慮

為何。但無論如何，取景、價值基礎銷售、教育基礎銷售、社會證據、與視覺化，都是你可以融會貫通、排列組合，用以說服客人的利器。

客人若還是不買帳，那問題往往就出在指導結構上，亦即你的談判對手可能沒有足夠的預算或權限，因此沒有辦法拍板接受你的條件。養成習慣，盡量跟能說了算的階層進行交涉，這樣如果他們拒絕你的提議，你至少能確定原因是產品或服務的內容不適合他們，而不是因為權限不夠。由此你便可以放下執著，立刻動身去找其他適合的客人。

觀念分享：http://book.personalmba.com/objections-barriers-to-purchase/ ⬉

# 風險反轉
**Risk Reversal**

*你想要保證，去買烤吐司機，廠商會有保固。*

——克林·伊斯威特 (Clint Eastwood)，演員、奧斯卡金像獎得主

沒有人喜歡輸，沒有人喜歡耍笨，沒有人喜歡誤判形勢、買錯東西；簡單講，沒有人喜歡風險。

而想成交，最大的風險就是你。在每筆交易當中，買家多少都要負點風險。萬一產品效果跟商家講的不一樣怎麼辦，萬一產品不符合自己的需求怎麼辦？萬一跟你買這樣東西，結果踩到地雷，血汗錢就這麼給浪費掉了，怎麼辦？

這些問號，都是消費者在購物前，念茲在茲的事情；你想把東西賣給他們，第一件得處理的工作，就是消除他們心中的這些疑慮。

**風險反轉 (Risk Reversal)** 作為一種策略，是要將交易相關的部分或全部風險，從買方處移轉到賣方處。相對於讓買方承擔買錯東西的風險，賣方可以承諾若是產品出了任何狀況，若是產品不符合買方的期待，他們都會無條件把東西調整到好。

就以賣床來說好了，你可以看到坊間有超多超誇張的廣告：十二個

月保固，不滿意無條件全額退費！這等於是說客人買了床，可以搬回家睡一年，最後一天覺得不爽，還可以把床還回去，錢全部拿回來。這老闆是瘋了嗎？

一點也不。這樣看似無底限的條件，是一種策略，而這種策略，可以徹底消除買方對風險的認知，而風險，正是讓他們買不下手的消費障礙。買了一樣東西，要是不合用，消費者會覺得自己很蠢、很敗家，回家可能會被另一半罵，但因為有了上述這樣絕佳的條件，他們便可以放心購物，不用擔心自己要笨，不用擔心會因為買錯東西而氣憤難平。他們唯一需要擔心的，是床搬回家要放在哪裡，反正有這樣無條件的保固，最多一年內還給老闆就是了，沒什麼大不了的。想通這個道理之後，消費者就會放心地去櫃檯結帳，反正又不會有什麼損失，不買白不買！

私底下，有人給這樣的策略一個暱稱，叫做「帶小狗回家」(take the puppy home) 戰術。看到你猶豫不決，寵物店的老闆會熱情地叫你先把狗狗帶回家，然後補上一句：「如果覺得不好，隨時可以把狗送回來。」

但你知道的，小狗再也不會回店裡。但如果一開始店家不這麼說，小狗就賣不出去。允許客人反悔的承諾，即時做成生意的關鍵。賣方樂於為了盡快成交擔點小風險，而買方不會遲遲下不了決定。

使用這種風險反轉的策略，對店家來講也會有些心理障礙，因為這種作法賭很大，而店家做生意是要將本求利，也不希望賭輸，更不希望被利用。萬一客人真的吃乾抹淨再把東西拿回來退，那店家真的會有被耍的感覺。

這當中的差別在於買方是向單一商家買東西，而賣方得跟許許多多客人做生意。客戶每買一樣東西，就是一次冒險，所以感受非常強烈；而你是一次服務許多客戶，所以風險可以獲得有效的分散。

確實，你會吃些悶虧，因為一定會有少數客人擺明了要白吃白喝；但是因為讓好客人可以放心買，你的業績一定會有所提升，最終多賺的錢一定能讓你覺得值得、覺得工夫沒有白花。

要讓業績亮麗，你就要不計代價讓客人覺得放心、讓他們覺得先買沒有關係。而要做到這一點，你可以透過保證將客人與風險隔開，將產品的賞味期盡量拉長。如果你的公司還沒有建立風險反轉的機制，不妨試試，業績成長可能會出奇地好。

觀念分享：http://book.personalmba.com/risk-reversal/ ▶

# 重新啟動
## Reactivation

客人是一家公司最重要的資產，因為沒有客人，哪來的公司。

——邁可・勒伯夫 (Michael LeBoeuf)，商學院教授、
暢銷書《如何永遠贏得顧客》(*How to Win Customers and Keep Them for Life*) 作者

我們可以把銷售這件事，看成是說服準客人成為客人的過程。但要爭取到新客戶，絕非易事，該花的錢、該花的時間都少不了。這時你一定很希望有別的方法能夠花少少的錢，就讓生意愈做愈大吧！

**重新啟動 (Reactivation)** 作為一個過程，是要說服久未謀面的客人重回你的懷抱。如果你開店做生意已經一段時間，那麼你一定會有些「失聯黨員」，一定會有一些元老級的客人後來慢慢淡掉。這些老客人跟你買過東西，但那是許久之前的事情了；你確信他們還需要你的東西，聯絡方式也都還找得到。既然如此，你為什麼不把新產品跟他們說說，讓你再次有機會為他們服務呢？

像網飛（Netflix）這家線上影視公司就很懂得善用重新啟動的技巧，來讓老客人回籠。會員如果取消服務，三到六個月後會收到一張明信片或電子郵件，裡面網飛會提供老客人一個機會，可以用折扣後的價格恢復服務。如果沒得到回應，他們幾個月後會再試一次，再提供你其他的服務選項。除非你接受他們的提案，或者表明不想再收到廣告，否則Netflix 就會持續不斷地跟你聯絡。網飛賣的是收視方案，所以只要重啟

一個客人，就代表公司多了一條按月的現金流，而這意謂著每個客戶的「終生價值」（Lifetime Value；心法 110）也會大幅提升。

要增加營收，找回老客戶會比找新客戶有效。老客戶已經認識你、已經多少信任你，也知道你葫蘆裡賣的是什麼藥。你這邊則有他們的個人資訊，知道如何聯絡得上他們。由此「取得客戶」的成本作為「最高攬客成本」（Allowable Acquisition Cost；心法 111）的一部分，幾乎是零，你需要做的只是通知他們，用實惠的產品或服務去吸引他們。

如果你已經徵得老客戶的同意，可以與他們保持聯絡，那麼重新啟動更是易如反掌。潛在客戶名單固然是一大資產，但老客戶的清冊也不可小覷；能得到客戶的首肯與他們持續保持聯絡，你幾乎就可以立於不敗之地，因為即便他們將來不論因為何種原因不跟你買東西了，你有朝一日要把他們找回來、重啟買賣的機會也會大增。

大部分的銷售點 (Point-of-Sales; POS) 系統都能記錄客戶資料，企業可以藉此掌握什麼人在什麼時間買了什麼東西；而有了這樣的系統輔助，店家不難過濾出哪些客人很久沒光顧了，進而用電話或（電子）郵件主動與他們連絡，讓他們知道你們現在主打什麼商品、什麼方案，以老客戶的身分購買或訂閱，又可以得到什麼樣的優惠。重啟老客戶，絕對是最事半功倍的行銷活動。

每三到六個月，一定要與暫時流失的老客人聯絡看看，讓他們知道你們公司現在有什麼好康，看他們會不會再度萌生興趣來跟你買東西。不妨一試，效果說不定會出奇地好。

觀念分享：http://book.personalmba.com/reactivation/ ▶

第四章

# 價值交付
## Value Delivery

讓客人滿意，就是最棒的營運策略。

　　——邁可・勒伯夫（Michael LeBoeuf），商學院教授、
暢銷書《如何永遠贏得顧客》（*How to Win Customers and Keep Them for Life*）作者

　　企業能夠成功，一定要能夠按照承諾把產品或服務交付給顧客；拿錢不辦事的人，我們叫做「詐騙集團」。

　　**價值交付 (Value Delivery)** 的每一個環節，都是要讓每個花錢的客戶覺得開心。從訂單的處理、庫存的管理、出貨、維修、客服等等，都是為了這同一個目的。沒有了價值的交付，你就算不上是個生意人。

　　第一流的企業之所以成功，在於他們不但能交付承諾的價值，還能讓客人拿到東西或享受到服務的瞬間，感覺到超值。

客人希望自己花錢可以馬上得到滿足，可以買到穩定的品質。

企業愈能讓客人開心，客人再度光臨的機會也就愈高。客人開心，也表示他們有可能向別人推薦你們，讓你們的口碑變好，聲譽（Reputation；心法61）更上層樓，更多人於是會給你們機會，試試看你們的產品或者服務。

企業要成功，必須克服環境的多變，讓大部分的客人覺得滿意；企業之所以失敗，是因為客人不開心、客人出走，直到企業沒有生意可做。

觀念分享：http://book.personalmba.com/value-delivery/ ↖

## 價值流
### Value Stream

我在前公司寶鹼工作的這段經歷，讓我覺得最有趣的就是了解到產品的製造與交付是怎麼回事。我下面簡單說一下一瓶「黎明」(Dawn)洗碗精是如何誕生的：

① 原料送到工廠。
② 各種原料混合後製成洗碗精，暫置大型的工業儲存槽中。
③ 用模具將小瓶裝的塑膠瓶射出成形，接著填入洗碗精後封蓋。
④ 在每個瓶子上貼上商標貼紙。
⑤ 單瓶洗碗精經過檢查之後，包裝成箱。

上面這些步驟，完全符合教科書上典型的價值創造流程，始於原物料，終於成品。成品好了就可以準備出貨，而出貨從準備到執行的步驟包括：

⑥ 產品包裝成箱，堆放在倉庫裡等待出貨。

⑦ 客戶下單後，成箱的產品即送到裝卸區準備送上卡車。

⑧ 卡車載滿成箱的產品後，便前往距離客人最近的批發中心。

⑨ 客人在批發中心領貨，並將產品裝在自家的卡車上。

⑩ 客戶用卡車將成箱的產品送至需要補貨的店面。

⑪ 店家經拆箱後將產品取出上架，供消費者選購。

　　雖然只是這麼一小罐洗碗精，生產出貨的步驟卻是如此繁複，這一點值得我們好好研究、研究。

　　**價值流 (Value Stream)** 集合所有的步驟與過程，從價值的創造開始，一路到最終產品或服務的交付，都是價值流的一部分。想快速提供客戶又好又可靠的產品或服務，了解自家商品的價值流是必修的課程。

　　你可以把價值流想像成價值創造與價值交付的綜合體。往往，你的產品或服務會從價值創造直闖價值交付，兩者你儂我儂，你泥中有我，我泥中有你。雖然這兩個過程有其不同，但把兩者視為單一的手續，確實可以幫助你更順利地將價值創造出來、交付出去。

　　在量產製造的領域中，「**豐田生產方式**」**(Toyota Production System, TPS)** 首開例行性價值流檢視之先河。針對生產系統進行詳盡的分析，有助於企業從小地方不斷累積進步：豐田的工程師針對「豐田生產方式」所做出的改進，每年超過一百萬個地方，這讓豐田的生產線得以同時展現高效率、穩定性，並持續生產出可靠的代步工具，讓豐田享有全球性的聲譽，成為消費者心目中令人安心的購車選擇。只不過到了最後，豐田的名聲卻又很諷刺地毀於「自動化的矛盾」（The Paradox of Automation；心法 258）之手。

　　要掌握你的價值流，最好的辦法就是將之畫成圖表。從產出到賣出，你的產品或服務會經歷哪些過程與型態的轉變，都可以透過流程圖來掌握；這樣的做法能醍醐灌頂，讓你看清自家的價值交付過程，效率到底是高是低。很多時候，價值交付的過程中，會充斥許多不需要或不適當的程序。用圖表完整描繪價值流需要花點工夫，但這工夫絕對不

會白花，因為有了流程圖呈現在你眼前，你就能一眼看出哪些地方需要改進，讓價值交付更加流線順暢、系統效率更高。●

簡單說，你要追求的價值流愈小愈好、愈有效率愈好。本書後面講到系統的時候會再討論，但我現在可以先說的是價值流愈冗長，事情出錯的風險也愈高；價值流愈短、愈流線，管理就愈方便，你的價值交付也會愈得心應手。

觀念分享：http://book.personalmba.com/value-stream/ ↖

## 經銷通路
### Distribution Channel

除非你在海邊挖牡蠣、設陷阱捕捉動物，或老派地去淘金挖礦，否則時至今日，你完全靠自己成功的機會，趨近於零。

——班傑明·F·菲爾勒斯 (Benjamin F. Fairless)，企業家、美國鋼鐵 (U.S. Steel) 前總經理

一旦交易成立，你就必須把承諾客人的產品交付給他，而經銷通路 (Distribution Channel) 描繪的就是你的價值形式要如何確實地交到終端用戶手中。

經銷通路有兩種基本的型態：直送 (Direct-to-User) 與中介 (Intermediary)。

直送經銷使用的是單一的通路，價值會由企業處直接抵達終端用戶手中。直送最明顯的例子，就是服務業。比方說你去剪頭髮，理髮服務作為一種價值，是直接從設計師的巧手傳遞到你的秀髮，非常直接，無所謂中介。

價值的直送既簡單又有效率，但也有其侷限。你完全掌握生產流程，但能服務的顧客也有定量，畢竟人的時間跟精力都是有限的。一旦市場需求超過了你的產能上限，很多客人就會被拒於門外，而這一點，將很不利於你的口碑。

中介經銷的運作則橫跨多個通路。當你在店頭買到產品，店家其實是

扮演著轉售／經銷商（Resale；心法 15）的角色；大部分的商店都不自行從事生產，而是從供應商處進貨。

　　製造商會盡量把產品賣給盤商，而這個過程一般稱為「鞏固經銷網路」(Securing Distribution)。一項產品的經銷網愈多、愈大，銷售量的潛力也就愈大，因為有愈多的零售商在販售，消費者選購的機率自然也會增加。

　　中介經銷可以增加銷售，但選擇這條路，也意謂著你必須放棄對價值交付過程的全盤掌握。把價值交付託付給別家企業，讓你能空出時間與精力去研發生產更多產品，但這也增加了「交易對手風險」(Counterparty Risk；心法 229)。你的合作夥伴不見得會跟你一樣用心，但如果他們把產品或服務的交付搞砸了，這帳還是得算在你的頭上，受損的還是你的聲譽。

　　假設你賣餅乾，而你找到了一家超級市場當經銷商。這家超商向你進貨，把餅乾上架，把產品特價賣給來店裡的客人。消費者不是直接跟做餅乾的你買，而是跟超級市場買，典型的中介經銷於焉誕生。

　　中介經銷的好處顯而易見，但這做法也不是沒有缺點。如果餅乾在運送過程中損壞，破了、碎了、包裝被壓扁了，消費者不會知道到底發生了什麼事，他們只會覺得如果這樣的事情常常發生，問題一定出在廠商身上，一定是廠商的品管做得不好，對廠商的印象因而變差。

　　建立經銷通路有其價值，但盯著經銷商不要亂搞也非常重要。經銷通路不是說建立好了就可以丟著不管，如果你的通路比較複雜，經銷網不只一個，那你就非勤勞些、非用點心不可；你得投入時間、投注精力去確保底下的通路商，有確實呈現出你產品或服務的原貌。

　　觀念分享：http://book.personalmba.com/distribution-channel/ ↖

---

1. 想看看我是怎麼將價值流畫成圖表，請前往 http://book.personalmba.com/resources/。

心法
84

# 期待效應
## The Expectation Effect

做不到的事情，不要答應。

——帕布利烏斯‧塞魯斯 (Publilius Syrus)，西元一世紀敘利亞雋語家 (aphorist)

Zappos 讓線上賣鞋的生意臻於完美。

在網路上賣鞋並不容易——客人沒辦法試穿，買到的鞋子不能穿、不喜歡，都是很大的風險。為了因應這樣的侷限，**Zappos 採用了經典的風險反轉**（Risk Reversal；心法 80）策略；他們提供免運費的服務，同時如果看到鞋子覺得不順眼，退貨也不需要任何理由，同時保證全額退費。**免運費加上無風險退貨，讓客人放心地覺得買錯也沒有任何風險，於是願意試試看的人也就增加了。**

但是 Zappos 能在網路上闖出名號、建立起聲譽，並不是單靠上面這一、兩招。他們真正的成功祕訣，在於公司並不聲張的一個好處，客人意想不到的一個好處。

跟 Zappos 訂鞋，你往往會很驚喜地發現，你昨天才訂的東西，怎麼今天已經出現在你的眼前，別家可都是要等上好幾天的呢。

**Zappos 大可以大肆宣傳自家的貨運又快又不用錢，但他們沒有，因為那種事前沒有期待的驚喜，才是他們更想追求的東西。**

**客人對品質的認知繫於兩項標準：期待與產品表現。**把這當中的關係寫成公式，也就是我口中的期待效應 (The Expectation Effect)：

$$品質 = 產品表現 - 期待$$

對產品必須要有一定的期待，客人一開始才會想買你的產品；但在**交易完成之後，產品的表現勢必得要超越客人的期待，客人才會覺得滿意。**

如果產品或服務的表現比預期好，客人就會覺得品質超好的；如果產品或服務的表現未臻預期，客人對品質的認知就會偏低。至於產品本身究竟好不好，並不是重點。

蘋果的第一代 iPhone 賣得極好，因為客人期待 iPhone 應該只是不差，結果拿到的東西卻讓他們驚艷不已，獨到的設計完全超乎他們的想像。第二代 iPhone 雖然是 3G 版本，市場反應卻不甚理想，主要是預購時的期待實在太高，導致蘋果怎麼努力，也沒辦法讓客人覺得物超所值，更別提推出時的一些小瑕疵，讓產品的報導整個失焦。

iPhone 3G 版絕對不差，事實上，iPhone 3G 版的反應速度更快，有許多新穎的功能，記憶體容量加大，價格上也比較親切。但對廣大的蘋果迷而言，這支手機就是不對，就是沒有比較好，主要是蘋果沒有達到客人的期待，而受傷的，當然就是蘋果的聲譽。一樣的事在第四代 iPhone 問世時重演。儘管這次新款在其他各個面向上都優於舊款，但 iPhone 4　天線設計上的小瑕疵卻引發了收訊問題，導致產品被眾多果粉嫌棄到不行。❷

**要長期在表現上超乎客人的期待，最好的辦法就是在承諾的價值以外，再給他們額外的驚喜。**價值交付最主要的目的，就是要確保客人開心滿意，而要讓客人滿意，你至少得達到客人的基本期待，行有餘力的話，當然能超越期待愈多愈好。

使盡渾身解數，讓客人有超值、驚喜的感覺，絕對是你很重要的一課。Zappos 免費又高效率的貨運，當作驚喜絕對可以發揮更大的震撼力，要是他們事前就跟客人說有這樣的服務，驚喜的效果就會大打折扣。

你能超越客人的期待值，他們的滿意度也會等比升高。

觀念分享：http://book.personalmba.com/expectation-effect/ ↖

---

2. 第四代 iPhone 首創將手機天線和邊框整合在一起，原本是想讓手機外型更加雅致，但卻意外造成使用者緊握手機時的信號不良。這在當時曾引發廣大消費者不滿甚至對蘋果興訟，讓蘋果公司一度陷入「天線門」危機。

# 可預測性
Predictability

我始終認為產品或服務要發光發熱,品質是最大的關鍵;產品或服務的好,就是自身最大的賣點。

——維克特·基恩 (Victor Kiam),商業大亨,

旗下曾擁有雷明頓 (Remington) 公司與美國職業美式足球聯盟 (NFL) 新英格蘭愛國者

　　艾倫·席拉 (Aaron Shira) 是我從小的好朋友。而席拉家一對兄弟,艾倫跟派崔克,自掏腰包在俄亥俄州的哥倫布市開了一家繪圖公司就叫做席拉兄弟 (Shira Sons),專門接案從事大尺寸繪圖。他們做的案子包括大學校園、軍事基地、大型教堂與億萬豪宅。白手起家的他們,現在已經是哥倫布地區幾家營造商心中最喜歡的合作對象。

　　兩個毛頭小子,一開始是如何切入競爭激烈的市場,打退在他們還沒出生就已經進入這個行業的繪圖前輩呢?很簡單:雇用他們,你可以放心把事情交給他們,他們畫出來的東西一定令你滿意,而且絕不拖稿。

　　包商一般都是出了名的難以掌握:他們可能會姍姍來遲,可能會拖延進度,可能在工作品質上「不拘小節」,服務的態度更可能讓人不敢恭維。艾倫與派崔克能夠闖出一片天,祕訣就在於「可預測性」**(Predictability)**,亦即他們非常可靠,工作從來不延誤,品質也從來不打折扣,更別提他們的服務態度遠比同業親切。就這樣,他們的生意源源不絕,而這在低迷的建築市場中,並不是件容易的事情。

　　花錢的顧客,會希望知道自己能買到什麼東西,會希望消費體驗都在自己的掌握之中。意外雖可能是驚喜,但如果你不能確定的事情多到讓客人提心吊膽,那不論你的產品再好、服務再優異,客人恐怕也是無福消受。大家都喜歡驚喜,但是驚喜若變成驚嚇,就不是好事情了。

　　價值交付的可預測性,取決於三項因素:一致性 **(Uniformity)**、穩定性 **(Consistency)** 與可靠性 **(Reliability)**。

一致性指的是每次交付的產品與服務,性質上都是一致的、一樣的。可口可樂作為一家舉世皆知的大企業,成功地將扎實的行銷工作與產品的一致性,做了完美的結合。沒有人希望每次拉開可樂拉環,都像是在簽樂透,每次喝起來的味道都不一樣。

飲料要做到每一瓶都一模一樣,是非常了不起的,因為這當中牽涉到太多的流程,每一關都可能讓產品的一致性破功。可樂的製造、裝瓶、與配送都是非常複雜的物流專業,當中只要稍有差錯,糖漿多了一點,調味偏了一點,碳酸氣體(二氧化碳)猛了一點,不知名的細菌跑進去一點,都會讓東西喝起來整個不對勁。

你打開每一瓶可口可樂,都相信自己會喝到跟上次一模一樣的東西,不論你身在家附近,還是剛好飄洋過海去國外遊玩。市售的可樂只要有一%沒氣,消息就會傳出去,消費者就會拒買。

穩定性指的是長時間交付相同的價值。一九八〇年代中期,可口可樂曾推出「新可樂」(New Coke),但最終鎩羽而歸。歸究其原因,很重要的一點是消費者對可口可樂的口味有特定的期待,而新可樂雖然同樣叫做可樂,喝起來卻完全不是那回事兒。由此,產品的穩定性遭到傷害,進而導致可口可樂的銷售急速下滑;公司只好立刻回歸原本的配方,結果可樂的銷量就立刻彈升。**破壞忠實客戶對產品或服務的期待,絕對不是聰明人的作法。**要賣新東西,可以,請你另外取名字,好讓客人知道這不是他們平常買的那樣東西。

可靠性指的是一種信任感,客人得信任你能準時順利交付價值,當中不會有任何的差錯或延誤。微軟視窗作業系統的用戶最討厭一件事情,那就是「當機」,當機就是一種不可靠,東西不可靠會讓使用者恨得牙癢癢,難以忍受,特別如果這產品主打的就是可靠。試想你找了師傅要整修房子,還特地為此請了假,結果他竟然放你鴿子,你會做何感想?

**可預測性愈高,公司口碑就會愈好;主打的產品/服務愈能每次都符合客人的期待,消費者就會愈認同你的產品或服務。**

觀念分享:http://book.personalmba.com/predictability/ ↖

## 品質
### Quality

努力在每件事上追求完美。把現有最好的東西拿來改進，如果現有的都不夠好，那就自己做出一個最好。差不多就是差很多，夠好了就是不夠好。

——亨利·萊斯（Henry Royce）·勞斯萊斯汽車造成工程師與共同創辦人

什麼叫做「好」？

**品質 (Quality)**，廣義來說，就是「符合其功能」。某項產品能不能提供其訴求的利益，又適不適宜在其主打的環境中使用。

品質往往是主觀的感受——有些層面如製造上的公差（精密度的容許值），是可以測量的，但有些比較模糊的因素如「使用者用得開不開心」就沒那麼容易量化了。

一九八七年，時任哈佛商學院 (Harvard Business School) 教授的大衛·加爾文 (David A. Garvin) 提出了一款實務框架供經理人與企業幹部用來定義、測量與改進品質。❸

而我個人很喜歡用問題的方式去思考加爾文教授所提出的八項品質因子：

① **效能**：產品在其訴求的目的上表現如何？
② **功能**：產品能提供多少種實用且有價值的好處？
③ **穩定性**：產品有多高的機率會在使用過程中損壞、故障或失效？
④ **一致性**：產品在何種程度上符合已確立的標準？瑕疵是否常見？可接受的新品是否容易取得？
⑤ **耐久性**：產品可以運行多久？
⑥ **易修性**：如果哪裡壞了，維修的難度是高是低？
⑦ **審美性**：主觀的使用體驗是否讓人享受、讓人受吸引、讓人安心？
⑧ **市場觀感**：產品是否享有良好的口碑，並能在表現上優於預期，進而

能避免掉「期待效應」（ecpectation effect；心法 84）的衝擊？

　　這種解析的好處在於讓品質框架化身為一張檢查表，讓人可藉此去確認品質，並逐步提升你的產品品質。世上沒有完美的東西，產品與服務的精益求精是一條不歸路。

觀念分享：personalmba.com/quality/ ↖

## 品質訊號
### Quality Signals

對於穿著鞋的人來說，去到哪兒都沒有差別；整個地表都像鋪上了一層皮革。

——拉爾夫・沃爾多・愛默生（Ralph Waldo Emerson），

轉述八世紀佛教學者寂天（Shantideva）之言

　　車迷都喜歡引擎被拉轉到極限時的狂暴聲浪。但這就衍生出了一個很矛盾的問題：日易月新的造車技術，讓車廂與引擎室之間的隔音愈做愈好，所以駕駛反而少了幾分聽覺上的享受。引擎運轉的聲音並沒有不見，只是不太能從方向盤後面聽見。

　　但如果你在踩下油門的瞬間聽不到引擎拉轉，那引擎是不是有聲音也等於沒聲音了呢？

　　汽車大廠如 BMW、福特、保時捷與福斯為此想了一個折衷的辦法：駕駛想聽引擎聲浪是不是？沒關係，我直接放給你聽。這些車廠把車子設計成只要引擎轉速達到一定水準，車內的音響系統就會播放出引擎的噪音——包括有些車子播放的是「人造」的引擎聲。❹

3. David A. Garvin, "Competing on the Eight Dimensions of Quality," *Harvard Business Review*, November 1987, https://hbr.org/1987/11/competing-on-the-eight-dimensions-of-quality.

有些駕駛人覺得假引擎聲就是少了一味，但這種聽覺上的偷天換日仍可以說是無可厚非：引擎聲浪室是汽車品質中就審美性而言，很重要的一項信號，足以增加車輛對顧客提供的滿足感。雄渾的引擎聲聽來就是爽，就算是合成的也一樣。

品質訊號 (Quality Signals) 是產品當中的某些元素，其設計就是要以直接而具體的方式強化使用者對品質的感受。當產品的效能難以看見、聽見、感受到或以任何方式注意到的時候，品質訊號就可以補上缺口，向客人保證產品正在以該有的方式正常運作。

品質訊號不光能增加客戶的滿意度：這訊號還能給客戶一個「理由去相信」產品可以按承諾產生效果，而這一點也會讓行銷與銷售工作變得事半功倍。

白泡泡幼咪咪的泡泡其實沒有什麼洗滌效果，但有泡泡在，我們才能確切感知到洗碗精的存在。肥皂商如寶鹼會在產品中加入發泡劑，不是沒有原因：額外的原料會增加生產的成本與複雜性，但客戶滿意度的提升會讓這樣的投資值得。

品質訊號是一種內建在產品中的「現場示範」（Demonstration；心法 48）：他們提供了可見的產品效能指標，以便讓使用者較不會因為「眼不見為無」（Absense Blindness；心法 150）或預期未獲滿足而低估了產品提供的效益。

觀念分享：personalmba.com/quality-signals/ ↖

心法
88

## 處理量能
**Throughput**

不論擬定的策略有多麼完美，你都應該三不五時去檢查一下執行的結果。

——溫斯頓・邱吉爾 (Winston Churchill)，二戰期間的英國首相

處理量能 (Throughput) 作為一種生產系統的指標，說明的是目標達

成的速率。你用來創造價值、交付價值的流程，需要你不斷地去掌握與升級，只有透過這樣的努力，產品或服務的品質才能夠提升，客戶的滿意度也才會進步。

「處理量能」衡量的是「價值流」（Value Stream；心法 82）的效率，也就是單位時間內的處理速率。速率愈高，花費的時間愈少，處理量能就愈大。

為了衡量「處理量能」，你必須將目標設定得非常明確：

**單位獲利處理量能 (Dollar Throughput)** 衡量的是要創造出一塊錢的價值，營運體系需要多少時間。在單位時間比方說一小時、一天、一週，或一個月內，你的企業體系可以創造出多少錢的價值，就是每元處理量能要問的問題。愈快能生產出一塊錢的獲利，愈是理想。

**單位出貨處理量能 (Production Throughput)** 衡量的是要多生產出一單位的產品，需要多少時間。從原物料到生產線的成品，這樣的流程能多快跑完？單位出貨處理量能愈高，能供你銷售的產品就愈多，你回應市場需求的能力也愈強。

**滿意度處理量能 (Satisfaction Throughput)** 衡量的是你需要多少時間，才能讓客人開心滿意。走進像「奇波托墨西哥燒烤」(Chipotle Mexican Grill) 這樣的餐廳，你從進店到點好菜，大概只需要三分鐘，而你愈快能讓客人開心，你每小時能服務的客人就愈多。客人得等愈久，你單位時間內能服務的對象就愈少，他們的滿意度也會同步下降。❺

---

4. Drew Harwell, "America's Best-Selling Cars and Trucks Are Built on Lies: The Rise of Fake Engine Noise," Washington Post, January 21, 2015, https://www.washingtonpost.com/business/economy/americas-best-selling-cars-and-trucks-are-built-on-lies-the-rise-of-fake-engine-noise/2015/01/21/6db09a10-a0ba-11e4-b146-577832eafcb4_story.html.

5. 值得注意的是，並非所有企業都以同樣的方式來衡量滿意度處理量能。奢華的體驗，如一頓高檔餐廳的餐宴比起在平價餐廳吃頓便飯，往往需要耗費更長的時間（費用也更高）。在這些情況下，投注在顧客身上的大量時間和精力正是提升顧客滿意度的品質訊號，讓他們感受到尊榮感和自身的社會地位。

要提升處理量能，首先你得進行測量。公司每賺一塊錢需要多少時間？每生產一單位能賣的商品需要多久？每讓一位客人滿意需要多久時間？

如果你不知道自身的處理量能為何，請趕緊去研究研究——你得先知道自己站在哪裡，才能判斷下一步該如何去改進。

觀念分享：http://book.personalmba.com/throughput/ ◤

## 複製
## Duplication

這個世上，很多問題之所以不再是問題，真正的原因只有兩個，一個是滅絕殆盡，一個是開始複製。

——蘇珊‧桑塔格 (Susan Sontag)，熱中政治活動的名作家

**複製 (Duplication) 是一種能力，一種重製產品、服務、價值的能力。** 工廠裡生產線的往復運轉，就是最典型的複製行為：產品的設計只有一種，但產量卻非常驚人。與其不斷地「重新發明輪子」，把原本的設計不斷拿來改進，複製主張輪子只要設計出來一次，剩下的力氣就應該全部拿去生產，愈多愈好。

**愈能複製產品，你能提供的價值也就愈多；你製造產品的過程愈費時費力，能賣的東西就會愈少。複製追求的是在最短時間內以最低成本進行生產**，從成本效益的角度出發，希望產品能廣為流通。

就以這本書為例。在以往，書是用手工油印裝訂的，全職的工匠得花好幾個月，有時甚至好幾年，❻ 才能做出一本書。這就是為什麼以前的書那麼貴，得之那麼不易。

如今時代真的不同了。現在的書只要寫好，就一切都搞定了，接下來你想印多少本，都不是什麼問題，因為現有的大型印刷設備，可以把書印得又快、又好、又便宜。由此，全世界生產出來、流通在外

的書籍何止千萬本，一本普通的書不過三、五塊，最多十幾塊美金，買起來不流一滴汗。這，就是複製的神奇力量。

網路讓特定價值型態的複製更加容易。如凱文・凱利 (Kevin Kelly) 在《比免費更好》(*Better Than Free*)[7] 一文中所說，網路本質上就是一台巨大、廉價的複印機台。我在個人網站上貼一篇文，遠端的伺服器就會（幾乎）分文不取地完成複製，然後轉瞬間便將內容傳送到世界各個角落的網友面前。資訊的複製——文字、音樂、影像，在網路上幾乎都是零成本，但這些資訊的價值，卻可能遠非其複製成本所能比擬。

你若想做一樣東西可以賣，卻又不想把手弄得太髒，複製能力就會非常關鍵。如果每個客人都要親自服務，你想你能做多少生意？人的精力有其上限，你也不會有用不完的美國時間。**複製的觀念若能與自動化**（Automation；心法 257）**聯手，價值的交付與業績的達成便能如虎添翼。**

觀念分享：http://book.personalmba.com/duplication/ ↖

## 繁殖
**Multiplication**

成長必然繫於勞動；生理與心智的發展都不可能不勞而獲，而所謂的「勞」，就意謂著工作。

——卡爾文・柯立芝 (Calvin Coolidge)，美國第三十任總統

麥當勞知道怎麼去複製大麥克漢堡；星巴克知道如何去複製三倍豆奶香草拿鐵。兩家連鎖餐飲巨擘的共通處，在於他們可以複製出一模一樣的分店，如今世界各地已經有數千家他們的分身。

---

6. 在印刷機台問世之前，聖經的印刷與繪製 ( 裝飾與插圖 ) 都出自修道院之手，修士做出一本聖經，可以花上好幾年的光陰。

7. http://www.kk.org/thetechnium/better-than-free

繁殖 (Multiplication) 跟複製的概念相同，但繁殖的規模更大，繁殖要複製的，是營運的整條流程或整個體系。麥當勞原本只是加州一家，就一家小餐廳，星巴克原本只是西雅圖眾多咖啡店裡的一間，但隨著他們慢慢摸索出如何複製完整的營運系統，如何把整間店面複製、貼上到其他地點，兩家連鎖店傳奇終於展開了無可限量的成長之旅。

沃爾瑪百貨也有類似的經歷。起初只是在阿肯色州菲耶特維爾 (Fayetteville) 市的一家「雜貨店」，沃爾瑪百貨開始以驚人的速度繁殖，先是橫掃了美國廣大的中西部，接著更把疆域拓展到美國全境，乃至於世界各地。

沃爾瑪百貨的成功在於繁殖了兩個互通的系統，一為店面，另一為經銷中心。經銷中心的增生，代表著自供應商進貨，然後送到沃爾瑪分店的能力得到增生；店面的增生，則複製了可靠的進貨／上架／庫存消化流程，而庫存賣得掉，就表示有收入進帳。

繁殖能力決定了一家公司的大小。如果只有一家店面，那業務的擴張絕對有其上限；只有複製同樣的店面、同樣的營運與獲利模式，企業才能透過繁殖去交付價值、去接觸到更多的客人。而這，也就是加盟體制的最大好處；菜鳥不用再為了設計新的業務模式而傷腦筋，直接開加盟店，你就能主掌市場考驗過的獲利方程式，穩穩地賺錢。

營運系統愈好繁殖，你最終就能交付更多的價值。

觀念分享：http://book.personalmba.com/multiplication/

## 規模
Scale

要怎麼收穫，先那麼栽 (*Ut sementem feceris, ita metes.*)。

——馬可士·涂流斯·西賽羅 (Marcus Tullius Cicero)，口才便給的古羅馬政治家

有位手工棉被師傅，非常會做棉被。做一條棉被需時一週，但一週

能賣一條也就不錯了，於是這樣的日子還蠻好過，基本上就是一個星期手作一條棉被，然後期待剛好一位客人上門，問題不大。

但萬一好死不死，最近天氣冷，一個禮拜來了兩位客人呢？很顯然，凡事總有個先來後到，二號客人得排在一號客人後面取貨，不過拼一點，問題不大。要是幸也不幸，這位棉被師傅一天來了一千張訂單，那問題可就大了，不論師傅再怎麼沒日沒夜，後面的客人都得等上非常久的時間。你可能說物以稀為貴，產品稀少是件好事，但我必須說這一點也不好。

**規模 (Scale) 代表一種能力，一種根據需求增加，而去複製或繁殖生產流程的能力。規模的成長性，決定了企業潛在的產能上限。**價值提供的能力愈容易複製或繁殖，企業的規模就有機會愈大。

把手工棉被這門生意跟星巴克放在一起比較，後者的規模要提升顯然容易許多。假設一家星巴克平均可以提供每小時一百杯飲料，再上去就有點拼，那麼你做為經營者要怎麼辦？很簡單，旁邊再開一間就得了，紐約很多地方都是這樣，兩家星巴克就這樣肩並肩地開在一起，一點也不奇怪。

**規模的成長通常受限於所需人力，而星巴克之所以能拿鐵愈做愈多杯，是因為他們懂得利用自動化的協助。**星巴克的飲料也需要員工動手，但基本上算是半自動做出來的：咖啡機會先把濃縮咖啡 (espresso) 準備好，其他副原料則大部分都已經準備好，員工只要加一加就可以了。所以真要說，星巴克並不需要很專業的員工，也能做出客人想要的咖啡，而且也可以在相對較短的時間內滿足大多數人的需求。

如果想創業的你並不想日復一日親力親為，那麼你就真的應該好好思考一下規模的建立。一般來說，最容易複製的東西就是具體的產品，而分享用的資源（如健身房）則最容易繁殖。

**人是無所謂規模不規模的。每個人的時間與精力都是有限的，這是人的宿命，不會因為你事業愈做愈大而有所改變。**事實上，如我們之後在表現負載（Performance Load；心法 175）中會加以討論的，人的工作效

能往往會隨著需求的增加而成反比下降。

由此服務業的規模往往難以提升，因為服務業的精髓就在於與人的直接接觸，人的投入正是服務的價值所在。**一般說來，創造與交付價值所需要的人力愈少，業務規模化的成功機率就愈大。**

觀念分享：http://book.personalmba.com/scale/

# 累積
## Accumulation

*有時候，我會思考小事情如何產生巨大的影響，而結論往往是世上沒有所謂的小事。*

——布魯斯·巴頓 (Bruce Barton)，廣告人，品牌代表作為「貝蒂妙廚」(Betty Crocker)。

此刻你或許在讀這本書，或許正好讀到這幾個字，而世界上某處的豐田汽車工程師，正在對豐田生產方式 (TPS) 進行細部的調整，而就是這樣的滴水不漏、這樣的鉅細靡遺，造就了豐田汽車舉世知名的高效率。

**單獨來看，每樣調整都微不足道，或許是零件的一點點移動，或許是結構上的微幅調整，又或者是原料或工序的一些些節省，實在不足掛齒。但合在一起，效益卻出奇地驚人。**豐田的員工針對豐田生產方式所做出的調整，每年平均超過一百萬項。我只能說，難怪豐田會是全球最大、也最有價值的車廠了。[8]

只要有時間，小善小惡都會累積 (Accumulation)，進而產生出巨大的影響。詹姆斯·P·沃馬克 (James P. Womack) 和丹尼爾·T·瓊斯 (Daniel T. Jones) 合著的《精實革命：消除浪費、創造獲利的有效方法》(*Lean Thinking*) 一書提到豐田的策略起源於日本傳統的「改善」(*kaizen*) 概念。此一概念強調系統必須持續精進，而精進有賴於「無馱」**(muda)**，也就是浪費的減少；至於要減少浪費，細部的調整就是豐田的利器。這類的細部調整只要持之以恆，就幾乎確信可以累積出翻天覆地的成效。

累積並不都是好的，壞事一樣可以累積；想想你一天三餐都吃麥當勞、巧克力、糖果汽水，連續吃十年，你的體內會累積多少脂肪與色素。一顆糖果真的沒什麼，不值得大驚小怪，但要是年復一年累積了好幾百條，那就另當別論了。所幸好事一樣可以累積，只要你每天少吃一點垃圾食物，慢慢把飲食習慣改正，每天增加一點運動量，每天把睡眠的時間增加一些，慢慢恢復正常的作息，假以時日，健康一定會回到你的懷抱。

精雕細琢（Incremental Augmentation；心法 39）說明的正是累積的力量。如果你提供的產品或服務，能夠經由每一次的循環修正（Iteration Cycle；心法 29）變得更好、更貼近客人的需求，那麼不用太久，在客人的心目中，你的產品或服務就會變得有價值許多倍。價值交付流程只要稍作改善，長期下來能為你省下的時間與精力就會非常可觀。

勿因善小而不為，改一點是一點，時間會證明一切。

觀念分享：http://book.personalmba.com/accumulation/ ↖

## 效果強化
### Amplification

心法 93

自然界裡，無所謂獎賞與懲罰，有的，只是後果。

——羅勃‧G‧英格索爾 (Robert G. Ingersoll)，十九世紀美國政治領袖，以雄辯滔滔著稱


一罐汽水，現在可能沒什麼，但你知道嗎？最早的飲料罐，是圓柱狀的鐵罐，而且罐子沒有任何曲線可言，每個地方包括上面，都是平的。後來慢慢地，鐵被鋁取代，拉環的出現讓易開罐成為日常生活的一部分，然後到後期，罐子接近頂端處開始有了曲線，就像人有脖子一樣會往裡凹。

---

8. 我們會在心法 258：自動化的矛盾 (Paradox of Automation) 中探討豐田近期的產品召回問題。

罐子有了脖子 (Necking)，好處有兩個。首先，頂端凹了進去，喝起來會比較方便，這一點正中消費者下懷。第二，這樣的設計可以減少金屬的用量，但不損及飲料罐的結構完整；現在坊間一般飲料罐的罐壁厚度約九十微米（相對於早期厚達 2 公釐），由此省下了相當可觀的金屬消耗。

根據美國「製罐業者機構」(Can Manufacturer's Institute)，美國每年的金屬罐產量約 940 億個。[9] 把設計改良所省下的一點點金屬用量，乘上每年一千多億個的產量，還有幾十年的生產歷史，飲料業所省下的罐體成本，已經可以換算成幾十億元的美金之譜。

這就是我說的效果強化 (Amplification)：營運系統只要有一點改變，而這系統又可以規模化，那麼相乘出來的效益就會極為顯著。系統的精進或最佳化，可由系統的規模提升而得到強化；系統愈大，效果也愈大。

麥當勞每推出一種新的漢堡，當然不會只在一家店賣，而會在全球所有的分店都賣；星巴克開發出一種新的飲品，一樣的道理，每家星巴克的客人都喝得到。

要知道何時能應用效果強化，最好的辦法就是觀察有哪些東西經常進行複製與繁殖。如果星巴克能減少咖啡豆的用量，做出一樣的濃縮咖啡，長期的原料成本就會天差地遠；如果星巴克可以加快咖啡的生產速度，客人等待的時間能縮短，單位時間內的來店客人數量也就能有所增加。

系統若是可規模化 (Scalable)，便能強化小處精進的效益；大系統的小改動，仍可以創造出龐大效益。

觀念分享：http://book.personalmba.com/amplification/ ↖

心法
94

# 競爭障礙
## Barrier to Competition

別與對手纏鬥，要讓對手變得毫不相干。

——金偉燦 (W. Chan Kim)，《藍海策略》(*Blue Ocean Strategy*) 作者

你會注意對手在做什麼嗎？你愈是把心力跟時間花在對手身上，你就愈沒有精神去建構屬於自己的事業王國。

就像蘋果，科技界的怪咖，別人都緊盯著對手在幹嘛，深怕別人推了什麼產品自己沒有，只有蘋果想著如何創新、如何做出「好產品」、如何「追求完美，近乎苛求」。

蘋果的對手，相形之下，每天忙得不得了，都是想著如何不要落於人後。二〇〇七年蘋果推了 iPhone，生產黑莓機的 RIM 就急著做出功能類似的「風暴機」(Storm)，等到風暴機上市，iPhone 早就又經歷了好幾輪循環修正的週期，因而出落得更為先進、更為時尚，讓黑莓機更難望其項背。到了今天，蘋果已經在全球賣了超過數億支 iPhone，且成為全球最有價值的企業。而相反的，黑莓機的手機市占率從二〇〇九年二〇％的高占比掉到今日趨近於〇％。[10]

在另外一個戰場，蘋果同樣不跟華碩、惠普、戴爾等個人電腦大廠在小筆電的競爭上正面衝突；蘋果刻意韜光養晦地避開小筆電市場多年，因為他們不想推出類似的產品，隨波逐流。一直到二〇一〇年，才爆炸性地推出了眾所期待的 iPad 平板電腦，藉此重新定義了市場的主流，果然 iPad 才上架兩個月，就累積了兩百多萬台的銷售量。蘋果利用創新產品成功突圍，而不用大同小異的產品去加入混戰，得到的成果令人欣慰，也奠定了蘋果在科技割喉戰中難以撼動的王者地位。

價值流中所有的修正，都能拉開你領先對手的距離，讓他們追不上你。創新能力、價值交付的效率若能提升，對手就愈難跟你競爭，畢竟在這個戰場上，遊戲規則是你訂的。

你發想出的每項產品創新，你贏得的每位忠實客戶，都是競爭力的象徵，都是抵禦對手抄襲的最佳防線。競爭不是重點，重點是要讓客人

9. "2018–2019 CMI Annual Report," Can Manufacturers Institute, accessed January 27, 2020, http://www.cancentral.com/sites/cancentral.com/files/public-documents/2018 CMIAnnualReport.pdf.

10. Felix Richter, " The Terminal Decline of BlackBerry," Statista, June 26, 2017, https://www.statista.com/chart/8180/blackberrys-smartphone-market-share.

覺得你的東西物超所值，做到這一點，你的對手自然會被你甩在後面。

觀念分享：http://book.personalmba.com/barrier-to-competition/

# 放大力量的工具
## Force Multiplier

人是懂得使用工具的動物。沒有工具，人與禽獸相異者幾希；手握工具，
人想怎樣都行。

——湯瑪斯‧卡萊爾 (Thomas Carlyle)，論述家、歷史學者

　　人類與其他動物之所以不同，很重要的一點是我們懂得製造工具、
使用工具。工具的重要性，在於它們可以讓我們在作業上「事半功倍」，
讓我們達成想要的成功，但不用那麼傷神、那麼吃力。愈是理想的工具，
愈能幫助我們用少許的力量發揮最大的功效。

　　想徒手把釘子敲進木頭裡，相當孔武有力的人或許辦得到，但要是
想把釘子敲進其他更堅硬的材質中，除非你是超人吧！硬要這麼做，一
般的手肯定會廢掉。

　　這時你一定希望手中有一把鎚子。有了鐵鎚，你出的力便可以有加
倍的效果，而且可以集中發揮在你期待的一小塊區域中，讓你更容易能
一舉成功，讓釘子沒入材料中。鋸子、螺絲起子，還有其他的工具，都
有類似的效果。這些工具，都能放大、集中你使出的一點點力量，將之
轉化成可觀的能量。

　　愈是好用的工具，放大力量的能力愈強。比起普通的鋸子，電鋸放
大力量的效率要高得多；比起手推車，卡車搬運東西的能力要強得多；
比起彈弓，火箭發射東西的力道要大得多。

　　**放大力量的工具 (Force Multipliers)** 絕對是很好的投資，因為有了工
具，你可以用同樣的力量完成更多的工作。如果你需要挖地基蓋房子，
五金行裡一把十塊美元的鏟子也可以用，但挖土機才能真正幫助你把地

基挖得又快又深;如果你身處營建業,買或長期租台怪手的錢絕對該花。

放大力量的工具常常不便宜,而且其價格往往與其效果成正比。工廠的生產與經銷系統,就是大型工具的好例子,這些工具讓你可以在短時間內把價值創造交付給數萬甚至數百萬付錢的客人。這些工具或許所費不貲,買起來可能要幾萬,甚至幾十萬美元,但是這些工具確實可以讓你做到原本做不到的事情。

一般來說,引進外來資金甚至借錢,並不是值得鼓勵的作法,唯一的例外是用這些錢去取得放大力量的工具。比方說公司的工廠需要機器設備,但你的銀行戶頭裡根本沒有所需的一千萬美元;這時,你就可以考慮跟銀行貸款,或接受外來投資人的資金,這樣或許才是你最應該走的路。但前提是你真的得把這些錢拿去買機器設備,不會中飽私囊,不會拿這些錢去租美輪美奐但毫無用處的辦公室。

在工具的選擇與取得上,一定要選你經濟能力範圍內最好、最先進的那一種。高檔的工具可以幫助你將所有的原料與人力投入,轉化成最大的成品產出。投資工具,讓你可以把時間、力量與精神騰出來,讓你可以想辦法去讓企業茁壯,而非只是讓日常的工作弄得疲憊不堪。

觀念分享:http://book.personalmba.com/force-multiplier/

## 系統化
### Systemization

*說不出你的工作流程,就代表你根本不知道自己在幹嘛。*

*——威廉·愛德華茲·戴明 (W. Edwards Deming),生產管理專家、統計流程管控先驅*

即便你每件事情都是邊做邊想,工作還是脫離不了流程,畢竟你還是得從 A 點出發到達 B 點,畢竟你還是需要許多個步驟才能完成一切。每次都要臨機應變也不是辦法,釐清工作該如何按部就班完成,還是比較長久之計。

系統 (System) 作為一個流程，必須清晰且可以再三使用；系統由一連串的動作組成，而且必須在某個程度上加以制式化。系統可以寫成文字、可以化為圖表，重點是必須外部化 (Externalized)。

創造出系統，最主要的好處是你可以不時檢查營運的流程，適時做出改進。讓營運流程中的每個步驟變得顯而易見，你可以掌握核心流程的運作，在腦中清晰地知道步驟間的相對關係，還有這些步驟會如何牽一髮動全身，總之這樣長期下來，你就會知道系統哪裡有問題、哪裡可以精益求精。

谷歌 (Google) 作為一個例子，說明了系統化的威力。每次你使用谷歌的搜尋引擎，輸入了關鍵字，電腦螢幕都會馬上跳出搜尋的結果，而背後給你這項方便的，是好幾千台自動運作的伺服器。谷歌的搜尋演算法（algorithm；聽起來很炫的程式設計術語，其實就是系統的意思）定義了這些伺服器該如何攜手合作，而谷歌的員工會不斷地就演算法的細部加以調整修正。每年，谷歌工程師針對自家搜尋引擎的演算法做出的改進超過數千項，**⓫** 每一項都能強化使用者的搜尋體驗。

就這樣，谷歌的演算法愈來愈以效率著稱，平均每筆搜尋只須費時〇‧二秒，而且完全不需要人力的介入，效能著實令人咋舌！如果谷歌一開始不大費周章地去定義、修正、系統化他們的搜尋系統，現在根本不會有谷歌的存在。

系統還可以幫助不同的團隊進行溝通，讓各個團隊掌握彼此的進度。

如我們在第九章〈了解體系〉會有所討論的，溝通是團隊合作的必備條件，合作的人愈多，溝通的需求量也就愈大。開發出系統化與清晰的流程，讓活動與任務的執行容易掌握，讓所有參與的同仁事半功倍地達成預期中的目標。

流程沒辦法系統化，就沒辦法自動化。想像一下如果谷歌的搜尋作業全由人工進行，那得花錢請多少圖書館員，搜尋結果又會是多麼地姍姍來遲。對時間就是金錢的現代人來說，這樣的做法絕對會是一場噩夢，查個東西得等幾天、幾星期，甚至幾個月，試問誰能接受？

谷歌搜尋的品質與速度能這麼傲人，關鍵在於「自動化」（Automation；心法 257）：把系統運作的方式明訂出來，搜尋引擎的程式設計師就可以設法讓系統的日常運作自動化。由此谷歌的開發專才就可以騰出時間與力氣研究如何讓系統精密順暢，不用把精神都花在系統的反覆操作上。

多數人抗拒企業系統的研發，是因為聽起來有點像是要他們加班。我們都很忙，會覺得自己沒有時間去創造或改進系統的品質，畢竟每天固定要做的事情已經又多又雜。事實上，好用的系統可以讓你的工作變容易。如果覺得忙得快要喘不過氣來，那就更應著手去把系統做起來。

系統化與自動化還是有一些明顯的缺陷，我們在第十章〈分析〉和十一章〈改善系統〉會予以討論，但就目前而言，我必須說好用的系統確實是企業的命脈；有了好的系統，你才能去從事產品或服務的開發、行銷、販售、交付。

你的系統愈精密先進，你的企業也就愈有競爭力。

觀念分享：http://book.personalmba.com/systemization/ ↖

## 檢傷
### Triage

> 智慧的藝術，就是知道什麼東西是該忽視不見的藝術。
> ——威廉·詹姆斯（William James），十九世紀醫師與心理學先驅

幾年前，我曾有一次凌晨兩點人在紐約西奈山醫院的急診室裡面，腹痛欲裂。我一到醫院，一名護理師就問了我症狀的細節，接著她就指示我到候診區待著，值班醫師暫時沒空。

我這一等，就是三個小時。

---

11. Dr. Peter J. Meyers, "How Often Does Google Update Its Algorithm?," Moz (blog), May 14, 2019, https://moz.com/blog/how-often-does-google-update-its-algorithm.

但這是件好事。檢傷程序的目的就是確認傷病的輕重緩急，攸關性命的先看，死不了的後看。醫院的急診室設備齊全，從雞毛蒜皮的小病到一隻腳進了鬼門關的大病都可以處理，但醫護的人數是有限的，而對於性命交關的病情來說，治療可以說是分秒必爭。護理師在檢傷時的第一要務，就是分辨誰的傷勢可以等，誰的不能等。

以我的案例而言，莫名其妙的胃痛確實來勢洶洶，但等我進到醫院時其實已經有稍微好轉，而我外表也看不出什麼命在旦夕的徵狀。事實上，等到值班醫師有空理我時，我的症狀已經化解，很快的幾樣檢查就確認了我並無大礙。而就在我於候診室等待的期間，醫護處理了數十名需要立刻處置的急症患者。

檢傷 (Triage)，作為一種決策策略，也可以適用在醫療以外的場域。同一張代辦清單上的事情也有輕重緩急：有些任務在重要性與價值上略勝一籌，有些事情具有時效性，還有些事情什麼時候做都可以。**檢傷可以幫你專注在「首要之務」**（Most Important Tasks；心法 158）**上，不用因為把次要的事情擱著而覺得過意不去。**

這樣的概念可以套用在多數的企業系統中。多數企業都有某種客服專線的排隊系統，而總有些訴求更要緊、更急迫。忠實的大客戶遇到問題，你優先處理他們的狀況絕對是理性與睿智的決定，免費試用帳戶的小客人可以等。

**你的檢傷能力取決於你的情報蒐集能力。我推薦的做法是根據不同的處境設計有著明確定義的優先性排序體系，然後再隨機應變，用因人地物制宜的問題去確保你能取得分類時必備的資訊。**

在商務脈絡下，這種技巧往往被稱為「商機評分」(lead scoring)。將每一名潛在客戶的實力、每一位客戶的推估終生價值（Lifetime Value；心法 110），或是每個上門諮詢的緊急性與重要性都定義為明確的量化指標，將有助於你把客服程序「系統化」(Systemize)，而系統化的服務程序又能讓你優先服務到最重要的客人。

觀念分享：personalmba.com/triage/ ↖

 | 第五章

# 財務
**Finance**

他聽過人對金錢嗤之以鼻：他納悶著這些人知不知道沒錢是什麼感覺。

——威廉・桑莫塞特・毛姆 (W. Somerset Maugham)，
《人性枷鎖》(*Of Human Bondage*) 作者

我的經驗告訴我大家喜歡學習的是價值創造、行銷、銷售與價值交付。這些東西好理解、容易想像。

但說到財務 (Finance)，學生的眼神就會渙散，人就會開始放空。財務會讓人想到的是數錢、數學公式、試算表，還有令人眼花撩亂的數字。但這並不是絕對，因為財務其實很好懂，前提是你知道財務到底在關心的是什麼、財務到底重要在哪裡。

財務既是一門藝術，也是一項科學，裡頭的學問在於觀察金錢如何流入流出一家企業，然後決定要如何配置公司的錢，判斷公司有沒有足夠的錢來維持運作。基本上就是這樣，沒你

想的複雜。沒錯，財務學裡面可能會出現很多看起來很精密，乍看之下很了不起的預測模型和讓人鴨子聽雷的術語，但最終你要做的，只是運用數據去判斷、去決定你的公司有沒有照你的意思在前進，公司手上的錢到底夠還是不夠。

每家企業要成功，都必須要有足夠的現金流入。如果你懂得創造價值、行銷、銷售與交付價值，那麼公司每天就必然會有錢的流進流出。為了生存，企業必須賺進足夠的營收，每天忙得團團轉才有其意義，才不會是做辛酸的。

每個人都有生活要過，都有老婆／老公、孩子要養，所以要投身做生意，就一定要賺到錢，而且要持續賺錢，這樣投資下去的時間與精力才不算白費。殺頭的生意有人做，賠錢的生意沒人做；如果賺不到錢，關門另謀生計是遲早的事情。因此，企業的長久之計，必然是創造價值，然後賺進營收，用營收付掉必要的費用與員工薪水之後，還能有淨利的結餘。

企業的勝利組必然能創造出一個良性循環。這樣的企業一方面能創造出極大的價值，一方面又能將必須的費用壓至最低，進而用有競爭力的產品售價，讓客戶保持忠誠、讓自身的營運可長可久。有了這樣的良性循環，企業就可以一方面有能力讓荷包滿滿，同時又能增進客人的生活品質，沒錯，好的企業能夠存在，對每個人都有好處。

財務健全就是要把每分錢都放在對的位置，錢放對位置，企業才能走對方向。

觀念分享：http://book.personalmba.com/finance/

心法
98
## 利潤／獲利
Profit

利潤是營收減去費用，把這句話常常掛在嘴上，大家就會覺得你很聰明。

——史考特・亞當斯 (Scott Adams)，漫畫家、《呆伯特》(Dilbert) 作者

你的公司即便年營收是一億，也沒什麼好得意，因為只要你的支出是一億零一元，一樣虧錢。做生意比的不是你的營收，而是你的獲利。

利潤／獲利 (Profit) 是個非常簡單的概念：賺的比花的多就對了。企業要永續經營，營收大於費用必須能在短時間內達成，否則企業的生存就會出現問題。入不敷出，資源用罄就是遲早的事，關門大吉也就不遠了，除非這公司有個富爸爸撐腰，不然賠錢的生意遲早要收掉。

獲利之所以重要，是因為有賺錢，公司才能經營下去。不賺錢，股東就沒錢分，投下去的時間、金錢與精神等付出就得不到回報；而沒有回報的投資，沒有人做得下去。

利潤也是一種緩衝，讓企業能夠度過難關。如果企業的收支幾乎打平，那麼只要費用突然增加，公司就會面臨相當大的困境。相對之下，如果公司的利潤比較好，那麼面對不確定性（Uncertainty；心法 226）和改變（Change；心法 227）而能存活下來的機會也會大增。

獲利的重要不在話下，但獲利並不是企業的全部；有些人認為企業的存在，唯一的目的就是創造最大的獲利，這一點我實難苟同；企業存在是為了獲利，但絕非只是為了獲利。對包括我在內的某些人而言，企業比較是個創意的展現空間，我們希望透過創業去探索世界、去造福社會，過程中順便可以養家活口。從這個觀點來看，只要能創造足夠的利潤，企業就能永續經營。

透過本章要介紹的觀念，你將會知道該如何讓企業持續獲利，經營下去。

觀念分享：http://book.personalmba.com/profit/

## 心法 99

# 利潤率
## Profit Margin

我每次只要一獲利就不會賠錢。

—伯納 · 巴魯克 (Bernard Baruch)，美國金融家與慈善家

利潤率（通常簡稱利潤）是指你賺得營收和支出成本之間的差額，被標示成百分比的形式。利潤率寫成公式就是：

（〔營收－成本〕／營收）× 100 ＝利潤率（％）

如果你花一塊錢賺到了兩塊，那利潤率就是五〇％。如果你能用一百塊錢做出一樣產品，然後用一百五十塊賣出去，那你的利潤就是五十元，利潤率就是三十三％。如果你能把同樣成本一百塊的產品賣到三百元，那你的利潤率就是六十六％。**產品售價愈高，成本愈低，利潤率就愈高。利潤率永遠不會是百分之百，除非你是做無本生意。**

利潤率不同於成本加成，成本加成代表的是產品售價與成本之間的對比，而其計算的公式如下：

（〔售價－成本〕／成本）× 100 ＝成本加成率（％）

如果成本一塊的產品你賣兩塊，那你的成本加成就是一〇〇％，但利潤率只有五〇％。利潤不可能超過一〇〇％，但成本加成可以是二〇〇％、五〇〇％，或百分之一萬，一切都要看產品的售價與成本。**產品的售價愈高而成本愈低，你的成本加成率就愈高。**

多數企業都會盡量把利潤率拉高，這一點很合理：利潤率愈高，公司從每筆銷售中賺到的錢就愈多。不過現實中會有許多市場壓力讓利潤率不可能無限上綱：對手的價格競爭、新產品導致舊產品的需求下降、原料成本上漲。

企業常使用利潤率來進行產品的比較。一家公司若是同時有多樣產品在市面時，那他們往往會主打利潤最高者。如果企業打算縮減營運來節省成本，他們往往會從利潤最薄的產品開始砍起。

在審視企業時，利潤率會是我們觀察的重點。**利潤率愈高，企業的體質就愈好，競爭力就愈強。**

觀念分享：personalmba.com/proft-margin/ ➘

# 價值擷取
## Value Capture

你的人生想要什麼有什麼，就要看你能不能盡全力幫別人先做到這一點。

——齊歌·齊格勒 (Zig Ziglar)，銷售大師

如果把營收視為產品的價值，那麼企業要收割產品的價值，就必須從營收中取得一定比例的利潤，做不到這一點，企業就難以持續掌握資源，營運便難以為繼。

**價值擷取 (Value Capture) 作為一道程序，是要讓每筆交易**（Transaction；心法 62）中一定比例的價值獲得保留。如果你供應的商品可以讓下游廠商賺進一百萬元，而你索取的價格只不過十萬元，那你就擷取這筆交易中十％的商品價值。

價值擷取並非易事。要成功做到這一點，你得把生意做到一定的量，擷取到一定比例的價值，才能讓投資的時間和精力值回票價，但同一時間你又不能把利潤拉得太高，變成暴利，因為那樣只會嚇跑客戶，讓他們不敢再來，免得再被你剝一層皮。人家會跟你買東西，是因為他們覺得你的東西物超所值。

你擷取的價值比例愈高，你的產品的賣相就愈差。太貪心，只會讓客人卻步，讓他們對你敬而遠之；又不是只能跟你買，他們為什麼不找便宜一點的廠商進貨。電影好看，但你會花五千美元去爽兩個小時嗎？

說到價值擷取，有兩派看法：最大化與最小化。

最大化這一派，是商學院教育的主流。這一派認為企業應該盡可能擷取最大比例的商品價值，由此企業應該透過每筆成交去衝高營收，能賺到的錢都要賺，少一分錢都不能原諒。

短線上，最大化的好處顯而易見，畢竟多賺點錢當然是好事。但事實上，這裡面存在著殺雞取卵的風險；你一下賺太多錢，可能會影響到客戶的忠誠，讓他們考慮另尋供應商。

你會進九十九萬九千九百九十九元的貨，去做一百萬的生意嗎？這雖然還不到違反人性的地步，畢竟你還是有一塊錢可以賺，但在現實生活中，多數人肯定不會這麼做。客戶跟你買東西，是因為他們花的錢，可以換回更多的價值，如果今天能向你換回的價值少了，他們向你進貨的動力也會下降。

最小化這一派認為企業應該盡可能少賺一點，不要擷取那麼高比例的商品價值，只要還能滿足企業營運所需無虞（Sufficiency；心法 101）即可。此一作法在短線上，或許比較不討喜，畢竟企業的收入會因此減少，至少相對於最大化確實是如此。**但最小化能讓客戶覺得跟你合作有利可圖，因而願意長期跟你並肩作戰，因此價值擷取的最小化，對企業可以說是短空長多。**

一個交易如果很「好康」，就能吸引到客戶持續光顧，並且創造出好的口碑，口耳相傳的結果會帶動更多客人上門。一家企業想要錙銖必較地最大化每筆交易的利潤，漫天喊價，只會讓客人落荒而逃。

只要收入還能維持日常開銷，你就不應該每一分錢都想賺。你該做的是盡量把產品的附加價值拉高，然後賺取合理的利潤，讓你與下游廠商都有利可圖，讓彼此的合作天長地久。

觀念分享：http://book.personalmba.com/value-capture/

## 所需無虞
### Sufficiency

知足不辱；知止不殆，可以長久。

——《道德經》，老子

曾經有位叱吒風雲的企業主管放了十五年來的第一次假，到了海邊一個小漁村，村裡有個碼頭；漫步在碼頭邊，他發現有位抓鮪魚的漁夫，船隻正要入港。看著船駛近岸邊，他恭維了一下漁夫的漁獲又多又好。

「你抓這些魚花了多久時間啊？」他問了一聲。

「一下下而已。」漁夫答道。

「你怎麼不多抓一會兒，多抓一些回來？」不解的主管接著問了。

「這些已經夠我賺錢養家了，」漁夫答道。

「那你其他時間要幹嘛呢？」主管追問。

漁夫說了，「我習慣睡到自然醒，出海捕個魚，回家跟小孩玩，跟老婆睡個午覺，傍晚散步到村裡喝點小酒，跟朋友彈彈吉他，這樣的生活我覺得既忙碌又充實。」

這位主管覺得非常不能接受，於是他說；「我是哈佛的 MBA，我知道怎麼幫你。你應該多花點時間捕魚，多賺點錢，然後拿這些錢去買條更大的船，抓更多的魚，賺更多的錢，買更多的船，最後就可以組一支船隊。」

「與其把漁獲賣給中盤商，你可以直接把魚賣給消費者，這樣利潤會更好。多賺的錢你可以拿去開工廠，把漁獲製成罐頭等產品，然後生產經銷一把抓；當然這樣你就得離開這個鬼地方，在市區買間像樣的房子，當成你漁產集團的運籌中心。」

漁夫好一晌沒說話，然後開口問道：「你剛剛說的這些要弄多久？」

「十五年、二十年，最多二十五年到頂了。」

「然後呢？」

主管笑了。「你問到重點了。等時機成熟，你可以讓公司上市，然後把所有的持股賣掉，這樣好幾億，甚至好幾十億就可以輕鬆入袋。」

「好幾億、好幾十億？這麼多錢我要怎麼花？」

主管想了想。「你可以退休，睡到自然醒，釣釣魚，跟孩子玩，陪老婆睡午覺，傍晚去散散步，喝個小酒，跟朋友彈彈吉他。」

說到這兒，主管搖了搖頭，向漁夫說了再見。假期結束之後，主管立刻向公司提出了辭呈。

我不知道這個故事，或者說是寓言，源自何處，但其中的深意我非常認同：做生意不見得是要賺最多的錢。賺錢當然重要，但賺錢只是手

段，不是目的，創業真正的目的是創造價值、支付費用、給員工薪水，然後拿獲利去滿足你的生活所需或欲望。錢本身，並不是你要的，錢只是工具，這工具要真正發揮作用，你得知道你自己真正想要什麼。

你的生意不見得要月入數億元、數十億元，才能稱得上成功。只要你的獲利足以支撐公司走下去，讓你覺得付出有其回報，那麼你就算是成功了，這跟公司的生意做得多大或多小，並沒有直接的關係。

所需無虞 (Sufficiency) 是一個目標，企業只要達到這個目標，就意謂著公司所賺進的獲利，讓公司上上下下覺得來上班是值得的。保羅‧葛拉罕 (Paul Graham) 做的是創投的生意，本身創辦了 Y-Combinator 這家微型創投公司；他把所需無虞這個觀念，比喻成「獲利夠買拉麵」，就是說公司賺的錢夠付房租、水電，夠員工餬口，而所謂餬口，不是吃一客上萬塊的牛排，而是吃像拉麵這樣的庶民食物。日進斗金也許做不到，但你一定會有足夠的資金讓自己的企業向前邁進，不用擔心財務上會難以為繼。

如果連基本的開銷都付不出來，創造價值就會淪為空談。入不敷出真的會是個大問題，而為了讓生意做得下去，你必須按時付給員工薪水、給股東分紅，讓他們覺得所投資的時間、金錢與精力，是值得的。要是沒有適時適量的回報，員工與股東就會縮手，就會退卻，就會想要另覓他途。

想掌握自己的財務是否達到「所需無虞」，你可以觀察的一個指標是「月營收目標」(Target Monthly Revenue, TMR)。因為員工、包商與經銷商都是按月收帳，所以用月為單位去計算你的基本開銷，會是相對容易的作法。透過月營收目標，你便能掌握自己有沒有達成「所需無虞」：只要你賺的超過月營收目標，你就算及格了，否則你就得再努力一點。

知足常樂，但何為足夠是很主觀的一件事。每個月要賺到多少錢，這門生意才值得堅持下去。如果你的財務需求不大，那相對所需的營收目標也不用太高；如果你光薪水每個月就要付好幾百萬，還得負擔昂貴的辦公室租金跟機器設備，那你的營收目標就得定高一點，才好維持收

支平衡。

你愈快能達到所需無虞的境界，你的企業就愈有機會能夠活下來、活得好。你所創造的營收愈多，你得付出的費用愈少，你需要達到所需無虞的時間就會愈短。

一旦達成了所需無虞，你某種程度就已經算是成功了，因為你在商場上的存活已經不成問題，之後的問題只是賺多賺少而已。

觀念分享：http://book.personalmba.com/sufficiency/ ↖

## 評價
### Valuation

一枚十分錢硬幣的全數價值，都在於知道如何花用它。

——拉爾夫・沃爾多・愛默生 (Ralph Waldo Emerson)，十九世紀散文家與詩人

我們談過了如何評估一項產品或服務的價值，但我們該如何評估一家公司的價值呢？

**評價 (Valuation)** 是一家公司總價值的估計值。一家公司的營收規模愈大，由利潤率代表的獲利能力愈強，銀行存款的餘額愈高，未來發展愈有前途，那它的評價就會愈高。

許多公司都會在擬定財務決策之前，去思考怎麼做才能提升公司評價，畢竟公司評價高有許多好處。未上市公司擁有高評價，好處是借錢方便；上市公司擁有高評價，股價會上漲，股東就有機會賺取價差。高評價的公司如果有人想收購，老闆或股東就能發財。

**評價的另外一項重要性**，在於如果你要引進股東，評價會決定你能用多少的股份募得多少的資金。企業的評價愈高，你就能用同樣一股股權，從股東那兒籌得更多的資金。❶

有個重點是「認知價值」（Perceived Value；心法 24）在適用於個別產品或服務之餘，也同樣適用於整家企業。只要眾人都覺得某家公司前

途無量，那該公司的評價就會升高。要是大家都覺得一家公司麻煩大了，那它的評價就會下降。這種價值的褒貶，說明了何以某些本益比高的公司，比方說亞馬遜，可以擁有百餘倍其最新每股盈餘的股價，而某些水深火熱的公司卻會變成雞蛋水餃股，股價比其流動資產的清算淨值還低。

總之，對於想賣股籌資的你，或是對於想有朝一日讓公司成為被收購對象的你來講，企業評價是很重要的。若你是獨資的老闆，暨無須增資也一輩子不想把公司賣掉，那企業評價確實管不了什麼大用，但如果你的身分是上市公司的管理階層、以出售公司為終極目標的創業者，或是拿錢來投資某家企業的股東，那公司評價就該是每天念茲在茲的事情。

觀念分享：personalmba.com/valuation/

## 心法 103　現金流量表
### Cash Flow Statement

缺錢是萬惡之源。

——馬克吐溫 (Mark Twain)，偉大美國小說家

為了了解一家公司的表現是好是壞，我們要學會看各種財務報表，但我們該從哪兒看起呢？

我推薦的起點是現金流量表 (Cash Flow Statement)。我們稍後會再剖析其他的基本財務報表，但首先我們不能不先認識現金流量表。

現金流量表顧名思義：就是對公司銀行帳戶在特定時段內的檢視。你可以將之想成是其支票存款帳戶的帳簿——存錢就是流入，提款就是流出。理想的狀態下，流入要大於流出，餘額永遠都是正值。

每一份現金流量表都會覆蓋一段特定的時間：一天、一週、一個月或一年。時間長度不同的現金流量表有各自不同的目的。短期從數日到數週的現金流量表，是公司確保現金周轉無虞的利器。較長期的現金流

量表，如數月到數年者，則可以用來反映公司趨勢性的表現良窳。

現金流動主要有三塊：營業現金流（銷售產品所得與購買原料支出）、投資現金流（收取股利入帳與支付資本支出）、融資現金流（借錢與還款）。現金流量表通常會將這三者分開紀錄，以便現金流的不同來源可以一目了然。

現金的好處是它不會說謊。排除惡意的詐騙不談，現金要麼在銀行帳戶裡，要麼不在。如果公司花了很多錢，但入帳的錢卻比較少，那公司的現金部位就會隨著時間慢慢減少，這一點沒有太多空間讓人去「帶風向」。

不少投資人會使用「**自由現金流**」(free cash flow) 這種指標來衡量公司的體質，而這種指標就來自於現金流量表：自由現金流指的是公司從營運活動中收得的現金，減掉購買營運必要資本設備與資產所支出的現金。**自由現金流愈高愈好**：自由現金流愈高，代表公司股東不需要一直為了維持營運而投入巨額資本。

對任何一家企業而言，現金都代表著更多選擇 (Options)：公司可以拿現金去開發新品、從事行銷、雇用員工、購買設備、併購同業等。整體而言，有愈多現金可以支配，一家公司的選擇就愈加海闊天空，面對市場挑戰的韌性（Resilience；心法 264）也就愈強。

觀念分享：personalmba.com/cash-flow-statement/

心法
104

# 損益表
## Income Statement

年輕的時候，我以為錢是人生中最重要的事情。現在老了，我確定錢真的是人生中最重要的事情。

——王爾德 (Oscar Wilde)，知名諷刺作家

---

1. 有興趣知道這箇中的來龍去脈，我推薦一本讀物是：*Venture Deals* by Brad Feld and Jason Mendelson (Hoboken, NJ: John Wiley & Sons, Inc., 2013).

現金很重要，但現金只是冰山的一角。現金不等於獲利，獲利才是我們要追求的東西。一時間手握寬裕的現金，但每筆銷售都在賠錢，是完全可能發生的事情。

假設有家零售業者的做法是以記帳的方式向製造商購入產品：他們會先獲得存貨但九十天後才要付錢。在這三個月內，產品銷售的營收會持續流入，零售商的現金部位也水漲船高。由沒受過專業訓練的眼睛看去，營運是一片榮景。

但在九十天後，供應商的發票寄到。這時把產品的進貨成本跟零售商自身的營運費用加總起來，你會發現真相是：零售業者即便當了三個月的過路財神，手握很好看的現金餘額，但他們實際上是做了賠本生意。如果零售商不設法改善這點，那他們燒光資本關門大吉是遲早的事情。沒有哪家公司可以無法獲利卻永續發展。

零售商的錯誤在於過度依賴「現金收付基礎」(cash basis) 的會計而沒有理解到其極限。對許多類型的企業而言，現金收付基礎的會計確實很理想：其優點是淺顯易懂。只要你讓現金流入大於支出，你的錢就不會見底，生活多麼美好。我有好幾年的時間都是用現金會計在經營我的生意。我是先收錢才提供產品及服務，也沒有庫存需要管理。我的生意並不複雜，所以我的會計跟財務追蹤紀錄也不需要搞得太複雜。

但對其他類型的生意而言，光靠一張現金流量表可能就不夠了。如果一家公司有庫存要管理，或是讓客人賒帳，那單純的現金流量分析就可能會誤導人。為了判定你的銷售究竟有沒有賺頭，你必須要能追蹤哪一筆營收跟哪一筆費用是相互對應，相互配合的。只要把每筆銷售跟在這筆銷售中產生出的費用配合起來，我們就能即時看出這筆生意是賺錢還是賠錢，由此我們也就不會在收到供應商發票的時候，才赫然發現自己白忙了一場。

首先，公司必須改變其記錄費用的方式。相對於現金一流入就記為營收，現金一流出就記為費用，公司必須改以「權責發生基礎」(accrual basis) 的會計方式來追蹤營收跟費用。

在權責發生基礎的會計裡，公司必須等到銷售完成（產品被買走，服務提供出去後），而與此銷售相關的同期費用也產生後，才能認列相對應的營收。

會計師稱呼這是「配合原則」或「配對原則」(matching principle)。事實上會計師一項很重要的職責，就是把營收跟費用在記錄上搭配起來。這聽起來簡單做起來難：會計師必須做出的專業判斷極其之多，且模稜兩可的灰色空間所在多有（如果你也納悶過會計師整天上班都在忙什麼，那我現在已經回答你了）。

這樣配對完的結果，就是損益表 (income statement)，因為配對完你就知道公司是得到收益或損失，所以也叫做「營運報表」(operating statement) 或「獲利報表」(earning statement)。不論名稱叫做什麼，**損益表的內涵就是將營收與對應的費用結合起來，企業在一定期間內的獲利預估值**。

損益表的基本格式長得像下面這樣：

**營收－銷貨成本－費用－稅金＝淨利**

損益表非常好用：不然企業也不會大費周章去製作它們。透過將費用與營收對應起來，**損益表讓人對公司的獲利能力一目了然，而且也讓人比較容易去做出能讓公司的銀行帳戶餘額在未來幾週或幾個月內有所改善的決定**。

但話說回來，我們務必要了解到損益表就其天生的性質而言，就內含有許多的推估與假設。他們不得不如此：設備採購的大額花費可能會牽涉一次性的巨額現金支出，但損益表會將之拆成許多筆小支出，分別認列在不同的銷售期間內，這叫做「攤提」（Amortization；心法 116）。這種做法有助於我們將費用與相關的營收對應起來：這時你光看當期現金流量表上的鉅額負值，可能就會遭到誤導。

「配合原則」在帶有各種好處之餘，也會在損益表中引入各種潛在

的偏差。只要改變營收認列的時間點，或是費用跟該筆營收對應的方式，會計師與金融專業人員就可以藉由財報假設與計算公式的些微變動，造成獲利的飆漲或重挫。

探索損益表中各種潛在偏差的可能來源，遠遠超乎本書的討論範圍。但如果你有興趣多了解這一點，我高度推薦的一本書是《企業家該具備的財務智商》（*Financial Intelligence for Entrepreneurs*，暫譯），作者是凱倫·柏曼 (Karen Berman)、喬·奈特 (Joe Knight) 與約翰·凱斯 (John Case)。

如果你認為你的公司需要用權責發生基礎來產生精確的損益表，那請不要自己來；請盡快去找專業的 CPA（特許公認會計師）或 CFA（特許金融分析師）談談。你的損益表愈精準可靠，你就愈有能力把企業管理好，愈有能力把錢花在刀口上。

觀念分享：personalmba.com/income-statement/

**心法 105**

# 資產負債表
## Balance Sheet

*想知道金錢的價值嗎？去試著借一點，你就知道了。*
——班傑明·富蘭克林 (Benjamin Franklin)，十八世紀美國政治領袖、科學家與博物學家

**資產負債表 (Balance Sheet)**，是能讓你對企業在特定時間點上擁有什麼跟虧欠什麼一目了然的東西，就像是人的一張快照。你可以想成是在資產負債表製表的當下，一家公司的淨值估算。

資產負債表一定都會標明日期，並使用下方的算式。

$$資產 - 負債 = 股東權益$$

**資產**是一家公司所擁有且具有價值的物品，包括：產品、設備、庫存

等等。負債是公司尚未履行的義務，包括需清償的債務、融資等等。等你還清了債務，剩下的就是所握的「股東權益」，也就是公司的淨值。

對於中小企業而言，資產負債表往往一目了然，非常直接簡單：你數一數手上的現金，還有你手握資產的估計市值，再減去你現有的還款義務。登愣：你陽春版的資產負債表就此誕生。

但對大企業來講，資產負債表就會複雜一點，要追蹤的條目也會比較多一點。常見的資產包括：現金、應收帳款（你讓客戶賒的帳）、庫存、設備與其他財產。常見的負債包括長短期債務、應負帳款（供應商讓你賒的帳），乃至於其他清償義務。股東的權益包括公司的股票價值、股東投入的資本，還有保留盈餘（公司已經賺到手但還沒有分配給股東的錢）。

資產負債表的英文會叫做 balance sheet（平衡表），當中所稱的平衡牽涉到上述等式的一個變形，也就是將第一個等式調整如下：

**資產 = 負債 + 股東權益**

這則等式乍看下有點奇怪：誰會想把負債跟股東權益加在一起呢？

這是因為：當一家公司借了錢進來，它收到了借款的金額。這筆金額會出現在現金流量表上，這時你若沒注意到這筆進帳其實是借款，你就會誤以為公司這個月的業績表現不錯。仔細想想，公司的財務狀況完全沒有改變：這家公司如今有了多一點的資產（現金增加），但它也背負了一筆新的負債（貸款）。公司的淨值跟借錢之前一模一樣。

第二條公式之所以有用，正是因為其反映了這種關係。假設你創了業，借了一萬塊錢。在你借錢之前，你的資產負債表看起來是這樣：

**$0 = $0 + $0**

（你沒有資產，沒有負債，也沒有股東權益）

在你借了錢之後，你的資產負債表變成這樣：

$$\$10,000 = \$10,000 + \$0$$

（你有一萬塊現金的資產，一萬塊的負債，股東權益為零）

等號兩邊的餘額一模一樣。**資產負債表必須永遠保持平衡。一旦平衡不了，就代表當中必然存在錯誤。**

由於資產負債表是某個時間點上的「快照」，所以常見的做法是我們會同時間比對好幾張資產負債表。比方說一家公司裡會存有近兩到三個財務年度，最後一天的資產負債表，透過比對不同時間點上的資產負債表，我們便能看出資產、負債與股東權益在這段時間內的變動。

資產負債表之所以有價值，是因為它能回答許多關於企業財務健康的大哉問。**透過研究一家公司的資產負債表，你將能判斷出這家公司的償債能力強弱**（亦即其資產是否大於負債）。你將會知道公司付不付得出該付的錢，也會知道公司的價值是否隨著時間有所改變。

資產負債表暨跟損益表一樣，當中都存在著許多的假設與推測，而這些假設與推測都可能成為偏見的來源。品牌或商譽（Reputation；心法61）的價值是多少？一家公司有多少比例的應收帳款可以回收？一家公司的現有存貨價值多少？**不要跳過資產負債表的尾註：透過研究資產負債表各條目背後的假設，你將能對企業的體質好壞有更精準的掌握。**

觀念分享：personalmba.com/balance-sheet/ ⬉

心法
106

# 財務指標
**Financial Ratios**

在現實世界中，所有的考試都是可以翻書的考試，而你想考高分，無可避免的，都取決於你能從市場中學到什麼教訓。

——強納生・羅森伯格 (Jonathan Rosenberg)，前谷歌資深產品副總

等你整理好了公司的基本財務報告，接下來就可以用各種方法去端詳它們。而其中一個極有效的策略就是去計算當中的各種財務指標 (Financial Ratios)，也就是將財報中的某兩樣元素拿出來比較，計算成某種比例或數值。

眾多的財務指標之所以有助於你的公司經營，有很多原因。首先，這些指標可以讓你去比較不同的公司。相對於原始財務資料，經過計算的財務指標更能讓你一眼看出公司的某個環節是否健全。觀察這些財務比率 (Ratios) 的更迭變化，能讓你掌握企業一路以來的發展狀況。將這些比率拿去對照產業平均值，你就能判斷公司的表現在業界是否正常，或者是有什麼可疑的地方。

關於獲利能力的各種比率，可以告訴我們公司創造獲利 (Profit) 的能力高低。你的營收愈高、成本愈低，各種獲利能力指標就會愈高。我們已經討論過「利潤率」，那是最最基本的一種獲利能力指標。「資產報酬率」，也就是把淨利除以總資產得到的百分比，可以說明你投入公司的每一塊錢，有多少比例可以變成獲利回到你的手裡。

「槓桿比率」(leverage ratios) 表示的是公司使用債務的方式。負債比的計算是將債務總額除以股東權益，而這可以讓你看出相對於每一塊錢的股東權益，公司進行了多少借貸。負債比若高，就代表公司的槓桿開得高，而高槓桿可能是項警訊。其他的比率，像是「利息覆蓋率」，計算的是公司獲利足不足以負擔債務的利息。

「流動性比率」(liquidity ratios) 表達的是公司的付款能力。現金周轉不靈是很嚴重的問題，所以像是「流動比」（流動資產除以流動負債）與「速動比」（流動資產減去庫存再除以流動資產）等比率，可以方便我們確認公司與破產的距離，或是公司是否坐擁太多現金而沒有適當去進行投資來追求成長或進步。

「經營效率比率」(efficiency ratios) 所表示的，是一家公司是否有好好管理資產與負債。這當中最常使用的，是庫存管理的指標：庫存太少是壞事，但庫存過多也不是好事。計算出產品平均在庫存中待了多少天，

把現有庫存出清需要多長時間，還有「應收帳款周轉天數」（**day sales outstanding**），也就是銷售完要多久才能收到貨款，都有助於我們修正生產方式、管理手中庫存，還有規劃將來的資本性（設備）投資。

財務指標不下數千種，本書絕不可能將它們通通一網打盡。財務分析師常見的作法，是參考產業或企業的性質來挑選出一小組重要的觀察指標：針對理髮店來計算「存貨周轉率」（inventory turns），不具任何意義，除非這家店剛好也販售自製的護髮產品。每家公司都有其較重要的財務指標要關心；你有必要在事前做點功課，了解一下哪些指標值得你所屬的產業追蹤。

我們會在第十章〈分析〉討論其他的財務指標；使用財務指標的技巧，在金融與商業以外的許多領域也非常管用。暫且你只要記得**財務指標有助於你在不花費太多時間的狀況下，對企業的獲利、負債、現金周轉與營運效率進行健全性測試。**

觀念分享：personalmba.com/financial-ratios/

## 成本效益分析
### Cost-Benefit Analysis

我必須研究個案的直觀具體事實，確認哪些東西有可行性，哪些做法應屬睿智而正確。這個主題相當棘手，弟兄們意見紛紜。

——亞伯拉罕・林肯 (Abraham Lincoln)，美國第十六任總統

財務分析的目的不在於建立漂亮的報表，而在於做出更好的決策。如果你分析了一堆資料，卻不能促成改革並讓你的企業營運進步，那你就是在浪費時間。財務分析的精髓就在於檢視一項潛在的行動，參照你手邊的資料，然後決定要不要行動，怎麼行動。

**成本效益分析 (Cost-Benefit Analysis)** 作為一道流程，為的是檢視你要對企業進行的潛在變革，判斷出這麼做的效益是否大過成本。相對於一想

到什麼就做什麼，你應該要先退一步去評估一項行動的真實成本，確認你是否真心認為在時間、精力與資源都有限的前提下，這是你最應該去做的事情。

在進行成本效益分析的時候，很重要的一點是要將財務以外的成本與效益都考慮進去。非經濟性的成本，比方說這麼做讓不讓人開心，可以在一項計畫值不值得做的決策中扮演要角。很多人知道谷歌內部提供豪華的自助餐，就是一個很好的例子：該公司全天免費提供高品質的餐點給員工，而乍看之下，這是一筆很大的支出，但仔細想想，因為有了早午晚餐加宵夜，公司換得了員工有更大的動力以公司為家。供餐的成本相較於生產力與團隊凝聚力的顯著提升，也就不算什麼了。

將長期性的窒礙難行與細部的效率不足加以排除，也有助於效益的提升。我最近花了幾百美元，把電腦硬碟升級為比原本快六倍固態硬碟，這讓我的應用程式迅速開啟，原本要等五到十秒的窘況完全不見了。這聽起來沒有什麼，但小地方的改善可以透過時間的「累積」而集腋成裘。我大部分時候都在電腦前工作，所以我體驗到的效益增加是很大的。我使用起電腦起來更加開心，工作成果也更加豐碩：這錢花得值得。

在做決定之前，請先全面評估好其成本與效益。多一點評估，就少一點浪費，就能確保你的預算有花在刀口上。

觀念分享：personalmba.com/cost-beneft-analysis/ ◥

## 增加營收的四種方法
### Four Methods to Increase Revenue

對於懂得賺錢的人而言，錢是永遠賺不完的。

——喬治・克雷森 (George Clayson)，
《巴比倫富翁的理財課：史上最適合上班族的致富聖經》(*The Richest Man in Babylon*) 作者

信不信由你，增加營收的方法只有下面四種：

▶ 增加客人

▶ 增加平均的交易金額

▶ 增加單一客人的光顧頻率

▶ 漲價

假設你開了家餐廳，而你希望提高餐廳的營收，上面的四種策略該如何付諸實行呢？讓我說給你聽：

**增加客人** (Increasing the number of customers) 意謂著你得讓更多客人上門，而這一點相對單純，畢竟客人愈多，收入愈多是很自然的事情，當然前提是客人的平均消費不變。

**增加平均的交易金額** (Increasing average transaction size) 意謂著你要想辦法讓客人多買些東西、多掏點錢出來。要做到這一點，店家通常得運用的策略是「提高產品／服務的附加價值」(Upselling)。客人點了主餐，你可以問問他要不要升級為套餐，套餐當中包括前菜、飲料與飯後甜點。客人加點的愈多，花的錢就愈多，而這些錢，都會變成你的額外收入。

**增加單一客人的光顧頻率** (Increasing the frequency of transactions per customer) 意謂著你得鼓勵客人多上門消費。如果平均而言，你的客人每個月光顧你的餐廳一次，那你要增加營收很簡單，你只要說服他們每個星期來一次就行了。他們愈常上門，你的收入就會愈多，當然前提依然是：他們的平均消費不能下降。

**漲價** (Raising your prices) 意謂著每一位客人的每一筆消費都會增加。假設你的出貨量、平均單價跟成交頻率都維持不變，漲價還是可以讓你的收入增加。

記得前面說過的客戶評估（Qualification；心法 49）嗎？不是每個客人都是好客人，有些客人會耗掉你很多時間、精力與資源，但最後幾乎

什麼都沒買。花了太多精力去服務散客，你的平均成交金額就會降低，他們也不會幫你創造好的口碑，甚至還會抱怨你的餐廳太貴；這些客人稱得上是奧客，不值得你太投入，事實上，這樣的奧客不來也罷。

你應該把所有的精神與時間花在好客人身上。所謂的好客人常買、愛買、買得多、買得快，還會到處幫你宣傳，同時只要你的東西夠好，他們就不會嫌貴，是非常爽快的消費者。好客人愈多，業績自然一路長紅。

觀念分享：http://book.personalmba.com/4-methods-to-increase-revenue/ ↖

# 定價能力
## Pricing Power

想長期觀察一家公司的實力到哪裡，你可以去看他們為了漲價而有過哪些痛苦的經歷。

——華倫‧巴菲特 (Warren Beffett)，
波克夏海瑟威公司 (Berkshire Hathaway) 董事長兼執行長、世界級富豪

把目前的價格調漲一倍，對你的企業會有什麼影響？只要你因此流失的客人不到一半，那我會說你這樣做是對的。

定價能力 (Pricing Power) 作為一種能力，說明了你有沒有辦法因應企業經營的不同階段，將產品或服務的價格調高。你能將所擷取的產品價值壓得愈低，你的定價能力就愈強；服務客人需要付出時間、精力與資源，而你能從每個客人身上賺的愈多，你的企業就能存活得愈好，而調整價格可以幫助你用最小的付出與投資，換得最大的回報。

定價能力關係到經濟學家口中的一個觀念叫做「價格彈性」(Price Elasticity)。客人對價格愈敏感，你就愈可能因為漲價而流失客人。如果你只不過漲價一點點，客人就跑掉一堆，那就表示對於你的產品或服務，市場需求極具彈性。已經上軌道的半商品市場，就是個很好的例子；像牙膏，除非你能開發出非常獨特的新產品，讓消費者想嘗鮮，否則漲價

就跟找死沒兩樣，而你的對手，其他的牙膏廠商，會很開心地準備接收你的市占。

　　若是客人對價格很不敏感，那你即便賣四倍的價錢，銷售量也不會掉太多；最好的例子，就是奢侈品。名媛買包包，小開買名車，是因為這些東西的貴重，正可以凸顯他們的身分地位；這些高成本的東西對他們來說，是一種地位訊號（Status Signals；心法 144），是一種尊貴的象徵。名牌包包、衣服、手錶賣得愈貴，只會讓這些東西更受人歡迎，絕不會讓買得起的人避之唯恐不及。

　　經濟學家平常沒事的時候，消遣就是估算價格彈性，把價格彈性畫成圖表，但我們一般人不用這樣，反正除非你已經有非常精確的典範 (Norms)，否則你也算不出來自己的定價能力究竟是多少。只有價格真正調整了，你才能從結果、從消費者的反應去知道漲價的成功與否。所幸除非你身處在交易活絡的大型產業很久，讓你有很可靠的典範可以參考，否則調整價格很少會造成永久性的影響，前提是你的新價格沒有遭到大肆宣傳或拿顯微鏡去檢視；大部分的時候，你可以不斷地實驗，直到你找到最適當的定價區間。

　　定價能力之所以重要，是因為漲價若能成功，你就有辦法去對抗通貨膨脹或成本上漲所帶來的衝擊。歷史告訴我們政府所發行的貨幣，最終都難逃貶值的命運，畢竟當官的人有太多理由、太多動機，會強烈想去增加貨幣供給，由此長久而言，貨幣的貶值都是難以避免的。

　　貨幣貶值之後，同樣的產品或服務就需要更多的金錢去購買，你的生意要做下去，成本就會提高，由此你的所需無虞，就會變得比從前更難達到。欠缺足夠的定價能力，你的生意就可能因為費用或成本的上漲而不支倒地。

　　你能讓客人接受的價錢愈高，你的獲利就愈穩定；如果有得選擇，請你在選擇市場的時候一定要考慮定價能力，有了定價能力，你才能長期維持企業所需無虞。

# 終生價值
## Lifetime Value

顧客先於生意，而非生意先於顧客。

——比爾・葛雷澤 (Bill Glazer)，廣告專家

想像一下在熱門的觀光景點擺一個檸檬汁的路邊攤，一杯賣一塊美元。你的生意可能好得不得了，榨汁的手可能都停不下來，但客人都只是路過，買完就走，你們這輩子應該都不會再見面了。

對比一下保險業。假設每位壽險保戶平均每個月付兩百美元的保險費，一年就是兩千四百美元；如果保戶跟同一個保險業務員的關係平均可以維持十年，那麼對保險公司而言，每位保戶的終生保費價值就是七萬兩千美元，跟檸檬汁攤的差別不可謂不小！

**終生價值 (Lifetime Value)** 是一個顧客一生可以貢獻給企業的全數價值。客人跟你買的東西愈多，跟你買得愈久，他對你的價值就愈大。

訂戶制（Subscription；心法 14）之所以至關重要，一個原因就是它將終生價值最大化。相對於小金額的單筆生意，訂戶制的銷售模式不論就提供價值，或是營收創造而言，都著眼於長期，希望跟客人的關係愈久愈好。客人訂購產品或服務的時間愈長、單價愈高，對企業的終生價值就愈大。

客人平均的終生價值愈高，你的生意就能愈好。掌握客人的單筆消費的平均值，還有他們能光顧你多久，你就能確切地掌握他們對企業的價值，在面對客戶的時候也會知道該如何決斷。檸檬汁攤不會覺得失去一個客人有啥了不起，但保險業可就沒辦法這麼灑脫，道理就在這兒。

我們在選擇市場時，顧客的終生價值自然是愈高愈好。顧客的終生價值愈高，你愈有空間去討好他們、讓他們開心，愈可以專注於服務相對少數的客人。把好客人變成老客人，你的生意就能立於不敗。

觀念分享：http://book.personalmba.com/lifetime-value/

# 最高攬客成本
## Allowable Acquisition Cost

賠錢做生意當然是企業的自由，但不嫌麻煩嗎？去路邊灑錢灑到破產會快一點。

——摩里斯·羅森陶爾 (Morris Rosenthal)

回到剛剛檸檬汁攤的例子：你能花多少錢去吸引一位客人？我想不多，你做的是小生意，一杯才賣一塊美元，你本金能有多少？我不覺得你能負擔太多的行銷成本。

相對之下，保險業的光景就大為不同。如果一位保戶的終生價值是七萬兩千美元，那麼你的行銷預算會有多少呢？我想會多得多。

爭取曝光、開拓新客戶，一定得付出時間、消耗資源。一旦你了解到某位潛在顧客的終生價值，你就能計算出合理的時間與資源成本，然後據此採取行動。

最高攬客成本 (Allowable Acquisition Cost) 是終生價值組成中的行銷費用。客人的終生價值愈高，你的攬客預算就可以拉得愈高，由此你就愈能用創新的方法去宣傳你的產品或服務。

掌握客人的終生價值，甚至能讓你不用再害怕「第一次成交就虧錢」。固倫公司 (Guthy-Renker) 賣過一套青春痘療程叫做高倫雅芙 (Proactiv)，為此公司砸了大錢，做了一支很長的電視廣告，含製造與播出的費用高達好幾百萬美元，還請名人們為產品背書。乍看之下，這些錢花得很沒道理，因為開賣之初，這套產品只賣推廣價二十塊美金；像這樣子，他們怎麼能不虧錢虧到一屁股債？

答案很簡單：訂戶制。買了高倫雅芙，客人買到的不只是一瓶拿來塗在臉上的藥膏，他們得到的是一個身分。像是會員一樣的客人，每個月都能收到一瓶新的藥膏，當然這得另外付費，於是每個新的高倫雅芙客人，都代表非常高的終生價值。因此第一瓶只賣二十美元確實虧錢，

但固倫公司並不在意，因為公司用鉅額廣告支出換得的，是日後更加可觀的收益；因此即便少數幾個客人沒有續訂，對他們來說也沒有關係。

像這樣用推廣價所做成的第一筆生意，有時候被叫做是「引路的砲灰」或「犧牲打」(Loss Leader)：透過低價，好的產品會讓潛在顧客覺得難以抗拒，於是就這麼陷了下去。許多走訂戶制的企業，都會用這樣的砲灰去建立陣地、切入市場，讓他們能擁有屬於自己的訂戶層基礎。銀行等金融服務機構若想招徠新客人開戶時，會送高檔贈品當噱頭，甚至砸大錢做現金回饋。這些行銷手法，可能會花掉一年份的收入，但最終公司還是賺錢，因為拚的是每位客戶的終生價值，而不是短線上一、兩期刊物的銷售量。只要讓一位新的客人未來可以帶來數萬美元的收益，那花幾百美元吸引到一個全新客人根本超級划算。

要計算出所屬市場的可容許攬客成本，你得先知道你想要的利潤。以每位客人的平均終生價值為起點，將之減去你的價值流（Value Stream；心法82）成本（在你與客人的整段關係中，將所承諾之價值創造出來並交付給客人所需要的變動成本），然後再減去例行營運成本（Overhead；心法112）除以客戶層的數字（這代表你在這段期間要保持營業所必須付出的固定成本）：這樣得出的就是你在付出行銷費用之前的淨利。將客人的終生價值乘上你想要的利潤率，然後把算出來的結果減去你在付出行銷費用之前的淨利，這樣得到的就是你「可容許攬客成本」的最大值。

舉個例子。如果客人平均光顧五年，平均終生價值是兩千美元，價值創造與交付成本是五百美元，那麼對每一位客人，你就有一千五百美元的結餘。假設這五年當中，你的例行營運成本是五十萬美元，同時服務的顧客有五百名，那麼你的平均固定成本就是每人一千元，而你結餘的錢就還剩下五百元。假設你最低的獲利目標是十五％，那麼你就可以花這五百元的二百元去做行銷（$500-0.15x$2000=$200）。心裡有了這樣的底，你就可以去測試各種形式的行銷手法，看看哪一種效果最好。假設正確的話，能以兩百塊以內招攬到的客人，都是你潛在的好客人。

顧客的終生價值愈高，最高攬客成本就能跟著提高；每位新客人對企業的潛在價值愈高，你愈應該花點錢去讓他們注意到你、喜歡上你。

觀念分享：http://book.personalmba.com/allowable-acquisition-cost/

## 心法 112　例行營運成本
### Overhead

*別以為是小錢就不省；小洞一樣可以讓大船沉沒。*

——班傑明・富蘭克林，美國開國元勳、科學家、博學家

房租或房貸負擔愈沉重，你每個月非賺到不可的金額就愈高；同樣的道理，也適用於企業的經營。

**例行營運成本 (Overhead) 代表的是企業要繼續營運下去，最起碼得繼**續投入的資源，這當中包括所有你每個月都得繳納的帳單，或都得付出的款項，就像不論你身處何種產業，都逃不掉每個月的薪水、房租、水電、電話，還有設備的維修費用等等。

為了降低你的例行營運成本，公司得盡可能把繼續營運所需的營收壓低，並且要盡快達到財務上的所需無虞。如果你花得不多，也就不需要賺太多錢來打平損益。

**如果你的公司營運是建立在固定的資本之上，那例行營運成本的重要**性就會更形突出。創投或其他形式的投資人，所提供的是所謂的「種子資本」(Seed Capital)，也就是一筆固定金額的資金，而這筆初始的資金，其用意是讓你去創業。你能募得的創業資金愈多，到手之後錢燒得愈慢，你就能爭取到愈多的時間把生意做起來。

反之，燒錢的速度愈快，你需要募得的資金就愈龐大，你需要開始賺錢的期限也就愈緊迫。如果你把初始的資金全部燒光，又找不到新的金主，那就玩完了。而這，也就是為什麼出錢的股東會緊盯著你的「燒錢速度」(Burn Rate)，也就是現金淨流出的速度——你花錢的速度慢，

你創業成功的機率就大。

例行營運成本愈低，你在營運上的彈性就愈大，你就愈施展得開手腳，公司好好做下去的可能性也愈大。

觀念分享：http://book.personalmba.com/overhead/

## 心法 113 成本：固定成本與變動成本
### Costs: Fixed and Variable

你管好成本就好，獲利自會照顧自己。

——安德魯‧卡內基 (Andrew Carnegie)，十九世紀實業家

做生意有句老話：你得花錢才能賺錢。這樣說大致上沒錯，但花錢得花在刀口上。

**固定成本 (Fixed Costs)** 是不論你創造出多少價值，都會產生的成本，像前面說的例行營運成本就是一種固定成本。不論這個月公司訂單接多接少，員工的薪水你都得照付，辦公室的租金也得照繳。

**變動成本 (Variable Costs)** 則與你所創造的價值多少相關。如果你做的是棉質 T 恤的生意，那麼生產的 T 恤愈多件，你用掉的棉布就愈多。原物料、水電、約聘工人的時薪，這些跟產量成正比的成本，都是所謂的變動成本。

固定成本的減少可以累積 **(Accumulate)**，變動成本的減少則可與產量等比放大 **(Amplified)**。如果你能每個月省下五十塊錢的電話費，那麼每年累積就可以省下六百塊錢；如果你做每件 T 恤可以省下〇點五元，那麼每一千件就可以省下五百元的成本。

你對自身成本結構知道得愈清楚，就愈有機會找出方法來節流。

觀念分享：http://book.personalmba.com/costs-fixed-variable/

## 每況愈下
### Incremental Degradation

品質、品質、品質:永遠不會在品質上妥協,即便你都快發不出薪水了,也要堅持下去;只要一妥協,你的東西就毫無特色,你的公司就會江河日下。

——蓋瑞·賀許伯格 (Gary Hirshberg),石原農場 (Stonyfield Farm) 創辦人

你知道嗎?坊間你已經買不太到純正的牛奶巧克力了,放眼望去盡是香精調出來的「巧克力糖」;問題出在哪裡?

為了做出高品質的巧克力,廠商必須購入高品質的可可亞原豆,把豆子經研磨之後製成可可亞脂。可可亞脂得再加入糖、水、乳化劑,使可可亞脂裡所含的油,可以「附著」在吸滿水的糖上面。如此得到了液態的巧克力之後,再將之加熱,倒入模具中,冷卻後的成品就是固態的巧克力。

但這些年下來,許多知名的巧克力廠商都慢慢墮落了。他們改用了便宜的原料,好把成本壓低、增加獲利。他們在進貨時不再選擇高品質的原豆,而改跟信譽較差的供應商買便宜的豆子——反正誰分得出來呢?接著他們不再全部使用可可亞脂,而改放部分的植物油,後來植物油的比重愈來愈高,搞到連政府裡的食品安全主管單位,都下令他們不准稱呼產品為「牛奶巧克力」。他們的乳化劑、防腐劑,還有其他的化學添加劑都愈放愈多,結果做出來的產品就跟木乃伊一樣,放多久都不會爛,保存期限長得嚇人,這樣他們才能想賣多久,就賣多久。

這樣的產品,老闆喜歡,但你會有胃口嗎?

**省錢當然好,但不可動搖的前提是產品品質不能下降,否則這樣的節流不要也罷。**剛開始,這些節省成本的作法並沒有對巧克力的品質產生很大的衝擊,至少表面上沒有,業界只覺得這是一種取捨(Trade-off;心法 33),是一種品質與成本間的平衡,是不得不的選擇。但經過一段

時間之後，累積出來的品質崩壞讓人難以視而不見，不僅吃起來味道不對，對人體健康的影響也讓人驚懼。消費者開始注意到這一點，廠商也是，於是你現在可以在賣場裡看到所謂的「頂級」巧克力，裡面才有比較多真正高品質的巧克力成分。

很多人覺得公司裡的財務與會計部門很愛計較，因為他們每天想著的，就是如何削減公司的成本；他們相信省下來的一塊錢，就是賺進來的一塊錢。壓低成本確實可以增進公司的利潤，但是成本壓過頭，往往得付出更大的代價。

如果你的目標是多賺點錢，那麼光靠削減成本是不夠的。創造價值、交付價值一定會需要你付出一些財務上的成本，因此降低成本絕對有其極限，成本低到一個水準之下，絕對會損及產品的品質。把浪費掉或不必要的錢省下來，我舉雙手贊成，但是降低成本往往會帶來遞減的報酬率（Diminishing Returns；心法 254），所以你得如履薄冰，不要一竿子打翻一船人，把獲利跟成本一起給減掉了。

創造更多價值、交付更多價值，絕對是強化獲利的第一志願。只要開門做生意，成本絕不會是零，但你能創造多少價值、賺進多少營收，是沒有上限的，就看你本事到哪兒。

控制成本沒關係，但不要走火入魔，讓客人不想再跟你買東西。

觀念分享：http://book.personalmba.com/incremental-degradation/

## 損益兩平
### Breakeven

企業草創的前幾年就能賺錢，絕非常態，甚至可以說是變態；初生的產品，初生的企業，絕對都有很多需要改進的地方。

——哈維·S·菲爾史東 (Harvey S. Firestone)，

泛世通輪胎 (Firestone Tire and Rubber Company) 創辦人

假設你的公司月營收十萬塊錢，每個月的營業費用則是五萬塊錢，你就一定賺錢嗎？那可不一定。

一家新公司，通常需要一段時間的調整，才能開始創造正的現金流，畢竟營運體系需要建立、員工需要召募訓練、產品服務需要行銷。只要等這些工作都有成效了、條件都齊備了，公司才能開始創造業績。但在產能還在爬升的過程當中，上述所有的費用都會不斷增加。

假設上面說的這家公司花了一年的時間才調整完畢，而這一年當中，每個月的費用就是五萬塊錢，那麼一年下來就已經花掉了六十萬元。現在公司每個月賺十萬塊錢，扣掉營業費用還有五萬塊的結餘，但這也只是回收前面六十萬成本的開端而已。

**損益兩平 (Breakeven)** 是一個點，超過這個點，代表公司的營收開始高於費用；超過這個點，你的公司就開始賺錢，不再寅吃卯糧。假設公司維持每個月業績為十萬元，而費用不變，那麼六十萬元的前置成本，就可以用十二個月回收。十二個月之後，公司就真正可以說是在賺錢了；在那之前，公司所謂的賺錢只是一種假象。

**損益兩平點是會變的**，而且這變動會不斷發生。營收的波動是自然的現象，而只有從創業的一開始，便持之以恆去記錄、掌握你花了多少、賺進多少，你才能知道自己到底有沒有回收初期成本、有沒有開始賺錢。

營收愈高，例行費用愈少，你就愈快能達成損益兩平，讓你的企業能夠永續經營。

觀念分享：http://book.personalmba.com/breakeven/ ↖

心法
116

# 攤提
## Amortization

*每次行動前請捫心自問：這麼做會不會是挖洞給自己跳？這麼做會是一種福氣，還是會讓你有一天背著沉重負擔，步履蹣跚？*

——阿芙烈特・A・孟塔裴特 (Alfred A. Montapert)，
《人類的無上哲學：生命的法則》(*The Supreme Philosophy of Man: The Laws of Life*) 作者

你發明了本世紀最了不起、最令人驚艷的玩具：看起來、動起來都跟真狗一樣的玩具狗狗，但是又不用吃飯、不用喝水、不用三更半夜帶出去蹓。雖然這產品還只是原型（Prototype；心法28），但是小朋友簡直愛死這玩具狗狗了，而家長們也爭先恐後地搶著要刷卡預訂。隨便也可以賣個幾百萬隻，已經是幾乎可以確定的事情了。

問題是：要做出售價有競爭力的玩具狗狗，你得蓋廠、買設備，這少說得先花你一億美金，但是你的戶頭裡連一百萬都沒有，更別說一億了。你空有好的產品、好的構想，卻不知道該如何找到錢去蓋一座這麼貴的工廠，又該如何才能回本獲利？

**攤提 (Amortization)** 作為一種過程，是將投資特定資源的成本分期提列，直到此項投資的使用年限結束為止。就以玩具狗工廠為例，假設工廠在使用年限內可以生產共計一千萬隻玩具狗，那麼以每隻來計算，建廠的單位成本就會降至十元；如果全部的狗狗都賣得掉，一隻賣一百元，那麼你的利潤就算是相當理想。

**攤提的觀念可以幫助你判斷大手筆的投資，回收的機率到底高不高。**只要你能夠準確地預估單位成本與產量，攤提就可以幫助你下定決心，讓你知道該不該砸大錢，投入龐大的資本去創業。

比方說，有位書籍的美編可能在想要不要買正版的 Adobe InDesign 軟體，這是一種專業美編常用的排版工具，不過跟大部分同類型的軟體比起來，InDesign 算是比較貴的，單一使用者的登錄序號，就要花七百塊美金才買得到，問題是到底值不值得？

這個問題的答案，取決於這位美編的排版需求有多大，一個月要做多少本書。如果連一本書都排不來，那買這麼貴的軟體就是種浪費；如果可以排出十本書，每本書都可以賺進一千美元，那七百塊錢的投資就非常值得，因為它們的產值高達一萬美元，這樣的投資報酬率是完全可以接受的。用十本書去攤提掉，那麼這個軟體的成本就變成每本七十美元，這還不到每本書可賺進營收的十％。這位美編的信用卡可能得拿出來刷一下，使得美編暫時負債，但這個軟體是項工具、是一種

投資，可以讓你賺得原本賺不到的營收。

攤提的觀念要奏效，前提是你必須對資產的使用年限有確切的掌握，而這一點，只能用預測的。攤提的效果不會好，除非你能把靠新設備所做出來的產品給賣出去，除非你投資的設備能至少達到你預估的使用年限。問題是產品將來賣不賣得出去，設備可以用多久都不容易預測，而且要是誤判情勢，你的投資就會血本無歸，至少也會大大墊高你的單位成本。

卡駱馳 (Crocs) 賣的，是有陣子很紅，現在也還是有人喜歡的「布希鞋」，一種第一眼會讓人覺得外觀很新奇的橡膠鞋子。在意外爆紅之後，卡駱馳開始大量擴產。公司設立了中國廠，開始生產數以百萬計的同款鞋子，心裡想著這些鞋都可以全部賣完。但結果卻讓他們大吃一驚，因為卡駱馳的熱潮不久便退了燒，銷售驟降，公司買了一堆昂貴的廠房設備，還累積了大量的庫存賣不出去。遇到這樣的狀況，攤提也不是仙丹妙藥，於是卡駱馳還是難免踏上破產一途。

運用攤提的觀念去判斷該不該做出某筆大型的投資，絕對是值得鼓勵的作法，但是要記得一件事：攤提的前提是預測，所以一定要如履薄冰，做好最壞的打算。

觀念分享：http://book.personalmba.com/amortization/ ↖

## 購買力
### Purchasing Power

企業家的責任，是要確認公司不會沒錢可用。

——比爾・薩爾曼 (Bill Sahlman)，哈佛商學院教授

你可能聽過一句話，很多商家奉為圭臬的一句話：現金為王。

這句話一點也沒錯。你可能手握好幾百萬美元的訂單，但如果銀行戶頭裡一點現金都沒有，那這些訂單也沒啥用處。這些訂單就像別人給

你的借條，並不能讓你拿去繳水電、付薪水，而沒水沒電沒人，你的生意就只能關門。

企業的購買力 (Purchasing Power) 是其名下可動用流動資產的總值，這包括了現金、信用額度與其他外部的融資管道。購買力愈強，一定愈好，但你也得知道怎麼善用自身的購買力。

有了購買力，你才有辦法負擔例行營運成本、才有錢付貨款給供應商。只要你付得出例行營運成本與給供應商的貨款，你的生意就可以繼續做下去；哪天你的購買力沒了，你就玩完了。

經營企業，一定要隨時掌握自己的購買力還剩多少，包括公司在銀行裡還有多少錢？公司還有多少信用額度可以運用？你的購買力愈多，企業的財務狀況就愈健全。

購買力的狀況是企業經營的重要依據。與其提心吊膽，不知道自己下個月會不會斷炊，不如了解、掌握自己的購買力，這樣你就能保持冷靜，能很有自信地知道公司不會突然面臨財務危機。無須為了錢的事情擔心之後，你就能把心思放在更重要的事情上面，比方說如何把企業經營得更加有聲有色，做出令人眼睛為之一亮的產品。

掌握企業的購買力，是創業者一輩子的工作；這項工作做得好與不好，往往就是創業的成敗關鍵所在。

觀念分享：http://book.personalmba.com/purchasing-power/

心法
118

# 現金流量週期
## Cash Flow Cycle

什麼都是假的，只有帳上的現金才是真的。

——查理・巴爾 (Charlie Bahr)，企管顧問

企業的現金流量是可以預測的。如果你了解營收、費用、應收帳款與信用額度各在公司會計中扮演何種角色，你就能確保公司有足夠的購

買力在手上，能持續營運，能在市場上有揮灑的空間。

現金流量週期 (Cash Flow Cycle) 所描述的是現金流量如何在企業中穿梭流動。你可以把自家公司的銀行帳戶想成一個浴缸：如果希望浴缸裡的水位上升，你就得往裡頭添水，同時把放水的孔塞住。愈多水流入，愈少水流出，浴缸的水位就會愈高。營收跟費用也是一樣的道理。

應收帳款 (Receivables) 是客戶承諾要給你的貨款，是種非常誘人的東西。應收帳款感覺很好，就像已經成交一樣，畢竟有人答應要給你錢，還不好嗎？問題是，應收帳款只是應收，除非這帳款變成已收，否則你一毛錢也賺不到，就像借據不是現金一樣。一般來說，應收愈快變成已收，公司的現金流量就愈理想。很多企業之所以「黑字倒閉」，就是因為應收帳款收不到，才會明明帳上做成了好多大生意，卻還是沒有現金可以周轉。

帳上顯示有負債 (Debt)，表示你承諾稍晚要還錢給別人。**負債的好處，是你可以先享受後付款。你愈晚付款，手上的現金就愈多，你手上現金愈多，你的資金周轉就愈有彈性。負債雖然是種方便，但也有其缺點，那就是負債要給利息。而且你雖然不用馬上還清所有的債，但還是得定期還一點，而這也就是所謂的債務清償 (Debt Service)。像房貸，你雖然可以借到錢買房子，先住進去享受，但你每個月都得繳一筆房貸，直到有一天還完，如果你不照規定進行債務清償（繳房貸），你的麻煩就會很大。

要解決這些問題很簡單，最快、最直接的辦法就是多賺少花，開源節流。增加產品的附加價值，讓產品毛利率升高，增加營收，量入為出，都可以改善你的現金流量。

與債權人重新交涉還款條件，看能不能展延貸款或降低利率，也都可以幫助你度過難關，撐過手頭緊的時候。如果你有家供應商、經銷商或生產夥伴願意先給你原料或產能，晚點再跟你收錢，你就可以多握點現金在手上。但你必須非常小心，一個不小心，債務就會愈滾愈大，讓你想還也還不了；謹慎運用，債務的遞延確實能幫助你用較少的本金賺

到大錢，若能借一塊錢而賺到十塊錢，那絕對是誰都想做的生意。要是你能先賺個幾個月的錢，才收到第一筆行銷費用的帳單，那就更是再好不過了。

要儘早開始賺錢，最好的辦法就是盡快收到錢，縮短信用的展延。**你愈快能收到該收的錢，公司的現金流量就會愈健康。**理想狀態下，生意最好能當場銀貨兩訖，也就是立刻收錢，這樣你就不用借錢去買新的原料，不用負債去製造下一批貨品。

大部分的行業都會讓客人賒帳，但大部分人這麼做，不表示你也一定得這麼做。畢竟你是做生意，不是開銀行，當然如果你做的生意就是銀行，或者是跟貸款有關，那又另當別論啦。不過如果不是的話，你還是應該盡快把流浪在外的帳款給收回來。

必要時，你可以自願背一點債，或是主動申請一些信用額度，以便增加自身的購買力，讓你的資金周轉多點空間。**雖是能免則免，但信用額度大，確實能夠增加你臨時性的資金調動能力；你可以把這些事前申請好的信用額度想成是備用的資金來源，平日不去動用，但遇到緊急狀況時，你就不會措手不及、不會不知所措。**

購買力愈強，你的企業韌性（Resilience；心法264）就愈強，你經得起意外打擊的能力也愈強。

觀念分享：http://book.personalmba.com/cash-flow-cycle/ ↘

## 職能分工
### Segregation of Duties

> 資本主義的挑戰就在於那些能培養出信任的事物，也同樣能孳生出環境條件供詐騙孳生。
>
> ——詹姆斯·蘇羅維茨基 (James Surowiecki)，美國財經記者

一家公司規模愈大，結構愈複雜，其員工、包商與供應商就容易中

飽私囊、侵占公司的款項、竊取公司的貨品，或以其他方式欺詐公司。

　　會計師與財務專業人士會靠一種名為「職能分工」(segregation of duties) 的系統去預防各種不法的活動。這種宗旨在於減少詐欺與竊占案例的系統，會限縮個人的權限，讓人無法獨自完成下列的商業流程：

① 授權：一筆交易的檢閱、批准、監督。
② 保管：關於該筆交易，各種資產的接收、接觸與控管。
③ 記錄：關於每筆交易，會計記錄的創建與保管。
④ 調和：確認兩組記錄，像是公司交易的內部記錄與外部銀行報表，可以在時間與金額上確實對應。


　　職能分工背後的核心原則是「多方確認」(multiparty verification)：組織裡沒有哪個人可以針對單一交易，隻手遮天地跑完上述四道流程。在多數案例中，某個個體或可自行完成一到兩項流程，但其餘將需要由其他人接手或確認。

　　多方確認最經典的範例，就是企業金融中一項行之有年的做法：任何一張支票、任何一筆銀行轉帳、或是金額跨過特定門檻的其他支付工具，都需要兩名獲得授權的企業幹部簽名，否則該筆支付就不具效力，且會被標註起來接受調查。

　　這種單純的做法，就能防止不肖員工在企業財務裡上下其手。你如何預防執行長背著董事會幫自己加薪一倍呢？很簡單：加薪必須經由發薪部門經理的授權，外加核薪系統裡中必須做成記錄保存，而這些記錄就能作為鐵證，被用來指摘出執行長的違規行為。

　　發薪經理作為一手掌握核薪系統之人，要如何才不敢隨便將自己的薪水加倍呢？由公司其他幹部所握有的現金流量表與內控（Internal Controls；心法 129）手段，將能揭發異常偏高的費用支出，進而讓發薪經理的恣意妄為無所遁形。

　　如果是執行長與發薪經理勾結自肥，我們又有什麼辦法制衡呢？銀

行明細與交易記錄，會讓財務長（CFO）等幹部察覺道事情有異。系統的每一個環節都有不只一人進行稽核，由此不法行為將難以進行，或進行之後也難以神不知鬼不覺。

職能分工也可以用來管理實體資產與現金。由不只一人來負責訂貨、收貨，乃至於每筆訂單與出貨的記錄，都能讓有心人更難以將公司的金流或貨物占為己有，畢竟這樣的陰謀將需要串連多個心術不正者。牽涉到訂貨與存貨的詐騙將更難以隻手遮天，是因為有人會根據記錄在等著收到訂貨單，也有人會根據記錄去盤點存貨是否正確無誤。

多數詐騙行為的發生，都是因為某個職位上的負責人發現自己可以濫用職權去詐取財物，且僥倖地認為被發現的可能性不高。[2] 職能分工就是一種簡單而直接的詐騙防治辦法，而這代表的是一種源頭管理：**職能分工讓可鑽的漏洞變少，讓不法行為被人發覺的可能性變高，並讓詐騙意欲成事所需要勾串的人數變多。**

觀念分享：personalmba.com/segregation-of-duties/

**心法
120**

# 有限授權
## Limited Authorization

後果中的愚蠢，往往比意圖中的惡意更為殘酷。

——喬治‧薩維爾 (George Savile)，哈利法克斯侯爵一世 (First Marquess of Halifax)，政治家

可以預防潛在不當行為另一個簡單而有效的辦法，是有限授權 (Limited Authorization)，這是直截了當的原則：**個人在其職責範圍以外的行為能力，應該受到限制。**

---

2. James Carland et al, "Fraud: A Concomitant Cause of Small Business Failure," Entrepreneurial Executive 6, 2001, http://citeseerx.ist.psu.edu/viewdoc/download?doi=10.1.1.201.3276&rep=rep1&type=pdf#page=79.

接觸某項資產或某種授權的管道若非必要，就應該預設為不對外開放。若在特殊狀況下，這種接觸必須獲得授權，那也應該將其設定為到期失效，或是符合以職能分工原則的方式為之，亦即要由複數承辦人來授權該項行為。能夠授權由公司帳戶撥款的人數愈少，公款遭到侵占的可能性就愈低，萬一遭到詐欺或安全出現漏洞時要揪出內賊，也會比較容易。

此一原則也可適用於財務內控以外的領域。假設有家軟體公司讓其所有員工暨包商都有完全無限且無人監督的管道可以簽入其各軟體系統。這麼做的好處是：公司內外的每個人都有能力去修補或改進系統裡的任何一方面。但這也內含一種的嚴重的風險是：公司裡的每個人也隨時有能力去搞破壞。

在最壞的狀態下，心懷不滿的員工或包商將能關閉系統，取得敏感的資訊，篡改重要的參數，刪除備份或失效安全（Fail-safes；心法 265）設計，進而導致系統無法回復。即便員工與包商的操守都沒有問題，無限授權也會導致一種無法排除的可能性是善意者會因為意外而造成上述的任何一種結果，進而導致嚴重的損失，讓公司落得破產或關門大吉的下場。

授權的進行必須一方面考慮到摩擦（Friction；心法 256）跟一心多用的注意力耗損（Cognitive Switching Penalties；心法 156），一方面考慮到風險，並在這當中取得平衡：在授權過度與授權不足之間，有一個「中道」（Middle Path；心法 270），過猶不及都應避免。**授權應該根據信任程度、實績聲望（earned regard；心法 197）與現行權責，與時俱進地進行調整。**

觀念分享：personalmba.com/limited-authorization/

# 機會成本
## Opportunity Cost

經商，相較於其他生涯出路，更需要持續與未來交手；你得不斷地計算、不斷本能地操使遠見。

——亨利·R·魯斯 (Henry R. Luce)，

時代出版公司 (Time Inc.) 創辦人與發行人，旗下著名雜誌包括《時代》與《財星》

　　假設你決定放棄年薪五萬美元的工作去創業，而創業的成本除了本身的花費，還包括你因此放棄的五萬年薪。

　　**機會成本 (Opportunity Cost)** 是你為了某個選擇而放棄的價值。我們不是超人，不可能同時把所有想做的事情都攬在身上，不可能同時身處兩處，也不可能一塊錢花兩次。

　　不論投資的是時間、精力，還是資源，你都無形中做出了選擇。你把錢、精力與資源花在某個地方，就等於你選擇了不把這些東西花在別的地方。**次佳選擇**（Next Best Alternative；心法 70）**所能創造的價值，就是你的機會成本。**

　　機會成本之所以重要，是因為你永遠都有選擇、都得選擇。如果你在一家公司上班，年薪三萬美元，另外有一家公司願意付你年薪二十萬美元做同樣的工作，你還做得下去嗎？如果你是老闆，而你付給員工的薪水與廠商的貨款都比別的老闆低，你覺得他們會留下來陪你嗎？如果客人只願意出二十，但你索價兩百，他們為什麼非得跟你買？

　　機會成本之所以重要，是因為這是一種隱性的成本。就像我們後面會討論到的「眼不見為無」（Absence Blindness；心法 150），人往往難以察覺眼前看不到的東西。**而有了機會成本的觀念，我們才會認知到我們必須放棄很多東西，才會認真去考量所有的選項，這樣做出來的抉擇絕對會比較精確、比較不容易後悔。**

　　但是過於計較機會成本也不是件好事，因為你會因此變得太過鑽牛

角尖。如果你跟我一樣，天生是個會把事情放大的人，那你就知道把所有的選項都放到顯微鏡下去分析，是個多大的誘惑，畢竟我們都希望自己的選擇，能夠百分之百正確；只不過真做得太過分，你很容易會跨過遞減報酬率（Diminishing Returns；心法254）的紅線。所以說，不要因為考慮過度而變得綁手綁腳，只要環視四下的選項，選出當下你認為最好的選擇，就勇往直前吧！

有了機會成本的觀念，你便能將資源配置得更好。

觀念分享：http://book.personalmba.com/opportunity-cost/

# 金錢的時間價值
## Time Value of Money

大家都說時間會改變一切，但改變一切的，其實是你。

——安迪・沃荷 (Andy Warhol)，藝術家，普普藝術大師級人物

你會希望此刻擁有一百萬美元，還是五年後擁有一百萬美元？

這個問題是多問的，沒錯，如果有一百萬元可拿，幹嘛等五年啊？立刻拿到錢，表示你可以立刻花這錢，或把這筆錢立刻拿去投資。一百萬美金的投資如果用五％的複利（Compounding；心法123）去計算，五年後的價值會是一百二十七萬六千兩百八十一點五六元。試問若非必要，誰會等五年，白白浪費這二十七萬多元呢？

今天的一塊錢，絕對比明天的一塊錢大；至於大多少，要看你怎麼用這一塊錢。你使用或投資這一塊錢的方法愈有利可圖，這一塊錢就會長大愈多。

計算金錢的時間價值 (Time Value of Money)，也是在機會成本的觀念下，一種做出抉擇的方法。假設你有一筆錢，可以做不同報酬率的投資，那麼金錢的時間價值就可以幫助你決定到底要選擇哪一項投資，又應該投資多少金額。

回到剛剛說的一百萬美元。假設有人跟你說有種投資很棒，一年後可以拿回一百萬，那麼你最多應該拿出多少錢去做這項投資？

假設你的次佳選擇是年利率五％的投資，那麼你最多不應該拿超過九十五萬兩千三百八十元去做這「很棒的投資」，因為如果你拿這九十五萬兩千三百八十元去投資次佳選擇，一年後你剛好能拿回一百萬元，而一年後的一百萬元用一‧○五（本金加上報酬率五％）去折現，得到的金額便是九十五萬兩千三百八十元。因此只要你能找到用比這少的投資，一年後同樣拿回一百萬元，你就算是精打細算了。

金錢的時間價值是個古老的觀念。早在十六世紀初，西班牙神學家馬丁‧阿斯皮利奎 (Martín de Azpilcueta) 就曾經闡釋過其中的奧妙。而這種「今天的一塊錢，大過明天一塊錢」的核心觀念，大可延伸到各式各樣常見的財務選擇上。

比方說你要投資每年獲利二十萬美元的公司，金錢的時間價值就可以幫助你釐清該投入多少錢。假設利率五％，零成長，可預見的未來為十年，那麼未來一系列現金流量的現值 (Present Value)，就是一百五十四萬四千三百四十七元。如果你投入的資金少於這個水準，你就有機會立於不敗之地，我說有機會，是因為你的假設必須正確。而這，也就是我們在四種定價法中（Four Pricing Methods；心法 66）所談到的折價現金流法。

金錢的時間價值是個很好用的觀念，以本書的篇幅根本談不完。倘若想再深入了解，我推薦《財務管理：麥格羅‧希爾全方位經理人 36 小時實務進修課程》(*The McGraw-Hill 36-Hour Course in Finance*)，作者是勞勃‧庫克 (Robert A. Cooke)。

# 複利
## Compounding

一天進步一％，只要七十天，你就會有現在的兩倍好。

——艾倫·懷斯 (Alan Weiss)，企管顧問、作家，

《顧問初探》(Getting Started in Consulting) 與《百萬顧問》(Million Dollar Consulting) 作者

要成為百萬富翁其實不難，你只要每天存十塊錢，連續存四十年，然後持續投資年報酬率有八％的金融商品，四十年後你名下就會有一百萬元。一天存十塊一點也不難，只要把一些平白浪費掉的零錢省下來，一個月就可以存下三百塊錢；要找到年報酬八％的投資工具，其實相對簡單，也相對保守。標準普爾 500 指數 (S&P 500) 過去平均的年報酬率都有八％。

存小錢，年賺八％都不神奇，真正神奇的是在這四十年裡，你所投入的本金不過十四萬六千一百一十元。你應該很納悶：這十多萬是怎麼變成一百萬的？

**複利 (Compounding)，代表著長時間獲利的累積 (Accumulation)。重點是把投資所得再投資，讓你的投資本金變大，而長此以往，你的投資就會呈現幾何倍數的成長，而這便可視為是一種正向的反饋迴圈**（Feedback Loop；心法 221）。

複利一個很簡單的例子，就是存款。假設銀行給你年息五％，一年之後你戶頭裡的一塊錢就會變成一·〇五元；到了第二年，你的本金就不再是一塊錢，而是一·〇五元。第三年，你會有一·一〇元，第四年，一·一五元。以此類推十四年過去，你會有兩塊錢。

這樣聽起來好像也沒什麼了不起，但請你從規模 (Scales) 的角度去想，如果你戶頭裡的不是一塊錢，而是一百萬，那麼你最後拿回來的就會是兩百萬，這樣感覺就好很多。

**複利之所以重要，是因為這機制讓你可以在相對來說很短的時間內，**

滾出驚人的財富。如果你把做生意賺來的錢拿去再投資,而你的公司又持續在賺錢,那麼業績成長的速度就會非常驚人,你的小生意或許在不知不覺間,就會長成好幾倍大的事業。事實上很多名不見經傳的小公司,能在短短幾年間殺出血路,躍居全國性,甚至全球性的大舞台,其背後的祕密武器就是複利。

累計獲利,用利去滾利,一定可以為你帶來長期可觀的收益,耐心是一切的關鍵。

觀念分享:http://book.personalmba.com/compounding/

## 槓桿
### Leverage

有人批評我們不懂槓桿一詞的意思……我們確實不知道槓桿是什麼意思,但坐擁好幾百萬美金,比高槓桿要踏實多了。

——肯尼斯・H・歐爾森 (Kenneth H. Olsen),
數位設備公司 (Digital Equipment Corporation) 創辦人

「用其他人的錢」去賺錢,聽起來還真不錯。借錢,賺錢,還錢,剩下來的都可以放進自己口袋。還有什麼策略能比這樣更好?

借錢來賺錢可以這麼好,前提是你得知道風險、避開風險。

**槓桿 (Leverage)** 是用借來的錢去放大你的獲利空間。現在假設你有兩萬美元,而你想投資房地產。你可以把這兩萬美金當成頭期款,貸款八萬塊入手一棟十萬美金的物件,但這樣會把你僅有的兩萬塊錢卡死,讓你付出很大的機會成本。

為了避免這種情況,這兩萬塊錢你有別的用法。相對於用兩萬塊錢當頭款去買一個物件,你可以將之拆成四份,然後投資四筆單價都是十萬塊錢的房產,每一筆的頭款都各只有五千,而你必須貸款九萬五千元乘以四,也就是三十八萬元。

這麼做的神奇之處在於假設房價日後翻倍，你決定脫手，那麼在第一種情境當中，你可以賺到十萬塊錢，而你的本錢是兩萬塊錢，投資報酬率是五○○％；但是在第二種情境當中，你的獲利是四十萬元，但你的本金依舊是兩萬元，所以你的投資報酬率是二○○○％，也就是二十倍。這誰都會，不是嗎？

好像也不見得。因為萬一房價今天不是翻倍，而是腰斬呢？萬一你被迫得認賠殺出，拿回多少算多少呢？假設今天房價只剩原本的一半，那麼在第一種情境裡，你賠掉的錢是五萬元，而在第二種情境裡，槓桿的使用會讓你的虧損放大為二十萬元，也就是四倍。

**槓桿是一種財務的效果強化（Amplification；心法 93），不論是獲利或損失，都會放大**。如果你的投資告捷，那麼槓桿的使用就可以幫助你收穫更豐；如果投資失利，槓桿的運用就會讓你損失更為慘重。

二○○八到二○○九年間席捲全球的金融風暴，之所以會那麼嚴重，差點讓世界經濟萬劫不復，一個原因便是投資銀行過度操作槓桿，須知這類銀行操弄三、四十倍的槓桿，並不是什麼太稀奇的事情。因此一旦投資的個股股價稍有波動，就算僅僅是百分之一的改變，投資的賺賠就可能是幾千萬，甚至幾十億美金的事情。一旦市場崩盤，銀行的損失會因為槓桿的使用而倍數放大，動搖「行」本綽綽有餘。

使用槓桿就像在玩火，使用得宜，火是很好的工具，但一個不小心，火也能把你燒得遍體鱗傷。除非你百分之百確定自己在幹什麼，百分之百知道會有什麼後果，否則不要輕言使用槓桿。貿然把槓桿拿來把玩，就像在走鋼索，你的公司隨時會墜入萬丈深淵，你的身家則會萬劫不復。

# 資金的優先順序
## Hierarchy of Funding

錢，總是比我們想的要貴。

——拉爾夫·沃爾多·愛默生，散文家、詩人

　　想像一下你發明了一個反重力裝置，有了這個裝置，你可以不動一根手指便讓物體飄浮在空中。這發明會讓人類的交通運輸，乃至於工業製造，出現革命性的變化，讓人做出許多原本做不出來的產品。這樣的裝置不用講，大家一定會搶著要，你現在要擔心的，只是供不應求。

　　但有一個問題是，反重力裝置的生產線要花一億元才蓋得起來，而你並沒有這麼多錢。明明是這麼好的生意，擺明了可以發財的生意，你卻卡在資金走不下去，這時到底該怎麼辦？能怎麼辦？

　　**資金 (Funding) 可以幫助你完成預算外的事情。**如果你的公司需要昂貴的設備或大量的人工，才能完成價值的創造與交付，那麼你就可能需要外部資金的挹注。含著金湯匙出生的有，但畢竟是極少數，少有人生下來就有一堆錢在銀行裡等著我們揮霍，但好消息是，要跟這些有錢人借到錢出奇地容易。

　　提供資金就像是提供燃料給火箭。如果你的生意愈做愈大，企業為了滿足需求需要擴產，那麼適當地、謹慎地去融資、去引進資金，絕對是正確的作法，因為你的企業將因而加速成長。不過就像兩面刃，公司的財務一旦出現結構性的問題，事情爆發也會非常迅速，而且往往會一發不可收拾。

　　**為了取得外部資金，一家公司往往得放棄部分的所有權或經營權。**沒有人會那麼佛心，把鈔票給你隨便花用，金主一般來說，都會跟你交換東西。

　　記住，資本投資（Capital；心法 22）對很多企業來說，都是一種價值、一種資源，要把這種資源轉移給你，金主不論是選擇當你的債主、

房東或當你的股東，都一定希望有利可圖。他們會希望借錢給你，賺到利息，把地方租給你，賺到租金，或是拿錢入股，跟你分帳。除了追逐利益，這些金主還會希望規避風險，畢竟你的公司不一定做得起來，萬一倒了，他們豈不是血本無歸。為了降低跟你一起完蛋的風險，他們會爭取經營權，他們會希望能主導或至少影響公司的營運走向。拿人的手軟，你愈依賴金主，跟他們伸手拿的錢愈多，公司的營運就愈得考慮他們的想法。

為了思考的方便，你可將資金的優先順序 (Hierarchy of Funding) 想像成一個梯子，每一階都是一個選項；每個人都得從地面開始爬起，盡可能往上。爬得愈高，你取得的資金愈多，但你拱手讓人的經營權也會愈多。現在讓我們研究一下這個優先順序，由下而上：

**自有資金 (Personal Cash)** 絕對是企業有資金需求時的第一志願。把自己口袋裡的錢拿出來投資不但快速、方便，又不用看人臉色或經過審核。大部分的企業家在創業之初，花的都是自己的錢。

**個人信貸 (Personal Credit)** 是另一種相對低成本的融資方式。只要你需要的資金在幾千美元左右，沒有太離譜，那麼透過個人信用去借到錢應該不是件難事。核貸的過程通常不會太複雜，門檻也不會太高，前提是你原本的信用不差，加上若可以分期還款，你在資金調度上就能夠更加遊刃有餘。用個人名義申請信貸的風險在於你賭上的是自己的信用，而信用也是一種聲譽，萬一哪個月突然還不出錢來，你的信用就會變差。不過對很多人來說，這樣的風險是值得的。

以我自己為例，我的創業基金完全源自自有資金與個人信貸。如果你對資金的需求不大，那麼善用個人信貸來支應創業初期的花費，會是個不錯的選項，前提是你得抓緊預算。

**私人貸款 (Personal Loans)** 通常發生在親友之間。如果資金需求超過手上的錢跟銀行的借貸額度，那麼跟親朋好友周轉，也是很多人會走的路。只是要注意：萬一還不出這個錢，會有什麼樣的後果不用我說，畢竟你

面對的是親友，大家以後總是還要見面，而扯到錢總是傷感情。所以，我會建議不要動用自己的爸媽或者阿公阿媽、外公外婆的「棺材本」，他們是你最親的人，傷了和氣太划不來。

無擔保貸款 (Unsecured Loans) 通常由銀行與信用合作社承作。你填好申請單，提出貸款金額，然後銀行就會去評估你的還款能力，他們考慮的事情包括借款的利率高低，還有還款的期限長短。審核通過後，這筆貸款可以是立刻一次交到你的手上，也可以是一個信用額度，供你日後需要的時候使用。像這類貸款，銀行不會跟你要任何的抵押品；但相應地，你能借到的金額也有限，同時借款利率也會高於一般信用卡或有抵押品擔保的貸款。

擔保貸款 (Secured Loans) 顧名思義，需要有抵押品作為擔保，最常見的擔保貸款就是房貸與車貸。如果你還不出錢來，債權人可以依法查封設定為抵押品的不動產（房子、車子），然後將之拿去拍賣，而賣得的錢便可以償還他們的損失。一般來說，因為有實物的抵押，擔保貸款能借到的錢會比較多，通常在幾萬到幾十萬美金之譜。

公司債債券 (Bonds) 表彰債務，可以賣給個人。前面說到企業可以向銀行借錢，但企業其實也可以直接找個人或其他公司借錢。買公司債（債券），就等於是把錢借給發行債券的企業，而債券有其年限，公司會在年限內按約定的利率付息給你，年限到了，也就是所謂的債券到期時，公司會再把本金還你。說到相關的買賣規定與權利義務關係，債券確實相當複雜，所以一般有企業要發行公司債，都會透過專業的投資銀行為之。

應收帳款融資 (Receivables Financing) 是一種特殊的擔保借貸，同時也是公司法人的專利。應收帳款融資的信用規模可以高達幾百萬美元，但能借到這麼多錢，當然也得付出代價。這代價就是你得將應收帳款的控制權移交給債權人。銀行控制了公司的應收帳款，就能夠確保自身借出的錢可以優先得到返還，不會先被拿去付員工的薪水或供應商的貨款。這種方式能夠讓你借到很多錢，但是你得因此讓渡公司一部分的主權。

天使資本 (Angel Capital) 是我們由債務 (Loans) 進入到資本 (Capital)

的敲門磚。這裡所謂的天使，通常是想進行私人投資的個人，他們可能有些閒錢，金額在一萬到一百萬美元不等，希望能拿去投資點東西。而**他們希望得到的，是公司一％到十％之間的所有權**。

跟天使投資人合作就有點像是找來一個不吭聲的股東。他們只負責出錢，只提供你資本，由此換得公司部分的所有權。有些天使會出些意見，或者會扮演顧問的角色，在你需要的時候當做意見來源，但一般來說，他們沒有實權，也不會直接涉入企業的決策。

**創投資本 (Venture Capital) 的角色剛好跟天使資本完全錯開。創投資本是非常有錢的法人投資人**，背後集合了一群有錢到爆的金主，這些金主把錢集合起來，便造就了氣勢與財力都非常驚人的創投基金，其單一筆的投資規模，就動輒可上達幾千萬，甚至幾億美金。創投資本即便看上你，也不會一次把錢給你，而是會分次進行評估。一開始拿到的錢不會太多，之後隨著你的生意愈做愈大，擴張的需求浮現，創投基金才會再加碼投資，好讓你去展店或擴產。但隨著愈來愈多的創投資金進駐，公司原始股東的所有權也會遭到稀釋，因此在引進創投資本的過程中，往往得經過反覆的折衝樽俎與談判過程。創投基金給錢給得大方，但要東西也絕不手軟；事實上，**他們會積極介入公司的營運，要求主導公司的發展走向，而這方面最常見的手段，就是進入董事會取得席次**。

**公開股票上市 (Public Stock Offerings) 就是把公司一部分的股權拿出來，放到公開市場上給股市投資人認購**。要走這條路，企業通常得透過專業券商（或投資銀行），由這些財力雄厚的券商先低價認購大部分的股份，然後等到正式掛牌，券商就可以把手上的持股出售牟利，而接手的通常就是我們口中的散戶。至於你常聽到的「首度公開（股票）上市」(IPO)，只不過是表示公司是第一次這麼做罷了。

買了股票，不論股數再少，你在法律上也是公司的股東，擁有這家公司的一小部分。理論上，是股東就有權利投票選出董事會，藉此參與公司決策，而實務上誰的股權最大，誰就能掌握公司，取得公司的經營權。因此公開股票上市，就是讓公司變成一家「大家的」公司，任何人

只要花錢買股票，買得夠多，理論上就可以將公司納為己有。而這是一種風險，因為在買股票的人當中，可能有少部分不懷好意，他們會發起所謂的「惡意併購」(Hostile Takeover)，也就是大舉收購股票來謀奪公司的控制權。

公開上市通常由天使與創投投資人發起，藉此他們可以用手上的股權來套現。而一旦在集中市場中投資了一家公司的股票，你有兩種方式可以獲得報酬。首先，你可以等公司發放股利，而所謂股利，就是把公司的獲利 (Profits) 拿來發；再者，你可以把手中的股票再轉賣其他人來賺取差價。股票掛牌讓股東可以把股票賣掉換錢，所以天使與創投投資人都很樂意推動公司上市；要不他們也會很希望有人看上公司，因為如果有大公司想要出錢收購，他們也可以因此用手中的持股換到筆錢。

為了每一塊錢所需要放棄的控制權愈多，資金來源的吸引力就會愈小；每做一個決定需要問過的人愈多，公司營運的效率就會愈差。投資人愈多，公司的例行溝通成本（Communication Overhead；心法 191）就愈高，而溝通成本愈高，公司做事情就會益發拖拖拉拉。

投資人把不順眼，或表現不好的執行長給拉下馬來，並不是什麼新聞，他們根本不會管你是不是公司的元老；就算你再有名，光環再大，有時候也很難倖免於難。像蘋果現在可能很夯，但是回到一九九〇年代，蘋果曾經有過一段慘澹的歲月，而當時公司的董事會，就曾經把現在大家心目中蘋果的靈魂人物——賈伯斯 (Steve Jobs) 給拉下台，也不管這樣會不會有點「乞丐趕廟公」，畢竟蘋果這家公司，賈伯斯根本就是兩位創辦人之一。所以給你個良心的建議：在你開門讓資金進來之前，一定要深思熟慮，一定要想清楚這麼做，會產生出什麼樣的董事會，公司的權力（Power；心法 189）有多少比例，會落到新的董事會手中。

沒錢當然不行，但是在引進資金的時候，也要避免將公司拱手讓人，每一步都要看清楚再踏出，每個決定都不可以輕忽。

觀念分享：http://book.personalmba.com/hierarchy-of-funding/

# 自力創業
## Bootstrapping

不欠錢為快樂之本。(*Felix qui nihil debet.*)

——羅馬諺語

需要多少資金，主要取決於你想做什麼生意、想做多大的生意。如果你想要躋身上流社會、想要開一家超級大的公司、想要富可敵國，那麼你肯定需要向外籌資；但如果你平生無大志，只想做點小生意餬口，自由自在地做自己的老闆，那麼你最好不要亂找人合夥。

**自力創業 (Bootstrapping) 是一種藝術**，一種不跟別人拿錢，一樣把生意給做起來的藝術。不要以為創業一定要先籌到一大筆錢、找到金主，相信我，沒這回事兒！你可以量入為出，只用自己存得來、借得到的錢，再配合開始做生意後收到的貨款，加上一點巧思與創意，你就可以活得非常好，根本不用低聲下氣、卑躬屈膝地去向金主伸手。像我自己的公司就只依賴一個支票帳戶、一個儲蓄帳戶，還有一張用公司去申請的信用卡，我覺得這樣沒什麼不好。

自力創業讓你百分之百掌控公司，讓你可以看著自己的心血成長，不用把努力的成果跟什麼都沒做的陌生人分享，還可以想幹嘛就幹嘛，不用每個決定都得問一輪，這些都是自力創業的優點。至於自力創業的缺點，則是在沒有外力幫助的情況下，企業的成長速度一定會比較緩慢，這個缺點呼應我前面說過的：善用融資，企業可以加速成長茁壯。

非萬不得已，我建議不要接受外來資金，除非不引進外部資金無以達成你的目的。放大力量的工具（Force Multipliers；心法 95）確實好用，但你也得付出不小的代價。所以除非你能用外來資金取得非常關鍵的技術或產能，否則我建議你在自有資金與營運現金流入的範圍內進行周轉就好，不要亂向外伸手。

我給你良心的建議，是先盡可能用自己口袋裡跟借得到的錢去做生

意，實在不得已、實在有絕對的必要時，再拿出資金的優先順序由下而上考慮，下層能夠解決的資金缺口，就不要往上。開一家持續賺錢的公司很好，是這隻金雞母的唯一主人更好。

觀念分享：http://book.personalmba.com/bootstrapping/ ↖

## 投資報酬率
### Return on Investment

*聰明的人，都知道財務報表最下面一行的淨利，不見得是人生最高的目的。*
*——威廉・A・渥德 (William A. Ward)，雋語家*

投資東西，當然是希望賺錢，希望你投資的標的能夠增值。而要達到這個目的，你必須懂得如何去估算付出多少本金，能夠拿回多少東西。

**投資報酬率 (Return on Investment, ROI)** 所衡量的是把時間或資源拿去投資之後，能創造出多少價值。聽到投資報酬率，多數人會第一個想到錢。比方說投資一千塊，獲利一百塊，投資報酬率就是一〇％，用算式表示的話就是：（$1,000 + $100）/ $1,000 = 1.10。如果投資報酬率是一〇〇％，那就表示你的資產透過投資，翻了一倍。

**投資報酬率**可以幫助我們在不同的投資選項中做出抉擇。如果你把錢存在銀行戶頭裡，你的投資報酬就等於銀行付給你的利息；而要這麼做，你當然是先選銀行利息高者，比方說二％，而不會去存那家手續費差不多，但只給一％利息的銀行。

投資報酬率好用的地方，還不只在金錢的管理上，聰明如你還可以把這樣的觀念應用在其他通用資源 (Universal Currencies) 的配置上，像是「時間的投資報酬率」(Return on Invested Time) 就是一項利器，可以告訴你某種時間值不值得花。如果有個機會可以賺到一百萬美元，但是你要每天二十四小時工作連續一年，做還是不做？用時間的投資報酬率去思考，你就會發現這一百萬美元的報酬，並不值得你把自己的身體搞

壞、腦袋搞瘋。

每項投資的報酬率，都跟一開始投入的成本有關。你一開始投入的金錢與時間愈多，你的報酬率計算分母就愈大，等同回收的報酬率就愈低。就算是號稱穩賺不賠的投資，像是房子，或者回學校讀書拿學位，也是得要考慮成本的；房子買得太貴，學生當得太久，得不償失的機率仍舊存在。投資報酬率只能猜，你不可能未卜先知，沒有人知道未來會如何開展。計算報酬率就是在猜測未來，而未來基本上是無從猜測起的。

每個投資報酬率的推測，都是一種有根據的瞎猜。只有在頭已經洗下去了，錢跟時間都花了，收穫也已經確定了，你才能算出真正的投資報酬率。天底下沒有什麼投資是穩賺不賠的，你一定得有風險的觀念，要想著任何投資，都有可能出現你沒有想到的問題，千萬不要在投資之前，迷惑於潛在的高獲利。

觀念分享：http://book.personalmba.com/return-on-investment/ ↖

## 沉沒成本
### Sunk Cost

一次不成，再試一次，或許試第二次，再不成就收手吧。沒必要為了一件屢試無功的事情，作賤自己。

——W・C・費爾茲 (W. C. Fields)，喜劇演員

打完二次大戰之後，我的祖父回到美國，開了一家考夫曼建設公司 (Kaufman Construction Company)，在俄亥俄州的艾克朗 (Akron) 接案蓋店面、住家、公家機關，還有公寓。一九六五年，在做了二十五年之後，他開始投身建築業有史以來最大的一筆案子：在波蒂齊大道 (Portage Path) 上蓋一棟二十六戶的五層公寓。

這個建案叫做「巴拉奈爾」(Baranel)，計畫是蓋在兩棟舊房子的基地上；我祖父買下兩棟舊房子，打掉原屋，把地空出來蓋新房子。新建

案所需要的鋼筋與磚頭都已經訂好了，地基也已經按照進度開挖，初估建設成本需要三十萬美金，大約相當於二〇一〇年的兩百四十萬美元。

建案一開始的推動都很順利，直到有天怪手挖到了地層裡有大量的藍色陶土 (blue clay)。這對案子可以說是青天霹靂，因為藍色陶土會讓建築地基變得極度不穩。為了不讓建案停擺，幾千噸的陶土與淤泥必須設法移除，地基才有辦法觸及並建立在穩固的岩盤上，但這意謂著水泥與鋼筋的用量都必須追加，由此完成建案的成本將會暴增，但到底會暴增多少也沒人說得準。

我的祖父有兩條路，一條路是就此打住，讓地主另請高明，另一條路是咬著牙把房子蓋完，而他選了第二條路，畢竟他已經花了很多錢在這塊地上，地基開挖的成本也非常可觀，所以就此打住感覺真的可惜，之前的投資也會付諸流水。於是他另外找了幾個新的股東願意拿錢投資，又拿了公司名下幾筆公寓建案跟自家住宅去抵押貸款，好讓建案可以繼續。

最後房子終於蓋出來了，但是花的錢卻是原本的三倍以上，也就是大約一百萬美元，換算成二〇一〇年的幣值大約是八百萬美元，遠超過這個案子售罄所能拿到的錢。結果是祖父終其餘生，都在應付氣憤的股東與他們請的律師。這是個悲劇，真的，但我們可以從中學到教訓。

**沉沒成本 (Sunk Costs)** 是一旦投入之後，就沒有辦法回收的時間、精力與金錢。不論你再怎麼拗，你都沒有辦法讓這些「潑出去的水」回到桶子裡。一項投資要不要繼續，你應該考慮的不是已經付出而拿不回來的成本，你唯一需要考慮的是把事情完成還需要追加多少成本，而你最終想回收什麼樣的報酬。

沉沒成本做為一種概念，並不難理解，真正難的是實踐。如果一項工作你已經投入了多年的青春去做，中途才發現志趣不合，或者你已經投資了幾百萬美金在一項計畫上，這才發現未來還得再追加幾百萬元，試問有多少人能夠當機立斷、壯士斷腕，說放棄就放棄？都已經投資了這麼多有形無形的心血，半途而廢感覺就是不對，更別提那種血本無歸

的空虛感。但現實是，不論你再如何努力，事情也沒有轉圜的餘地，已經付出的投資也不會回來；你能做的，只有根據現在的處境與條件，採取最合理的行動，把損失降到最低。

人都會犯錯，沒有人是完美的。回頭看，你一定做過讓自己懊悔的決定，這是確定的，你不需要、也沒辦法否認。如果可以回到從前，在很多事情上你都會更聰明，可惜你不行。留得青山在，不怕沒柴燒；東山再起的機會一定還有，你必須保留實力，不要執著在已經沒有搞頭的事情上面。把良幣拿去救劣幣，不是最終贏家會做的事情。

既然知道是無底洞了，就不要把水泥繼續往下填，因為你既然填不滿，就不要浪費水泥的錢。不值得走的路，就請立刻掉頭；在某處跌到，不表示你一定得在同一個地方爬起來；在 A 處賠掉的錢，你可以去 B 處賺回來。只要划不來，就立刻退開，不用管你已經付出多少，這就是沉沒成本觀念的精髓。

觀念分享：http://book.personalmba.com/sunk-cost/ ↘

心法 129

## 內控
### Internal Controls

一件不可能永遠繼續下去的事情，終究會自己慢慢停止。

——赫伯・史坦（Herbert Stein），經濟學家

長時間追蹤自身財務跟營運資料的一大好處，在於你能藉此去觀察出營收、成本與價值流（Value Stream；心法 82）的模式。假以時日，這些模式將有助於我們從事預算的規畫、營運的監督、法規的遵循，還有竊盜跟詐欺的預防。

內控是企業為了蒐集精確數據、維持企業運作順暢，還有察覺問題而使用的一整組特定「標準作業程序」（Standard Operating Procedures；心法260）。一家公司的內控愈好，其財報就越可靠，你對公司營運的品質就

能愈有信心。內控的效益主要顯現在四個部分：

**預算**是估計未來成本，並採取行動去確保這些估計不會無緣無辜被超過的行為。預算的重要性，在於協助控制「利潤率」、現金流週期、槓桿比率。萬一你的企業在某個時期中打破了預算，那你就可以採取行動進行控管。

**監督**對於靠員工跟外部廠商來負責重要流程的企業來說非常重要。建立與產品交期、品質、成本與系統失效等相關的控制手段，你就能進行評估，並在標準下降或業績目標未達成時進行必要的變革。

**遵循**對受到政府法規影響較大的產業甚為要緊。這類公司可能有義務在營運中進行特定數據的蒐集與通報。內控可以確保這項數據完整且精確，進而避免掉風險、嚴重虧損與潛在的法律問題。

**竊盜與詐欺的預防**，是避免公司遭有心人士鎖定而蒙受財務損失的重要手段。扎實的內控可讓人較易察覺事情有異，確認是誰在搞鬼，並在將騷動降至最低的前提下排除狀況。

在以上所有領域中，由中立的第三方來稽核數據跟控管流程都能產生效果。為了發覺並糾正出錯誤，稽核不可或缺，特別是對可動零件甚多的大企業而言。**稽核有助於確保公司的數據品質，且能增加債權人、投資人、股東與政府主關機關對企業素行的信任。**在任何狀況下，稽核方都不應該與稽核結果有利害關係：這種職能分工（Segregation of Duties；心法 119）會有助於確保稽核的結果無誤，尤其是當稽核結果很難看的時候。

財務控管也有助於你將自家公司與同業進行比對。每年，風險管理協會（Risk Management Association, RMA）都會將來自各產業與企業的巨量數據編纂出來。風險管理協會的「數據組」（data set）會方便你觀察不同規模但都周轉無虞的企業是如何將某期間內的花費分配在行銷、銷售、價值交付工作上。

銀行與投資人會靠風險管理協會的數據去判斷他們檢視的企業正不正常。如果一家公司的成本符合營收，外方就較可能判斷這家公司屬於低風險。如果一家公司的銷售與行銷花費是正常值的三倍，那這就可能是一道警訊，不論那背後的原因是產品出狀況、生產效率差，還是單純有人手腳不乾淨。

　　產業內組織也可以提供有用的數據。許多市場都有公會組織在蒐集與分享成功案例的資訊。透過自家與同業資訊的比對，你將能更了解自家公司的表現良窳，還有公司哪裡需要改進。

觀念分享：personalmba.com/internal-controls/

第六章

# 人心
## The Human Mind

心理素質，決定了比賽九成的勝負。

——尤奇・貝拉 (Yogi Berra)，妙語如珠的紐約洋基隊傳奇捕手

　　在談過了企業運作的許多基本要件之後，我們現在要進一步談人心的奧妙。

　　公司是人開的，而開公司也是為了人。我們前面在價值創造與價值交付的段落中都曾經說過，如果沒有人的需求或欲望，世界上就不會有企業，而如果沒人想到要去滿足這些需求或欲望，企業就動不起來。

　　人類如何吸收資訊、如何決定、如何取捨事情，都是至關重要，都是我們需要去學習的功課；唯有把這一門課修好，你才有可能成功創業，才有可能讓企業在競爭激烈的商場上

生存。一旦掌握了人心，知道了人都在想什麼，你就更能以事半功倍的方式達成目標。

觀念分享：http://book.personalmba.com/human-mind/

## 心法 130

# 穴居人症候群
## Caveman Syndrome

所有的先人集合起來，是一個文庫，而每個後人都是一句引言。

——拉爾夫·沃爾多·愛默生，散文家、詩人

活在十萬年前會是什麼感覺。沿著河岸搜尋食物的你，正全神貫注地找著哪裡有魚、有可以吃的植物，或者是有無其他動物能成為你的獵物。日正當中，這一天你已經步行了約十公里，你長繭的雙足還得再辛苦十公里，才能休息。

再過幾個小時，你會停下來喝點水、乘個涼，畢竟下午的太陽實在太強，休息一下可以幫助你保留實力。

走著走著，你的視線落在了約六公尺外一叢小小的灌木。你的心跳了一下，因為你認得這叢灌木的樹葉形狀，你知道這種植物的葉子跟根部都可以吃。於是你開始挖掘，你的如意算盤是連根把整叢灌木放進背上的手編籃子裡，當作戰利品給帶回家。

說時遲那時快，你眼角的餘光注意到周圍有動靜，原來你身邊來了一條巨大的眼鏡蛇，距離你不過一公尺多。這蛇豎起有著獨特警告花紋的身體，頭扁扁地露出毒牙，看來已準備好出擊。你沒有時間思考，只感到全身腎上腺素狂飆，心跳直線加速，於是你一躍而起，拔腿全速狂奔，至於食物早就已經拋諸腦後。

起初你不斷地跑，不敢稍歇，一直到了威脅遠離，你才停下腳步，花幾分鐘恢復呼吸；你因為激烈運動與精神壓力而仍不斷發抖，畢竟這時腎上腺素的作用已經慢慢消退。對於沒拿到吃的你很失望，但能活下

來才是最重要的。

等你稍微恢復之後，你又重新開始覓食、開始尋找可以躲避烈日的棲身之所。今晚你則會回到部落，把你找到的食物跟族人分享。

你跟每位族人都很熟稔，因為整個部落不過四十來人，人際關係非常緊密，畢竟你們聚在一起，就是要保護彼此不受動物與其他部落的侵害，尤其是後者，他們定期會來突襲，目的是要奪取你們的資源。身為同一個部落的成員，你跟大家會一同製作叉子與網子去捕魚，會把燧石製作成刀子與斧頭來遂行獵捕與防禦的目的，會創作籃子與陶罐用以儲存食物。

這時在剛剛生起的火焰上面，有隻羚羊正烤得茲茲作響，早先部落裡的獵人鍥而不捨地追逐這隻羚羊，終至其力竭而亡，而這種狩獵技巧或可稱之為「死纏爛打」吧！到了傍晚，你會坐在部落的火堆旁，這火一方面可以用來烹煮食物，一方面也可以讓獵食性的動物不敢靠近。大夥兒圍著火光席地而坐，分享著白天發生的事情，直到故事說得差不多了，累了，你和大家夥兒就會沉沉睡去。隔天早上醒來，這樣的日子又會重新來過。

人的生理構造是為了適應十萬年前的生活而設計，並不見得適於我們此刻所身處的環境。活在今日，食物已經是唾手可得，獵食動物想看只能去動物園，你也不用整天靠自己的雙腳四處跋涉，要的話有很多交通工具可以代步，何況現代人大部分時間從事的都是靜態的活動，最常見的就是坐在電腦桌前面敲敲打打。在這樣的環境中，我們面臨的是完全不同的威脅，受到威脅的是我們的腦部與身體，而威脅我們的是許多文明病，當中包括肥胖、心臟病、糖尿病、阿茲海默症、與癌症。

我把這種狀態稱為「穴居人症候群」(Caveman Syndrome)：你的腦部與身體，其設計原本就不適合現代。現代人在職場上求生存，一個很大的挑戰就是我們的大腦與身體，其設計是要讓我們在野外存活，不是要一天在室內工作十六個小時。商業活動的出現，不過是人類歷史上晚近的事情，我們的生理構造根本還沒有時間去演化調整。

所以，不要對自己過於嚴苛，你的軀殼不適於當前的工作內容，並不是你的錯。也不用覺得自己特別差，因為所有人都有相同的問題，我們都是用過時的硬體，在跑著對運算能力需求極高的最新軟體。

觀念分享：http://book.personalmba.com/caveman-syndrome/

## 好表現的條件
### Performance Requirements

如今所有喜悦都沒了鹹味，所有歡樂都點綴著疼痛，所有開心都斑駁地帶著疲憊與懊悔的痕跡。

—— 勞勃・佛斯特 (Robert Frost)，美國詩人

　　狂灌咖啡、紅牛提神飲料，拼命熬夜，是有其極限的。如果你想在工作上有好的表現，就一定要好好照顧自己。如果你不給自己足夠的休息與營養，你很難走得長遠，你在工作上的目標也將難以實現。

　　你的心靈依附在肉體上，所以本質上也是一種生理系統。因此常常當我們感到心累，覺得情緒低落，都只是一種自然的生理反應，都只是身體在告訴我們該吃飯了，該出去走走放鬆一下了，該休息了。

　　你不可能把憑空就想把事情做好，我們的身體有其創造出「好表現的條件」(Performance Requirements)，就像油箱空了或引擎壞了，車子就無法行駛，你的身體若未能攝取一些必需品，也就無法好好運行。工作一多，很多人會直覺地把工作擺在第一而忽略了健康。然而這麼做是錯的。聰明如你若想把事情做好又不把自己累垮，就應該把自己的身體健康放在第一位。

　　**營養、運動與休息是身體創造能量不可或缺的燃料。**少了這三樣東西，你的工作表現一定會大打折扣。下面我提出幾項建言，你可以照著去讓每天精神飽滿，工作再創高峰：

　　**攝取優質食物和充足水分。**正所謂「垃圾進，垃圾出」（Garbage In,

Garbage Out；心法 236）。我要說的是，你要注意自己吃進去的都是些什麼東西。盡可能避開精製的糖或加工食品。套句美食作家麥克‧波倫 (Michael Pollan) 的話，只要是你祖父母不能一眼就看出是食物的東西，還是少吃為妙。只在上午攝取適量的咖啡因，下午的話茶或加味水會比汽水好，盡量自備水壺以隨時補充水分。

**養成運動的習慣。**約翰‧麥迪納 (John Medina) 在所著的《大腦當家》(*Brain Rules*) 中說到，就算是低強度的體能活動，也有助於提升人的體能，讓思路清晰，讓你更能專注在重要的事情上。**散個步，跑個步，跳個繩，或做點瑜伽，都可以讓你打開心裡的死結，讓你準備好面對忙碌的一天。**我有個習慣是拿把十四磅的榔頭揮一揮，[1] 讓我的血液循環更好，這樣的運動或許你聽著奇怪，但所費甚低，而且也不需要太大的室內空間，所以深得我心，只是要小心不要砸爛家裡的東西。

**每天至少睡七到八個小時。**睡眠充足可以協助整合大腦的樣式比對（Pattern Matching；心法 139）與心智模擬（Mental Simulation；心法 140）功能，所以千萬不要睡眠不足。我會撥鬧鐘提醒自己上床，讓自己在入睡前有時間放鬆心情。在床上好好休息八到九小時可讓你獲得更充足的深度睡眠和快速動眼期睡眠。

**太陽要曬，但不要過量。**光線可以穩定你的生理時鐘 (circadian rhythm)，決定你的睡眠周期。我會使用一些設備 [2] 來給自己進行光療，讓自己即便是在冬天，也可以接觸到足夠的光線。**早上只要簡單曬個十分鐘的太陽，你晚上就會睡得比較好，一整天的心情也會比較好。**

我經常去實驗有哪些新方法可以提升體力、生產力與情緒，我也建議你這麼做。指導結構（Guiding Structure；心法 136）可以讓生活型態的調整更為順暢，就以我為例，生活環境的結構一改變，我的作息與飲

---

1. 要進一步了解我的榔頭操，可前往：http://www.shovelglove.com/。
2. 我用的是飛利浦 goLITE 藍光 LED 燈，效果非常好，我很推薦。這燈體積小，不占空間，但是很亮，很好攜帶。

食也在無形中完成了。不要害怕嘗試，因為新的作法說不定就能帶來進步，只要別把命試掉就好。

觀念分享：http://books.personalmba.com/performance-requirements/

## 洋蔥腦
### The Onion Brain

*此處意見，不見得代表我整顆心的立場。*

——馬爾坎・麥可馬洪 (Malcolm McMahon)，利物浦主教 (Archbishop of Liverpool)

多數人都感受得到自己腦子裡有個聲音，無時無刻不在對周遭世界發表意見；這個聲音有時能斬釘截鐵地大放厥詞，但大部分的時候，這聲音充滿了不確定，流露著疑慮，甚至讓人覺得有點怯生生的。

還好，這聲音跟「你」之間，不能畫上等號。

「你」是大腦的一小部分，而你腦中的這個聲音，只是一個公共播放系統，宣傳著大腦自動在進行的各項工作流程。所以我說這個聲音不是你——你的意識是大腦用來處理沒辦法交由自動導航的工作、用來解決難題的利器。

由於人的行為根源於大腦，所以我們要了解腦的結構，才能了解人的行為。下面我會用最最最簡單的話，來解釋大腦的運作方式。

你可以把大腦想成為一顆洋蔥，也就是標題說的洋蔥腦 (Onion Brain)，因為人腦跟洋蔥一樣層層疊疊，最核心的一層叫做後腦 **(hindbrain)**，主要負責的是讓你活命。後腦掌管的是與生存相關所有的生理功能：心跳頻率、睡眠機制、清醒、反射動作、肌肉運動，乃至於各項生理衝動。

後腦位於腦的基底，有時又稱為「蜥蜴腦」(lizard brain)，因為這一基礎的神經結構也出現在所有我們的演化祖先體內，包括爬蟲類與兩棲類。後腦主要負責產生訊號，將訊號經由神經傳導到身體的各部分，藉此

操縱肢體的動作。

在後腦的上面是中腦 (midbrain)，負責的是感覺訊息、情緒、記憶與樣式比對（心法 139）。我們的中腦會不斷自動地預測接下來會發生的事情，然後把訊息回傳到後腦，後腦接到通知，便會號令身體做好準備因應。中腦如果是播報員，那後腦就是麥克風。

中腦的上面，是一層薄薄的、皺褶的組織，名字叫做前腦 (forebrain)。前腦不大，只是薄薄的一層神經物質，其作用是控管人類特有的認知能力：自我意識、邏輯、思慮、自我抑制，乃至於抉擇。

從演化發展的角度來看，前腦是一種非常新的東西，其演化很可能是要幫助人類處理模稜兩可的事情。很多時候我們的中腦與後腦才是主角，因為面對外在環境，我們很多的反應都是憑藉著一股直覺與自動導航。但是當我們遭逢到意料之外的事情，或是不熟悉的事情，這樣的做法就必須有所改變，因為中腦對環境的預測能力就會喪失，而這時前腦就派上用場了，前腦會挺身而出，開始蒐集資料，評估下一步有哪些選項。

經過若干思量與分析之後，前腦會根據當時的利害關係，決定該怎麼做。一旦做出抉擇 (Decision)，中腦與後腦就會再回到正常的軌道上運作，執行前腦決定的行動方針。

神經科學專家大概已經聽不下去了，因為對他們來說，這樣的分類實在太簡略，太隨便了，但對一般人來說，這樣基本的分類已經稱得上堪用。❸ 我的良師益友 P・J・愛比 (P.J. Eby) 是位「心靈駭客」，他用了一個很精采的比喻來解釋人類心靈不同部分之間的互動關係，他說：你的腦子是一匹馬，而「你」是騎士，你的「馬」有其智慧，會自己跑，會看到障礙物，遇到危險或威脅會停下腳步，而「你」身為騎士的功能，是設定行進的方向，給馬兒信心往前走。

在工作上要有所成，你必須讓自己擺脫腦中聲音的牽絆；這股聲音

---

3. 要進一步了解人腦的神經生理學，可參考《湊和著用：人類心靈的隨機演化》(*Kluge: The Haphazard Evolution of the Human Mind*)，作者是蓋瑞・F・馬可士 (Gary F. Marcus)。

前面說過，充其量只是個廣播員，其維持注意力的能力，只約當於一個兩歲小孩喝了幾罐紅牛後的水準；這股聲音的工作，是要凸顯你的環境中有哪些事情可能值得你去留意，可能滿足你的核心人性需求（Core Human Drives；心法 4），或者可能對你產生威脅。這個聲音不是聖旨，你聽到的東西只能當作參考，不見得都對。

靜坐冥想是一種簡單的練習，可以幫助你澄澈心思，讓你暫時擺脫這股聲音的糾纏。靜坐冥想不是什麼玄學，沒有什麼神祕可言，你只需要呼吸，遠遠地看著你的「猴子腦」去忙它自個兒的。一段時間之後，這個聲音就會變小，你維持航道、不受干擾的能力就能提升。

**每天撥時間稍微靜坐一下，你就能揮別擔心害怕，揮別不知所措，重新感覺到對自身命運的掌控。**

觀念分享：http://book.personalmba.com/onion-brain/ ↖

心法
**133**

# 感知控制
## Perceptual Control

有機體的行為是控制系統的產出結果，其目的是要控制感知維持在冀望的參照值上；亦即，行為就是感知的控制。

——威廉‧T‧鮑爾斯 (William T. Powers)，控制系統理論專家

在全世界商業（和商學院）的聖殿當中，史基納 (B.F. Skinner) 是為無冕王。

史基納身為心理學研究中的行為學派運動健將，主張生理系統對特定的刺激，永遠會回應以特定的動作。控制刺激，你就能控制行為。用獎賞與懲罰去「制約」有機體，有機體就會學會照你的意思去表現。

數十年過去，行為學派已經喪失了在心理學研究中的主流地位，研究已經昭示行為絕非光用幾招黑臉、白臉或棍子、胡蘿蔔就可以操弄。可惜的是，這樣的流變並沒有延伸到商業界。因此我們看到在全球的企

業之間、在商學院的課堂上，大家還是悶著頭在研究怎麼樣可以用各種正向或負向的刺激，去完全掌控員工的行為，讓他們成為企業的傀儡。

在實務上，人類的行為近似於恆溫器 (thermostat)，這東西的組成包括一個感應器、一個溫度設定，還有一個開關或調整器。感應器負責判別周遭環境的溫度，只要溫度沒有超過設定的範圍，恆溫器就不會運作。而一旦周遭的溫度降至設定的下限之下，開關會自動打開暖氣；等到室內溫度因為暖氣上升到設定的範圍內，開關就會自動把暖氣關掉。

恆溫器與環境溫度之間的關係，就叫做「感知控制」(Perceptual Control)。恆溫器會比較設定溫度與所感受到溫度的差異，藉此去控制室內溫度，要是室內溫度超出設定的範圍，恆溫器就會介入，但如果溫度還在範圍之內，恆溫器就不會輕舉妄動。介入後只要溫度回到設定的水準範圍內，恆溫器就會停止運作，直到設定的溫度範圍再次遭到突破。

有機體，包括人類，本質上都是有生命的感知控制系統。以人來說，我們的行動準則就是要把感覺維持在可接受的範圍內。我們穿外套不是因為天冷，而是因為我們感覺到冷，感覺到不舒服。如果光線太亮太刺眼，我們會找有陰影的地方躲避，會把窗簾的百葉窗拉下來，或是戴起墨鏡，而這都顯示行動決定感知，而我們採取什麼行動，最終都取決於我們當下身處的環境（Environment；心法 223）。

在《搞懂行為：控制的意義》(Making Sense of Behavior: The Meaning of Control) 一書中，威廉‧T‧鮑爾斯說明了控制系統理論如何解釋人類各式各樣的行為，他用的例子是：汪洋中有一條船，遇到了暴風雨，正是所謂風雨飄搖之際。

這時甲板上的一塊石頭，就算不上是一個控制系統，因為這塊石頭並不想要任何東西，所以也就不會去控制什麼東西，反正物理的定律讓它往哪兒，它就往哪兒；但甲板上的一個人，會想要站穩，因此會採取許多行動去設法站直，包括改變重心、調整位置、握住桅桿等等。如果這位仁兄跌了、摔了，他會千方百計重新站起來。

「環境」決定了需要什麼行動，才能讓人類的感知回到控制範圍之內；

控制不等於計畫，控制是透過調整去因應環境的變局，去因時制宜。風暴中的人類沒有辦法預判該採取何種行動去站穩腳步，因為他們不可能預判環境會如何變動，只要當環境的變動真的發生了，他們才能根據自己當時所能掌握的資源與選項，見機行事。

「感知控制」說明了何以同樣的刺激常常會產生不同的回應。有一個很好的例子，可以說明為什麼刺激／反應模型並不能解釋所有的事情，那就是許多雇主愛用來強化員工生產力的一樣東西：加班費。如果身為老闆的你希望領時薪的員工能多做一點，你應該調高加班費，不是嗎？

不見得。員工如果仍受到收入的制約，仍會為多點收入去控制自己，多半是因為他們缺錢，想多賺點錢，這類員工或許會因為調高加班費而留晚一點；但如果是覺得自己賺的錢已經夠了的員工呢？這部分員工就會維持工作班次不變，甚至少做一點，因為他們希望透過控制去維持一定水準的收入，加上有時間去從事他們私人的活動，比方說跟家人享受天倫之樂，或是去從事一些副業或者休閒活動。調高加班費會讓他們更快賺到心中合理的收入，這樣他們反而可以早點下班。

加班費作為一種動機，可以產生三種不同的結果，其中兩種剛好完全相反，一種是加班，一種是早退。這也就難怪行為學派成不了氣候了。

在了解人類行為動機的旅程中，感知控制代表了一種根本上的思潮改變。一旦你了解了人的行為是要去控制自己的感知，你就更知道該如何去影響人的行為。

觀念分享：http://book.personalmba.com/perceptual-control/

心法
134

# 參照水準
## Reference Level

行為的發生，必然是因為現狀與我們的期待，當中出現了落差。

——菲利浦·J·朗克爾 (Philip J. Runkel)，
奧勒岡大學 (University of Oregon) 心理學與教育學教授

在每個感知控制系統的核心，都有一個參照水準 (Reference Level)，而所謂參照水準，指的是某個範圍內的感知，只要人的感知在這個範圍內，系統就算是「在控制之下」。如果某個感知落在系統的參照水準範圍之內，就不會有事情發生；萬一感知超出了感知的參照水準範圍，不論是過高或過低，系統就會採取行動，好讓感知能夠重返控制的麾下。

參照水準有三：設定值 (set points)、設定範圍 (ranges)、錯誤值 (errors)。

「設定值」(set points) 可能是最小或最大值。恆溫器所運用的就是設定值，只要溫度降低到特定的數值以下，恆溫器就會啟動暖氣。人體內的褪黑激素 (melatonin) 也同樣有其設定值，一旦退黑激素的濃度跨過某個門檻，你就會感到睡意。

企業的財務管控也運用到設定值的觀念：只要公司的營收高於設定值，費用低於另外一個設定值，那你就不會有問題。如果費用暴增為正常的三倍，或者營收跌破所需無虞（Sufficiency；心法 101）的水準，正常來說你就會當機立斷採取行動，你會想要知道多出來的費用都花到哪兒去了，會想要讓費用回到正常水準。

「設定範圍」(ranges) 就是設定一個可接受的數值區間。設定值與設定範圍的差別在後者有上下限，是一個範圍。設定值只有一個點，感知必須高或低於這個點，才算是在控制之內；但如果套用的是範圍，那麼感知只要是落在上下限之間，就都算是沒有失控。

比方說，人的體內有控制血糖高低的系統，而血糖相當於供應人體能源的燃料。血糖過與不及都會威脅到生命，所以人體的機制會去維持血糖在可接受的範圍之內，如果血糖太高，身體就會分泌胰島素，讓多出來的血糖要嘛進入細胞，要嘛離開細胞，總之不要在血液中遊蕩。只要血糖維持在一定的範圍之內，人的身體就不會有什麼反應；要是這個範圍遭到突破，你體內的調節機制就會啟動，設法讓血糖重新受到控制。

「錯誤值」(errors) 本身也是個設定值，只是這個值是零；只要某項感知的錯誤值不是零，狀況就一定是出了問題。大部分的時候，皮膚中的

痛覺神經什麼也不做，因為正常情況下，你並不會一直覺得痛。但萬一你不小心割到自己，痛覺神經就會發出訊號，告訴大腦出事了，而感受到痛的你就會採取行動。在企業內部，客服部門就扮演類似的角色；如果沒有客人打電話來抱怨，那就表示公司的營運沒有問題；反之要是抱怨的電話響個不停，或是客服信箱被塞爆，你就該趕快醒醒。

　　想要改變某種行為模式，你必須要嘛改變系統的參照值，要嘛你得改變系統運作之環境。回到恆溫器的例子，如果你想把暖氣關掉，一個辦法是把溫度的設定值降低。如果公司的費用暴增為上個月的三倍，但你知道那是因為你們剛好有個大型的行銷計畫，公司財務就沒有失控之虞；如果你正在刺青，痛得要死也不需要大驚小怪。

　　感知本身並沒有改變，但在上述的狀況下，你並不會急著去做些什麼，不會急急忙忙想要「撥亂反正」，因為事情根本沒有「亂」，而是本來就該這樣。改變參照值，系統的行為就會改變。

　　主動去定義參照值，並持續因時因地做出調整，可以幫助你改變行為。擔心花費超支，你可以擬定預算，讓你知道單月營收目標 (Target Monthly Revenue) 要達到多少，公司才能所需無虞；擔心太胖或太瘦，你可以去看醫生，透過專業協助來了解自己的理想體重，了解你對體重的認知符不符合醫學常識；如果你每天工時長達十二個小時，實在太累了，你可以把參照的工時下調到八個小時以內，這樣你的工作習慣就會慢慢改變，效率就會慢慢提高。

　　改變參照值，你的行為就會自動調整。

觀念分享：http://book.personalmba.com/reference-level/ ↖

## 心法 135　保留實力
### Conservation of Energy

人類行為的基本原則就是人會花最少的力氣去滿足一己之慾。

——亨利·喬治 (Henry George)，《政治經濟學》(The Science of Political Economy)

放諸四海皆準的一項人性是：好逸惡勞。客觀一點來看，偷懶是人性，不是罪惡。

你能想像遠古的人類每天像無頭蒼蠅一樣地跑來跑去，把自個沒來由地給累死嗎？這時要是有肉食動物或敵對的部落出現，他們不就只能束手就擒，或成為弱肉強食裡的食物了嗎？我想說的是，在演化過程中，人類已經懂得不要浪費體力，學會保留實力（Conservation of Energy）。

過去幾十年來，學界針對馬拉松（四十二點一九五公里）與超級馬拉松選手（八十到一百六十公里）進行了許多研究，增進了我們對於人體痛覺反應的了解。研究人員發現當你自覺累到快要死掉的時候，其實你大概還有七、八十年好活。**大腦讓你的身體覺得受到威脅，只是當作一個幌子、一種警告，好讓你適可而止，保留實力。**

除非參照水準遭到突破，否則正常人都會找個地方休息，而休息就是保留實力。兩個室友，一個乾淨一個髒，對其中一個來說，髒碗怎麼能不洗？即便只用了一個小盤子，也得立刻洗好拿去晾；對他而言，髒碗盤失控的參照水準是零，只要有一個盤子沒洗，就是世界末日。但對房間的另外一位房客而言，只要碗槽還裝得下髒碗盤，就沒有什麼好擔心的，等到髒碗盤快要滿出來，他自然會去洗，對他來說，髒碗盤如果是個問題，其參照值就等於碗槽的容量。參照值不同，行動方針也跟著不同。

只要你覺得自己的體重、健康狀況與體能都還過得去，那你多半不會去改變自己的飲食模式，也不會去增加平日的運動頻率；如果你的自我感覺還算良好，也不覺得自己朋友太少，你大概就不會去努力想改善自己的人緣，也不會想要多認識新的朋友；如果你覺得自己的收入還可以，你大概就不會想要兼差。

保留實力的觀念說明了何以有些人會數十年做著一份吃不飽餓不死的無聊工作，不用擔心被開除但也升不上去；他們不覺得這份工作有多好，但也不會想另謀高就。既然勝任得了這份工作，又有薪水可以度日，

壓力又不會太大，不會有太大的挫折感，很多人就會日復一日地留在這樣的崗位上，不會想要做點什麼去追求更好的位置，不會想要跳槽，更不要說會想要創業了，他們的字典裡，沒有冒險創業這幾個字。人會行動，一定是因為自己的參照值遭到突破，只要自己的現狀還能符合期待，很多人就會一動不如一靜。

有些資訊可以改變你的參照值，進而激發你去行動，這樣的資訊非常有其價值。我會開始建立課程，開始以 Personal MBA 之名開始提供建言，一個因素是我想到當個企管書作家與職涯顧問，能讓我的生活中充滿了學習，還能讓我在幫助別人之餘賺到不錯的收入。想到這裡，我原本的參照值就守不住了。如果別人當個成功的企管書作家與職場顧問，可以名利雙收，我何苦還守著白天的雞肋職位不放呢，我也喜歡當作家給人建議啊！我愈了解別人是怎麼成為成功的企管書作家，我愈覺得自己可以加入他們，也愈有動力想要朝這條路走下去。

在羅傑·班尼斯 (Roger Bannister) 特於一九五四年刷新紀錄以前，用不到四分鐘的時間跑完一點六公里，被認為是無法超越的人體極限。但在班尼斯特成為第一個做到的人之後，後起之秀就沒有了這樣的心理障礙。結果短短三年，也就是截至一九五七年，十六位田徑選手都跑進了四分鐘。其實從頭到尾改變的只有運動界的參照值，但結果證實了只要運動員相信自己可以，他們就真的可以。

好書、好雜誌、部落格、紀錄片，甚至是可敬的對手，都是有價值的，因為他們可以打破你對自己原本的期待，讓你心中原本覺得不可能的事情，變成可能。一旦發現別人在做著你原本覺得不可能，或不切實際的事情，你的參照值就會出現化學變化，一種好的變化。你只需要知道一件事情，那就是你的夢想絕非空想，只要你肯，辦法都是可以想的。

觀念分享：http://book.personalmba.com/conservation-of-energy/ ↖

# 指導結構
## Guiding Structure

> 長期而言——甚至往往是短期而言——你的意志力都會難敵你的環境。
>
> ——詹姆斯・克利爾 (James Clear)，《原子習慣》(*Atomic Habits*)

假設你決定從飲食中戒掉精製糖。鋪天蓋地的證據顯示那不利於你的健康，你相信你的生活品質會因為戒糖而獲得改善。問題只有一個：糖很好吃，而你一離開糖就會感受到讓你難以抗拒的渴望。那麼要怎麼做，才能讓改變你的飲食習慣變得容易一點呢？

一個很有效也很簡單的策略是：不要在雜貨店內購買內含精製糖的產品，讓家裡不要出現任何含糖的食品，改買能符合你內心標準的健康零嘴。如果你在餓的時間跟地點身邊沒有糖，但隨手就能取得替代品，那你就不需要去抗拒誘惑了：你立即性的環境結構會讓你自動進入新的行為模式。只要花幾分鐘的意志力去改變你周遭的世界，你想用新的方式去生活就會容易很多。

**指導結構 (Guiding Structure)** 作為一種觀念，說明了影響人類行為最大的決定因素，就是環境的結構。如果你想要改變行為，你該針對的不是行為本身，你應該針對的是造成這項行為的結構性因素，搞定這些因素，行為自然會風行草偃。不想吃冰淇淋，一開始就不要買個好幾盒冰在冰箱裡。

在荷馬的《奧德賽》(*Odyssey*)，主人翁奧德賽跟他的船員準備要駕船駛過賽倫 (Sirens) 的島嶼，而所謂賽倫，是神話裡一種半鳥半人的女妖，其歌聲之美，水手聽到了就會喪失理智，自行撞船。與其依賴自己的力量去抗拒賽倫女妖的誘惑，奧德賽決定要改變身處的環境；他把手下船員的耳朵都用蠟給封起來，然後綁在船桅上。誘惑因此獲得避免，奧德賽與水手們於是安全通過了這段危險的海域。

改變環境的結構，你的行為就會自動改變。加一點點摩擦（Friction；

心法 256），或者把特定的選項直接完全拿掉，你就會發現要專心致志在自己的目標上，其實並不如想像中困難。說到指導結構，一個很好的例子是一九八一年由聯邦飛航局 (FAA) 所制定的「無菌駕駛艙規則」(Sterile Cockpit Rule)。大部分的飛航意外發生在一萬英呎以下，在這個高度之下，機師稍微有點分心，都可能導致全機的人萬劫不復。在一萬英呎以上，機師可以百無禁忌，口無遮攔，但是在一萬英呎以下，所有的對話都必須與飛航有關，嚴禁閒聊。把分心的可能降到最低，「無菌駕駛艙規則」成功地壓縮了人為過失與意外的空間。

改變身處環境的結構，你會驚喜地發現行為的改變水到渠成。

觀念分享：http://book.personalmba.com/guiding-structure/

## 重新組織
心法 137
### Reorganization

*漫遊不等於迷路。*

——托爾金 (J.R.R. Tolkien)，《魔戒》(*The Lord of the Rings*) 作者

感知一旦違反了系統的參照水準，行動就會發生，最終讓感知恢復秩序。這樣的反應，有時候有著明確的定義，這一點我們前面已經討論過了，就像人體知道何時應該調解血糖。但更多時候，你並不知道失控的是什麼，遑論該如何回應。

有些感知是很抽象的，比方說「工作滿意度」。你心中對於「上班時的我該多開心」，會有一個設定值，而對工作滿意度的感知，是你實際工作體驗的平均值。好的經驗，會拉高平均值，壞的經驗則會拖累之。

如果你的工作滿意度低於理想的水準（參照水準），大腦就會介入，就會下令採取行動。你會告訴自己：「我不如希望中快樂……我得改變現狀。」

問題是：你不知道現狀哪裡需要改變。你到底是應該要換部門？換

公司？轉換職涯跑道？還是直接跳出來創業，自己當自己的老闆？要回答這些問題，你需要重新組織。

重新組織 (Reorganization) 是一種隨機的舉措，發生在參照值遭到突破，但你不知道該如何讓感知回到正軌的時候。很多人會有所謂的中年危機，甚至青年危機，就可以當作例子來說明重新組織的功用。你不知道該怎麼消除心中的煩躁，於是你開始行為異常，比方說你可能會決定為了辭職而辭職，到歐洲自助旅行，刺青耍酷，或是去買了台大家都說男生一生都得有一台的昂貴重機。

重新組織讓你感覺彷彿是自己迷失了，你覺得抑鬱到快無法喘氣，覺得自己快要瘋了，而這些都是非常正常的反應。你會開始胡思亂想，開始出現各式各樣匪夷所思的念頭，為了改善現狀，你開始覺得可以不擇手段。有時候，我也會壓力很大，我會開始覺得放棄現職，改行去當工友，聽起來好像也很不錯。當工友既輕鬆，又不用想太多，薪水一樣照領。但你真的覺得這樣做好嗎？我想答案是否定的，但這樣的想法，這樣的心路歷程，是非常正常的，很多人都這樣想過，包括我。我也會狗急跳牆地想要做點什麼，好讓生活回到常軌，讓自己的心情平靜下來。

重新組織是學習所需的一種基礎，跟神經傳導有關。我們後面會討論樣式比對，也就是說我們的心靈是一種機器，學習的機器，觀察到因果關係，人的心靈會將之連結起來。如果你的心靈還沒有學會要如何去面對某種特定的局面，最好的辦法就是嘗試新的事物去蒐集資訊。**重新組織的意義就在於此，你必須要有一股衝動去思考或嘗試新的事物，看看能不能走出新的道路。**

面對重新組織，最重要的是不要排斥；我知道大家都會在心裡告訴自己現在的生活沒什麼不好，但這樣往往會導致你去壓抑內心想要嘗試新事物的衝動，進而讓自己沒有辦法去學習新知。

心中住著想要嘗鮮的「黑暗騎士」非常正常，一點都不值得奇怪。有這樣的心情，只是表示你的生活有一部分讓你不滿意，你的某項感知失控了，這時你便需要重新組織來取得新的資訊，進而用這些資訊來突破

現狀。一旦你學會了如何讓感知恢復秩序,重新組織就會告一段落。

感到失落的時候,請你不要對自己失去信心,感到失落只是表示大腦在蒐集資訊,有了這些資訊,大腦才會知道下一步該怎麼走。擁抱想要嘗鮮的衝動,你就能盡快完成重新組織的過程,走出新的一片天。

觀念分享:http://book.personalmba.com/reorganization/

## 衝突
### Conflict

*很多最困難的問題,想要解決,我們思考的層級,必然得超越我們創造出這些問題時的水準。*

——愛因斯坦 (Albert Einstein),知名物理學家

我們現在一起花點時間,來思考一下所有人都有的毛病:拖。

每個人多多少少都會拖。畢竟現代人都忙得不得了,事情能拖一天算一天,只能算是正常的反應。手邊的事情都忙不完了,誰有那閒功夫去管之後的行程?

有時候我們不是沒有時間提前完成一些工作,但當下就是提不起勁,這才是最令人覺得沮喪的地方。我們心中有一股聲音要我們能做多少先做多少,但另一股聲音要我們慢慢來就好。這時勉強上工,效率也不會高,只要一點小事情你就會整個分心;但是去休息,你也沒辦法真正全然放鬆,因為你沒辦法完全擺脫掉心中的罪惡感。

既沒有進度,又沒休息到,一整天往往就這樣過去了,一無所成。問題到底出在哪兒?

**衝突 (Conflicts) 的發生,是肇因於兩個控制系統想要改變同一感知。**每次你懶,大腦的某個子系統就會想要介入要你「把事情完成」,但另外一個子系統則會介入要你「好好休息」。這兩個子系統想要控制同一項感知,也就是你的工作與否,只是他們給的方向剛好相左。

這就好比同一個房間裡既有冷氣又有暖氣。如果兩台機器的參照水準彼此錯開，沒有重疊，那就不會有哪一台機器能控制住局面，兩者都會繼續努力，希望讓室溫朝向自己設定的方向前進。即便其中一台機器暫時達成目標，另外一台機器就會立刻捲土重來，這會是一場永無止境的拉鋸戰。

拖，是內心衝突的極佳範例，但衝突不只會發生在人的內心，也會發生在人與人之間。比方說針對同樣的輸入，兩人可能希望得到不同的輸出，這時衝突就不可免。有兩個小孩想要同一個玩具，你可以想像工作／懶惰、冷氣／暖氣的大戰又將開打，只不過這次兩造不是人腦的子系統或冷暖氣機，而是活生生的兩個小朋友。最終只有一個小朋友能得到玩具，而另一個肯定不開心。由此玩具一定會被搶來搶去，不斷易主，而兩個小朋友誰也沒辦法真正開心。

另外一個常見的例子是在大公司裡面，高層常常會因為有限的預算該如何配置而吵得不可開交，這我想不用我說，你也可以想像衝突從何而來。一百萬美金的預算如果給了一位副總，其他的副總就少了一百萬美元可以分，而沒分到的一定會跳腳，企業裡的生態就是這樣，政治到了哪裡，都是要爭權奪利。

人際間的衝突之所以棘手，有個原因是人的行為無法真正控制。我們可以間接透過影響力、三寸不爛之舌、啟發或交涉，去嘗試改變人的行為，但絕對沒有辦法一聲令下，直接告訴對方你該怎麼想（感知）、該怎麼做（設定參照水準）。

**衝突要化解，只有一個辦法，那就是改變參照水準，也就是改變衝突各方對「成功」的定義。**想要藉由強迫某一方就範來化解紛爭，基本上是不可行的，就像你不可能用特異功能叫誰做什麼一樣。硬要某一方退讓即便暫時有效，也只是治標不治本，事情遲早會再度爆發。

衝突中的每一方都有不同的參照水準，而其參照水準的設定主要取決於各自不同的處境或環境。**要化解衝突，唯一的辦法就是改變各方的參照水準，而要做到這一點，最好的辦法就是改變局勢的結構。**

在人類惰性的案例當中，我們可以藉由排定何時工作何時休息，來終結內心的天人交戰。在《拖拖拉拉不是好朋友》(The Now Habit) 一書中，尼爾．費歐 (Neil Fiore) 博士建議創造一個休息先於工作的「非工作行程」。讓大腦覺得你休息絕對夠、玩也會玩到，只是你必須在特定的時間內把工作完成，你做起事來絕對會專心得多、有成效得多。

再說到冷暖氣的衝突，一定是因為你把恆溫器定在會製造矛盾的溫度，只要你把溫度定在雙方都可以接受的範圍內，爭端就自然化解了。

至於人際之間的衝突，不論衝突的兩方是兩位學齡前的小朋友，還是前後任副總，都難不倒你。你可以答應給兩邊差不多的玩具，或都不給玩具，或者改變他們對得到玩具才叫贏的想法，讓他們相信彼此合作的層次更高，事情就迎刃而解了。

**改變環境，讓衝突各方的參照水準可以有所重疊，衝突就會自然而然煙消雲散。**

觀念分享：http://book.personalmba.com/conflict/

## 樣式比對
### Pattern Matching

你的記憶是隻怪獸；你會忘記事情，怪獸不會。牠只會把發生的事情歸檔，替你把東西收好，把東西藏起來──哪天牠心情好，就會召喚這些舊檔案到你的意識中。你以為記憶歸你管，其實你才歸記憶管！

——約翰．艾文 ( John Irving)，劇作家、奧斯卡金像獎得主

早在你知道重力是什麼之前，你已經知道球放開會往下掉；你可能會實驗個幾次，屢試不爽後你就會知道這是個定律。而除了地心引力，還有很多東西都是大腦可以自行學會的。

我們說人的大腦很有趣，一個原因是大腦會自己學會東西，會辨識圖案或樣式。伊凡．巴夫洛夫 (Ivan Pavlov)❹ 用狗所做的實驗眾所周知：

搖鈴，被制約的狗兒就會分泌唾液。這表示帕弗洛夫已經教會狗兒的一個模式是鈴聲響起，食物就要來了。一下子就學會了的狗狗，會連食物都還沒看到，就開始垂涎三尺。

人腦天生就有能力進行樣式比對 (Pattern Matching)。事實上，人腦從來沒有停止在感官的幫助下搜尋新的樣式，然後與記憶中所儲存的樣式進行比對。樣式比對的過程會自動發生，你不用另外多費力氣。只要稍微注意四周的環境，大腦就會自動撿選新的樣式，將之加到記憶中的樣式庫內。

人類學習新的樣式，主要是透過實驗 (Experimentation)。小孩想要媽媽抱，也會軟硬兼施，不斷地實驗，最後寶寶自然會知道媽媽吃哪一套。而通常最有效的一招，就是哭鬧；一旦寶寶認定：「哭，媽媽就會抱我，就會惜惜」，之後就會如法炮製，故技重施。

你可把記憶想成是樣式的資料庫，只要是你體驗過的樣式，都會儲存在腦部的長期記憶區中，等待有一天派上用場，可以幫助我們面對新的處境，做出正確的決定。記憶的搜尋重速度而不重精確，由此大腦儲存樣式是根據人事時地物的脈絡，有了上下文的導引，我們便能視現況快速找到類似的樣式。這也就是何以鑰匙不見了，最好的辦法就是回想你剛剛去了哪些地方，把整個環境的資料叫出來，你就能比較輕鬆地擷取當中的細節。

你所習得的樣式愈精確，面對問題，解決問題的選項就愈多。有經驗的人，往往在關鍵時刻能做出比較正確的抉擇，主因之一正是樣式比對的能力。經驗愈豐富，我們能掌握的樣式就愈精確；記憶中的樣式資料庫愈大，我們就愈有資格稱為專家。

樣式比對是人類心智基本的能力，是人類心智運作的一個環節。記

---

4. 1849-1936，俄羅斯生理學家、心理學家、醫師。因對狗研究對象而率先對古典制約作出描述而聞名。1904 年獲得諾貝爾醫學獎。

憶中所儲存的樣式愈臻於精細，我們面對人生的各種意外與挑戰，就愈能快速正面做出回應。

觀念分享：http://book.personalmba.com/pattern-matching/ ↖

# 心智模擬
## Mental Simulation

我在大理石上看到天使，雕刻是為了讓他自由。

——米開朗基羅 (Michelangelo)，雕刻家、藝術家

快問快答：往活火山裡跳，好不好？

回答這問題幾乎不用思考，花不到你半秒，但你應該沒有真正跳過火山，也沒有看過身邊的人跳。你沒有這樣的親身體驗，還能知道該如何正確反應，其實相當了不起，人類到底是怎麼辦到的呢？

心智模擬 (Mental Simulation) 作為一種良能，讓人類能夠想像某種行為，然後在腦海中模擬可能的演變與結果。人類的心靈從沒停止根據現狀與我們可能採取的行動去預測未來，而這種能力是人類在演化上的一大優勢，因為這樣的「遠見」，大大地強化了我們抽絲剝繭、適應環境、解決問題的能力。

心智模擬倚賴的是我們的記憶，因為記憶就是我們透過感知與經驗，所建立起來的樣式資料庫。關於跳火山，大腦雖然搜尋不到完全相符的經驗，但是類似的關聯（Associations；心法 149）不虞匱乏：岩漿很燙，燙的東西碰到會受傷，受傷代表著痛苦與危險，而痛苦與危險我們避之唯恐不及。這一整套的關聯與推演，讓我們能在轉瞬間知道事情可能的後果，進而做出正確的判斷：火山跳不得！

心智模擬不僅效果極佳而且應用範圍甚廣。有了這種能力，即便是遇到最難以捉摸的處境，我們也可以在腦中預判事情可能的走向，不用以身犯險。不論你的目標為何，環境為何，心智模擬都能幫助人腦從 A 點到

達 B 點，A 點代表你現在的位置，B 點則是你想去的地方。想像力到哪兒，心智模擬的邊際就在那兒。

比方說，南極怎麼去？這是我隨便想的一個問題，但只要把這件事放在腦中，沉澱個幾秒鐘，想想結果會是什麼，大腦就會自動開始搜尋你習得的樣式，將之拼成一幅完整的圖案。「我可以先聯絡旅行社……現在很多旅遊船都有南極行程……我得先飛到阿根廷……我得買件超暖的羽毛衣……」；這些念頭會在你的腦中迸發出來，不需要你太過費心，對大腦來說，這本來就是它分內的工作。

心智模擬要發揮作用，你一定要先有個 B 點，即便這個 B 點的產生並沒有經過深思熟慮，也不論這 B 點所代表的目標或行動有多麼地不切實際或荒腔走板，都不妨礙你去天馬行空進行心智模擬。即便像是 Google Map（地圖）或行車 GPS（衛星定位系統）這樣的服務或產品，也需要你先輸入目的地，否則再先進的服務或產品也無用武之地；機器可以告訴你怎麼去，不可能替你決定要去哪裡。不論你是想要去好朋友家串門子，或是突然心血來潮想去新墨西哥州的阿布奎基 (Albuquerque) 探險，這都無所謂，重點是你要有目標（Goal；心法 159），否則 Google Map 或 GPS 一點用也沒有。同樣的道理也適用於心智模擬：沒有目的地，就沒東西模擬。

要讓心智模擬發揮最大的作用，你必須學會有意識地去讓之為你所用。至於怎麼做到這一點，我會在後面說到思想實驗（Thought Experiment；心法 169）的時候詳述。

觀念分享：http://book.personalmba.com/mental-simulation/

**心法 141**

## 詮釋與再詮釋
### Interpretation and Reinterpretation

我們看到的不是事物的本質，我們看到的是事物映照出的自己。

——阿娜伊斯・寧 (Anaïs Nin)，作家，以自傳體風格聞名

你有沒有過這樣的經驗？收了一封讓你火冒三丈的電子郵件，之後才發現自己誤會了對方的口氣，或者搞錯了信件的意旨。你的成見或背景讓你做出了錯誤的判斷，之後才發現同樣的資訊可以有完全不同的解讀方式，就像是某種雙關語一樣，兩種解釋都說得通。

人的心靈無時無刻不在模擬不同的情勢發展，但我們不見得每次都能取得充足的線索與資訊去建立出精準的樣式。我們是人，不是神，不可能全知全能，一件事情一定有某些角度是我們所看不到的，於是我們的大腦就會自動把缺了的地方給補上去，至於用來當作補土的東西，往往不外乎我們按照記憶、按照成見，對眼前所見所做出的詮釋。有時候因為看不到反證，我們會未經深思熟慮便妄下決定，我們會只看到自己想看到的東西。

「腦補」的能力甚至會發生在生理的層次上。像是人的視網膜上就有兩個「盲點」，這兩個點剛好是我們的視覺神經連接到眼前的地方，因此完全接收不到光源的刺激。這兩個點上，我們是真真正正什麼都沒看到，但大腦這時會自動介入，採集盲點周邊所有的資訊，然後天衣無縫地把盲點補足。就這樣，我們完全感覺不到自己有什麼盲點，我們覺得自己的視野完美無缺，但事實上，這只是大腦所詮釋出來的幻象。

人腦二十四小時依賴著記憶體中儲存著的樣式與資訊，藉此在資訊有限的狀況下做出各種詮釋 (Interpretations)。想想你電子郵件信箱裡頭的垃圾郵件檔案匣，現在很多信箱服務都會自動幫你過濾垃圾信，而這系統所根據的，就是你曾經收過的垃圾郵件。根據這些舊的垃圾郵件，系統會歸納出一套特徵，藉此去判別新信是垃圾郵件的機率高低，垃圾郵件臉上不會寫著自己是垃圾郵件，但是系統裡的推斷過濾器會將之指認出來。

第一次見到某人，你會去判斷跟這人投不投緣，就是因為大腦也在做類似的事情。你的大腦會依賴記憶中儲存的樣式，把你之前與人認識的經驗叫出來比對，然後很快地做出決定這個人你喜不喜歡。

這些快速做出來的詮釋可以修正，修正的過程就叫做再詮釋

**(Reinterpretation)**。假如有個沒見過的美女一看到你出現就閉上嘴，一副高不可攀的樣子，一開始你可能會判斷對方是害羞，或者是跟你不對盤。這時如果有人告訴你那美女對你有興趣，你對她不說話又冷冰冰的行為表現，可能瞬間又會有完全不同的詮釋。

再詮釋之所以可能，是因為你的記憶不是固定的。人類的記憶跟電腦的硬碟不同，每次我們把某則記憶叫出來，再存回去的時候並不會放回原本的位置，存回去的記憶也會跟原本的有所不同。每次我們回想起一件事，這件事的記憶就會被添油加醋，然後放到一個新的地方，由此這就變成了一則新的記憶，因為它的內容與解讀已經跟原始的版本有所出入。

每次回想事情，重新看待一件事情，我們內心的信念，或是心智模擬的結果，都可能有意識地遭到改動。心智模擬與詮釋所依靠的是儲存在記憶中的樣式，因此如果你想要改變腦部模擬的結果，最好的辦法就是修改心靈資料庫的內容，而這種修改的過程，就是所謂的重新詮釋。

在《信念革命：重建生命境界》(*Re-Create Your Life*) 一書中，莫堤‧萊夫科埃 (Morty Lefkoe) 告訴我們有一種方法，可以用來既簡單又有效地重新詮釋發生過的事件，這種方法有下列幾道程序：

① 指認出想要修正的樣式。
② 點出這個樣式所代表的信念。
③ 指認出這則信念在記憶中的源頭，何時看過什麼、聽過什麼，導致你產生這樣的信念，交代得愈清楚、愈細節愈好。
④ 針對相關的記憶，提出其他可能的解讀或詮釋。
⑤ 體認到自己的成見只是一種解讀，不見得是全部的真相。
⑥ 有意識地選擇拋棄成見，因為成見錯了。
⑦ 有意識地選擇接受再詮釋的結果，因為重新詮釋的結果才是對的。

關於如何應用萊夫科埃的這套方法，這裡我舉一個我本身的例子：

各位知道我在寶鹼服務過，而這段經歷，可以解讀為一敗塗地，因為任管理職的我原本有機會平步青雲，但我卻失手了，最終被刷掉，沒有得到公司的拔擢。有段時間我因此否定自己，我覺得自己真的不夠好，所以才沒能獲得青睞，但這樣的自我貶抑對我一點好處也沒有。當我想要嘗試新的道路時，這樣的想法讓我很自然地覺得自己會失敗，至少每次在腦中模擬的結果都是這樣，我一點也不覺得自己能再站起來，不覺得自己做別的能夠成功。我發現只要我繼續這樣詮釋我在寶鹼的經驗，繼續用這樣的詮釋去模擬未來，我就永遠都走不出來，永遠都會自己把自己打敗。

但其實，我在寶鹼所跌的那一跤，可以有不同的詮釋。換個想法，我可以說我在寶鹼學到了很多寶貴的經驗，我了解了大公司運作的方式，知道了自己的優缺點，摸索出了自己的興趣所在，還有我覺得寶貴的時間該如何運用。在寶鹼公司讓我知道哪條路行不通，讓我下定決心轉換跑道，一條讓我能發揮所長、樂於工作的全新跑道。

究竟哪一個詮釋比較「正確」呢？其實兩個都沒錯。第一種詮釋並不表示我的想法錯了，或者是我瘋了，但這樣悲觀的想法確實不利我邁出下一步。透過再詮釋提出第二個版本，將第二個版本當成「正見」，在實務上要有用多了。沒有這樣的再詮釋，沒有這樣樂觀向上的心情，你現在大概就不會在看這本書了。

重新詮釋自己的過往，就是給自己未來較大的勝算，而你需要的，只不過是一點點想像力。

觀念分享：http://book.personalmba.com/interpretation/ ↖

心法
142

# 動機
## Motivation

人家不要啦！

——全天下的十二歲小孩

動機 (Motivation) 是你無時無刻不想著的一樣東西，你甚至可能把動機兩個字掛在嘴上，一會兒說「我現在超有動機把這完成」，一會兒說「我現在沒什麼動機做這個。」生活中很多人都會不停地用「動機」去解釋我們的行為，所以我們花點時間了解一下動機到底是什麼，應該也不算太過分。

　　動機是一種心理狀態，是一種情緒，連結著下令的腦部與負責行動的身體其他部分。用前面說過的洋蔥腦來解釋，動機就是中腦（負責感覺世界）與後腦（負責傳送訊息給身體各部分去採去行動）之間的聯繫橋梁。大部分的時候，動機是自發性的——心智感知理想與現實的差距，於是身體便會採取行動去消弭兩者間的落差。

　　動機作為一種體驗，可以細分為兩種基本的欲望：朝著想望的東西前進；遠離你厭惡的東西。能夠滿足核心人性需求（Core Human Drives；心法 4）的，就是所謂我們想望的東西，因為想望，所以我們會向著這些東西走去。至於我們所厭惡的東西不外乎是讓人感到危險、恐怖、甚至讓人覺得受到威脅，於是很自然地，我們會有一股衝動想要逃離這些東西愈遠愈好。總的來說，「遠離」的優先順序要高於「靠近」，理由得回到穴居人症候群：如果你想要活下去，躲避獅子要比準備午餐來得急迫的多，應該不需要我多費唇舌解釋吧！

　　假設你現在有個千載難逢的機會可以創業，你對此非常興奮。在這樣熱切的期盼心情下，你可能會迎向機會。但在此同時，把握這機會意謂著你得離開目前做得很愉快的高薪工作，這一點又讓你覺得很冒險，於是你可能又會縮回來。這兩種想法形成的，就是所謂的衝突（Conflict；心法 138）。只要風險大過期待，你就會遲疑，即便你知道其實你死不了。人腦中這樣的自我防衛機制，是因著很多緣故所演化出來的，但時至今日，我們做大部分的決定，都不會危及自己的生命。

　　動機是一種情緒，不是一種理性。只是因為你的前腦覺得你應該有動機去做某件事情，不代表你就一定會有動機（要是這麼簡單就好了）。真正的情況是心智模擬、樣式、衝突與詮釋隱藏在我們的中腦裡，而這

些因素都會阻礙到我們朝著目標邁進。只要還感受得到有要我們「遠離」的訊號，要堅持走對的路就不會是那麼容易的事情。

同樣的道理，你要激勵其他人，給他們動機去增加工作效率，也沒辦法用吼的。你用操新兵那一套去訓練員工，只會適得其反，讓他們愈逃愈遠。當場他們可能不敢忤逆你，畢竟沒有人想變黑，沒人想拿自己的飯碗開玩笑，但我保證只要一有機會，這些敢怒不敢言的員工就會離心離德，甚至離職。

降低內心的衝突，你就不會老想著要與潛在的威脅保持安全距離，接下來你就會覺得有動機去朝著自己真正的目標前進。

觀念分享：http://book.personalmba.com/motivation/ ↖

## 抑制力
### Inhibition

抑制力就像煞車：延緩反應，讓我們有時間作好成功的準備。

——邁可・葛柏 (Michael Gelb)，
《7 Brains：怎樣擁有達文西的七種天才》(How to Think Like Leonardo da Vinci) 作者

有件事或許很難相信，但我們日常生活的行為幾乎不用動腦。

大部分的時候，我們的身體跟心靈都是處於自動導航模式：我們的心智會自動透過感知去掌握外界的環境，將之與我們內建的參照值進行比對，然後根據比對的結果決定下一步的行為。開車一段時間之後，你的身體就會該幹嘛幹嘛，起步煞車就像是呼吸一樣自然，不需要想。

不過每隔一段時間，我們應該關掉自動導航，跳出窠臼，這樣生活會比較健康。在森林裡遇到熊，拔腿就跑是直覺反應，但這樣其實是下下策；你愈跑，熊就愈確定你可以吃，愈要把你「追到手」。

不能跑，那怎麼做才對呢？答案是你應該站定，讓自己看起來愈大愈好，氣勢愈強愈好。這樣熊就會覺得你不好惹，最後決定不要捅這個

馬蜂窩。但這一點要做到並不容易，因為你得壓抑自己想要逃跑的第一反應。

**有抑制力 (Inhibition)**，表示我們有能力暫時克制人性的自然反應。有時候在家裡，兄弟姐妹的行為會讓你覺得很幼稚、很可惡、很煩人，有時在辦公室裡，有些同事也會讓你覺得俗不可耐、怒不可遏，但如果你都忍下來了，那恭喜你，靠著抑制力，你沒有做出會後悔的事情。

**意志力 (Willpower) 是抑制力的燃料。**如我們在提及洋蔥腦的時候說過，前腦的工作是面對模稜兩可提出化解之道、決策，還有自我抑制。**每次我們面對某種環境抑制了自己的本能反應，都是一種意志力的展現。**中腦與後腦都是自動導航系統，而前腦的指令則可以凌駕在這兩者之上。從這種角度來看，「自由意志」其實是個不太正確的說法，比較精確的說法應該是「拒絕的自由」。

觀念分享：http://book.personalmba.com/inhibition/ ↖

## 地位訊號
### Status Signals

> 人民的劇院，簡直一派胡言！叫它是貴族劇院，那人民就都會來了。
>
> ——儒勒‧雷納爾（Jules Renard），十九世紀法國作家

每一天的每一分鐘，人腦不容小覷的一部分都會投身在自己與整個世界的比較上。信手拈來，你就能列出下列各種人物的清單：

▶ 誰比你美／帥？

▶ 誰比你強？

▶ 誰比你有錢？

▶ 誰比你有影響力？

▶ 誰比你有權有勢？

▶ 誰比你人盡皆知？

▶ 誰在特定的技術領域裡比你略勝一籌（不論你在該領域算不算是高手）

　　人類是社會動物——我們天生就是要透過團體生活、存活跟繁榮。團體行為可以在在往往充滿惡意的「環境」中，為想確保生存的我們授予許多優勢，惟團體的內部也同樣需要爭奪稀缺的資源，亦即團體成員間也同樣存在競爭關係。

　　在團體內部活得較好的個體，往往也是那些在繁殖生存面向上最具競爭力的個體（這些面向包括美貌、財富、力量、結盟能力、團體影響力），或是那些能自創新面向來與人競爭的個體。這就是為什麼人類會有直接的動機去在千百萬個不同的領域中探索、創造、建立技巧：在某件事情上成為「最強」，是可以提升「社會地位」最不拐彎抹角的辦法。

　　相對地位的高低往往不是那麼好計算，所以通常我們必須依賴「地位訊號」(Status Signals)：這些具體指標會對應某些抽象的特質，而那些抽象特質又可以提高個人的社會地位或群體關係。稀有或昂貴的物件、獎項、榮耀、大賽的勝利，或是可供檢驗的公眾肯定，都是地位訊號的範例。

　　地位疑慮滲透著人類所有的欲望與行為。你是否曾夢想過成為電影明星？表演者？音樂家？職業運動員？太空人？大企業的執行長？政治人物或國際級的領袖？名人？這些都是內建強大社會地位的職業，而要在這些高進入門檻的領域中維持不墜的競爭力，需要做出很大的努力與犧牲，而這些努力與犧牲所換得很大一部分的報酬，就是地位。

　　你曾渴望購入賓利、藍寶堅尼、法拉利，或特斯拉 Model S 嗎？或是你曾渴望過私人噴射機或專屬的遊艇？自己名下的無人島？這些都是由地位觀念所催生出的認知：這些東西除了各自的實用功能以外，也同時都是財富的象徵。

　　你曾想成為諾貝爾獎得主嗎？想成為《時代雜誌》年度百大影響力

人物嗎？想得到奧斯卡金像獎嗎？想獲頒某種大獎獎牌嗎？這些獎項都象徵著重要性、技藝與影響力。

你是否羨慕過別人達成了非凡的成就、入手了很酷的產品，或是獲得了萬中無一的青睞？別人出人頭地，於你並沒有什麼損失。你既沒有受到具體的傷害，也未曾遭到無形的貶低。但別人令人欽羨的際遇確實會改變你在外界觀感中的相對地位，即便他人在實質上的收穫並沒有想像中大。

這種思考與行為模式，會運行在各個層級上。我們很大一塊的認知資源，會被用來追蹤自己本身現行地位的高低，還有我們相對於他人之地位的變遷。同樣地，許多左右我們情緒與行為的變因，都可以濃縮成一個簡單的問題：這麼做能不能以某種有意義的方式，來提升我們的社會地位？

高貴的勞力士 (Rolex) 能看時間，平價的天美時 (Timex) 也可以，但那不是我們買勞力士的重點：勞力士是顯而易見的財富象徵。同樣地，為了拿到奧運金牌，運動員得長年投入嚴格的訓練，而若以時薪去換算，那塊金牌根本不值那麼多錢。甚至於我們放大格局去看，誰能跑得快個零點零幾秒，或是在某種運動上比第二名厲害那麼一些些，於整個人類而言根本無所謂。但還是那句話，那不是重點：奧運金牌是世界級競技勝利的公認象徵。金牌本身含有多少黃金，值多少錢，或是金牌得主會的東西有多少實用性，都不是關鍵。真正的關鍵，是金牌得主被授予的崇高地位。

追求地位，是一種人性，一種可以用來行善或作惡的人性。**學著——在自己跟他人身上——認知出地位驅動的行為，將有助於你理解人為什麼會出現一些固定的行為模式。這種認知能力將能協助你趨吉避凶，讓你一方面避開常見的陷阱，一方面更有能力做出明智的決定。**

觀念分享：personalmba.com/status-signals/

# 地位陷阱
## Status Malfunction

人類，幾乎是唯一一種有能力從他人經驗中學習的動物，卻也顯然很奇葩地，非常不想這麼做。

——道格拉斯・亞當斯 (Douglas Adams)，

英國幽默作家，《銀河便車指南》(*The Hitchhiker's Guide to the Galaxy*) 系列作者

對於地位的競逐，往往極端激烈。潛在能夠提升的地位愈高，嚴重「不當投資」(Malinvestment；心法 186) 的風險就愈高。

我將這種趨勢稱為「地位陷阱」(**Status Malfunction**)：某項選擇在提升地位上的誘因愈強，其相應的缺陷或代價就愈大（前提是各方對此地位的競逐極度激烈），你也愈可能會忽視或低估這些缺陷，不顧一切地追逐這個選項。

回到奧運獎牌的例子。最終大家眼裡看到的，都只有金牌得主，而忽視了每一位希望在奧運奪金的選手都日復一日在苦練，並為此犧牲了生活中的一切。苦練一項運動，往往會導致選手無法自己做生意賺錢，也無法從事全職工作領薪水，但同時能獲得廠商贊助者可謂鳳毛麟角，少之又少。❺

勝利者可以滿載而歸，名利雙收，獲得廣大贊助商的青睞。但對於場上的其他輸家而言，參賽的代價就是口袋空空跟前途茫茫。

我恰好認識好幾位上過百老匯舞台的朋友。登上百老匯舞台的好處顯而易見：要是能當上主角，你的名字就會按字面意義閃閃發光（因為被做成霓虹燈），你就能在成千上萬的觀眾面前表演，還有機會受一大群忠實的粉絲追捧。但其往往沒被新手放在眼裡的代價是：你必須一天到晚去試鏡，一天到晚被拒絕；每次機會都是賭注，你演了這一齣就得退出別齣；再來就是整體的需求難以讓你養家活口。

就算拿到了角色，你也會發現製作者大權在握，因為你不演多得是

有人要演：他們的「次佳選擇」（Next Best Alternative；心法 70）永遠比你的退路更好，所以你面對他們沒多少談判籌碼。即便是在最好的景氣下，在最高的層級中，戲碼都演不了幾輪：不論你的演技有多精湛，都注定要在數月後隨著戲下檔而失業。屆時你將得重找工作。這種生活有其璀璨的一面，但也免不了有辛苦的另一面。

同樣的輪迴，存在於各式各樣的表演者之間：工作永遠是僧多粥少，而且是贏者全拿，同一時間只會有少數幾個贏家，而且沒人保證他們能永遠贏下去。

這並不是說你絕對不應該去競逐高地位的角色：對於贏家來說，勝利的收穫是非常豐碩的。但理解了「地位陷阱」的觀念，會有助於你從「地位迷思」(Mystique of status) 上退一步，進行理性與感性上的思考，用更明晰的頭腦去思索你手邊的選項與機會，由此你將能在把頭洗下去之前，想清楚之後將面對什麼樣的日常現實。

地位陷阱的觀念也可以用來搜尋其他人忽略的機會。如我在介紹「傭兵法則」（Mercenary Rule；心法 8）時談到的，像垃圾處理、安裝水管、開採石油等生意看起來社會地位不高，也不光鮮亮麗，但利潤是很嚇人的。很多企業能建立起財富，都是因為它們的老闆願意放下身段，在低地位的領域中提供高品質的產品或服務。

要在生活中的重要領域獲致更好的結果，辦法百百種，前提是你要忍住不被那些光鮮亮麗的選項誘惑，專注在行得通的努力中。

觀念分享：personalmba.com/status-malfunction/ ↖

---

5. Suzanne McGee, "Go for Gold, Wind Up Broke: Why Olympic Athletes Worry About Money," Guardian, August 7, 2016, https://www.theguardian.com/sport/2016/aug/07/olympic-games-rio-athletes-personal-finance-struggle; Charles Riley, "Olympians Face Financial Hardship," CNN Money, July 10, 2012, https://money.cnn.com /2012/07/10/news/economy/olympic-athletes-financial/index.htm.

# 損失趨避
## Loss Aversion

*我們的疑惑會背叛我們，讓我們不敢去嘗試，進而失去我們原本十拿九*
*穩可以贏到的獎賞。*

——威廉・莎士比亞 (William Shakespeare)，劇作家、演員、詩人

幾年前我內人凱爾希決定贖回投資帳戶裡的部分資金，而券商不小心在回存的時候多給了一萬美金。

照理講，這沒什麼大不了的，一筆簡單的錯帳，很容易可以解釋清楚，讓錢回到原處。但情緒上，在把錢還回去的過程中，凱爾希覺得自己好像損失了什麼，雖然這錢本來就不屬於她。

**損失趨避 (Loss Aversion)** 作為一種概念，說的是人性喜歡得到，不喜歡失去。大部分的人性心理都難以量化，但損失趨避是個例外：人對潛在損失的懼怕，要兩倍於他們對於等量獲得之期待。投資翻倍，你可能會覺得挺開心的，但血本無歸，你會覺得是世界末日。

**損失趨避**說明了何以說到動機，威脅總是比機會更能左右人的想法。可能失去什麼的威脅總是我們會想到的第一件事，因為失去讓我們難以忍受，甚至會威脅到我們的生命。在意外中，或因為生老病死而失去心愛的人，是所有人都難以承受之痛，所以我們會盡自己所能去避免這樣的事情發生。這樣的生離死別並不會天天發生，但我們已經內建了這樣的防衛機制，只要有一點點風吹草動，我們就會立刻顯得放不開，做起事來綁手綁腳。

損失趨避也說明了何以不確定性讓人想到風險。不同的研究顯示約有八到九成的成年人希望能自行創業，自己當自己的老闆；所以照講，出來闖天下的人應該有一大堆才對，但事實並非如此。**損失趨避，失業的風險讓我們完全想不到別的事情，讓我們看不到創業的機會，看不到創業成功的海闊天空。**想到創業，就會想到創業失敗的風險，而一想到風

險，我們就連第一步也踏不出去。

　　每次遇到經濟衰退，甚至經濟大蕭條的時候，損失趨避就會變成顯學。失業、房子被查封，或是退休基金大縮水，都不會讓你沒命，但會讓你覺得被扒去半層皮。因此很多人遇到景氣不好，直覺的反應就是行事趨於保守，一點點風險都會讓人失去前進的勇氣。但問題是，很多看來冒險的行為，包括創業、開公司，才是你走出不景氣、爭得一口氣的良機。

　　要克服損失趨避的本能，最好的辦法就是「重新詮釋」損失的風險，讓潛在的損失風險變得「沒什麼大不了」。賭場每天開門做生意，都得克服損失趨避的心理；某個程度上，拉斯維加斯那一排排的耀眼建築與霓虹燈，就像壯觀的紀念碑，標誌著人性有多麼愚蠢。如果損失趨避有那麼了不起、那麼難以克服，賭場怎麼會有辦法說服遊客與賭徒前仆後繼、日復一日上門光顧，明明知道輸定了，卻還是想來賭一把？

　　賭場生意能夠做得下去，就像獨孤求敗百戰百勝。賭場不讓人用現金下注，因為賭輸現金會痛；由此賭場讓客人把賭金兌換成籌碼，籌碼感覺就不那麼有價值。另外為了讓客人在賭場裡一擲千金，輸掉感覺沒那麼直接的籌碼（其實就是錢），賭場還會提供飲料、Ｔ恤、免費住宿等「好康」，讓客人覺得「賺到了」，覺得輸那點錢「沒什麼」。就這樣，賭客就會在夜夜笙歌中不斷地輸掉大把鈔票，讓賭場日進斗金。

　　損失趨避說明了何以風險反轉（Risk Reversal；心法 80）非常重要，特別如果你要介紹產品或服務給新客人的話。是人都不喜歡輸，輸家感覺就像笨蛋。為了不要輸，我們會大費周章、不嫌麻煩地跟輸保持距離；而要確保自己不會犯錯，很多人想到的辦法就是什麼都不買，而這種心態對開門做生意的你來說，會是件很麻煩的事情。**不滿意保證退費，或用其他有同等效力的方法去抵銷客人這種害怕上當受騙的心態，可以讓客人覺得買錯的風險小些，這樣你做成生意的機率就能提升。**

觀念分享：http://book.personalmba.com/loss-aversion/

# 恐懼囚禁
**Threat Lockdown**

別害怕，否則啥事兒都甭幹了。

——佛羅倫斯・南丁格爾 (Florence Nightingale)，第一代職業護士

半夜熟睡中聽到「砰」的一聲，你立刻醒了過來，繃緊神經，心跳加速，瞳孔放大在黑暗中搜尋一絲絲微弱的光線，希望能確定到底發生什麼事情，你的腎上腺素、可體松，還有其他面對壓力派得上用場的賀爾蒙，都會加速分泌，充滿你的血液，你的心靈會自動指認出聲音的源頭，判斷可能的逃生路線，還有哪些自衛武器在手邊可以找到。說時遲那時快，你已經做好一切準備面對威脅，且不論這威脅到底為何。

當心靈察覺到威脅，不論這威脅是真實抑或想像，身體都會立刻做好回應的準備；這些自行啟動的生理反應，是設計來幫助你消除威脅，而最終可能導致你採取三種行動：反擊、逃離，或僵住。自我防衛機制一旦啟動，你的全副精神就會放在威脅上面，這時的你會很難分心去考慮別的事情。除非你把家裡都檢查過一遍，否則你絕對沒辦法安心回去睡覺；一定要等你確定威脅不存在了，你的身體才會關閉自衛機制，讓一切運作回到常軌。

下意識如何從反擊、逃離、僵住中三選一，大致上取決於大腦針對處境所自行啟動的心智模擬。如果大腦判斷打可以贏，你就會打；如果大腦判斷你跑比較好，你就會跑；如果大腦判斷你跑不掉，你就會僵在那兒，祈禱威脅會自動過去。**僵住會讓你的大腦進入恐懼囚禁 (Threat Lockdown) 狀態，也就是進入一種自衛模式，而身處這種模式的你，基本上只能兩眼直直盯著威脅，其他什麼事情都做不了。**

恐懼囚禁其實是一種具有建設性的回應機制，其設計是要幫助人自衛，但就跟其他許多古老的本能一樣，恐懼囚禁在現代社會的環境當中經常當機，這一點主要反映了現代人面對的威脅通常不像古代的弱肉強

食一樣那麼緊急，而是來得慢，去得也慢。

　　遠古時代，人所遇到的威脅可能是獵食動物的追殺或部落長老所降刑罰，因此停工的反應有其必要，有其正面意義，因為這樣的反應能讓我們把精力灌注在活命與部落的獎懲上。雖然時至今日，我們每天所想的事情已經跟古代祖先天差地遠，但是硬體部分並沒有什麼太大的改變，人腦的構造基本上還是一樣，我們還是會每天走在都市叢林中，身邊有什麼威脅潛伏，只不過對吃太多、運動太少的現代人來說，反擊、僵住、逃走都算不上什麼好的選擇，因為我們要面對的不是獵食動物的利齒或部落長老的責難，而是氣頭上的老闆，或是繳不出來的房貸。

　　近期股市的震盪就是一個很好的例子，我們可以從中觀察到恐懼囚禁的運作。二〇〇八年底的股市崩盤，讓投資人度過了一段非常煎熬的恐慌歲月，即便是不用擔心會失去房子或會失業的人，心情上還是會受到一定的影響；光是擔心事情還沒有壞到谷底，就能讓許多生意做不下去，但其實在這種時候，我們反而最需要提升生產力，讓企業能夠挺過風暴。真正的狀況是員工們沒辦法專心工作，時間跟精神都浪費在擔心上，他們滿腦子想著的都是之後的發展會是怎樣，滿天聊的八卦都是接下來又有哪家公司要上到砧板上任人宰割。但說真的，擔心跟八卦只會讓我們創造的價值變少，讓公司的前景更加黯淡。

　　恐懼囚禁很容易就會引發惡性循環。如果不得已得開除員工，我的建議是長痛不如短痛，刀起頭落，給彼此一個痛快；要裁員，就狠一點，該砍的就砍，留下來的就好好安撫之，給他們保證不會有下一波裁員，讓他們能夠安心在崗位上為公司付出。心裡一直想著「我會不會是下一個？」，沒有人能好好工作，「恐懼囚禁」正好趁虛而入。

　　如果你此刻正在體驗「恐懼囚禁」，我的建議是不用壓抑自己，不用否定威脅訊號的存在。**許多研究都顯示這種受到威脅的感覺是壓抑不了的，你愈是自欺欺人，這樣的感覺就會愈來愈強。**小孩子如果想讓你注意到，會怎麼做呢？一般都是哭鬧。而這時如果你置之不理，做孩子的會鬧得更厲害，哭喊得更大聲，他們會下定決心要你低頭、要你就範。

在這樣的過程中，你的大腦就會像顆籃球一樣，壓愈大力，反彈愈高；你愈是不想去理會小孩的哭鬧，小孩的哭鬧就會愈讓你心神不寧。告訴自己「哭鬧聲我聽到了，現在可以想想該怎麼反應」，反而才是最簡單、最成熟的處理方式；只有理性地面對孩子惱人的吵鬧，你才能不再受其干擾，冷靜地判斷該如何回應。

**要化解「恐懼囚禁」，關鍵在於說服自己威脅已不復存在。**而要做到這一點，有兩個辦法：一、你可以說服自己「本來無一物」，亦即威脅原本即不存在；二、你可以說服自己威脅已經過去。說服自己原本即無威脅，就像你半夜把自個兒家巡一遍，巡過後沒發現異狀，你的大腦就可以安心地相信沒事情發生，自衛機制可以關閉；說服自己威脅已經過去，也是類似的道理，即便威脅曾經存在，如今也已經煙消雲散，正常的生活可以繼續下去。

有時候要化解恐懼囚禁的威脅，並非易事，特別如果這恐懼囚禁的狀態已經維持了很久的話。**自衛機制是一種生理反應，所以用生理的途徑來安撫自己，效果通常也會最好。**運動、睡眠、靜坐，都可以讓你的心思沉澱下來，改善你的新陳代謝，讓你血管中亂竄的壓力賀爾蒙得到中和。每當心神不寧，你可以去跑跑步、運運動、舉舉啞鈴，這些對你的心靈平靜都會有意想不到的效果。

把頻道打開去接受威脅訊號，然後看你能如何說服自己威脅並不存在，能說服自己這一點，你就能掙脫恐懼囚禁的牢籠。

觀念分享：http://book.personalmba.com/threat-lockdown/ ◥

心法
148

# 認知範疇偏限
## Cognitive Scope Limitation

死一個人是悲劇，死一堆人是統計數據。

——庫爾特・圖霍爾斯基 (Kurt Tucholsky)，德國記者、作家、評論家

你曾在旅遊旺季造訪過紐約市著名的時代廣場，並且漫步其中嗎？如果答案是肯定的，那你一定不難了解對大部分向著你走來的人群來說，你不是個人。不是個人？那你是什麼呢？你是個擋在他們與目標之間的障礙物，必要時，他們會毫不遲疑地踏過你，抵達目的地。

一個人的聰明才智，絕對有其極限，他能吸收、消化、儲存、回應的資訊量是一定的。超過這個極限，資訊就會被歸類成抽象的東西；所謂抽象，指的是跟日常經驗或憂慮的事情無關，而這樣抽象的資訊，人腦會以不同的方式來加以處理。

「鄧巴數」(Dunbar's Number) 是理論上，人類認知能力可以同時保持的穩定社會關係數量。根據創始人英國人類學家羅賓·鄧巴 (Robin Dunbar)，人的認知能力可以追蹤約一百五十筆緊密的人際關係。超過這個數量，我們就會開始把人當成東西，不當成人；一旦你的社交人數超過這個數字時，新認識的人就會自動被歸在新的組別，排除在核心成員之外。

如果你納悶過自己為什麼不寫信給小學同學，鄧巴數就是一個思考的方向、一個可能的解釋。說穿了就是你太忙了，連當前社交圈的成員都快沒時間去照顧，誰還有時間跟力氣去聯絡老同學。

人的認知範疇侷限 (Cognitive Scope Limitation) 究竟在哪兒，尚有爭議；另一個與鄧巴數競爭的理論叫做「柏納—奇爾沃斯中值」(Bernard-Killworth Median)，指出這個侷限應該是兩百三十一人。侷限在哪裡或有爭議，但可以確定的是人類認知有其侷限。每當世界有重大天災發生，影響到數以百萬居民，我們可能覺得災民好可憐，但是我們覺得不忍心的程度，並不會數以百萬倍於我們對親朋好友遇到倒楣事時的同情。人有親疏遠近，關係愈遠，我們的感受就愈不明顯。

時代廣場上的遊客並不邪惡，他們只是分不出那麼多心思，畢竟時代廣場每天通過三十八萬人次，❻我們的心智根本應付不了這麼龐大的資訊流量。在某個程度上，朝你走來的人知道你是個人，但周遭的環境太過吵雜，他們實在沒辦法抽出精神把你當個人看待。人的心靈淹沒在

資訊浪潮之下，身邊的所有分類都會簡化。

同樣的狀況也可以在大企業的主管身上看到。照理說，他們應該知道自己手下管著數萬甚至數十萬名員工，知道自己要向數百萬名大小股東負責，但實務上不論學歷多麼傲人，聰明才智如何過人，他們的大腦都沒辦法容納處理如此巨大的資訊量。**也因為這樣，執行長們會在不知情，甚至不願意的情形下，傷害到很多員工、很多股東的利益。**身為一家大公司的執行長，他很難體會生產線作業員遭解僱時的感受，畢竟一次資遣就是數千名作業員，他不可能每個都有交情，事實上，他應該連一位作業員都沒有見過。

每次有「恐龍」執行長做了蠢事被刊上了報紙，像是有毒廢棄物倒入數百萬人賴以為生的水源中，或是一方面給董監每人分紅好幾億，一方面又裁掉基層員工幾千個，我們都會覺得這些人壞到骨子裡，但假設他們並沒有那麼壞，那另外一種可能會簡單得讓你難以相信，那就是他們沒想那麼多——這些大頭每天都已經忙得昏頭轉向了，根本沒有餘力去顧及這麼多事情。這些決策對他們來說，只是一份公文，而不是切身的問題。

要破除這樣的先天限制，我們得把很多事情看成是自己的事情。人腦沒辦法升級，所以我們沒辦法在硬體上直接加大人腦的「記憶體」，或是提升其「處理器時脈」，於是在這樣的狀況下，我們必須把很多決策看成是自家的事情，想像這些事情會如何影響到我們與我們親近的人。

「恐龍」執行長也是人，很多決策如果會影響到他們的家人，比方說他們下令污染的如果是他媽媽要喝的水，如果他們下令要裁掉的是他兒子或女兒的工作，我想他們的感受與態度就會完全不同。**相對於把問題當成問題，把問題當成自家的事情，就能讓人切身體會到後果的嚴重性。**在《綠色商機：環保節能讓企業賺聰明財》(Green to Gold) 一書中，丹尼爾·艾斯提 (Daniel Etsy) 與安德魯·溫斯頓 (Andrew Winston) 介紹了幾種方法，可以幫助我們內化大型的企業決策。

其中「報紙法則」(Newspaper Rule) 與「孫兒法則」(Grandchild

Rule) 都是不錯的方法，可以幫助我們更貼近決策的後果。其中「報紙法則」說的是你要假設某個決策會登在隔天早上的《紐約時報》頭版，而你的父母或互敬互愛的另一半會看到，你要想想他們會怎麼看你。只有這樣想過，你才知道這樣的決定會對你個人有什麼影響，你才知道你應不應該做這樣的決定。這法則主要適用在短線後果的判斷之上。

「孫兒法則」則可以幫助你研判某項決策的長線影響。你可以想像三、四十年之後，你的孫子或孫女知道了你做過的事情，會給你一個讚，還是給你難看？他們會說以爺爺奶奶為榮，還是覺得有這樣愚蠢的長輩丟臉至極？

設身處地去思考決策與行動的後果，你就比較不會讓「認知範疇侷限」牽著鼻子走。

觀念分享：http://book.personalmba.com/cognitive-scope-limitation/ ↖

## 關聯
## Association

一般來說，人類根本不了解自己心智的優勢何在。
——馬文・明斯基 (Marvin Minsky)，認知科學家，研究領域為人工智慧 (AI)

　　誰在乎老虎伍茲用哪一種球桿？誰在乎麥可・喬登穿哪一種球鞋？誰在乎泰勒絲 (Taylor Swift) 拿哪一款包包？

　　答案是你的心智在乎。請記住大腦隨時都在接收資訊，而後大腦會解讀這些資訊去創造出樣式，樣式則能幫助我們了解世界運作的方式。理性上，上面三個問題並不重要，因為你應該知道名牌球桿不會讓你變成老虎伍茲，讓你開球又強又直；但說到買球桿，你的心還是會想著讓

6. http://www.timessquarenyc.org/facts/PedestrianCounts.html

你覺得「爽」的產品，而那些讓你覺得買起來心情好的，往往剛好就是老虎伍茲所用的球桿。

人類心智在資訊的儲存上，有其脈絡可循，這脈絡包括環境與相關性等線索。因為人腦就是個樣式比對的機器，這機器會不斷地搜尋什麼跟什麼有關聯 (Association)。對人腦而言，建立關聯就像呼吸一樣自然，一點兒也不費力，即使兩件事物間在表面上、邏輯上看來毫無瓜葛。

數十年過去，可口可樂公司所追求是要讓消費者一看到可口可樂，就只想到一件事情，一種情緒，那就是「開心」。在網路上很快地搜尋一下可口可樂電視廣告，我保證你看不到任何被老闆炒魷魚，或者是出人命，家屬哭得稀里嘩啦的影像，你看到的，只會是一連串開心的場面：好萊塢男星艾德里安．布洛迪 (Adrien Brody) 開車兜著風，後面跟著成隊的神奇卡通人物，這時一罐可樂從自動販賣機裡頭掉出來，然後史努比裡的查理布朗搶在最前面，抓到了快要飛走、可樂瓶形狀的汽球，霎時間他成了梅西百貨 (Macy's) 的感恩節遊行裡的風雲人物。可口可樂連傳統節日也不放過，要知道我們現在覺得理所當然的聖誕老人，根本就是可口可樂所創造出來的形象，不然天底下有那麼巧的事情，聖誕老人送禮物忙得要死，手裡還會記得要端著一罐可口可樂？

運用關聯性的線索，我們確實有可能去影響人的行為，即便這些關聯，在邏輯上根本說不通。可口可樂的廣告並沒有要告訴消費者他們的可樂比別家更好（你有聽過可口可樂宣傳自家的產品比對手多含三十七％的糖嗎？），**他們要的是讓消費者一想到可樂，就覺得開心。對站在超市的冰櫃前，猶豫著該買哪一種飲料的顧客來說，這樣的一點點好感，就會關乎他們最後到底會拿走誰家的產品。**

再以啤酒廣告為例，啤酒廣告通常都會主打正妹與型男。雖然理性上你知道喝某家的啤酒並不會讓你變成正妹或型男，但相關性 (Correlation) 的力量實在太大，你的大腦還是會受到影響而做出「關聯」，會把啤酒與外表畫上等號。就這樣，啤酒廣告影響了你的行為，雖然沒有人把啤酒廣告的內容當真，但你的消費決策就是會受到左右。

把正面的關聯呈現在客人眼前，會決定他們對你們家產品或服務的印象。名人的代言之所以有用，就是因為這些背書讓客人把你的產品／服務跟名人的固有形象畫上等號；久而久之，客人怎麼想這些名人，就怎麼想你的產品或服務。每個人都知道詹姆斯‧龐德是假的，但當飾演〇〇七情報員的演員丹尼爾‧克雷格 (Daniel Craig) 穿上剪裁合身的燕尾服替名錶代言的時候，看到的人還是會立刻聯想到「風度翩翩的國際特務」，然後把這樣的正面形象投射在真正要賣的腕錶之上。

培養對你有利的關聯，潛在的客人就會更垂涎你的產品。

觀念分享：http://book.personalmba.com/association/

## 心法 150　眼不見為無
### Absence Blindness

沒人注意，不表示不是事實。

——阿道斯‧赫胥黎 (Aldous Huxley)，散文家、《美麗新世界》(Brave New World) 作者

有種人性很有趣：有些事情已經不存在了，但我們常常沒辦法理解這一點。

我剛在寶鹼的家用品部門工作的時候，有項工作是要測試產品的耐髒能力；所謂耐髒不是說這東西不用清洗，而是說每清理一次，這東西不會很快又髒；換句話說，對買了這產品的消費者而言，日後就不會花很多時間與力氣在清理上面。

但這測試工作開始沒多久，我就發現事情根本行不通。我說行不通倒不是說產品本身有問題，相反地產品多半都沒問題，有問題的是消費者的心態，他們就是不相信我們的產品可以耐髒，因為我們的產品上面沒有一個按鍵叫做「耐髒」，「耐髒」這種功能是看不見的，所以在測試階段結束之後，這個「耐髒」的計畫就整個給拔掉了。

眼不見為無 (Absence Blindness) 是一種認知上的偏見，因著這種偏見，

我們會覺得什麼東西我們看不見，就是不存在。我們身而為人所演化出的感官能力，要幫助我們偵測、辨識環境中的物體，至於那些感官無法察覺的東西，人就不那麼容易注意到其存在了。

眼不見為無的例子俯拾皆是，我這兒隨便舉一個常見的案例：真正好的管理是無為而治，但這樣的環境會讓人覺得無趣，不會有人感激。真正強的主管會在問題發生之前先行預測到，未雨綢繆，制敵機先，讓問題根本連發生的機會都沒有。這就是為什麼很多世界級的執行長，坐領高薪，但看起來都很閒，但你仔細看的話，就會發現企業的目標都有按時達成，預算也都沒有超支。

**我們會覺得這些執行長什麼都沒做，是因為我們看不到已經被他們消弭於無形的危機。**二流的經理人反而容易得到肯定，是因為我們看得到他們化險為夷，大興土木，看得到他們「解決問題」；我們沒看到他們管理不當，沒看到這些問題一開始就是他們搞出來的。**提醒自己，那些不會搞出問題，不會把局面弄得很緊張的，才是真的人才、才值得你花大錢請回來；這樣的人才才能幫助你低調地完成事情。**他們的工作表現看來並不困難，但那是因為公司有他們坐鎮，他們不在，很多事情都會出亂子。

**因為眼不見為無，我們嚴重低估了預防問題發生的重要性。**像前面說到我在實驗負責開發的產品，很多人都因為看不到，就覺得這產品不能防髒，這說明了如果一項產品的賣點是「沒有」什麼或「防」什麼，行銷這一仗會打得多辛苦，這跟你的產品好不好沒有關係。**產品的優點一定要正面表述，一定要攤開來說，一定要表達得很具體，一定要讓消費確實感受得到。**

眼不見為無還有一個效果，那就是讓我們在問題發生的時候，覺得非得做點什麼事情不可，即使你知道什麼都不做，才是最好的選擇。**很多時候，靜觀其變才是正確的作法，但心理上人很難接受這一點。**

經濟上的景氣循環，某種程度上也是眼不見為無的結果。根據奧地利經濟學家路德維希‧馮‧米塞斯 (Ludwig von Mises) 在《人的行為》

(*Human Action*) 中所說的，泡沫之所以會形成，常常都是因為政府刻意降息以刺激經濟成長所造成，大家借錢容易，泡沫也就慢慢出現了。利率低，資金取得太過容易，❼ 等於是政府用政策帶領企業與投資人去賭一把，用投機的心態去買進他們根本不需要或原本不想要的東西，像是早期的鬱金香，❽ 晚近根本沒在賺錢的網路公司，❾ 還有金融風暴時惡名昭彰的房貸抵押證券，❿ 把這些東西的價格炒得老高，最終泡沫破滅，投資人才恍然大悟，才知道自己花大錢投資的東西根本沒有那麼高的價值，價格崩盤只是遲早而已。

因著損失趨避的心理，泡沫破滅後的我們會抓狂，會哭喊著要政府拿出辦法，要公部門介入收拾市場的爛攤子。而所謂的介入，往往就是持續降息，讓經濟恢復成長，而這不折不扣地，就是一個自我強化的反饋迴圈（Feedback Loop；心法 221）；這樣的介入根本不能解決問題，反而會讓事情更糟，因為這樣做，等於是在創造下一個更大的泡沫。

要根本解決問題，最好的辦法就是停止人為操控利率，因為利率正是第一個泡沫的禍首。

可惜，眼不見為無讓我們很難在心理上接受什麼都不做，畢竟有人會說：「我們不能坐以待斃，不能眼睜睜看著世界變成燃燒的煉獄！」因此一般民眾都會期待政府做點什麼，即便政府不管做什麼，都只會讓事情更糟糕。

經驗之所以寶貴，是因為專家的經驗就是個心智的資料庫，當中存放著許多可以援引的樣式，這讓專家比我們有能力看得到眼睛看不到的東西。有經驗的能人可以看穿固有的成見與樣式，可以福至心靈地知道「事情不對勁」，正所謂見微知著，於是他們可以未雨綢繆，讓問題在

---

7. http://en.wikipedia.org/wiki/Austrian_business_cycle_theory

8. http://en.wikipedia.org/wiki/Tulip_mania

9. http://en.wikipedia.org/wiki/Dot-com_bubble

10. http://en.wikipedia.org/wiki/United_States_housing_bubble

還沒有很嚴重之前，就可以得到解決。

在《力量的來源：決策之鑰》(Sources of Power: How People Make Decisions) 一書中，學者蓋瑞‧克萊恩 (Gary Klein) 說了一個故事，這故事裡有一隊消防隊員正在救火，起火點是某間房子的一樓。忙著灌救的消防隊員把水噴灑在火源處，但火舌卻一點也沒有變小，更別說滅掉，這讓隊員們大吃一驚。隊長注意到這點之後，立刻下令所有人撤退，因為他覺得有什麼事不對勁。果不其然幾分鐘後，房子塌了，原來真正的起火點不在一樓，而在地下室，因此燒著燒著，房子就失去了地基的支撐。要是沒及時被隊長給叫出來，所有的隊員都難以倖免。而這，說明了經驗的價值所在。

我所知道唯一能夠克服「眼不見為無」的方法，就是「確認清單」（Checklist；心法 261）。事先想好你的目標是什麼，然後將目標轉換成你可以隨時回去重看的方針，讓這些方針提供你在決策時的方向感。有這張清單，你就不會忘記要去留意有哪些是你看不見，但卻是很重要的東西。你如果想多了解這張清單該如何使用，我們會在第十一章細部討論其製作。

觀念分享：http://book.personalmba.com/absence-blindness/

心法
151

# 對比
## Contrast

*世界上多的是近在眼前，但我們視而不見的東西。*

——亞瑟‧柯南‧道爾爵士 (Sir Arthur Conan Doyle)，《福爾摩斯》系列小說作者

走進百貨公司要買上班穿的西裝，你可能會先看到有幾套貴得不像話的，那樣價位的產品店家基本上是賣不出去，一年賣不到一、兩套，但店家展示這些超貴的產品，本來就不是要客人買。相對於一套三千塊美金的西裝，四百塊一套聽起來就便宜多了（雖然其實別家可能兩百塊

就買得到）；沒錯，**讓其他產品相對感覺便宜，才是這些超貴產品存在的目的。**

業務員在決定產品展示順序的時候，採用的也是同樣的手法。在你選定一套西裝之後，櫃姐會引導你去看襯衫、皮鞋與配件。四百塊美金一套的西裝都買了，一雙鞋花個百來元美金算得了什麼？八十塊的皮帶、六十塊買幾件襯衫、五十塊兩、三條領帶、四十塊一組袖扣，看起來也就都合理多了。跟一開始所買的東西對比起來，後面的東西一點都不貴，幹嘛不買？

我有一位客戶叫做喬登・史麥特 (Jordan Smart)，他最近去購物之後，做出了下面的報告：

> 去年的黑色星期五（感恩節後的第一天）我去買東西，我想要找稍微正式一點的衣服……我打算買幾件襯衫跟兩件半休閒的西裝外套，或許加條可以用來搭配的領帶，但最後我想到家裡的衣櫃裡還有一、兩條領帶可用，於是還是決定先把領帶錢給省下來。
>
> 我逛了兩家店。在第一家，我挑了一組襯衫，離開的時候，店員問我需不需要搭配領帶，我禮貌地說了聲不，然後暗地裡覺得自己表現不錯，能夠守住底限。在第二家店，我試穿了幾件西裝外套，然後決定買下。再一次，店員問我需不需要搭配領帶，這時外套的價錢還清晰地烙印在我的腦中，於是我對自己說：「好吧，反正這麼多錢都花了。」於是我買下了領帶。
>
> 我一開始沒覺得怎麼樣，但有天我知道了有對比這種觀念的存在，然後我拿出購物的收據看了看，才赫然發現其實花在那些領帶上的錢比外套還多。

**我們的感知決定於我們蒐集自周遭環境的資訊。**一萬塊多嗎？這要看你的環境；如果你的銀行存款是十塊錢，那一萬自然很大；如果你有一億，那一萬塊就是被四捨五入掉，你也不會有什麼感覺。

人類的感知能力，其設計就是要去注意對比 (Contrast)，而不是要去發掘我們感覺中所沒有注意到的東西，所以才會有「眼不見為無」的盲點。我們所注意到的每樣東西與所做的每項決定，都是基於從周遭環境中所擷取到的資訊，而這也就是為什麼擬態或迷彩會有效，因為這樣的偽裝可以降低物體與其周遭環境間的對比，讓人比較難以察覺物體的存在。

對比常常用於影響購買的決定。在商言商，對比常常用於作為一種價格的偽裝。一件襯衫這家店賣六十美元，一模一樣的東西另外一家店可能只賣四十，但是四十塊的襯衫你看不見，所以會有眼不見為無的盲點，你在這家看到的，是另外一件四百塊錢的襯衫，相對之下六十塊錢的襯衫就顯得便宜至極。

對比一台電腦要賣兩千美元，延長保固只要再加三百美元，感覺實在不貴，但其實這等於是比電腦售價貴了十五％；對比買台車要三萬美金，選配真皮座椅只要一千美金感覺很划算；對比一棟房子可能成交要四十萬美金，花個兩萬整修廚房好像也算不了什麼。

取景／避重就輕（Framing；心法 54）作為一種方法，常常拿來操控人對於對比的感知。比方說，我常常用「比頂級商學院課程便宜十四萬九千美元」來推銷我的十二週商學速成課程。相對於買書，這個課程感覺還蠻貴的，但比起真的去讀 MBA，這樣的短期課程卻又便宜得很。**善用對比去凸顯你的產品或服務，客人對你的產品就有可能刮目相看。**

觀念分享：http://book.personalmba.com/contrast/ ↖

## 稀缺
### Scarcity

*體認到不可能永遠擁有，你就跨入了愛的門檻。*

——G・K・卻斯特頓 (G.K. Chesterton)，護教作家，常於小說中置入基督教思想

為了保留實力，人很自然會把事情往後延，除非有什麼理由得立刻

行動。在商場上，「延後」這事兒非同小可，因為「延後」往往會變成「不會」，因為延久了，顧客根本會忘記你是誰。而你要怎麼做，才能讓客人劍及履及地來光顧你的生意呢？

**稀缺 (Scarcity) 會讓人想趕緊做決定，會讓人自然放下想要保留實力的欲望。**如果你想要的東西很稀有，等待就會是一件很冒險的事，因為等到最後這東西可能就沒有了；損失趨避會讓你動起來，讓你因為害怕向隅而戰戰兢兢、緊張兮兮。這樣的你如果想要什麼，都會趕緊行動。

由此，在產品與服務中加入稀缺的元素，便能有效激發人的購買慾。東西少，大家才會意識到不趕緊買，這麼好的東西就買不到了；一這麼想，他們就會立刻把錢領出來，立刻入主某項限量的商品。

東西愈少，往往就愈搶手。還記得一九九六年，源自芝麻街 (Sesame) 的「搔癢艾摩」(Tickle Me Elmo) 是那年最搶手的聖誕禮物。在那之前，艾摩就已經非常紅了，但限量的聖誕版本還是讓做父母的搶成一團，這些父母原本都是「正常人」，都算很理性，但這時也一整個失心瘋地到 eBay 上花好幾百塊美金搶標艾摩玩偶，或者是把量販店團團圍住，一聽到有貨就立刻殺進去。

要讓你的產品或服務增添「稀缺」的色彩，下面是幾種方法：

- ▶ **限量**——讓客人知道你賣的東西數量有限
- ▶ **漲價**——讓客人知道你馬上要漲價了
- ▶ **降價**——讓客人知道特價快要結束了
- ▶ **限時**——讓客人知道你的東西快不賣了

**稀缺如果人為得太明顯，會有反效果。**除非人為將之加上限制，否則像電子書、線上下載的軟體、電子音樂檔案，都不可能真的「限量」，因為眾所周知，電子檔類的東西可以無限次複製，而且成本趨近於零，由此這樣的「稀缺」，就會讓人覺得很刻意、很假，反而不想跟你買東西。限時折扣，相形之下，效果常常不差：限定前多少筆訂單或某個期

限前下單給優惠價格，讓人覺得很合理，不會讓人有刻意操弄的感覺。

在銷售上運用「稀缺」這項元素，客人就會容易急著買，而不會慢慢來。

觀念分享：http://book.personalmba.com/scarcity/

## 新鮮感
### Novelty

為什麼每次我只要一雙手，上面都得連著個腦？

——亨利‧福特 (Henry Ford)，福特汽車公司創辦人，生產線的先驅

正當二次大戰打得如火如荼，諾曼‧麥克沃斯 (Norman Mackworth) 把英國空軍雷達操作員通通從工作崗位上給叫下來，帶他們去出一個很特別的任務：盯著時鐘一看兩個小時。

麥克沃斯是誰？他是個專門研究專注力的心理學家。所謂專注力，指的是長時間把注意力集中在單一事物上的能力。這也難怪麥克沃斯會找上雷達操作員了，要說有誰比他們更需要專注力呢？他們每天的工作就是在暗室裡看著雷達上的小點，一看就是好幾個小時。

大部分的時候，雷達的螢幕上都不會有太多動靜，但一有動靜，絕對都是人命關天的事情，比方說是敵機要來轟炸。雷達操作員的工作是要時時保持警覺，第一時間注意到螢幕上的異狀，但這工作遠比你想像中的難，因為盯著螢幕看很無聊，而無聊就容易犯下致命的錯誤。

為了模擬出如此「艱難」的工作環境，麥克沃斯自創了一種「麥克沃斯鐘」，用以測試人的專注力。這個鐘有支秒針，這一點很正常，不正常的是這支秒針會不定時一次跳兩秒，也就是多跳一秒，而受試者所接受的指示，是每次出現這種情形，就按個鈕。

經過實驗，麥克沃斯的發現如下：盯了十分鐘以後，人的注意力品質會大幅下降。即便受試的作業員再有幹勁，表現好獎金再多，人的注

意力最多也只能維持三十分鐘。再久，任誰都會開始放空。

欠缺新鮮感 (Novelty)、新的感覺刺激，人就很難受到吸引，很難長時間保持注意力。很多人會沉迷於電動或上網，原因之一就是新鮮感；線上遊戲不斷推陳出新，部落格文章不斷更新，臉書、推特，新聞網站不斷告訴你新的事情，於是你的注意力也不斷地得到救贖。

在《大腦當家》(*Brain Rules*) 一書中，約翰‧麥迪納 (John Medina) 博士分享了他是如何能夠讓學生專心上課，維持至少一個小時的注意力不墜。他說他把自己的課程內容規劃成每個不超過十分鐘的模組，每個模組的一開始都安排了一枚「釣鉤」，那或許是一個笑話，或一個小故事，然後再提綱挈領地預告接下來要教的東西。套用這樣的模式，約翰成功讓學生學到東西，不會在課堂上神遊太虛。而我把這本書規劃成一小段一小段，每段不超過十分鐘就可以讀完，就是受到約翰博士的啟發。

再怎麼引人注目、再怎麼有趣的東西，久了也會無聊。人的注意力需要新鮮感來維繫；有新把戲，消費者才會想知道你葫蘆裡賣什麼藥。

觀念分享：http://book.personalmba.com/novelty/ ◣

第七章

# 善用自身的能力
## Working with Yourself

想容易，做很難；將所想化為行動，更是難上加難。

——約翰·沃爾夫岡·馮·歌德，十九世紀劇作家、詩人、博學家

　　你的身體與心靈，是你達成目標的工具。學會善用自己的能力，你就更有機會自我實現，而且更享受整段過程。

　　在今日繁忙的工商社會，我們很容易疲累，很容易因為壓力而半途而廢。由此工作效率的高低，往往會決定我們工作起來覺得很充實、很滿足，或是覺得很洩氣、很吃力。

　　在本章中，我們會討論該如何決策，如何設定目標、達成目標，如何追蹤日常工作的進度，如何超越障礙，如何能夠身心平衡、走得更遠。

觀念分享：http://book.personalmba.com/working-with-yourself/ ↘

# 靈魂的軟弱
## Akrasia

有些最偉大的戰役，是在你靈魂的靜室中進行。

——伊茲拉‧塔夫特‧班森（Ezra Taft Benson），前美國農業部長

在他一個很知名的站立喜劇段子裡，知名美國演員傑瑞‧賽菲爾德（Jerry Seinfeld）敘述了他想上床睡覺有多難：

> 我從來沒睡飽過。我熬夜不睡，因為我是夜貓子⋯⋯「要不睡個五小時能起得來嗎？」喔，那是早鳥人的問題⋯⋯不是我的問題，我是夜貓子來著⋯⋯夜貓子永遠可以惡整早鳥人，早鳥人拿夜貓子一點皮條都沒有。

這個段子之所以好笑，是因為我們都熟知它在講什麼。我們都有過那種明明知道或感覺得到自己應該怎麼做，或者知道怎麼做才符合自身利益⋯⋯但就是做不到的經驗。事實上這種經驗有一個名字，英文叫做Akrasia（音近阿奎西亞），中文的意思是「靈魂的軟弱」。

靈魂的軟弱，跟拖延心態有些關係，但兩者並非同一件事情。拖延指的是你決定了要完成一項任務，但你一直不開始，也不直接決定晚一點再做。如果你的待辦事項上有「回電郵」這一項，但你只是一直上網而不回信，也不索性決定晚一點再找時間回，這就叫做拖延。

靈魂軟弱的問題要比拖延來得深沉：靈魂的軟弱代表你大概知道自己「應該」怎麼做，但卻未必能下定決心這麼去做。那種「應該」的感覺，並不能讓你下定決心或採取行動，即便那行動怎麼看都於你有益。多數人會體驗到靈魂的軟弱，是因為他們在考慮改變壞習慣（我應該戒菸），採取新行動（我應該捐款給那個非營利組織），或是思考某個令人不愉快的議題（我應該去了解一下壽險怎麼保，或是跟律師討論遺囑怎麼

寫）。「應該」的感受揮之不去，但導致不了行動，而行動出不來，又會導致強烈的挫折感。

靈魂的軟弱是一個古老的問題：關於「阿奎西亞」之來源的討論，可以追溯至蘇格拉底、柏拉圖、亞里斯多德。這個字源自於希臘文的 ἀκρασία，意思是「欠缺（對自身的）控制力」。蘇格拉底與柏拉圖認為靈魂軟弱是一種道德缺陷，而亞里斯多德則主張其源自對人「應該」做些什麼的誤判。惟即便古往今來的哲學家已經為此爭辯了不知多少世紀，靈魂軟弱迄今仍是個無解的問題。

**靈魂的軟弱是我們在完成目標的路上，最常見也最難以根治的障礙。**為了讓時間花出去可以換回成果，我們不能讓自己陷入腹背受敵的意志力戰爭，而為此我們可以透過策略去讓靈魂軟弱一來無所遁形，二來無法與我們為敵。

以我的經驗來講，靈魂的軟弱有四大主要成分：一項任務、一款慾望、一種「應該」，還有一種頑抗的情緒體驗。在這種架構下，抗拒心理會來自很多源頭：

▶ 你定義不了自己想要的是什麼。

▶ 你相信這項任務會導致你距離你不喜歡的某事更近。

▶ 你想不通該如何從所在的地方前往你想去的地方。

▶ 你過度理想化了自己渴望的「成效」（End Result；心法 47），以至於你的內心低估了成功的機率，進而導致「損失趨避」（Loss Aversion；心法 146）。

▶「應該」的部分是由他人確立，不是你，而這便會導致「說服抗拒」（Persuasion Resistance；心法 75）。

▶ 現行「環境」中有另一種行動在與你應該做的事情競爭，而且比起你該去執行的任務要相當時日之後才能看到回饋，競爭者還承諾讓你立即得到滿足（心理學者稱之為「雙曲貼現」[hyperbolic discounting]）

▶ 相對於採取行動的好處過於抽象而遙遠，其他選項更能提供具體而隨即的好處（心理學者稱此為「解釋級別理論」（construal level theory）或「近／遠思維」[near/far thinking]）

會使人靈魂軟弱的處境，型態相當多變：吃餅乾 vs. 少鹽少油吃得健康；宅在家上網 vs. 運動流汗；跟不適合的人勉強交往 vs. 果斷分手去找對的人；夢想創業 vs. 著手測試。**任何時候你有事情「應該」要去做，但你抗拒去做，那就是你的靈魂軟弱了。**

靈魂軟弱這問題很棘手，對其我們沒有特效藥更沒有萬靈丹。但話說回來，不少策略與技巧可以幫助我們避免與化解相關的處境，至於細節請聽本章分解。

觀念分享：personalmba.com/akrasia/ ◤

心法
155
## 專心一意
### Monoidealism

做，就對了。

——耐吉 (Nike) 廣告標語

我們常常把生產力提高掛在嘴上，但到底什麼叫做生產力？

理論上，要讓生產力提高，你最好能把所有的精力與注意力灌注在一件事情上。

專心一意 (Monoidealism) 就是集中心力和專注力在一件事上，正所謂心無旁騖。在心理學家米哈里・奇克森米海伊 (Mihaly Csikszentmihalyi) 的口中，也被稱作一種名為「心流」(flow) 的狀態。在這種狀態下，人的注意力達到巔峰，對應的生產力也完全釋放出來，這時的你心如明鏡，專心致志，火力完全集中在一件事上，且不達成目標絕不放鬆。

我的好友，P・J・艾比 (P.J. Eby) 曾經當過電腦程式設計師，現在專門幫助人從心智上著手強化生產力。在他的定義之下，專心一意是：

> 當有人說「做，就對了」，他們真正想說的是你應該只做這一件事，就對了，不要同時做別的事情。所以其實這句話應該改寫成：「做，別想，就連你在做什麼都別想。」事實上，最高境界是你不要去「做」什麼，而應該跳出來，像個沒關係的第三者一樣看著自己做這件事，不要「刻意」，不要有「執念」。
>
> 貼切一點地說，**一旦進入「專心一意」的狀態，你心上就只會有一件事情，所以不會分心，不會有衝突。**能進入這種狀態，你就能夠隨心所欲而不逾矩，就能讓心思自然帶動手腳，但這是一種境界，而不單純是一種技巧……技巧往往著墨的是特定個體的特定問題，追求的是成效的提升，至於技巧有沒有用，技巧的價值，往往取決於人能不能藉由這技巧打破心魔，掃除障礙，進入專心一意的狀態。

「就這麼做著」，表示你跟著心念在「流動」，而這就是專心一意的狀態。這時候的你不會一心多用，不會做做停停，不會怪罪或懷疑自己。你的心百分之百處在「做」的狀態中，所以出來的成效也會非常驚人。

那麼我們該怎麼做，才能進入專心一意的狀態中呢？

**首先，你得先排除所有潛在會讓你分心、或者打斷你工作的事情。**根據你所欲完成之工作，其需要的認知活動層次高低，你需要十到三十分鐘不等的時間去沉澱，去完全投入手邊的工作。電話、同事來串門子，或者其他有的沒的會讓你分心、讓你跳出專心狀態的雜事，都是你的敵人；換句話說要進入最高境界，你的當務之急就是不能分心。我常常用耳塞或演奏的音樂去消除背景噪音，甚至有時候需要專心的時候，我會把電話線拔掉。

寫作的時候把網路連線關閉，讓我更能維持專心一意[1] 不這麼做，

我很可能會一遇到一點點瓶頸，就在不知不覺中上起網來。運用類似概念的指導結構（Guiding Structure；心法 136）也是個很好的辦法，可以讓你不至神遊太虛。

再者，你得排除內在的衝突。有時候我們會卡在起點沒法兒出發，是因為你心中有兩組控制系統在互相拉扯，彼此掣肘，你所體驗到的就是一種衝突。在開始工作之前先排除這些衝突，可以讓你快速進入專心一意的狀態。如果感覺「萬事起頭難」，你不妨花點時間、花點心思想想自己的內心到底有哪些矛盾衝突，想清楚了再出發不遲。

在寫這本書的過程當中，我曾經體驗到不同階段的挫折與阻力，但我並沒有想要對這些阻力視而不見；相反地，我決定運用心智模擬（Mental Simulation；心法 140）與再詮釋（Reinterpretation；心法 141）等方式發掘出心中隱藏著的衝突，那就是我對初步寫出來的東西並不滿意，總覺得繼續這麼寫下去只是浪費時間。於是我花了一點時間調整了本書的結構，一方面化解了心中的衝突，同時也讓這本書變得更好，讓阻力從源頭處迎刃而解。

第三，你應該從一開始就把注意力「衝」出來，就像猛虎出閘一樣。前面說過進入狀況需要十到三十分鐘，而我建議你應該預留出這些時間，在這十到三十分鐘內全力衝刺，這樣理論上能讓你快速進入狀況。萬一這十到三十分鐘過去了，你還是沒有進入狀況，沒有開始在工作上突飛猛進，那麼不妨就放下工作，去做點別的事情。但其實這樣的機率真的不高，通常一旦你衝刺出去，動能就會讓你停不下來。

要衝出去，我常用的一個小技巧是「波莫多蘿法」（Pomodoro Technique；也被稱為「番茄工作法」）。[2] 這名字是發明這技巧的法蘭切斯柯‧齊瑞洛 (Francesco Cirillo) 取的，靈感是一種很可愛，形狀像番

---

1. 這幾年我使用過幾種不同的網路防火牆程式，有些會封鎖整個網路，有些則可以設定攔截特定的網站。像我現在在寫作這本書時正在使用的是：Cold Turkey Blocker (https://getcold turkey.com)。

2. http://www.pomodorotechnique.com/

茄（波莫多蘿就是番茄的義大利文），廚房裡常用的烹調計時器。所謂波莫多蘿法，是把計時器倒數設定在二十五分鐘，而你的工作就是在這二十五分鐘裡保持專心，只做一件事情。即便遇到瓶頸，你也要保持專注力撐到時間到為止。等到計時器響了，表示二十五分鐘到了，你可以休息五分鐘，這樣加起來一共是半個小時，而任何人不論再忙，也都抽得出半個小時。

我覺得波莫多蘿法最棒的地方在於其一箭雙鵰。這法子一方面讓我們衝破了萬事起頭難的障礙，一方面讓我們暫時對分心免疫。即便你不特別喜歡你必須做的事情，你還是可以對自己說「撐個二十五分鐘就好了」，由此你至少能夠先踏出第一步。波莫多蘿法也讓你比較容易說服自己專心。電話響了，你會想到波莫多蘿法的二十五分鐘是不能中斷的，這樣的你會比較容易抗拒誘惑，讓你的專心狀態不致破功。

如果你能克制外在的誘惑，和自己內心的衝突，順利衝出起跑線，那麼你就能自然而然地在短短的幾分鐘之內，順利進入專心一意的絕佳狀態。

靜坐，可以幫助你練習專心一意，因為靜坐講求的就是「抗拒阻力」。基本的靜坐要求專心呼吸，過程中如果你的呼吸節奏跑掉了，你必須主動但不刻意地讓呼吸重回軌道；像這樣的注意力練習就非常有用，慢慢地你就能懂得如何面對分心、克服分心。每天靜坐個十分鐘就好，你就能大大地提升自己的專注力。

觀念分享：http://book.personalmba.com/monoidealism/ ↖

心法
156
# 一心多用的注意力耗損
Cognitive Switching Penalty

你是心靈的主人，別讓它爬你頭上去。

——荷瑞斯 (Horace)，西元前一世紀古羅馬詩人

你決定接下每個案子、每項工作，都需要相當的專注力與精力才能完成。問題是：你要怎麼把有限的專注力與精力花在刀口上？

大多數人都覺得這問題的解答是多工，也就是同時做好幾件事情的本事。很多人以為透過多工，他們可以把工作效率提升到最高，但這麼做剛好與本書提倡的專心一意背道而馳。在神經生理的層次上，人是不可能多工的。表面上看起來你是同時在做好幾件事，實際上你是快速地在事情之間轉來轉去，亦即當你忙 A 工作的時候，B 任務其實就被忽略了，除非你再把注意力轉回 A，事情才可能有個結束。

所以我說，高效率的多工是一種迷思。很多近期的神經學研究[3]已經證明同時攬愈多事情在身上，你平均的表現就會愈差，搞不好會樣樣做，樣樣錯。這也就是為什麼邊開車邊講手機那麼危險，要知道扣掉講手機所耗掉的注意力，你遇到路況時的反應不會比酒駕好上多少。[4]

周旋在不同工作之間，就會產生所謂的「一心多用的注意力耗損」（Cognitive Switching Penalty）。不論做什麼事情，做多少事情，大腦都必須將工作相關的脈絡從資料庫中叫出來，載入人腦的 DRAM，也就是工作用的暫存記憶體當中。不斷轉移注意力，你只會讓大腦為了重複載入、洗掉不同的工作記憶而疲於奔命；所以忙太多事情，人就會像無頭蒼蠅一樣，好像很忙，但一天下來什麼東西都沒做出來，還覺得累得要死。這也難怪，因為你所有的力氣都花在打方向盤上，沒有力氣去踩油門前進。

「一心多用的注意力耗損」是一種摩擦（Friction；心法 256）成本，亦即你轉換的次數愈少，耗損的成本就愈低。所以我說專心一意才是追求效率的王道，因為一次專心做一件事情，你的大腦就只需要上傳工作記憶一次，這樣剩下的力氣就通通可以拿去追求成效。

要避免過度轉換注意力，因而產生無謂的損失，最好的辦法就是採行

---

3. http://www.pnas.org/content/103/31/11778.abstract
4. https://archive.unews.utah.edu/news_releases/drivers-on-cell-phones-are-as-bad-as-drunks/.

「批次」(batching) 的策略，也就是把工作分門別類，類似的工作一起做，藉此讓分心的機會與轉換的次數降至最低。不一直換來換去，想東想西，你就不會明明有一整天的時間給你弄，卻還是一事無成。要避免瞎忙，你真的可以想想如何將工作按性質分批，然後依批次為之。

比方說，我發現把需要創意、需要思考的工作（像是寫書、錄教學課程），穿插在跟客戶見面之間的空檔，效果極其之差。於是我決定不再一會兒跟客戶討論事情，一會兒又要自個兒靜下來發想事情。我現在早上會盡量騰出幾個小時專心寫書，至於回電話、開會這類與人互動的事情則一律安排在下午。這樣做的好處是我兩類工作都能全力以赴。

即便是家事、記帳，或者有什麼雜事要辦，我也會採用相似的策略，我會集中在幾個小時內把所有的事情做完。既然這些事情避免不了，我寧可速戰速決。

保羅・葛拉漢 (Paul Graham) 有多重身分，他除了是創投金主、程設專家之外，偶爾也動筆寫作。在他口中，**這樣的批次策略就是要把「創意家的行程表」(Maker's Schedule) 與「經理人的行程表」(Manager's Schedule) 分開。**❺ 如果你想創造什麼東西，就應該盡量避免在例行的工作之間創作，一會兒得照章行事，一會兒又要天馬行空，你的創意細胞一定很快就都死光了。其中「創意家的行程表」裡以整段較長的時間為主，而「經理人的行程表」可以拆解為許多小型的空檔，適於開會之用。這兩種行程表各有所長，重點是不要把它們混在一起，不然兩種行程的好處就會相互抵銷，讓你什麼都享受不到。

一個我常用來擬定一天計劃所用的簡單方法是 3-10-20 法則。我一天內可以完成 3 個主要任務和 10 個次要任務。任何需要超過 20 分鐘專注力的是都算主要任務，其餘則是次要事項。如果在進行某項主要任務時被打斷了，重新開始進行這項工作時則要將它視為新任務。

比方說，我其中一天的主要工作是寫企劃案、提供客戶諮詢和審閱幾本新書。在這些主要任務之間，我可能會需要打幾個電話、處理和收發電郵、閱讀幾篇文章、洗碗，還有打掃辦公室。

只要能先把大部分時間留給主要任務，我就能順利完成當天所有的事。如果我在處理主要任務被打斷的話，那項工作當天就沒法完成，其他重點工作也需要先跳過。記住人一天可完成的工作量有限，會更有助於你維持壓力和復原的平衡。

盡可能減少無效的工作轉換，會讓你工作起來更事半功倍。

觀念分享：http://book.personalmba.com/cognitive-switching-penalty/ ↖

## 面對事情的四種做法
### Four Methods of Completion

*我是獨一無二的個體，但我只是一個人，我並非無所不能，但我必有所能。而正因為我有許多事力有未逮，我更不能拒絕接下我能做的事情。能做的，我應該做；應該做的，上天可鑒，我一定做。*

——愛德華·艾佛瑞特·海爾 (Edward Everett Hale)，十九世紀唯一教派 (Unitarian) 牧師、作家

**面對一件事，真要說，我們只有四種「做」法：完成、刪去、分派、延後。**

▶ **完成 (Completion)——把事情完成——是多數人遇到事情的第一個反應。很多人都有個小本子，上面會記錄今天有哪些事情要做，有哪些事情沒做。很多人會笨笨的，覺得所有的事情都要親力親為，但其實不然。看著筆記本上密密麻麻等著完成的事情，你應該挑出重要的，非你不可，或你做效果會特別好的事情去做，至於其他次要的，不那麼重要的事情，或者你根本並非專家的事情，都有別的更好的辦法可以處理。**

---

5. http://www.paulgraham.com/makersschedule.html

▶ **刪去** (Deletion)——把這件事情從行程表上拿掉——可以有效消化你筆記本上可有可無或根本不應該有的項目。看到筆記本上有不重要的行程，就用筆一揮劃掉吧，沒什麼好不好意思的。而且既然是沒什麼好做的事情，努不努力，有沒有效率還有什麼意義呢？就根本連做都不要做就對了！

▶ **分派** (Delegation)——把事情指派給別人去做——絕對是你應該學會的技巧。有些事情你做一百分，別人做也有八十分，那你就可以**考慮找人幫忙**。分派要分得好，你必須先有人可以派；不論是員工、包商、委外廠商，都可以讓你得道多助，讓你在外力的協助下完成更多的事情。

如果你沒有人可以交辦，又不想或沒時間自己處理雜務，現在網路上有虛擬的助理公司 (assistant company) 也蠻好用的。一個月不到一百美元，你就有一群專家協助你。如果你不太會分派工作，想練習看看，這也是個不錯的網站。

▶ **延後** (Deferment)——把有些事情放到晚點再做——主要是用在不那麼重要或緊急的事情上。不要因為沒有「今日事，今日畢」就覺得愧疚，要知道把自己累死一點好處都沒有，而你一下子想做這麼多事情，就是想把自己活活搞死。某些工作不那麼急的，可以晚點再弄，凡事都有輕重緩急，有力氣你自然應該先把緊急的事情搞定。

在《搞定！ 2 分鐘輕鬆管理工作與生活 》(*Getting Things Done*) 一書中，大衛・艾倫 (David Allen) 建議把想做的事情加以分門別類，不是那麼急迫的工作，就可以列在「改天做」或「有空再做」的清單上。研究創意的史考特・貝爾斯基 (Scott Belsky) 也在《想到就能做到》(*Making Ideas Happen*) 裡建議把你最終會做，但不是現在的事情歸在「下一攤」

(Backburner) 的工作清單上。忙完了，悶了的時候，你可以把這張單子拿出來，看看上面有沒有什麼好玩的事情可以做。

你在擬工作清單的時候，記得要運用上面說的這四種概念，這樣你一定能完成更多事情。

觀念分享：http://book.personalmba.com/4-methods-of-completion/

## 首要之務
### Most Important Tasks

做小事的時候得想著大局，這樣你所有的小事才不會走偏。

——艾爾文・托佛勒 (Alvin Toffler)，科技專家、未來主義者

人生來皆是不平等，工作也一樣。有些人就是比較帥，有些事就是比較急。

人的時間、精力有限，每天都有忙不完的事情。而在所有忙不完的事情裡頭，有些事情是真的要緊，有些事其實沒那麼重要。**如果你想把有限的時間與精力花在刀口上，最好的辦法就是先專心完成做不做差別很大的那些事情，然後再去弄比較沒關係的東西。**

**首要之務 (Most Important Task, MIT) 就是那些做與不做、早做晚做差很多的事情。**你手上的事情都不一樣，所以千萬不要把什麼都一視同仁。你應該花個幾分鐘把重要的事情挑出來，然後先專心將之完成。

**每天早上起來，都先列出兩到三件首要之務，然後盡快把事做完。**這張清單上的東西，要與一般性的待辦事項分開列管。我自己是用三乘五的活頁卡或大衛・席亞 (David Seah) 的緊急工作規劃表 (Emergent Task Planner)[6] 來安排規劃首要之務，其中大衛・席亞的表格可從網路上免費

6. http://davidseah.com/pceo/etp

下載。

列出首要之務的時候，記得要捫心自問（Self-Elicitation；心法168）：「今天有哪兩到三件事非常重要？哪些東西最好今天確定？」只有符合這些條件的工作，才好列在首要之務的清單上面，才好一早就去把事情做個了結。

捫心自問的技巧配合上帕金森定律（Parkinson's Law；心法170），也就是設定人為的期限，效果更是如虎添翼。設定的目標是在上午十點以前完成所有的要務，你就會自動加快速度，結果原本覺得做不完的事情，竟然就這麼讓你給做完了。

列出要務，你會更能專心一意，因為對於不在清單上的事情，你會知道該大聲說不。比方說你正在列要務清單，突然電話響了，你會本能地接起來告訴對方：「我在忙，等一下打給你。」顧名思義，不是首要之務的事情，便是次要，而次要的事情，自然不難暫時推掉。

一日之計在於晨。首要之務愈快完成，你剩下的時間就都可以去隨機應變，盡情揮灑。

觀念分享：http://book.personalmba.com/most-important-tasks/ ↖

## 目標
### Goals

目標設得很模糊，就像亂入餐廳然後說：『我餓，我要吃飯。』你光喊餓但不點東西，也是不會飽的。

——史提夫・帕夫里納 (Steve Pavlina)，
《聰明人的個人發展》(*Personal Development for Smart People*) 作者

關於目標 (Goals) 的重要性，寫過的人不在少數。明確的目標有兩種作用：一是可以讓你把想要的東西視覺化，讓你一整個興奮起來。目標就像一種宣言，讓你能釐清自己到底要的是什麼；知道自己要什麼，大腦

就更知道如何用心智模擬去視覺化大功告成的榮景。如果你心中預想的結果輪廓非常模糊，那麼你就不容易動員心靈的規劃單位去自動找到方法、達成目標，並讓成果在背景處閃耀。**目標訂得好，你工作的動機也會比較強；你的目標訂得愈清晰，你就愈提得起勁去努力，愈有機會達成目標。**

　　模糊籠統的目標像「我想去爬山」的用處不大，因為大腦沒有辦法消化這樣的訊息。你要爬哪座山？山在哪兒？什麼時候出發？為什麼選這座山？這些問題不回答，你什麼事情也做不成。

　　目標訂得好不好，有個指標，那就是看這目標通不通得過「聖母峰測試」(Everest Test)。有用的目標應該長得像這樣：「我想要在四十歲生日之前爬上聖母峰，在上面拍一張三百六十度的全景照片，回來之後把照片裱起來，然後像獎狀一樣驕傲地掛在牆上。」像這樣的目標，就方便大腦在腦海中想像。你知道聖母峰在尼泊爾，所以你知道該找哪家旅行社安排行程；你會知道要去加強自己攀登高山的技術，要尋訪資深優秀的嚮導，要投資添購堪用的器材設備，還有，要買一台可以拍全景相片的特殊相機。一旦你做了這個抉擇，決心要達成目標，你的心靈就會自動去想辦法。

　　目標的設定要發揮最大效用，就得框 (Framed) 在一個積極 (Positive)、立即 (Immediate)、具體 (Concrete)、詳細 (Specific) 的「圖片」(PICS) 當中：

> ▶ 積極對應的是動機：你的目標應該要是一樣你能夠心嚮往之，能朝之前進的遠景，而不是一樣你想要遠離的東西。「我不想再胖下去了」這樣的目標，只會讓你陷入「恐懼囚禁」(Threat Lockdown；心法 147) 的泥沼，讓你腦中的負面訊號變強，讓你沒辦法用再詮釋 (Reinterpretation；心法 141) 去改變你對未來的期望，燃起改善現狀的熱情。要得到最好的結果，你必須先消弭衝突 (Conflict；心法 138)，然後才能朝向自己的目標前進。

▶ **立即**對應的是時間：你的目標應該是你馬上要去做的事情，而不是你改天或遲早會去做的東西；一件事讓你下不了決心，提不起熱情，就不用勉強。你可以把這件事放在「改天／有空再做」的清單上，先去忙別的。

▶ **具體**意謂著你要能看到真實的成果出現。目標跟成果是一體兩面，有成果，目標才算達成。目標如果設成「我要快樂」是沒有用的，因為這跟具體差了十萬八千里，要說快不快樂根本難以衡量，也看不出頭尾在哪兒。但如果是想登上聖母峰，目標就具體多了。

▶ **詳細**意謂著要在何時何地達成什麼目標，你能夠精確定義。選一天爬聖母峰就很精確、很詳細，大腦就會知道要如何擬定策略、安排進度、規劃行程。

效果要好，你設定目標就不要眼高手低。「減肥十公斤」就是一例，這樣的目標會在不經意間打擊你的信心，因為這當中有太多變數不是你能控制。瘦下來與否，不見得跟你的付出成正比；萬一哪天突然胖了兩公斤，你會很容易氣餒，雖然事情根本沒有你置喙的餘地。**達成率要好，目標要盡量訂成你使得上力的事情，也就是要盡量落在你的控制範圍**（Locus of Control；心法 182）**之內。**比方說每天運動三十分鐘，控制熱量的攝取，就是你做得到的。

要追蹤掌握你的目標達成狀況，你只需要簡單準備一個小小的手札或筆記。我個人是會在電腦上開一個文書檔案，寫下所有的目標。接著我會把這檔案列印出來，放在我的工作筆記裡，這樣我就隨時能掌握有什麼事情該做沒做、哪件事該先做、哪件又可以先擱著。

目標可以改，這一點問題也沒有，我們想要的東西本來就會變來變去，不用覺得這有什麼，這種改變也是一種學習。如果你覺得對眼前的目標已經失去熱情，轉換跑道沒有關係。

觀念分享：http://book.personalmba.com/goals/ ↖

# 存在的狀態
## States of Being

想要去的地方，我也許還沒抵達，但我想待的地方，這兒就是了。

——道格拉斯·亞當斯 (Douglas Adams)，

《銀河便車指南》(The Hitchhiker's Guide) 系列作者，以幽默著稱

說到設定目標，我觀察到大家常犯的一個錯誤是以為所有的事情都可以靠努力得來。

像是「我要快樂」、「我希望生活多點刺激」、「我想出人頭地」這樣的說法，你怎麼知道這些目標達到了沒有呢？你自己每天覺得更快樂、更帶勁、自我感覺更良好，就表示快樂、刺激與成功是你的囊中物了嗎？

**存在的狀態 (State of Being)** 說的是你當下的體驗。情緒、主觀感受不能算在你的「成就」裡面，因為情緒或感受會隨著時間變動。你現在開心，等一下可能就不開心，所以「開心」不能說是一種成就，而只是對你生活體驗的一種描述。

**存在的狀態是我們決策時使用的**標準，而不是我們決策的目標。我們可以想要「開心」，想要「成功」，但把這些想望當成目標，那就是開了門請失望挫敗進來。與其把這些「狀態」、這些感受視為是可以追求的成就或目標，我們應該將之視為是決策時可以參考的標準；有了這些標準，我們就可以判斷自己的努力方向正不正確。

**存在的狀態可以幫助我們回答一個問題，那就是「我現在的作法有沒有成效？」**比方說，想開心的你或許注意到跟親朋好友相處讓你開心，那麼多找時間跟他們聚聚就變得很重要。如果你想追求的是平靜，但你的工作又讓你壓力很大，那麼你就應該知道得做點什麼去改變現狀，因為你現在的作法成效不彰。

把複雜的存在狀態加以拆解，你判斷起事情會更加準確。「成功」

跟「快樂」都是比較龐雜的狀態，用這麼大的概念當作行事標準，遠不如先想想這些狀態對你個人有什麼意義。比如對我來說，成功的定義是「跟志同道合的人一起做我喜歡的事情」、「能夠自由選擇我想做什麼」、「財務自由，不用擔心錢。」全部合起來，這些狀態讓「成功」在我腦海中的輪廓更清楚，也更有參考價值。哪天我的生活體驗符合以上三點，我就「成功」了。

同樣的道理也適用於「快樂」。相對於籠統的快樂二字，我們可以說快樂集合了「覺得不無聊」、「能跟我愛的人在一起」、「覺得平靜，覺得自由。」哪天我的生活符合了上述的描述，我就「快樂」了。把「快樂」拆成零件，我就能知道自己有沒有一天天更快樂。

**想清楚自己想要用什麼樣的狀態存在，你就有一組很強大的標準在手，你自我評估的能力就會突飛猛進。**

觀念分享：http://book.personalmba.com/states-of-being/ ↖

## 習慣
### Habits

> 我們是誰，取決於我們反覆採取的行為；卓越，因而不能偶一為之，而必須是一種習慣。
>
> ——威爾‧杜蘭特 (Will Durant)，美國作家、歷史學家

我們希望每天做的事情，像運動，到底該算是個「目標」還是種「狀態」呢？其實兩者皆非。

**習慣 (Habits)** 是支撐我們每天活著的例行活動。運動、刷牙、吃維他命、吃類似的東西、跟親友連絡，都是能讓我們保持身體健康、心情愉快的習慣。因著積少成多的力量，滴水可以穿石，小習慣也可以累積出大成果。

你想建立的習慣大概不脫這四種形式：你想開始做的事、想戒斷的

事、想多做一點的事、還有想少做一點的事。這四種形式舉例來說，你會想開始規律運動、想戒掉電視、想每天多喝開水，還有盡量少花些錢。

習慣的養成往往需要藉助意志力，由此我們最好能運用在指導結構當中討論過的技巧，讓事情多少變得容易些。如果你想一早就去健身房運動，那麼前一天晚上可以先把需要的裝備與衣服準備好，這樣早上起來就可以拎著就走；像這樣，就是改變環境的結構，讓事情進行起來事半功倍。

習慣的建立要順利，你應該去尋找引信，這引信只要一點燃，你就知道不能再懶了。比方說你想要吃維他命，你就可以用另外一項你經常做的事情來當作引信。與其相信自己忙到一半還會記得該吃維他命，你可以用早上的刷牙來當作暗號，刷牙後就是維他命時間。

要達到最好的效果，你一次最好只培養一項習慣。因為人的意志力有限，而沒有足夠的意志力，你就沒辦法跳脫自身行為的窠臼。貪多嚼不爛，你一次想要建立太多習慣，最後可能什麼習慣都弄不起來，或者勉強硬撐也不長久。每項習慣一定要等到已經變成反射動作了，你才應該去煩惱下一個。

觀念分享：http://book.personalmba.com/habits/

心法
162

# 觸發設定
Priming

許多物體雖然落在我們視覺的光譜之內，但我們卻不能看見，因為它們並未落在我們智識的光譜之內。換句話說，我們內心沒有去尋求這些東西。亦即放大格局去看，我們只能看見我們在尋找的東西。

——亨利・大衛・梭羅 (Henry David Thoreau)，美國作家、哲學家

你有沒有喜歡過某一種車，卻發現這車怎麼滿街都是？我就有這種經驗，那種感覺就好像有人知道你喜歡哪個牌子的哪一款車子，然後開

始大放送。

　　這當然不可能，天底下不會有這麼好的事情，也不會有這麼巧的事情。你之所以會覺得這些車子突然冒出來，是因為你之前從來沒有注意去看。在你愛上這款車之前，你的大腦會自動「無視」它的存在。

　　但有天你突然對這款車有了興趣，你的大腦就會發給它通行證，讓它可以通過大腦的門禁，於是你不再「目中無車」，反而會變得目光非常銳利，不錯過路上每台同款車的倩影。這時我們可以說，你的大腦已經寫入相關的程式，每次只要環境中出現了特定的事物，像此例中的名車，都逃不過你的法眼。而一切的關鍵，都在於你必須對事物產生興趣。

　　**觸發設定 (Priming)** 作為一種方法，是要主動設定你的大腦，讓你會去留意環境中出現的特定資訊。人腦的樣式比對（Pattern Matching；心法 139）功能有一個很棒的「副作用」，那就是讓我們會持續掃描環境，留意四周有哪些資訊有用。只要指明你想知道什麼，大腦就會在感官得到相關資訊的第一時間通知你。

　　觸發設定的運用，是要主動去操控大腦的樣式比對功能。花幾分鐘想想自己對什麼有興趣，想掌握什麼訊息，你就能完成大腦的設定，每次大腦知道什麼，你就會知道什麼。有些人把這叫做是「直覺」，而**觸發設定能讓直覺系統化，讓直覺為我們所用**。

　　我這裡舉個例子，說明我如何運用觸發設定的技巧。在《十天學會速讀》(*10 Days to Faster Reading*) 書中，艾比・馬克斯－比勒 (Abby Marks-Beale) 推薦了一個我稱之為「目的設定」(purpose-setting) 的技巧。這技巧說的是在開始閱讀之前，你可以先花個幾分鐘搞清楚：一、你為什麼要讀這本書？二、你希望在這本書中得到什麼樣的資訊。想好之後寫下一些重點，這樣你在真正翻開書本後，會更能吸收到你希望學到的東西。

　　定義了目的之後，便可以打開書本，快速翻閱，並應該留心目錄、標題與索引，因為這些等於是書本內容的菁華，讓你可以對書的結構一目了然。寫下重要的專有名詞與概念，也可以幫助你在閱讀的過程中得到觸發。

這樣的閱讀準備只需要幾分鐘，但卻能大大地加快你閱讀的速度。設定好大腦該因為什麼樣的重要概念得到觸發，你便能以摧枯拉朽的速度讀完一本書；閱讀的過程中，你的大腦會自動導航，自動去蕪存菁將你會有興趣的東西呈報上去。

由此，你便可能在二十分鐘內掌握非文學類書中真正對你有用的資訊。像我去到圖書館或書店，這樣的技巧都非常管用，這樣做讓我能在一個小時內有效瀏覽十幾本書。要是沒有這個技巧，本書的推薦書單就不可能出現，因為我根本讀不完這麼多本書，如果硬要把書讀完，那我這本書也不用寫了。

有些人在工作上顯得無往不利，或總是相當幸運地如其所願，其實他們只是善用了觸發的技巧。目標設定之所以真的管用，部分原因是你的大腦會因此做好準備，只要有利於達成目標的事物一現身，你的身心就會受到觸發而做出反應。如果你的目標是登上聖母峰，那麼就不能錯過旅遊網站上，尼泊爾機票正在打三折，但如果你沒有在事前設定好要注意這樣的資訊，在上網的時候就很有可能會對這樣的優惠視而不見，畢竟網路上的資訊實在太多，沒有設定過的東西真的很難受到大腦青睞。

花點時間設定好大腦的觸發清單，你才不會與重要的資訊擦身而過，才能每每都能掌握先機，讓資訊發揮最大的效用。

觀念分享：http://book.personalmba.com/priming/ ⬚

## 選擇
### Decision

*每一天裡的每一刻，我都得決定下一刻要做什麼，沒人可以替我決定，替我前進。*

——荷西‧奧德嘉‧貫賽特 (Jose Ortega y Gasset)，西班牙哲學家與散文家

**選擇 (Decision)** 就是決定走上某條道路、採取某個行動方案。英文的

決定 (decide) 一字源自拉丁文的 *decidere*，意思是「切斷」。每次做決定，你就是把其他的可能性斬斷；決定走上某條道路，就是放棄其他的路。不破釜沉舟，你就沒有下定決心，就不算是做出了選擇。

你工作起來可能效率很高，但是效率不等於決斷力，再有效率的工作流程也不可能幫人做決定。不論你有多強的系統可以幫助你掌握工作的進度，人還是得靠自己判斷每一步該如何踏出。想設計出一個自動決策系統，我可以告訴你是癡人說夢，因為沒有生命的系統最多只能備齊你做決定所需要的資訊，拍板定案的一定得是你。

選擇不論大小，都不可能在決定的當下得到所有資訊，因為我們不可能預知未來。未來的不可知，常讓我們在難以決定的時候覺得自己資訊不足，但其實事情的真相是我們的大腦在打架。我說大腦在打架，是因為前腦的工作是化解疑議、做出決定，而中腦的工作是發出指令，於是除非前腦那邊事情告一段落，否則中腦就會一而再、再而三，不厭其煩地三催四請，讓前腦不堪其擾。但一旦決定出爐，不論決定的內容為何，這樣的「兩腦相爭」戲碼就會立刻畫下句點。

不要以為自己得掌握所有的資訊才能下決定，要知道在這複雜的花花世界中，不可能有什麼決定百分之百正確。在波灣戰爭中戰功彪炳的鮑威爾將軍 (General Colin Powell) 有過一個很知名的主張，那就是他認為人只要蒐集到半數的資訊，就應該做出決定，不用擔心你對資訊的掌握明顯並不完備。「下決定不用等到百分之百確定，因為等到百分之百確定，決定往往已經無濟於事……任何時候（得到四十到七十％的資訊），都應該跟著感覺走。」❼

既然鮑威爾可以在生死交關的戰場上善用這一套決策法，沒道理我們不能在日常生活中比照辦理。得到一定的資訊就當機立斷，之後再隨機應變，常常是我們最好的選擇。

優柔寡斷下不了決定，本身也是一種決定。人生不會因為你不做決定就停下來等你，這顆地球還是會日落月升繼續運轉，最終你還是會做出沒有選擇的選擇。放棄替自己做主的責任與權利，並不表示痛苦的選

擇會離你而去，反而讓你因為隨波逐流而受到傷害。

要達到最好的效果，你在做決定的時候應該要腦袋清晰，應該要採取主動。就我的經驗而言，很多人遇到事情不知所措，就是因為他們吝於作出決定——損失趨避（Loss Aversion；心法 146）的心態讓他們遲遲不肯選邊站，他們總是抱著一種「萬一」的僥倖心態，希望保留選擇的空間直到最後一刻。但其實避不選擇，大腦擅長的心智模擬就無用武之地，他們就沒辦法規劃該怎麼樣從身處之地到達心所嚮往的目的地，於是天人交戰的拉鋸戲碼就會不斷在腦中上演，這樣的人只會原地踏步，什麼都完成不了。

提醒自己「我現在如是決定」，未來的路才走得下去。一旦做決定，大腦的心智模擬機制就會啟動，你就會開始按部就班，朝著目標邁進。

如果你下不了決心，《聰明人的個人發展》作者史提夫・帕夫里納的建議是問自己一個問題來打破僵局，這個問題就是：在各項選擇當中，我最希望擁有的經驗是什麼？**一項抉擇讓你覺得很困擾，往往是因為大腦無法判斷哪個選項比較好，而這種處境確實很棘手，但這也表示兩個都很不錯。所以往好處想，你選哪一個都是好，都不會錯，你只要按照自己當下的想法去做選擇就好。**

凱爾希曾得到一個紐約的工作邀約，條件非常優渥誘人，於是我們開始天人交戰，猶豫著到底應該留在辛辛那提，還是搬到大蘋果。搬家的話變數很多：住哪兒？我們住得起嗎？我的工作怎麼辦？這些問題足以讓我們兩個成年人的恐懼囚禁症狀同時發作。

但到最後，我們了解到走與不走並不是對錯的問題，選哪邊都可以。而住在紐約是我們比較想要的經驗，於是我們決定前進紐約。決定一下，我們立刻感覺到豁然開朗、海闊天空。與其在那邊翻來覆去、左右為難，做出選擇讓我們即便面對不確定性（Uncertainty；心法 226），也能找到路走下去。

觀念分享：http://book.personalmba.com/choice/ ↖

---

7. http://govleaders.org/powell.htm.

# 五個為什麼
## Five-Fold Why

問，再問，接著問。

——希爾多・史鐸金 (Theodore Sturgeon)，《甚於人者》(*More Than Human*) 作者

　　往往，我們也不清楚自己為什麼想要一樣東西。這時，我們可以進行「根源分析」(root-cause analysis)，藉此得知什麼東西在推動著我們的欲望。

　　**五個為什麼 (Five-Fold Why)** 作為一個技巧，可以幫助我們發掘自己真正想要什麼。與其對身心的各種欲望照單全收，檢視一下你到底為什麼會想要這些東西，可以幫助你確認自己是不是真的想要這些東西，幫助你探索你想要的東西有什麼核心的特徵。

　　**五個為什麼用起來很簡單，只要每次設定目標，就捫心自問你為什麼想要做到這件事。**假設目標是賺到一百萬美金，你就可以問問自己要這一百萬幹什麼。

　　不用覺得有壓力，就當作是好玩，當作滿足好奇心問問自己，同時有點耐心，等待內心真正的答案慢慢浮現。**答案現身後，再問一次「為什麼？」，然後重複這樣的過程，直到你得到的回答是：「因為人家就是想要嘛！」**，說這話表示你已經觸及了欲望的根源。

　　這裡有一例，可以說明五個為什麼如何破解經典的「我想成為百萬富翁」：

一、我為什麼想成為百萬富翁？因為我不想再為錢煩惱。
二、我為什麼不想再為了錢煩惱？因為不缺錢我就不會覺得焦慮。
三、我為什麼不希望覺得焦慮？因為不焦慮代表我會有安全感。
四、我為什麼想要有安全感？因為有安全感代表我能自由。
五、我為什麼想要覺得自由？因為人家就是想要自由嘛！

我們想要成為百萬富翁，重點不在那一百萬，而在那一百萬所能帶來的自由。一定要有錢才能覺得自由嗎？當然不是，即便口袋裡沒一毛錢，人一樣有各式各樣的方法可以一親自由的芳澤。於是我們可以知道有時候要到達目的地，換條路走才是最快的辦法。

至於要知道該換哪條路走，你就得先看清楚自己要達到的目標究竟是什麼。

觀念分享：http://book.personalmba.com/five-fold-why/

## 心法 165 五個怎麼辦
### Five-Fold How

*能看到多遠，就走多遠，到了那兒，你自然又可以看得更遠。*

*—— 湯瑪斯・卡萊爾 (Thomas Carlyle)，十九世紀散文家、歷史學家*

靠著五個為什麼，你可能會赫然發現自己想要的，其實是另外一樣東西。而既然知道了自己真正要什麼，你的下一步就是想想該怎麼辦，才能得到這樣東西。

**五個怎麼辦 (Five-Fold How) 作為一種技巧，能幫助你有夢最美，築夢踏實。**延續前面所舉的例子，如果你的夢想是得到自由，那麼你該怎麼辦呢？

一、理財先理債，最好能無債一身輕。
二、加快完成正職工作，騰出時間兼差，或自己跳出來創業。
三、出門旅行。
四、切斷已經沒用的人際關係。

在這幾個選項當中，如果看到哪個辦法還蠻有搞頭的，你就可以再問自己第五個「怎麼辦？」。比方說辭職創業可以讓你覺得無比自由，

但這一點你該如何辦到呢？把這第五個「怎麼辦」的細節想清楚，你原本茶餘飯後的白日夢，就會慢慢浮現出輪廓。

重複這樣的過程，直到你釐清所有的下一步（Next Actions；心法166）。五個怎麼辦作為一種技巧，其用意在於創造完整的、環環相扣的執行步驟，讓你除了頭上有想法，腳下也馬上知道該怎麼走。

善用之，每個步驟都可以讓你有得其所願的感覺。如果還債可以讓你感到自由，那麼還愈多你自然愈自由，就像每個月繳房貸一樣，每繳一筆，你離無債一身輕就更進一步，而愈是身輕如燕，你也將更有動力向前。

夢想可以大，可以天馬行空，行動則要小，得腳踏實地；最終，你的夢想必將不再是夢想。

觀念分享：http://book.personalmba.com/five-fold-how/ ↖

## 下一步
### Next Action

不缺席，不分心，在每件小事上全力以赴，那麼很快地，我們會驚喜於自己的能力有多大。

——山繆爾‧巴特勒 ((Samuel Butler)，十九世紀進化學者與博學家

常常，我們的目標並非一蹴可幾，這時我們就必須擬定計畫。計畫當中有許多階段性的目標，而這些目標又各自得經過為數不同的步驟才能完成；計畫愈大，細節就愈難釐清。

攀登聖母峰，是個計畫，而這個計畫顯然會非常複雜，充斥著不確定性；如果這是你的計畫，你該怎麼做，才能不被這計畫的規模給震懾住，才能靜下心來想想該做什麼。

答案很簡單：專注在下一件事情上。

下一步 (Next Action) 是針對目標，你下一件可以立刻採取的具體行

動。你不用擔心要做的事情很多，你還不能都了然於胸，你只需要知道下一件事該做的是什麼，這樣你就可以朝目標一步步邁進。

「下一步」這個詞，是《搞定！2分鐘輕鬆管理工作與生活》(Getting Things Done) 的作者大衛·艾倫 (David Allen) 所造；在他所謂的「基本流程」當中，下一步就是下面所介紹的第三步：

一、把你現在最想完成的計畫或是你經常在思考的處境，拿筆寫下來。

二、接著，用一個句子，描述一下希望這計畫或處境的理想結局，還有哪些條件得齊備，哪些事情得先完成，這樣的結局才能成真。

三、再來，寫下為了朝著目標邁進，你接下來將旋即採取的具體行動。

四、最後，把這些問題丟進你信賴的系統裡去「跑」。

照艾倫的講法，這些問題可以幫助你釐清「已辦」與「待辦」的差別。什麼叫做「已辦」一旦獲得釐清，你便能把精力專注在把「待辦」變成「已辦」上。

寫這本書，並非易事。我花了好多年研究，蒐集資料，再花了一年多一點點將研究成果化為文字。「寫書」不是單一的行為，而是一項計畫。沒有人，包括我，可以拿起筆來就寫，寫完就出，但如果只是寫一小段，確實有可能花不到一小時。於是我把這本書分成許多章節，這樣除了篇幅小很多，每一章又都有明確的主題，我寫起來就會容易多了，就不會覺得千頭萬緒，不知從何寫起。

把你的大計畫跟小工作分開追蹤管理。我的作法是：我會隨身帶著一本活頁筆記本，裡面夾著三乘五的索引卡，❽卡片上列著的是我在推動的計畫。筆記本上面則寫著的是我的「下一步」，而為了管理這些下一步，我另外使用了一個系統叫做是「自動對焦」(Autofocus)，發明的

---

8. 要進一步了解我的個人生產力系統，可前往 http://book.personalmba.com/resources/

人是馬克・佛爾斯特 (Mark Forster)，❾這系統能讓我運用直覺去判斷現在該做什麼事情，才能讓我的計畫進度向前推進。只要我的計畫跟我的目標能綁在一塊兒，能夠跟我的存在狀態一致，那我抵達目的地就只是遲早的事。

集中心思去完成「下一步」，你最終自然會一步一腳印地把計畫執行完畢，達到目的。

觀念分享：http://book.personalmba.com/next-action/

## 外部化
### Externalization

文字就像透鏡，讓人心聚焦。

——艾茵・蘭德 (Ayn Rand)，
哲學家、《阿特拉斯聳聳肩》(*Atlas Shrugged*) 與《源泉》(*The Fountainhead*) 作者

人的心智運作有個奇妙之處，那就是相較於發自內心的胡思亂想，人心更善於處理外來的資訊。

你要是有請過個人訓練師或教練，一定知道我在說什麼。一個人運動的時候，你會聽到腦中有個小小的聲音在說著：「痛死了，你還是歇會兒吧」，即便堅持下去對你比較好。這時如果你身邊有個人，也許是上面說的教練，或者是你一起運動的同伴，這個小魔鬼就會知趣地走開，因為良師益友的鼓勵聲，會讓你聽不見內心的閒言閒語，讓你不斷地自我突破，日起有功。就這樣，你的運動就能達到你預期中的效果。

相較於內心的想法，我們對於外在環境中的刺激更有反應，而要善用這一點，我提供一個小方法，可以讓我們工作起來效率更高：我們可以把內在的想法轉化為外來的訊息，讓我們的心智更容易對其產生反應。

外部化 (Externalization) 的要旨是要善用我們身為人的感知能力。透過將內部的思路轉化為外來的形式，外部化實質上賦予了我們一種能

力，讓我們可以透過不同的管道將同一個訊息再次輸入大腦，由此我們便可以開發出更多的腦中認知資源，藉此換個方法來消化同一筆資訊，讓這資訊帶給我們更大的好處。

要把思想外部化，基本上有兩個辦法，一個寫，一個說。寫（或畫）是具體掌握靈感、計畫與個別工作的首選。這樣做不僅能讓你有能力把資訊儲存在日後可以隨時取用的形式，還能讓你的心智有機會以不同的角度來檢視你所知的事物。挑戰與問題在你的腦前葉翻來覆去，感覺上簡直是高不可攀，難以跨越，但一旦化為紙上的文字或圖畫，神奇的事情便發生了，你會霎時看到解決方案躍然紙上，原來事情並沒那麼難。

點子「抓」到紙上，也比較好跟別人分享，更可以讓你日後不斷反覆咀嚼曾有的巧思。有句話是這樣說的：筆墨再淡，也比最深的記憶清楚。筆記本跟日記，只要持之以恆地寫，會是無價之寶，而且會像黃金一樣愈來愈有價值。

說，不論對象是自己或是他人，是外部化另一種也很有效的方法。**透過聲音可以達成訊息的外部化，說明了何以大多數人都曾經找朋友跟同事訴苦，而不知不覺中問題已消弭於無形。**往往你邊說，就是邊在重新思索問題的來龍去脈，於是當你說完了，解決問題的方法也就出現了，但其實你的朋友一句話也沒說。

用聲音去達成想法的外部化，想成功，你得先找到一個或一群聽眾有意願、有耐心聽你講話，不會一直打斷你，在這樣的前提下即便自言自語，或對牛彈琴，也都會有一定的用處。你可以在浴缸裡跟小鴨鴨說說，可以在沙發上跟玩具熊講講，可以在書桌前跟公仔聊聊，也可以跟屋子裡任何長得像人、畫得像人的東西促膝長談，只要你自己不覺得奇怪就好。很多時候，這樣的「自言自語」或「對牛彈琴」，這樣的獨白戲碼，多多少少都能讓你好過些。

---

9. http://www.markforster.net/autofocus-system/

大原則是不論你打算怎麼去面對問題、解決問題，外部化都應該列入考慮，而像悶葫蘆一樣把事情都堆在心裡，則是非常不可取的下下策。你可抱著一種實驗的心情，多方嘗試不同的法子，看看怎樣能找到最適合你，或你最認同的方法。要讓你一整天心思澄澈，你可以排定特定的時間，不用太長，專心來練習外部化，這一點通常以一大早或深夜比較適合。

不論你最後決定怎麼做，外部化都是多多益善，你愈是能跳脫自己的成見來看事情，你的視野就會益發清晰，也就愈快能朝著目標飛奔。

觀念分享：http://book.personalmba.com/externalization/ ↖

## 捫心自問
### Self-Elicitation

*沒聽到自己說，我怎麼會知道我在想什麼？*

——Ｅ・Ｍ・佛斯特 (E.M. Forster)，小說家、活躍於社會運動

外部化要發揮最大的效果，你得將之視為一個工具，用它去檢視你的計畫、目標與行動。用日記的形式記錄下每天的活動，將有助於你事後的檢討，用手札與自己對話，或找個可以交心好友深談，則更能幫助你看清問題、解開問題。

**捫心自問 (Self-Elicitation)** 顧名思義，是由你自己發問問題，自己回答。自問問得好，或請個會問問題的人來幫你，都能提升你對重要觀念的理解力，以及你發想出新創意的速度。

「五個怎麼辦」跟「五個為什麼」都是捫心自問的好例子。問自己問題，你就是在探索你之前所沒有想到的選項，並透過大腦的觸發設定機制去留意相關資訊的出現。

在《自我導向行為》(*Self-Directed Behavior*) 一書中，大衛・華生 (David Watson) 與羅藍・薩爾普 (Roland Tharp) 博士提出了一個非常管用

的技巧，你可以用自我發問，藉以探索為什麼很多行為無用，但你還是會繼續做。這個技巧包含了ABC 三部分，分別代表著前例 (Antecedent)、行為 (Behavior) 與後果 (Consequence)，而這三部分合起來是一組問題。每次你不滿意於自己的行為，想要有所改變，這組問題就可以派上用場。

　　你怎麼回答這些問題，你何時出現特定的行為，多常出現這樣的行為，出現多久，都可以記載在你的日記或手札中，由此便可以觀察出這當中的行為或思考模式；掌握了模式，你就踏出了行為改變的第一步。

## 前例 (Antecedent)
❏ 這行為或想法發生於何時？
❏ 當時你身邊有誰？
❏ 你當時在幹嘛？
❏ 你人在哪兒？
❏ 你當時對自己說了什麼？
❏ 你當時的想法是什麼？
❏ 你當時的感覺是什麼？

## 行為 (Behavior)
❏ 你當時對自己說了什麼？
❏ 你當時腦中有什麼想法？
❏ 你當時的感覺是什麼？
❏ 你當時在幹嘛？

## 後果 (Consequence)
❏ 結果發生什麼事情？
❏ 這結果讓人開心或是傷心？

　　當你不清楚要從何開始時，你往往就很難確知哪些問題重要。解決

之道很簡單：捫心自問。「關於這個處境，我能問自己最好的問題有哪些？」這個原問題適用於任何狀況下，且能幫助你創造出一張工作清單，上頭盡是你可以去探索的相關課題。一旦你有了可以著手的課題清單，你就能順藤摸瓜地去深究相關的問題，最終引導自己找到答案。這類問題包括「我可以問誰？」、「我可以參考什麼書籍？」，還有「我可以先從什麼嘗試起？」。

自問這些好問題，可以幫助你找到好答案。養成習慣，定期把這些問題拿出來自問一遍，你會驚訝於面對挑戰，克服難關變得多簡單。

觀念分享：http://book.personalmba.com/self-elicitation/ ⬈

## 心法 169　思想實驗
Thought Experiment

好的問題，是答案的三分之二。

——約翰・魯希金 (John Ruskin)，十九世紀社會批判家

我們在談心智模擬的時候說過，人的心智總是不斷地在預測未來。所以我們接下來要談論的，就是如何能主動去模擬事情未來可能的發展路徑。

反事實 (Counterfactual)，也就是用「萬一」開頭的問句，可以讓你有意識地去取用大腦中的模擬能力。你可以把**思想實驗 (Thought Experiment)** 想像成是套上馬鞍的想像力，這樣的想像力可以為你所用。你可以用「萬一」或「萬一……那……」這類句型的問句去問自己，然後你就可以安坐著，讓你的大腦去發揮其所長。

根據儲存在記憶中的模型、關聯跟詮釋，你的大腦會自動去判讀出最有可能的發展結果，你需要做的就是暫時不要插手，提問就好，答案自然會送上門來。

思想實驗是人類最強大卻未被充分利用的良能。相對於被動等待大

腦去模擬出事情可能的發展路徑，你可以透過建構完善的思想實驗去主動控制大腦，強制它去「跑」其內建的模擬程式，得出你想要的結果。

思想實驗之所以有用，一個原因是這方法具有很大的彈性，任何**你感興趣的事，不論是所費不貲或充滿危險性，都可以模擬。**你送交模擬的事物可以徹底地天馬行空，只要你想像得出來就行。如果你想模擬「萬一我突然辭掉工作搬到大溪地，事情會變成怎樣？」，那也沒什麼不可以。你甚至可以模擬「如果我活到一萬歲……」或「萬一我在木星上開店……」

**思想實驗可以幫助你發覺潛在的機會，被你忽視的機會。**還在實驗上班的期間，我常夢到跳出來創業，全心投入自學 MBA 課程的開發，但我總是想說「再等一兩年」。但沒想到，一年一年過去，我永遠想的都是「再等一兩年」。做自己是個美夢，但我內心總是以為這樣的想法不切實際。

後來我開始更有系統地進行思想實驗，一切都不同了。二〇〇八年九月份出差的時候，我在筆記本裡寫下一個問題：「如果我在今年十一月初離開實驗，會有什麼結果？」。當時的我並不認為這樣的想法有任何可行性，但這樣的想法確實讓我神往，讓我魂縈夢牽，於是我抑制(inhibited) 了我的理性判斷，義無反顧地進行了這項模擬。

跑思想實驗的時候，你會假設事件的發生或結果已經成真；有了一個人造的目的地，大腦就會自動進行「腦補」，填上所有缺少的細節。模擬離開實驗的時候，我會先假設我已經離職離定了，然後再回推我要如何做到這一點。

模擬一開始跑，所有的問題自然會浮現出來。創業每個月能賺多少錢？我要掌握多少客戶才能度日？除了自學 MBA 我還有什麼事情可以做？我每個月的收支要如何取得平衡，多少收入才能讓我所需無虞（Sufficiency；心法 101）？隨著這些問題浮出檯面，我也會盡可能好好地去回答。

等模擬完畢，我就能掌握一個可行的腹案，能讓我能夠認真地去考

慮立即離開寶鹼，而不用「再等一兩年」。於是星期一出差完畢回到公司，我第一件事就是遞辭呈。我在寶鹼的最後一天，距離我的二十八歲生日還差四天。

我的經驗是，憑空想像絕對不是浪費時間。與其認命地接受你的夢想遙不可及，不切實際，思想實驗讓你可以認真地去思考如何築夢踏實。經過模擬，你多半能夠對追求夢想有更多想法，你會知道自己該做什麼，客觀上需要哪些條件配合，你就能大膽的振翅起飛。

觀念分享：http://books.personalmba.com/thought-experiment/ ⬈

## 帕金森定律
### Parkinson's Law

> 這被稱為「工作崩潰結構」，因為剩下的工作會繼續成長，直到你崩潰為止，除非你能在上頭安上一個結構。
>
> ——大衛・阿金 (David Akin)，馬里蘭大學航太工程教授

一九五五年，英國歷史學家西里爾・諾斯古德・帕金森 (Cyril Northcote Parkinson) 在《經濟學人》(The Economist) 上發表了一篇詼諧的文章，裡頭說的是他在英國擔任公職的經驗。文中帕金森的第一句話，成了日後與他齊名的「帕金森定律」(Parkinson's Law)：「你時間愈多，工作就會拖得愈長。」

這意思就是說，一件事如果必須在一年內完成，最後就會拖到快一年才完成；如果一件事下週就得完成，那下週一定可以趕出來；如果這件事明天就要完成，那明天一樣可以弄好。我們的計畫，都是看有多少時間來擬的，時間多有時間多的做法，時間少有時間少的做法。火燒屁股了，我們自然會做出必要的選擇與取捨，最高指導原則就是要在期限內完成交付的任務。

帕金森定律不是任何人的空白支票，不能說拿著這個定律，就可以到

處設一些做不到的工作目標。任何工作都需要時間完成，羅馬不是一天造成的，摩天大樓或嶄新工廠也不在話下。工作愈是繁複，所需要的時間就愈多，但這也有例外。

帕金森定律的強項，就是當成思想實驗的問題來使用。如果時間超趕，這案子做出來會是什麼樣子？如果只有一天的時間，你要怎麼蓋出摩天大樓？回答這個假設性的問題，你便會發想出辦法去提升工作效率。

宜家家居 (IKEA) 創辦人英瓦爾・坎普拉德 (Ingvar Kamprad) 曾說：「如果你把一天分成十分鐘十分鐘，然後盡量減少浪費掉的十分鐘，你會驚訝於你可以多完成多少事情。」忙小的事情，我建議使用我所謂的**英瓦爾法則 (Ingvar's Rule)**，也就是假設每項任務都可以在十分鐘內完成，然後開始，這包括開會跟要打的電話。不知怎麼地，公司的會一開就一定要一個小時，但也不見得有什麼了不起的結論。其實你如果設定十分鐘開完會，得到的結論也不會比較差，甚至還可能更好。英瓦爾法則也是一種思想實驗：如果只有十分鐘，你這會要怎麼個開法？想好，照著做，效率自然就出來了。

觀念分享：http://book.personalmba.com/parkinsons-law/ ↖

心法
171

# 末日光景
**Doomsday Scenario**

遠處看來很大的東西，到了眼前其實都小小的。

——鮑伯・狄倫 ((Bob Dylan)，諾貝爾文學獎得主、傳奇民歌手

處在恐懼囚禁（Threat Lockdown；心法 147）的狀態中，你很難完成什麼事情，你的心會執著於可能的威脅，終日惴惴不安地想著威脅成真你怎麼辦，就好像在看一場永遠演不完的恐怖電影。

你盤算著想要創業，但你擔心萬一跳出去，又弄不出個名堂怎麼辦，因此遲遲不敢動手。你想說萬一辭掉工作，把這幾年的積蓄拿去投

資，結果做出來一個賣不出去的東西，最後弄到身敗名裂，一文不名，無家可歸，那該怎麼辦？真的到了那一步，你可能也找不到好的工作了，每個人都會把你當成瘟神一樣躲得遠遠地，你的餘生只能在僅剩的麵包車上度過，停在橋下的車就是你這輩子的家。

你知道自己反應過度了，但是又忍不住會往壞處想？遇到這種狀況，你要怎麼安撫自己，說服自己的大腦你是在過度反應？

末日光景 (Doomsday Scenario) 是思想實驗的一種變化。在末日光景中，你可以想像所有最壞的狀況同時發生。如果過了期限你完成不了工作，怎麼辦？如果你提的計畫窒礙難行，怎麼辦？如果你輸光一切，怎麼辦？如果別人笑你，怎麼辦？

想像末日光景有其正面的意義，把最壞的狀況放到檯面上，你便能體會到事情其實沒那麼糟，你應該是不會有事的。穴居人症候群（Caveman Syndrome；心法 130）說的是人類的遠祖往往會在大腦的主導下反應過度，一點點小事就覺得自己要死了。我們之所以會過得那麼辛苦，壓力那麼大，是因為人腦會把資源的流失、地位的降低，或遭到拒絕，解釋成對我們生存的一種威脅，我必須說這樣的想法曾經屬實，但現在已經過時了。現在，你可以虧錢，可以失敗，可以一天之內狂吃閉門羹，但別擔心，你還是可以活下來，訴說你的故事。

把自己最害怕的事情說出來，你會發現事情要真的糟到那步田地的機會，其實不大。架設起屬於你的末日光景，就像給害怕床底有怪獸的小孩一支手電筒。把光打到怪獸的巢穴，他們就會了解怪獸不存在，沒有害怕的理由。

主動把最大的恐懼外部化，賦予恐懼清晰的輪廓，你就是把恐懼攤在陽光下，讓它們現出非理性的原形，讓它們見光死，讓你恍然大悟自己反應過度。很多時候，你會發現你所害怕的東西根本一點也不重要。就算真的事情有什麼差錯，後果也不見得會有你想像中的那麼嚴重。只要你了解這不會是世界末日，知道自己死不了，你就可以不再畫地自限，達到自己從不認為可以達到的境界。

一旦在腦中想像出末日光景，你就可以開始期待事情好轉，因為你的起點已經是最壞的狀況了。如果你正如火如荼地創業，你便可以具體列出可能的危險，並盤算該如何去把風險降至最低。與其坐以待斃，因為恐懼而裹足不前，你其實可以參透置之死地而後生的道理，讓恐懼成為你的盟友。

建構出你的末日光景，你便能讓過度緊張的大腦成為你的助力，而非阻力。

觀念分享：http://book.personalmba.com/doomsday-scenario/ ↖

## 心法 172 自我感覺良好
### Excessive Self-Regard Tendency

*我上次弄錯事情已經是一九六一年的事了，當時我誤以為我犯了個錯。*

*——鮑伯・哈德森 (Bob Hudson)，美國政壇聞人*

每幾個月，全世界的電視觀眾都會不忍卒睹，但又忍不住看著《美國偶像》(*American Idol*) 海選中的參賽者，以不知哪來的信心，荼毒著全球觀眾的耳朵。

這副光景最令人覺得不可思議的，不是許多人的音癡，而是這些音癡竟然真以為自己會唱、能唱，覺得自己有天份能當藝人。這樣的落差實在太大了，一個人怎麼能欠缺自知之明到如此的地步？

**自我感覺良好 (Excessive Self-Regard Tendency) 是一種人性，是人都會高估自己的能力，特別如果你有過一點經驗的話。**看重自己的能力不是沒有好處，這樣的我們會比較願意去嘗試新的事物，因為願意嘗試新事物，很多遠大的成就才因而達成。很多人在達成這些成就前，都不知道自己想做的，是別人眼中不可能的任務。

史提夫・渥茲尼亞克 (Steve Wozniak) 這名字可能有點陌生，但大名鼎鼎的賈伯斯，就是跟他一同創辦了蘋果電腦，世界上第一台個人電

腦，也是史提夫做出來的。關於這些經歷，史提夫的看法是：「這些事情我之前都沒有任何經驗，我沒有做過電腦，沒有開過公司，我不知道自己在做什麼，但我還是想做這些事，最後我也都做到了。」渥茲並不知道自己在幹嘛，但他隱約覺得自己有這能力，於是最終他也成功了。

但壞消息是，我們天生的信心有其極限，弄巧成拙，自信就會變成自欺。

自我感覺特別良好，往往是出現在你對目標所知甚少的時候。一個人愈無能，往往也伴隨著愈低的自知；一個人知道得愈多，往往代表他們愈有能力評估能力所及，他們做起事情來也會更加如履薄冰，步步為營。

按照康乃爾大學 (Cornell University) 的大衛・唐寧 (David Dunning) 與賈斯汀・克魯格 (Justin Kruger) 博士所說，查爾斯・達爾文 (Charles Darwin) 的名言「信心往往來自於無知，而非知識」並不全然是玩笑話。事實上這句話是真的；兩位博士解釋了什麼叫做「唐寧－克魯格效應」(Dunning-Kruger Effect)：

一、無能的個人往往會高估自己的本事。
二、無能的個人看不到別人的真本事。
三、無能的個人看不到自己能力的極限。
四、日後這些人如果經過訓練提升了能力，他們才會恍然大悟自己之前
　　有多無知。


有些人的自我感覺過度良好是一種無知，是一種無心之過，但這樣依舊是很危險的。這說明了為什麼每次你去做造型或搭計程車，遇到的每個髮型設計師跟小黃司機，都可以對經濟、對投資、對政治高談闊論，儼然是隱身市集的財經或政治名嘴。

學而後知不足，我們往往都要等到自己真正懂了一些什麼，才會意識到自己其實還差得遠。這時的我們會懂得自己其實很多事情不懂。至於想達到「自己知道自己很強」的境界，需要經驗、需要知識、需要練習。

謙虛讓我們知道該自我節制。過度自信就像水能載舟，亦能覆舟，相信自己或許能讓你踏上偉大之路，但這無疑是一種盲動、一場豪賭，而且因為沒有參考的依據，所以賭輸的機率極高。**這時培養適度的謙虛，我們就比較不容易誤以為自己什麼都行、什麼都懂，最後才痛苦難堪地發現自己錯得離譜。**

為了避免自我感覺良好讓我們陷入困局，我們必須要有良師益友常常在身邊，對我們說些我們不想聽的實話。自我感覺良好最常害我們錯估時間，因為我們太有信心，往往導致我們犯下計畫謬誤（Planning Fallacy；心法 199）。我在答應寫這本書的時候，自忖六個月可以搞定，但這是我的第一本書，所以我其實並沒有相關的概念。是幾個出過書的朋友提醒我，我才知道要留至少一年的時間寫書，結果事實證明，朋友是對的！

每個人都會高估自己的能力。而在自己的團隊中納入唯唯諾諾、什麼都好的成員，對團隊會是一種傷害，因為這樣的人永遠不會跟你唱反調，也因此不能扮演你的防腐劑，不能讓你在關鍵時刻警醒到自己高估了自己。這樣的人只是啦啦隊的材料，只能眼睜睜地看著你犯下大錯。

結交會給你諫言的益友，你才不會因為自滿自傲而自我毀滅，才不會一路墮落而不自知，這類朋友才值得交。

觀念分享：http://book.personalmba.com/excessive-self-regard-tendency/ ↖

## 心法 173
# 順向偏見
## Confirmation Bias

你會遇上麻煩，不是因為你不知道什麼，而是因為你深信自己知道什麼。
——馬克・吐溫 (Mark Twain)，美國傳奇小說家

很諷刺地，要確認自己對，一個很好的辦法就是想辦法證明自己錯。**順向偏見 (Confirmation Bias)** 說的是人會傾向於注意跟自己想法一樣

的意見，而忽視跟自己唱反調的人。沒有人喜歡被嗆，忠言逆耳，於是人都會自動去過濾出附和自己的說法。

你愈篤信一件事情，就愈會去忽略質疑你的訊息。這也就是何以政壇保守派的人士很少去閱讀自由派的報章雜誌，反之亦然。他們已經知道對方要罵什麼了，所以沒什麼好看的。可惜的是，這樣的想法剛好會激化雙方的對立，因為兩造都對跟自己不同的意見視而不見。

要人去留意反證並非易事——那意味著你要去尋找你可能錯了的理由，而人通常都很不希望自己有錯。

尋找反證會有兩個結果。你要麼會看出自己真的有錯，要麼可以更篤定自己是對的——前提是你得不要急於下判斷，好好地去從尋找的過程中學習。

「地平論者」就是這種風險一個很戲劇化的例子：有不在少數的一群人出於各種理由認為地球不是球體，而是一個平面。在二〇〇八年的紀錄片《曲率背後》（*Behind the Curve*，暫譯）中，製片記錄下了兩個兩名地平論者是如何進行了一場實驗來證明地球是平的。沒想到在一番並不出人意表的轉折後，這實驗卻證明了地球是圓的——那實驗者的反應呢？

　　哇，這下子問題來了……我們顯然不願意接受（這樣的結果），所以我們就開始想辦法來證明這結果是錯的……❿

尋找反證絕對是痛苦的，但也是你想要更加了解這個世界的必經之路。留意那些與你現行想法或觀念背道而馳的資訊，絕對有益於你的身心，也可以防止你鑄下大錯。萬一再多的證據也無法改變你的心意，那就代表你的意識已自現實中脫離。

觀念分享：http://book.personalmba.com/confirmation-bias/ ↖

## 心法 174

## 後見偏見
### Hindsight Bias

今日事，今日畢，盡力而為就好。一天之中難免會有錯誤，難免會有荒
腔走板的時候，但請你將之拋諸腦後。明天又是嶄新的一天，好好開始，
心平氣和地開始，展現最高昂的鬥志，不要因昨日的荒誕綁手綁腳。

──拉爾夫・沃爾多・愛默生，十九世紀散文家、詩人

知道犯了錯，你心裡有什麼感覺？

**後見偏見 (Hindsight Bias)** 是人性，我們每個人都會因為「我早該想到」
的事情而自責不已。失業了，你會想「我早該想到」；如果手上某支股
票的股價一天跌掉了八〇％，你會想說「我早該想到」；如果你的新產
品銷路極差，乏人問津，你會想說「我早該想到」。

這是廢話。如果你有想到，你就不會那麼做了。

我們所做的每個決定，都是根據部分資訊所做成的，欠缺的部分必
須靠詮釋（Interpretation；心法 141）來補足。但由於我們不是上帝，不
是全知全能，我們總是會在事後檢討的時候，才會得到更多的資訊，這
一點是我們在做決定的當下所做不到的。

萬一事情的結果未能盡如人意，我們很容易會怪自己笨，但我們必
須了解這樣的反應並不理性。你的決定是根據當時你所掌握的資訊所
做，再來十次，結果也不會有所改變。

**不要為了你「早該想到」、「早該看到」、「早該做到」的事情難過自
責。妄想改變已經發生的事情**，不在你的控制範圍（Locus of Control；心
法 182）之內，所以浪費力氣自我懷疑，苦思其他可能的發展，可以說
是一點意義都沒有。從後見偏見所產生出的自責，或怨天尤人，只會讓

---

10. https://www.newsweek.com/behind-curve-netflix-ending-light-experiment-mark-sargent-
documentary-movie-1343362.

你陷入痛苦的深淵，站不起來，但早知道這件事除了千金難買，也很難真正去苛責啊！

馬後砲何其容易，聰明如你應該用正向積極的角度去重新詮釋過往的錯誤，進而看看自己現在能做些什麼，這樣才會對你的未來有所助益。

觀念分享：http://book.personalmba.com/hindsight-bias/

## 表現負載
### Performance Load

不好好控制，工作會通通塞到能者那兒，直到能者變成死者。

——查爾斯·波以爾 (Charles Boyle)，曾任美國國會駐太空總署 (NASA) 連絡官

比起無聊，忙比較好，但比起過勞死，無聊比較好。

**表現負載 (Performance Load)** 作為一種概念，說明的是人工作太多會怎麼樣。超過一個程度，額外的工作就會變成壓垮駱駝的稻草，讓人的工作表現直線下降。

看過特技表演丟保齡球瓶嗎？如果你夠強，你或許能同時耍三到四個瓶子，不會犯錯，但無論怎麼說，一個人同時耍的瓶子愈多，失手的機率一定比較高。

**工作要有成效，你必須給自己**設限。你或許偶爾可以同時處理好幾個案子，應付一堆工作，但這絕對不可能是長久之計。一個不小心，累了，你就會冒著把重要工作搞砸，把公司口碑弄壞，把自己燒光的風險。還記得帕金森定律嗎？如果你不針對工作時間設下限制，你的工作會無止境地擴張，直到你的生活全被占滿。如果你不畫一條線，把工作與休息隔開，工作就會得寸進尺，耗掉你所有的能量，讓你像燒壞的燈泡一樣，再也點不亮。

設限當然得付出代價。如果你不打算接受這樣的代價，那這個限制就沒有意義，就不可能成功。假設老闆期待你每天工作二十個小時，而

且週末也要加班，那你要設限，就得冒著丟工作的風險。老闆這樣的期待固然很誇張，但如果你實在不想失業，那就不用奢談設限了。

為了因應意外的狀況，你一定要預留空白的時間來當作緩衝。現代企業的想法往往是員工不上工，生產線不運轉，就等於沒效率，就等於資源與時間的浪費，於是員工一閒下來，或沒有一直看起來馬不停蹄，老闆們就會皺起眉頭，老大不開心。這種想法的盲點在於忽略了意外的因素，忽略了未雨綢繆，有備無患的重要性，要知道意外的發生，決不會是意外。每個人每天的時間就那麼多，**如果你的行程總是很滿，那你就得冒著臨時有事，卻沒時間或沒力氣的風險。**

沒人能永遠超水準演出，你需要善用「面對事情的四種做法」（Four Methods of Completion；心法 157）去簡化、排定所有必須完成的事情，次要的工作尤其要分配出去，不用全部攬在身上，親力親為，這樣等到當務之急出現的時候，你才能有餘力去劍及履及，當下處理。

觀念分享：http://book.personalmba.com/performance-load/ ↖

心法
176

# 能量週期
## Energy Cycles

每個人都有狀況好的時候，思緒清晰，也都有狀況不好，想什麼錯什麼的時候，這時你最好的想法就是不想。

——丹尼爾‧柯恩 (Daniel Cohen)，童書作家

「時間管理」的問題在你需要管理的不是時間，或者說時間沒什麼好管理的，因為不論你如何選擇，時間都一定會過去。

時間管理系統有一個隱而不宣的前提，那就是每個小時都等值，但這一點我必須說，錯得離譜。人生而平等，但時間絕不平等。

一天過下來，你的能量水準會有自然的高低潮，你的身體會按照生理時鐘的節奏去運行，像這樣的日常規律，我稱之為能量週期 (Energy

Cycles)。對大多數人而言，最著名的生理時鐘莫過於 24 小時全年無休的「晝夜節律」(Circadian Rhythm)，因為有這個節律，我們早上才知道該起床，晚上時間到了才會感到睡意。其他較不為人所知的生理時鐘包括每九十分鐘一輪的「超晝夜節律」(Ultradian Rhythm)，吉姆·洛爾 (Jim Loehr) 與東尼·史瓦茲 (Tony Schwartz) 的《用對能量，你就不會累》(*The Power of Full Engagement*) 一書對這第二種生理時鐘有詳細的描述。

超晝夜節律影響及於人體的各種系統，控制了賀爾蒙在體內的流動。能量維持在高檔，你才能專注，才能在工作上展現效率；能量低下，你的身心就會只想停下來喘口氣，恢復力氣。**一天當中，能量的高高低低都算正常，但我們常常會誤以為精神不振是一種毛病，必須加以「處理」。**

活在現在，很多人都喜歡去「破解」或者「操弄」人體自然的生理時鐘，希望少睡一點，工作因此能多完成一點。在競爭激烈的科技業或金融業，連續工作八到十二個小時都不休息，並不是什麼值得大驚小怪的事情。很多人都會用糖與咖啡因提神，夜以繼日地猛操我們的大腦。猶有甚者，有些人會濫用藥品甚至毒品，也不過是為了想做久一點、做快一點。

人也是動物，也需要休息復原。休息一下不代表你懶惰或沒用，那只是一種基本的需求。**掌握自己自然的能量週期，你才能善用自己的巔峰，盡可能達成目標，也才能日復一日保持高峰的穩定表現。**

下面我提供四個簡單的方法，讓你可以與身體為善，讓體能成為你最大的盟友與後盾：

一、**掌握你的生理運作模式**：拿本筆記本或日曆來追蹤、記錄每天不同時段，自己的能量水準高低，還有你飲食的次數與數量。這樣幾天下來，你就能掌握自己日常能量的峰谷，進而規劃何時該忙、何時該喘口氣。**⑪**

二、**最大化你的高峰週期**：處在體能的上坡段，你的工作效率會明顯較高，這時你就可以安排比較難、比較急、比較要緊的工作。如果你從事的

是創意性、需要動腦的工作，你可以排出一天中三到四個小時的時間來與自己腦力激盪，尋找靈感；如果你的工作需要常常開會，那麼你就可以把比較關鍵的會議與討論安排在這精華的三、四個小時之內。

三、適時小歇一下：能量處於下坡段時，你大可好好休息一下，不用勉強硬撐。透過休息去恢復元氣，並不是可有可無的東西。有時候你不休息，身體會抗議、會罷工，到時候你還是得停下來，而且搞不好還會把身體搞壞，結果休息的時間更長。與其那樣，不如自己知道何時該放慢節奏，甚而停下腳步，做點自己喜歡的事情，告訴自己人生不是只有工作。你可以去散散步、透透氣，可以小睡二十分鐘。有這樣的緩衝，你的能量才能再度攀上高峰，讓你再度出發時跑得更快、跳得更高。

四、晚上要睡飽：睡眠不足會導致能量長期低下，讓你覺得怎麼休息也休息不夠。為了確保有睡夠，你可以設鬧鐘提醒自己再一個小時就要上床睡覺了。鬧鐘一響，你就好把電腦關機，關掉電視，開始睡前的例行公事，或許泡杯不含咖啡因的熱茶，或許看一下心愛的書。當你覺得自己只看到一堆字，不知道是什麼意思的時候，你就知道自己該睡了。


掌握自身一天當中的能量週期，你便能把自己的潛能發揮到最大，但又不會把自己的身體操壞，因為你會知道利用高峰時多忙一點，低潮時不要勉強。順勢而為，你會驚訝於自己一天能做多少事情。

觀念分享：http://book.personalmba.com/energy-cycles/

---

11. 要看我是怎麼做的，可前往：http://book.personalmba.com/resources/。

# 壓力與復原
## Stress and Recovery

只有願意冒險，不怕走太遠的人，才能知道自己到底能走多遠。

——Ｔ・Ｓ・艾略特 (T.S. Eliot)，詩人、劇作家

　　大學生涯的最後一季，也就是我發想出自學 MBA 的前後，我曾經一度走到極限。

　　以一小時一學分來看，當時的我修了二十二個學分，橫跨的三個主科分別是企業資訊系統、不動產與哲學，而且每堂課除了期末考要準備之外，大四生都還有某種總結研究計畫 (capstone project) 要做；另外有兩門課開在研究所，各自需要繳交二十頁以上的報告，題目極其艱澀，但不繳就別想過關。我想說的是，以當時的課業負擔來說，我簡直是分身乏術到了一個無以復加的地步。

　　到了學期的最後兩個星期，我已經快要死掉，氣色超差，整個人集睏、累、繃於一身；如果我是部車，那可以說油箱裡已經一滴油都沒有了。雖然沒有一件事沒處理，但是熬夜不可能沒有代價，出來混總是要還的，要說我直到畢業後放空了好幾個星期，體力與精神才恢復到正常的水準。

　　雖然過程很辛苦，但我並不後悔；事實上，**我很開心自己勇於突破，找到了自己的臨界點。因為此後，我會知道對自己而言：多少是很多，多少是太多。**透過這樣的魔鬼訓練，我對自己的身心在壓力之下會有何種反應，了解更多，我會知道當有什麼樣的警訊出現，自己就必須踩下煞車，才不會讓自己打滑失控。

　　由此，我學會了讓自己把「產能利用率」維持在九○％，這樣一方面我可以把所有事做好，一方面又不會把自己搞到油盡燈枯。任何時候我不是在寫東西、提供客戶諮詢，再不也一定會自己找有興趣的事情來忙。雖然看起來非常拼，但只要注意到壓力與復原 **(Stress and Recovery)**，

我就能保證自己不會把自己搞死。臨界點了然於胸，我就知道何時該慢慢滑行，何時又該大腳直上四檔。

但除非衝一次看看，否則你不會知道自己的能力到哪裡。在死不了也不會造成永久性傷害的前提下，你可以用實驗的態度去多方嘗試，看自己的極限能到哪裡，看自己有多大本事。憑藉實驗的結果，你會更知道面對各項工作該如何取捨，何時該適可而止。

不過說了這麼多，人畢竟不是機器，不可能長時間「滿載運轉」。我們常常會過度理想化自己的能耐，拿「產能全開」的理論值去設定目標，結果往往自討沒趣，畢竟在那個烏托邦裡面，羅馬真的是一天就蓋出來了，空檔休息的時候還順便搭了條萬里長城。如果你看不出這樣的樂觀有多荒謬，你的目標肯定會好高騖遠、經常達不到。

人不是機器，不可能像機器人一樣去計算生產力；人需要休息、放鬆、睡眠，才能走得長、走得遠、走得穩。休息不夠、放鬆不夠、睡眠不足，任何一樣都會讓你沒法兒好好工作、好好生活。**放心地去休息、復原，不用帶著任何罪惡感，你才能工作的時候全力以赴，生活的時候盡情享福。**

所以你要如何休養生息？很簡單：花時間做些跟平日活動與職責都不一樣的事情。嗜好與工作之間的重疊性愈少愈好。

二次大戰期間，邱吉爾肩負著歷史上鮮有人承擔過的壓力，作為戰時的英國首相，他得率領英國軍民從一九四〇撐到一九四五戰爭結束。一整個國家的命運跟全體國民的自由，都繫於他五年份的剛強與毅力。

邱吉爾是做了什麼，才沒有被如此巨大的壓力壓垮呢？在他所著的《畫家邱吉爾》（*Painting as a Pastime*，暫譯）一書中，他解釋了繪畫是如何成為他在戰爭與政治中的紓壓之道：

> 關於如何避免因為得長期肩負重責且在極大規模上指揮調度而感到焦慮與心力交瘁，我得到了很多建言。有人建議出遊，有人建議沉澱。有人推薦獨處，有人推薦去找些樂子。毫無疑問地

根據各人不同的秉性，上述的辦法都能產生一些效力。惟它們都有一個共通點，就是「改變」。

改變是一切的關鍵。人可以因過度使用而磨壞他外套的手肘，就如同可以因過度使用而磨壞他心靈的特定區塊。但話說回來，腦細胞與無機物還是有一點差別：外套的手肘部分壞了就是壞了，你再怎麼去摩擦袖子或肩膀部分，手肘部分也不會恢復正常。但心靈的某部分鈍掉了，你除了休息放空，也可以透過去使用心靈的其他部分來來進行調整。若用房間裡的照明來比喻，你光是把平常待的房間燈光關掉是不夠的，你還得把另外一個房間的燈光打開，這樣你的心靈才能恢復活性。不同的房間，代表的正是你所關心的不同事物。

用一個不確定適不適當的比喻，心靈也跟肉體一樣生著肌肉，而光對你疲勞的心靈肌肉說「我會讓你好好休息」、「我會去好好散個步」、「我會躺平放空什麼都不想」是不夠的。心靈不會因為聽到你這麼說就什麼都不想，它還是會跟平常一樣忙碌。如果它原本在衡量事物的輕重緩急，那它這之後還是會繼續衡量事情的輕重緩急；如果它原本在擔心事情，那它這之後還是會繼續擔心事情。只有這些心靈細胞被叫去從事其他活動，當你的上昇星座換成了一顆新的星星，你的心靈才能真正在鬆弛與休憩感到耳目一新。


如果邱吉爾能在與希特勒對戰時抽出空來畫畫，那你就沒有理由抽不出時間來從事能舒緩身心的休閒活動。在良心一點也不會不安的狀況下去休息與恢復身心，能夠讓你的生活變得更加愉快，工作上也將更拿得出成績。

觀念分享：http://book.personalmba.com/stress-recovery/ ↖

# 測試
## Testing

新發現往往出自不按牌理出牌，不理路標指示，不走走過的路。

——法蘭克・泰格 (Frank Tyger)，政治漫畫家、專欄作家

　　睡足八小時，起了床把家人打理好之後，我會開始享用早餐，補足身體一天需要的營養，再來杯薄荷茶或肉桂茶，然後再出門走路或做做壺鈴運動二十分鐘。等身體真正醒了，準備好上工，我會打開電腦，切斷網路，然後開始處理首要之務。一旦開始工作，若不受到干擾，我可以全心投入長達六個小時，超過這個時間，我的工作品質就會開始下滑。

　　我試過很多種不同的方法，增添、調整了許多的變化，最後得出最佳之道就如前面所述，於是我養成了這樣的習慣。這會成為一輩子的習慣嗎？好像不太可能。每隔一段時間我總是會發現更新、更好的晨間模式，我相信未來我會發現其他更多更好的做法。實驗，對我來說才是一輩子的事。

　　所謂測試 (Testing) 是要嘗試新的事物，藉科學的方法與循環修正的週期（Iteration Cycle；心法 29）去體驗生活。我所知最有能力、最懂得享受生活的朋友，有一個共通點，那就是他們都會不斷地去測試新的事物，看看效果會不會比現在更好。不去測試，你永遠不會發現新的東西，能夠讓你日子更好過的東西。

　　測試不必然複雜，測試需要的不過是挑出生活中的某個環節，然後嘗試用新的方式去達成目標。你可以隨機測試不同的作法，也可以參考別人的經驗，然後看自己做起來的感覺怎樣。在筆記本上把測試的結果外部化，能讓你更知道自己試過了哪些東西，效果良窳又是如何。

　　下面的架構可協助你規劃並追蹤的你進行的試驗：

▶ 省察——你覺察到生活或事業上有那些需要改善的部分？

▶ 確知——你從過去試驗所學到的，有哪些可能和目前的觀察有關連性？

▶ 假設——可能是哪些情況或因素造成你所觀察到的情形？

▶ 結果——每次試驗之後有何改變？是支持或推翻你的假設？

下面有幾個問題，能幫助你踏出測試的第一步：

▶ 你一天要睡多久才覺得精神抖擻、神采奕奕？

▶ 你吃什麼東西會覺得能量滿點？吃什麼會讓你覺得病厭厭或昏昏欲睡？

▶ 你一天當中何時工作效率最高？高低之間有沒有固定的模式？

▶ 你一天當中何時思路最為清晰，創意最能不虞匱乏？從事何種活動最能激發你的靈感？

▶ 什麼事情是你最大的壓力或焦慮來源？什麼事情會讓你擔心，為什麼？

關於這些問題，你若能先觀察出某種模式，接著就可以將這些模式送交測試。針對生活中這些區塊，你可以主動去改變自己的行為模式，然後把得到的結果外部化。如果結果顯示新的作法有用，那就沿用，否則就是結果不盡理想，再想新的辦法。

測試是個很好的辦法，可以確保你一天比一天更懂得生活。不斷地嘗試新的事物、新的作法，你就是在學習自己喜歡什麼、不喜歡什麼，適合什麼、不適合什麼。假以時日，你就能找到自身偏好的模型，你會知道哪些事讓你如魚得水，哪些事讓你苦不堪言。實驗的結果是可以累積的，直到你得到所有的答案為止。

但重點是要去試，不試，答案是永遠不會出現的。

觀念分享：http://book.personalmba.com/testing/ ◣

# 神祕感
Mystique

如果情感，可以像金錢跟知識一樣一代傳一代，那人類可以省下多少痛苦與悲哀啊！

——艾倫‧狄波頓 (Alain de Botton)，哲學家、散文家

想像中很棒的事情，真正做起來不見得如此。

我們可能會暗地裡羨慕別人當上《財星》五百大企業的執行長，因為我們只看到他們在媒體上的光鮮亮麗與天文數字的薪水，但如果你知道他們每天工時有多長、責任有多大、壓力有多重，你可能就會打退堂鼓了。

我們可能會羨慕公司的主管，覺得他們能夠平步青雲真好，但如果你知道他們得應付多少來自執行長、財務長、資訊長、策略長等各種長的需求，多少來自直屬上司的「意外驚喜」，還得跟其他的小主管在各種場合角力，玩政治，你就會閉嘴了。

你可能會覺得拿到常春藤 (Ivy League) 盟校的 MBA 或法學學位很棒，但如果你知道為了這個學位，一個人得先背上美金六位數的貸款，畢業後還有壓力一定得在大企業裡找到每週工作六十個小時的職位，學費的「投資」才划得來，你可能就不會那麼想要這個學位了。

你可能覺得當創業或當自由業很棒，但如果你想清楚有做才有錢，不像在公司上班那樣放假一樣有錢領，也不像給人請一樣不會擔心業績的問題，你可能就不會覺得自己跳出來有什麼好了。

你可能會覺得透過創投募到數百萬美元的創業基金非常棒，但如果你知道這樣做會讓你的持股遭到稀釋，讓你得跟一堆人分享你的心血成果，你可能就會忘記這樣棒在哪裡了。

你可能會覺得當作家超酷的，但如果你知道寫作得忍受多少孤獨、多少不確定，得終日「屁股黏在椅子上，手指離不開鍵盤」，你可能就

不會覺得當作家有多炫了。

你可能會覺得有名很棒，大家都認識你，去到哪裡都能前呼後擁，但如果你知道出名代表會被狗仔盯上，會再也沒有隱私可言，會分分秒秒對自己還紅不紅患得患失，時時刻刻擔心被剛竄出的新人取代，你可能就不會覺得出名有什麼好了。

神祕感 (Mystique) 有股神奇的力量，只要一點點，就能讓其實還好的東西變得超級好。幸好，有個辦法可以讓我們拿下神祕感的有色眼鏡去看事情，那就是找個有經驗的人，跟吸引你的事物有過第一類接觸的人，當面向他請益。

找到這樣的人，你該問的是：「我尊重您的主觀感受，但我想凡事一定有利有弊，這件事情應該也不例外吧。您能不能跟我分享一下？告訴我此時回頭看，您覺得這一路走來究竟值不值得？」

只要幾分鐘，你就可以從前輩的回答中得到寶貴的經驗分享，不論這經驗是好是壞。

沒有任何一個工作，任何一項企劃，任何一個位置是完美的，**每種選擇都是一種「取捨」**（Trade-offs；心法 33）。**學會在事前掌握事情的利弊，分析選項的得失，對你才最有利。**這樣的你才能客觀地去檢視選項的好壞，不會過度去理想化事情。不主觀地只看到事情好的一面，你選擇的才會是自己真正想要的東西，才能做到好的開始是成功的一半。馬後炮，無用；先知道，無價。

觀念分享：http://book.personalmba.com/mystique/ ◥

## 享樂水車
### Hedonic Treadmill

若想讓人快樂，你無需增加他的財富，只需將其慾望去除。

——伊比鳩魯（Epicurus），西元前四世紀希臘哲學家

假設你相信買輛豪華的新車可以讓自己開心。短期內，這可能是實情：牽完車的頭一個禮拜，你會覺得開車很享受。但久而久之，你會對新車習以為常，其帶來的爽度便會降低、淡去，而這便是心理學者口中的「享樂適應」(hedonic adaptation) 現象。不消多久，你的新車便會融入到日常環境中，屆時你便會在幸福的追尋上，對其他目標產生執著。

這種周而復始的循環，便是所謂的「享樂水車」(Hedonic Treadmill)：我們在各種事物上追求各種享受，因為我們認為這些東西會帶給我們快樂。然而，等如願以償了，我們將會在很短的時間內適應這種成功，屆時快樂的感受又會煙消雲散。至此，我們只能重新去追求別的東西，由此這種循環將生生不息。

享樂水車效應解釋了何以有些人明明已經很有錢、很有名，地位很高了，但卻還是沒有要罷手的意思。正因為無法滿足於現狀太久，所以我們遲早會另尋目標去追求有形無形的成就或擁有。

**對於想讓成就感為自己帶來長久幸福的人來說，享樂水車是一顆必須搬開的大石頭。**誰都有可能靠著努力工作、投資、犧牲、拼命站上世界的巔峰，然後才發現自己得不到平靜與滿足。你恐怕不知道有多少「成功人士」並不滿意自己的生活，即便他們已經在目標清單上的所有項目上打勾。

想要讓享樂水車停止轉動，可沒那麼簡單：因為享樂水車是「穴居人症候群」的副作用。但話說回來，我們確實可以透過某些作為，去盡量延長並維繫住生活的滿意度。根據現有的研究，我們有五種優先策略可以有助於把「享樂適應」延緩，進而保持長期的幸福感：

① **賺錢「夠用」就好**：金錢可以帶給人快樂，但不是無限的快樂。根據二〇一〇年一份由丹尼爾・康納曼 (Daniel Kahneman) 與安格斯・迪頓 (Angus Deaton) 進行的研究，金錢與主觀幸福的正相關程度，大抵是以家戶年所得七萬五千美元為上限，這在研究進行的二〇〇八到二〇〇九年是美國前三分之一的家戶收入水準。當然想到這種收入水

準，需要一點努力，但這絕對是做得到的目標：該研究進行期間的中位數美國家戶所得是七萬一千五百美元。

　　一旦你的財富足夠溫飽且能負擔得起特定的奢侈品後，你就已經進入了「（邊際）報酬遞減」（Diminishing Returns；心法255）的領域：你每多賺的一塊錢，已經不能提供與之前一塊錢相等的經濟效用。過了報酬遞減的門檻後，多增加的財富便不能讓你更幸福快樂了——事實上，想再多賺錢還可能因為額外的壓力與擔憂而減損你的快樂。**⓬**

　　知道你的「報酬遞減」門檻落在那個金額，是有用的：量入為出並建立長期的儲蓄，將有助於你享受財富安全與「韌性」（Resilience；心法264）帶來的好處，但又無須每天醒著的時候都在爆肝拼命，為了某種你不到一個月就會膩了的歡愉。

　　基本上，抽象體驗會比物質商品更能讓人快樂。在基本需求獲得滿足後，之後你想用錢換來更多的情緒回饋，跟所愛之人去旅行會強過買奢侈品。

② **專注於健康與精力的提升**：生理健康是快樂的一大成立要素：神清氣爽時，你肯定會比較容易感覺快樂。反之亦然：身體上有病痛，你自然會覺得人生較不快樂、較難以從生活中獲得愉悅跟滿足。

　　嘗試用不同方法來提升你平均的健康與活力水準，將極為有助於你增進生活品質。記住，人體有其「好表現的條件」（Performance Requirements；心法131）：食物、運動、休息都是必要的。**你若能堅持讓身體獲得其健康發展所需，則經年累月你一定能收其回報。**

③ **多跟讓你開心的人相處**：人幸不幸福有一個很好認的指標，那就是你身邊是否經常圍繞著你喜歡的人——親人、朋友、志同道合的熟人。**比起所處的狀態與環境，「跟誰在一起」往往才是決定你是否快樂的主要原因。**

　　不同的人，需要不同程度的社交接觸來獲得快樂。外向者會從

社交接觸中獲得能量，常態性與人相處對他們有其必要。內向者（如我）可以數日乃至於數週只與人有基本的接觸，因為我們是從獨處中獲得能量。但話說回來，即便是內向者也能受益於跟喜歡的人相處：**常態性與朋友見面與生活滿意度的長期大幅度提升有高度正相關。**跟朋友好好吃頓飯或一起出遊，都是善用時間的好辦法。

由喬治·華倫特（George Vaillant）主持，史上為時最久的縱貫性心理衛生研究——「哈佛成人發展研究」（Harvard Study of Adult Development）——可以歸納成一個簡要的結論：「生命中唯一真正重要的事情，就是你與其他人的關係。」❸

④ **排除老問題：**生活中有許多事情會損耗你的耐性。觀察有哪些做法可減輕或根除你的慢性壓力與煩惱，可以讓你的生活滿意度顯著進步。如果你覺得在尖峰時刻開車的壓力很大，那移居到離工作地點近一點的地方就會是個解決辦法。不喜歡現在的工作，你可以重新找。跟特定客戶合作很不開心，開除他們。出門老是忘記帶筆電的電源線？那就多買一條放在你的包包裡面。**用舉手之勞去排除不必要的壓力跟挫折感，你就能少花一些時間跟精力在負面的情緒中，多些時候覺得人生真美好。**

⑤ **追求新挑戰：**多數人都以為退休很爽，但真相往往並非那樣。很多人都能從喜歡的工作中覓得生活的意義，而退休者卻常因為頓失生活重心而感到悵然若失或空虛迷惘。若對此置之不理，則這種失落感將有可能惡化成憂鬱。

---

12. 關於金錢反而會減少幸福感的例子：可參閱《財富寓言：富人的煩惱（簡體版）》(*Fables of Fortune: What Rich People Have Tat You Don't Want* by Richard Watts, Austin, TX: Emerald Book Company, 2012)

13. Joshua Wolf Shenk, "What Makes Us Happy?," Atlantic, June 2009, http://www.theatlantic.com/magazine/archive/2009/06/what-makes-us-happy/7439/3/

解決之道，是尋求新的刺激與挑戰。這種挑戰沒有任何限制，可以去學習新技能、完成大計畫、追尋新成就。具體而言，你可以學習新語言、演奏新樂器、從零開始做一樣東西、嘗試馬拉松，總之為了新的目標努力，都是在退休生活裡可以體會到幸福與自我成長的終南捷徑。

不想永無止盡地在享樂水車上踩踏，你就要專注在內在的體驗而非外在的物質享受上。十九世紀歷史學者，查爾斯·金斯利（Charles Kingsley）牧師曾有過這樣的不朽名言：「我們表現得好像舒適與奢侈是人生不可或缺的必需品，但其實快樂之道只在於擁有一樣讓我們能全心投入的東西。」

觀念分享：personalmba.com/hedonic-treadmill/

## 比較謬誤
### Comparison Fallacy

永遠不要用你的內在去跟別人的外在相比。

——休·麥克里奧（Hugh MacLeod），
漫畫家，《不鳥任何人！創意的 40 個關鍵》（*Ignore Everybody*）作者

於公於私，我們都很容易拿自己的處境去跟別人相比。對於地位的渴望與追尋，會讓我們花很多心思去追蹤我們與同儕的相對優劣性，而大多數時候，我們的結論都是人優己劣。

我們通常會只看到別人成就了什麼，而不去看我們必須怎麼做才能達到自身的目標 (Goals)。看到其他人功成名就，我們總是比較容易為了自己難過，而不那麼容易真心為了別人開心，就好像他們的成功是一種對我們的貶低。其實並沒有。

比較謬誤 (Comparison Fallacy) 作為一種概念，並不難理解：別人不是你，你也不是別人。你有你獨特的技巧、目標跟輕重緩急。話說

到底，拿自己跟別人比較不但傻，而且用處不大。

　　這裡我舉個例子：我有一個朋友經商非常成功，年所得是我的十倍。他獲得外界對其成就極高的肯定。他的產品全都大賣，而他也很滿意於自身的表現。他能讓人羨慕的東西一堆。

　　但硬幣的另外一面是：我朋友每天工作十二個小時，有時候更多。他沒有成家。他得照顧一大群員工，他公司的「例行營運成本」（Overhead；心法112）是我的十倍。他每天有海量的電子郵件和電話要回，還有開不完的會。他的壓力不但大，而且幾乎沒有空檔。

　　外界很容易只看到我朋友的爽，也很容易忽略他為了成功而必須做出的「取捨」。而那正是問題的關鍵所在：他在某些領域非常成功，但他得為此拼命工作，而且他也願意為此付出各種代價。

　　就算可以跟他交換生活，我也不會這麼做：我會很不開心。他的人生跟我對於輕重緩急還有勞逸平衡的價值觀，不一定相符。他在人前的光鮮亮麗或許吸引我，但相應的代價卻非我所意願。將「比較謬誤」牢記在心中，可以一面給他祝福，一面繼續朝我覺得重要的「目標」進行追逐。我將能衷心為他開心，但又不會在無謂的羨慕上虛擲自身的精力。

　　在其他方面遇到可能挑起你羨慕或自卑感的處境時，你都可以循同樣的思路去排解。忍不住想跟你身邊的熟人、同事、同學，甚至是跟素昧平生的名人比較時，就趕緊想想你有你不同於別人的目標、偏好、優先順序。你有你不一樣的人生，你們都各自為了不同的成就付出了不同的代價。任何你想要去做的比較，本身就是沒有意義的，放輕鬆吧。

　　關於成功，唯一有意義的指標是：你有沒有花時間在做你喜歡的事情？跟你喜歡的人一起？你是否在財務上安全無虞？只要這三點的答案都是 YES，那你擔心其他的事情都是多餘，尤其是不用管別人在幹嘛。如果你還沒完全做到以上三點，那就專心在你的「控制範圍」（Locus of Control；心法182）內去做出改變，以便你可以開始朝著正確的方向前進。總之就是牢記比較謬誤，並持續朝你的想要的生活邁開大步。

觀念分享：personalmba.com/comparison-fallacy/ ↘

# 控制範圍
## Locus of Control

讓我平靜，去接受無法改變的事；給我勇氣，去改變可以改變的事；予我智慧，能判斷兩者有何不同。

——寧靜禱文 (The Serenity Prayer)

不論多麼垂涎某份工作，你也只能把履歷弄得體面一點，面試時盡量求表現，至於人家要不要用你，你真的也只能聽天由命。你可以盡力，但談不上篤定。

不論你看盤看得多仔細，也沒辦法用意志力去決定股價的高低。

不論你多麼賞識某位員工，多想把他留下，或者多希望維繫跟某任男／女朋友的關係，也不能改變腳長在別人身上，他們想走還是會走的事實。

知道自己的**控制範圍 (Locus of Control)**，你就知道哪些事情你可以控制，或多少可以去影響一下，哪些事情又是你力有未逮者。想要去干預你能力範圍以外的事情，只是自尋煩惱，庸人自擾罷了。

不論我們主觀的意願有多強，我們都不可能將所有的事情納入麾下，不可能百分百控制自己的命運。比方說天災，就完全不是我們能夠排除或避免的。龍捲風或地震如果發生，我們就只能任由自己的家被摧毀，眼睜睜地看著事情發生。不論這樣的光景多麼令人難以想像、難以忍受，人生在世不如意事，本來就是十之八九，本來就是層出不窮，我們必須要了解這一點、接受這一點，這是種成熟的表現。

把力氣用在有用的事情上，你才能保持理智，否則老是想要去扭轉自己無力回天的事情，把這些不可能的事情當成追求的目標，你只會把自己搞得很疲累、很沮喪。減肥讓很多人不堪其擾，一個原因就是因為減肥追求的是一種難以控制的結果，是要讓自己體重減輕，但這一點往往並非操之在己。如果你把重點改成吃得健康，運動，減少罹患肥胖相關疾

病的機率，你的體重自然而然會有所降低，一路上你也會比較開心。

　　擔心自己改變不了的事情，只是浪費時間與力氣罷了。我曾經很聰明地停止看太多新聞，因為百分之九十九點九的電視與平面媒體新聞，說的事情都不在你的控制範圍內。因此與其擔心「這個世界怎麼了」，但又無能為力，還不如眼不見為淨，讓自己留下更多精神與力氣去真正讓世界變好。

　　你愈能分清楚自己可以改變哪些事情，不能改變哪些事情，你日子就會更好過，對自己與社會也都會益發有貢獻。**專注在你可以影響的事物上，其他的事情就盡量隨緣。集中注意力在自己想要的生活之上，你得到這樣的生活就會是遲早的事。**

觀念分享：http://book.personalmba.com/locus-of-control/ ↖

## 執著
### Attachment

*在我們做出人生重大決定之際，號角並不會響起。人的命運都是默默在展開。*

*——安尼斯・德・米爾 (Agnes De Mille)，舞蹈家、編舞家*

　　你正在聖母峰攻頂的路上，目標已經近在眼前了。但在你準備登頂的前一晚，天上突然無預警地捲起了風暴，能見度變成零，山上的氣溫也持續下探，環境變得極度惡劣。這時再想著要攻頂，簡直就是自尋死路，你要不就是會被風吹落萬丈深淵，不然就是會被活活凍僵。

　　這時你會想問自己：我失敗了嗎？

　　當控制範圍（Locus of Control；心法 182）以外的狀況出現，影響到目標的達成，一般人都很難釋懷。如果你決心要照原訂計畫挑戰聖母峰，真的就是找死。識時務的話，你還是應該改變計畫，下次再來，正所謂「留得青山在，不怕沒柴燒。」

你愈是執著 (Attachment) 於自身的目標或計畫,你做起事情來的彈性就愈小,另闢蹊徑,未來更加海闊天空的機率也就愈低。對目標執著本身不是壞事,但不能無限上綱。太過執著於特定的願景,只會讓你適應不了人生必然的意外與轉折。

要面對現實、接受現實,你必須懂得什麼叫做沉沒成本(Sunk Cost;心法 128)。金融風暴讓你的股票投資虧了幾百萬美元,很慘,但不論你如何抗議投資銀行貪得無厭,政府官僚腐敗無能,如何抱怨人生多不公平,已經損失的錢也不會回來。所以難過、悔不當初、恨自己怎麼沒先想到風險,都不是你應該要有的反應。

要過執著這一關,你得適時了解原本的計畫已經不再可行。愈是能夠放下原本的計畫、目標與身分地位,你就愈有機會爬起來,對不可抗力與難以預見的意外做出正確的因應。

如果突然失業,卻還是對原本的職務或職級念念不忘,只會讓你自己綁手綁腳,走不出去,對自己一點好處都沒有,還不如盤算著做些有用的事情,想想怎麼增加自己的收入。

你愈能專心,愈能接受已經發生的事情,愈能往前看去做打算,你就愈能「諸法皆空,自由自在。」

觀念分享:http://book.personalmba.com/attachment/ ↖

## 個人研發
### Personal Research and Development

把財富從口袋搬到腦袋,就沒人搶得走。自身的智識,永遠是報酬率最高的投資。

——班傑明·富蘭克林,美國開國元勛,傑出的政治家、科學家、博物學家

每家成功的企業都很重視新技術與產品的研發 (Research and Development)。有了研發,老闆們才知道接下來該推出什麼產品或服務,

舉世皆然。大公司每年的研發預算動輒數百萬美元，甚至數十億美元，而這些錢不一定都能回收，但企業必須試驗新的技術與製程，長遠來看才能提升自身的競爭力。

研發之所以不會消失，是因為這方面的努力真的有用。重視研發的企業往往能夠開發出新的、好的產品提供給消費者，能夠精進製程讓公司的獲利提升。研發對企業有用，對個人又何嘗不是如此？

**你有沒有想過每個月撥出幾百塊美元當作個人研發費用？**運用拉米特・塞提 (Ramit Sethi) 在《我教你變成有錢人》(*I Will Teach You to be Rich*) 裡所討論過的技巧，你可以把一定比例的月薪自動轉帳到個人研發費用的專戶中，這樣並不會對你的生活造成太大的負擔。而錢一旦進了專戶，你就不用多想了，反正**這些錢就只能用來買書、上課、添購設備，當作去聽演講或參加研討會的旅費，或者用來進行任何能讓你更強、更厲害的消費或活動。**

很多理財大師不見得同意我的看法，但我認為擁有足夠的個人研發預算，比存到幾桶金更重要。我不反對存好緊急預備金來確保生活無虞，也很贊成「有錢多放點在身上」，未雨綢繆，但光靠存錢，人永遠不會有不需要再為錢煩惱的一天。

花錢進修知識與能力，不只是一種消費，更是一種投資。你因此學到的東西不僅能讓生活更充實、更多采多姿，還能讓你有機會開拓新的財源。新的技術，就是新的機會；新的機會，就有可能帶來新的收入。節流有其極限，開源則無。

你可以想想一個能幫你建立個人研發預算的思想實驗：如果薪水不變，你該怎麼安排，才能每月撥出五到十％的薪水做為個人研發之用？

理財書籍或部落格上有很多實用的技巧，都可以幫助你回答這個問題。只要一點點創意與理財的知識，你就能擠出錢來建立自己的個人研發中心。

觀念分享：http://book.personalmba.com/personal-research-and-development/ ↖

# 設限心態
## Limiting Belief

求知慾，是文明的濫觴。

——尤金・V・戴伯斯 (Eugene V. Debs)，工運活動領袖

世界觀，主要有兩種。這兩種心態的選擇，會決定你面對新體驗的反應。

**第一種心態認為人的技術與能力都是固定的。**做不好，就表示你不擅長，再試也沒有用。你與生俱來的能力都已經確定了，永遠不會改變。

在這樣的心態下，遇到困難與挑戰，你多半會停下腳步，畢竟你生來不擅長的東西，再嘗試也是白搭。

**第二種心態認為人的技術與能力是可以砥礪鍛鍊的。**一件事做不好，是因為你還不夠努力，只要你願意繼續嘗試，進步絕對指日可待。你的技能就像肌肉，用進廢退。抱持這第二種心態的你即便面臨到困難或挑戰，還是會繼續挺進，你知道現在的自己也許不是很嫻熟於這份工作，但你每天每天都在進步。

這兩種心態決定了你如何繪製屬於自己的世界觀。在《心態致勝》(*Mindset: The New Psychology of Success*) 一書中，卡蘿・德威克博士 (Dr. Carol Dweck) 把這兩種心態稱之為智能的「固定論」與「成長論」。固定論者認為挑戰是對自身能力的一種判決，遇到挑戰，表示經過審判，你的能力被冠上了「不足」的罪名，從此戴罪之身的你變得再也不敢嘗新，新的事物讓你緊張兮兮；成長論者認為挑戰就是拿來超越，障礙就是拿來跨越的，我們需要的，只是再努力一點點。固定論就是一種（自我）設限心態：你的某種世界觀阻礙了你達成你珍視的某個目標。這種固定論雖與事實不符，但卻能因為你的誤信而使你寸步難行。

**某些設限心態是樣式比對**（Pattern Matching；心法 139）**出現錯誤的結果。**這有一個常見的例子是：如果你相信有錢人都很膚淺、亂來、腐

敗，那你就會覺得賺起錢來綁手綁腳，因為這代表你一旦收入變多了，你就跟那些腐敗的有錢人變成「一丘之貉」了。這種想法會讓你一遇到賺錢的機會就瞻前顧後。

不對症下藥地解決這種內心的「衝突」，錢的問題就會永遠困擾你。你的心靈並沒有故障：你有一部分的大腦預期到了某種未來，並想要保護你不受到你不想要的東西傷害，問題是這種保護不具有建設性。**真正要獲取進步，你必須要指認出是什麼心態在扯你後腿，然後將之剷除。**

設限心態會在不同領域存於每個人心中。每次你用出「我沒辦法……」、「我不得不……」、「我不擅長……」的句型，你就暴露在了潛在的設限心態中。大多時候，你只消停下腳步質疑一下自己的想法，就可以打破這種迷思。「真的是這樣嗎？」跟「我怎麼知道這是真的？」都是很強大的「捫心自問」(Self-Elicitation) 問題。

設限心態也可能出現在你考慮以行動跳出舒適圈時，比方說申請新工作或要向新客戶推銷什麼。遭拒與被否定的畫面開始在你腦中頻仍閃過，你衝動之下的結論便會是「這不可能成功」，但其實你根本還沒開始進行測試，也連一點回饋都還沒有取得。

**對於這類處境，有個頗實用的大原則是：對方說了算。**這是個值得養成的習慣：你或許相信自己提出的要求或提議會被拒絕，但即便如此，也讓對方去說出這種話，而不要自己未戰先怯。事實上你會很驚訝於自己沒被拒絕的頻率之高，包括你以為很難有勝算的場合。

**你如何回應挑戰，會決定你最終的成敗。**很重要的一點是你要認清自己並沒有「本質上的缺陷」——沒有什麼是你一定不能去學會、去做到的。學習事情當然需要花時間與努力，但只要去做了，你就會進步。

**把你的心靈視為一種肌肉，是幫助其鍛鍊成長的絕佳方式。**

觀念分享：http://books.personalmba.com/limiting-belief/ ↖

# 不當投資
## Malinvestment

我們犯下的錯誤，決計不是什麼嚴重到要命的事情。在一個我們不論怎麼小心翼翼，也不可能都不犯錯的世界裡，心情放輕鬆點，絕對比戰戰兢兢與緊張分分要是個更健康的決定。

——威廉・詹姆斯 (William James)，十九世紀醫師與心理學先驅

我們經常做出的很多決定都會不盡人意，比方說買了不該買的東西、請到不適任的員工、選錯投資標的、無謂地浪費了精力。

這類錯誤叫做「不當投資」(Malinvestment)，也就是壞的或差勁的投資。壞跟差勁的定義因人而異，但通常不當投資都會讓人留下一種「我怎麼那麼笨……真浪費！」的感覺。

**不當投資相當常見。你看不見未來，而「不確定性」會為你的每一筆消費或投資帶來顯著的錯誤風險，不論你今天投入的是時間或心血。**

不當投資很容易引發人的懊悔：犯錯從來不是一件好玩的事情。但過分的難過，則是一種變形的「後見偏見」(Hindsight Bias；心法174)：千金難買早知道，要是能早知道，誰會自己去把自己絆倒？

有些不當投資看起來像非常直白——就是個單純的判斷錯誤。你以為某項投資前景可期、明智、而且風險甚低，但其實不然。常見的這類不當投資有：

▶ 買了用不上的東西。
▶ 買了不管用或故障了的產品。
▶ 你的偏好、需求、優先順序有所改變，造成過往的投資失效。

這些錯誤的成因，是你在決定消費前沒有掌握足夠的資訊。想避免這類錯誤有常見的幾個辦法：

▶ 投資前多做些功課。

▶ 投資前評估好自身的需求與優先順序。

▶ 只投資在明確、迫切、反覆出現、不能等、或重要的需求或問題上。

有些不當投資的問題在於效率不彰：不必要的資源浪費。這類不當投資有：

▶ 買了用不到的保險。

▶ 建置並維護著用不上的備援系統或失效安全（Fail-safes；心法265）裝置。

惟我們必須了解到這類不當投資很常見於我們因應「不確定性」或風險的時候，而在沒有能力或意願去自行承擔特定的常見或大型風險時，買保險其實是明智的行為。

即便你最終沒有領到保險給付，也不代表你的保險費白花了，因為你已經買到了在某段時間內較低的風險。要是早知道可以平安無事，你當然就會把這筆保險費省下來，但沒有人能預知未來，包括你。只要保單價格合理，那花錢買心安絕對可以是好事一樁。

嘗試嶄新跟不一樣的事物，代表你必然會犯些錯誤。投入時間精力與心血卻沒得到希望的結果，幾乎是一種必然：

▶ 嘗試以 A 辦法去做某件事情，結果不如預期。

▶ 用 A 辦法去做一件事情，結果快做完了才發現 B 辦法更好。

▶ 弄壞了重要的東西，不得不費時費力去修理。

在這些狀況中，不當投資其實就是在「繳學費」：那是想掌握一門訣竅或通曉某種技能，你必須要付出的代價。只要你沒有把命玩掉，那跌個幾跤就能讓你知道什麼重要、什麼有效、看到什麼快逃，那還是很

划算的。

往往，主動去進行一些「不當投資」，就當那是一種「探索」（**Exploration**），是明智的行為。你永遠不會有掌握所有情報的一天，也永遠不會有找到「最適化」跟「完美」策略的一天，那你豈不是永遠都不能跨出第一步了？如果你堅持要在出發前確定自己的做法百分之百正確，那你恐怕得一輩子住在起跑線。

要克服這種心態，你可以問自己一個問題：我多快可以開始犯錯？你愈早往火坑裡跳，愈早開始嘗試做你希望自己做得到的事，你就愈早能真正學會各種錯誤，愈早能夠真正做得到那件事。

**不確定的時候，寧可賭一把不完美的實驗，因為錯誤也是一種學習。**

觀念分享：personalmba.com/malinvestment/

心法
187

## 選擇的必要
### The Necessity of Choice

*啊！要是人能知道／在其來臨前，就知道今日之事的結果多好／但其實我們只需要知道今天一定會結束，而到時候結果自然會分曉。*

——莎士比亞 (William Shakespeare)，《凱撒大帝》(*Julius Caesar*)

我們活在一個需要取捨的世界中：永遠會有不同的人事物在競逐你的時間、注意力與精力。你可以學著善用你有限的資源，但話說到底，你還是得負起責任，自行決定如何者取，何者捨。

世間不存在神奇的公式或完美的系統可以供你心想事成，每件你想做到的事情都必然伴隨著相應的代價，你總是付出某些努力、承受某些壓力，歷經某些艱辛、付出某些成本。

只有先接受了你的時間、精力、注意力跟財富都並非無限，你既不全知也不全能，還有你永遠要為自身怎麼想跟怎麼做負責的種種現實之後，你才能站上起跑點，開始穩定地朝對你有重要性跟意義的「目標」

出發。

多數時間管理跟生產力的問題，都可以濃縮成這樣一句話：「我要如何才能在永遠不夠的時間內完成永遠過多的工作量？」選擇的必要 (The Necessity of Choice) 作為一種觀念，就有助於我們去思考這項基本的挑戰：刻意而有意識地去進行個人層面上的取捨，會是最好的做法。

你永遠都會很忙，永遠都會有做不完的事情。如果要「事情全都做完了」才叫成功，那你這輩子都注定要活在壓力與不滿意當中；更糟糕的是，如果要事情全做完才能休息尋開心，那你就等於親手替自己打造了一座個人監獄。

你永遠必須選擇做什麼跟不做什麼：這是最基本的現實，而不是什麼你可以破解的謎題，這東西你繞不過去的。你不選，現實就會逼著你選，畢竟我們生活的宇宙，其本質就是有限的。如果你不主動出擊，去針對為或不為做出經過深思熟慮且沒有疑義的決定，那你人生很大的一塊就會被交到機率跟環境的手裡。

所以你最好的策略是自己去選擇：在出於自身意願且了解內情的狀態下，針對你想要的各種事物進行有意識的取捨。這就跟職業運動選秀一樣，選擇你最想要的那一個，放掉達不到你標準的其他選項。

觀念分享：personalmba.com/necessity-of-choice/

## 心法 188 抵達謬誤
### The Arrival Fallacy

*誰都想住在山頂，但幸福與成長都發生在你攀爬的過程中。*

——安迪・魯尼 (Andy Rooney)，記者

在跟企業主、經理人與實業家對談的過程中，我注意到一個模式：沒有人覺得自己的事業成功或生涯已經無憾。他們總是會談到下一個要達到的里程碑，下一個嶄新（而且更大）的銷售目標要達成，或是某個

可以代表「真正成功」的更高企業市值。

　　我認識許多專業人士曾放眼具體的「目標」(Goals)──並且也已經達成了這些目標。但他們並沒有因此確立成就感，而是依舊感到不滿足，因為他們的門柱已經又向後移動到更困難的新目標處。「等我達到那個境界，」他們會告訴自己，「我才會真正覺得成功跟快樂。」

　　抵達謬誤 (The Arrival Fallacy) 的用處就在於指出這種模式，並切斷那種必須靠不斷追求新「目標」來撫平的不滿足感。若你能認清自己的事業、生涯與生活都永遠不會進入一個完美的狀態，且你到死都會不斷在追尋生命的意義跟如何改善，那你的日子就會過得輕鬆一些，因為你將更能體會到已然達成之成就的可貴，並更享受達到每一個「目標」跟里程碑時的快樂。

　　別把你目前的目標當成終點站，而要當它們是中繼站，讓它們為你指引方向，成為你專注力、精力與努力的指南針。達成了一個目標，又會有另一個目標供你去追求或改進，而這是好事一樁。那代表不論你怎麼做，你的人生永遠不會無聊，你永遠都會有有趣、有用、有價值的事情投入你的時光。

　　這樣的思路也有助於你在朝著目標努力時，不忘記該適時休息、恢復、享受人生。想靠著過勞，或靠在健康、興趣、感情上做出重大的「取捨」與犧牲來換得在事業上得道升天，是不可能的。雄心壯志跟工作上的拚勁，確實有可能換得收穫的甜美，但用得不對，雄心與拚勁也可能導致自我毀滅。

　　「成功」不是一種永恆的「存在狀態」（State of Being；心法 160），努力也永無終點，所以為了成功跟努力而什麼都不要了，是說不通的。正確的作法是想清楚你要什麼，朝著目標努力，若有朝一日達到了，那就給自己拍拍手，好好慶祝一下，然後再畫一條新航道，重新揚帆出發。

觀念分享：personalmba.com/arrival-fallacy/ ↖

第八章

# 與人合作，眾志成城
## Working with Others

捨人留廠，不久我的廠房地上僅剩草長；捨廠留人，不久我
會有更好的工廠。

——安德魯·卡內基 (Andrew Carnegie)，十九世紀實業家

　　與人合作是職場上、商場上必備的技能，也是日常生活
的一部分，逃也逃不掉。你周遭的客人、員工、包商、企業
夥伴，都是人，都有自己的動機與欲望。想要有出息，闖出
片天，你就必須要學會如何與人合作，借助他人的力量達成
目標。
　　在本章中，我們會討論如何與人合作。讀完本章，你會
知道如何溝通、贏得尊重、取得別人的信任，以及如何看清
人際互動的極限與陷阱，如何領導和管理團隊。

　　觀念分享：http://book.personalmba.com/working-with-others/ ↘

# 權力
## Power

> 權力無所不能，所向披靡，但用權力換來的勝利僅是過眼雲煙……忍受
> 困境不難，真正能夠測試一個人的品格的，是賦予他權力。
>
> ——亞伯拉罕‧林肯 (Abraham Lincoln)，美國第十六任總統

所有的人際關係都奠基於權力 **(Power)**，所謂權力，就是對他人行為的影響力。如同我們在「感知控制」（Perceptual Control；心法 133）所討論過的，我們不可能在這樣的層次上操控他人，因為我們不可能直接碰觸到人做決定的心路歷程。**我們能做到的，只有採取行動去鼓勵別人照我們的意思去做。**

**權力的操使通常採取兩種基本形式：影響或強迫。** 所謂影響，是鼓勵別人去欲想你所建議的事物；所謂強迫，是迫使別人採取你所指定的行動。

鼓勵員工出於對公司的忠誠或敬業去「做超過份內的事情」，就是嘗試去「影響」對方；用飯碗威脅員工週末加班，則是一種「強迫」。員工最終可能都加了班，結果相同，但感受卻會大大不同。

**整體而言，影響會比強迫有效。** 少有人會喜歡被迫去做他們不想或覺得不好的事情，所以濫用強迫的手段遂行目的，是下下策。擺出老闆的架子把人呼來喚去，只會讓員工離心離德，每天都想著跳槽。**影響，相對之下，才是長久之計；用鼓勵的方式與人建立革命情感，讓彼此成為志同道合的盟友，才是正道。** 這樣你不僅能夠達成自己的目標，也不會撩撥無謂的怨懟。

有句話可能不中聽，但每個人都必須倚賴權力才能度日。權力作為一種工具，本身並無所謂好與壞。就跟其他的工具一樣，你可以用之去行善，也可以藉之去為惡。擁有權力代表你有能力控制別人，達成目的；你的權力愈大，你能辦到的事情也愈多。主動去追求權力，本身並沒有

道德上的問題，但前提是在追求權力的過程中，你必須尊重他人應有的權利。手握權力愈大，你能辦到的事情愈多，但能辦的事情愈多，你應該肩負的責任也愈重。

權力關係無所不在，所以不同的族群或團體只要產生互動，最終都不可免地會牽扯到「政治」，也就是權力的分配。在這樣的環境之下，你必須要對自己的何去何從有所定見，否則就只能按照別人訂下的遊戲規則去走。不主動去爭取對自己最有利的安排，就等於是把權力、把自己的命運拱手交到別人手上，因為別人都已經想清楚了，你沒有。無法認清權力的重要性，只會讓自己僅存的影響力流失殆盡。要炒菜，必須進廚房，要想贏，你就得參賽。

而想增加自己的權力，最好的辦法就是採取行動去增加自己的影響力，衝高自己的聲譽；愈多人知道你的本事，愈多人肯定你的招牌，你對他們的影響力就愈大，你的權力就愈大。

觀念分享：http://book.personalmba.com/power/ ↘

## 相對優勢
### Comparative Advantage

寧做最好的自己，也不做二流的別人。

——茱蒂・嘉蘭 (Judy Garland)，演員、歌手

與人合作，必須先問一個問題：合作是為了什麼？如果合作對象不受控制，跟你的理念也並非完全一樣，那又何必那麼麻煩，各走各的不是很好？

這問題的答案，是一個叫作相對優勢 (Comparative Advantage) 的經濟學概念——別再說經濟學家一事無成了。一八一七年首見於大衛・李嘉圖 (David Ricardo) 的名著《政治經濟學及賦稅原理》(*On the Principles of Political Economy and Taxation*)，相對優勢的概念解開了一個國際政治

之謎：一國究竟是自己生產所有的東西，以自給自足為目標比較好？還是專門做幾樣東西，做好一點，然後用貿易換得所需比較好？

　　以葡萄牙跟英國為例，李嘉圖的計算顯示，雖然兩國都有能力生產布料與葡萄酒，但英國做起布來輕鬆很多，而葡萄牙則善於釀酒。因此與其事倍功半地去忙自己不擅長的東西，葡萄牙與英國很顯然都應該專注在自己的強項上，然後彼此交換所需，才會比較符合雙方的共同利益。

　　相對優勢的觀念是說我們應該想辦法在強項上乘勝追擊，而不要為了弱點東湊西補。在《首先，打破成規：八萬名傑出經理人的共通特質》(First, Break All the Rules) 跟《尋找優勢2.0》(StrengthsFinder 2.0) 書中，馬可斯‧巴金漢 (Marcus Buckingham)、柯特‧考夫曼 (Curt Coffman) 與湯姆‧拉斯 (Tom Rath) 分別引用了蓋洛普組織 (Gallup Organization) 針對人類生產力所進行的廣泛研究。研究發現相對優勢不僅適用於國家，也適用於企業與個人。企業如果按照專長將人才分門別類，然後把任務託付給由專家所組成團隊，整體的業績一定會比較理想。所以相對優勢還有另外一個名字，叫做是「優勢導向管理」(Strengths-based Managment)，就是這個道理。

　　相對優勢的存在說明了何以很多場合，企業跟包商合作或委外比較划得來。要蓋房子，快又好的辦法應該是去找建築師設計，找營造廠施作，而不是自己動手做。當然啦，如果你一定要自己動手做，也不見得不可以，但除非你是達文西，什麼都懂，否則你這房子蓋起來一定比較久，至於蓋好之後房子能不能住人，那又是另外一個問題了。

　　相對優勢也說明了為什麼分工得宜的團隊多半在表現上優於同質性較高者。一個隊伍中臥虎藏龍，就像天龍特攻隊一樣各有各自的專長，絕對是團隊一項很大的資產，因為不論遇到什麼狀況，隊上有人能夠處理的機率會比較高。如果成員背景一樣，會的也都一樣，那麼遇到事情卡住，或者犯下不該犯的錯，其機會也會比較高。

　　養成凡事靠自己的習慣，當然有助於你自身能力的加深加廣，但太執著於「不求人」，絕對是一個謬誤。我非常贊成自學，不然也不會有

這本書的出現，但過於迷信 DIY，往往是弊多於利。與人合作讓你可以走得更遠，做得更多、更快、更好，要知道連遠離塵囂的梭羅 (Thoreau)，也偶爾會離開湖濱去鎮上買東西。

自學最大的好處是當要找專家幫忙時，你會比較識貨。你可以找到遠在半個地球之外的軟體高手來幫你寫程式。雖然這表示你不自己寫程式了，但你還是需要稍微懂一點，或曾經有過一點經驗，這樣你才能判斷自己有沒有被騙，有沒有花了錢買到黑心服務或產品。積極一點來說，學過程式設計，你才能精挑細選出強者來與你合作。

鄧約翰 (John Donne) 有句名言：「沒有人是孤島。」把自己的專業顧好，適時與人合作，最終的成效絕對會比較好。

觀念分享：http://book.personalmba.com/comparative-advantage/ ↖

## 溝通成本
### Communication Overhead

*人類的潛能從未完全發揮，今後也不會。至於為什麼，如果你一定要問，我的答案是兩個字：開會。*

*——戴夫・貝瑞 (Dave Barry)，喜劇演員、報紙專欄作家*

高水準的外科手術團隊、特種軍事單位或職業運動隊伍之所以都小小的，而且做的事情非常單純，並不是巧合。時間都花在溝通與協調上了，還會有什麼效率可言！

**溝通成本 (Communication Overhead)** 是你用在與團隊成員溝通，因而無法去真正工作的時間。為了讓團隊中的每個人都能在狀況中，溝通絕對必要。團隊的規模愈大，成員愈多，所需要的溝通與協調也就愈多。隨著團隊擴張，成員人數變多，溝通成本就會呈等比級數增加，最後大家就會變成時間都花在溝通上，根本沒有時間去執行溝通的內容。因此團隊的人數存在一個魔術數字，超過這個數字，人多好辦事就不成立了，

這時候每多一個人，團隊的效率就會降低一點。

大公司之所以效率差，就是因為溝通聯繫的成本太高。與五到八個人共事，你大概就得花八成的力氣在聯絡事情上，因為除非所有成員都全盤了解小組的目標、計畫、分工與流程，你的任務是沒辦法真正執行的，任務沒辦法執行，小組也就不會有任何成效。

這樣的戲碼，我在寶鹼的時候天天上演。我的職責中有一項是要開發出一個全公司適用的策略，希望能藉此策略來評估集團內行銷手法的成效良窳。但寶鹼是家跨國集團，業務遍及全球，因此不論我提出的是什麼樣的方案，都必須徵詢集團內不同單位多達數十名主管的意見，甚或還需要得到他們的批示，才能夠真正開始推動落實。

而不意外地，有多少人就有多少種意見，而且這些意見往往南轅北轍，相同的是大家都希望自己的意見被採納，但同時又不會因此被分派到額外的工作，也不需要去負責找錢。結果我全心全意整整忙了三個月，集合所有人的意見拼湊出一份我認為可行的方案；換句話說，這三個月沒有任何的實際進度，因為身為專案負責人，我九十九％的時間都在與集團內所有可以對這案子置喙的人聯繫，而這，就是寶鹼所付出的溝通成本。

在《超越官僚》(Beyond Bureaucracy) 一書中，戴瑞克‧錫恩 (Derek Sheane) 提出了「官僚體系崩解的八種症狀」(8 Symptoms of Bureaucratic Breakdown)，好發於溝通成本過高的團隊當中：

一、**隱形決策**：很多決策是怎麼做出來，在哪裡做出來，完全沒人知道，決策過程一點都不透明，標準黑箱作業。

二、**不了了之**：太多工作有頭無尾。

三、**協調癱瘓**：任何一件小事都要問過所有的單位，效率不彰。

四、**了無新意**：創見少、發明少、橫向思維少，整體缺乏創新作法。

五、**小題大作**：小事情變成大事情，瞎忙一圈。

六、**中央地方互相掣肘**：總公司與分公司為了發號施令，吵來吵去。

七、**有反效果的工作期限**：截稿日期喧賓奪主，變得比工作的品質還重要；只要在期限內完成就好，至於完成什麼，那又是另外一回事。

八、**化主動為被動**：員工變得只對命令有反應，什麼事情只要丟在桌上就有人做，但多了也沒有，除了交辦事項，還是交辦事項。

如果你每天上班看到的狀況跟上面一樣，那你所屬的團隊就生病了，病因正是溝通成本過高。

要解決溝通成本過高的問題，方法不複雜，但要做到並不容易。這方法就是核心人事盡量精簡。這麼做，很多人會被排除在決策圈以外，但就是要這樣才會有效。決策圈大，意見多，絕對得不償失。把閒雜人等請出團隊，絕對可以讓團隊重新認識什麼叫做事半功倍。

很多人對何謂有效的團隊合作進行研究，事後都建議三到八人的大小最剛好。在《腦力密集產業的人才管理之道》(*Peopleware*) 書中，具有專案經理身分的作者湯姆·狄馬克 (Tom DeMarco) 和提摩西·李斯特 (Timothy Lister) 建議在團隊的建立上遵循「菁英制」與「精準性」這兩個原則。團體小會比大有效率，因為溝通成本較低；精準地根據所需要的能力來挑選少數菁英加入團隊，每位成員對團隊帶來的產能助益，就會大過他們加入所衍生的溝通成本。一旦員額超過八人，新增成員就會開始得不償失。

希望團隊表現發揮到極致，就讓團隊保持「小而美」，人不多，但大家都知道自己該做什麼，不用廢話。

觀念分享：http://book.personalmba.com/communication-overhead/↖

心法
192

# 重要性
## Importance

希望受到肯定，是最根本的人性。

——威廉·詹姆斯 (William James)，醫師、心理學先驅

每個人內心深處，都希望覺得自己重要。不論你面對的是一位客人、一名員工、一個舊識，或者是老朋友，你愈讓他們感受到自己的重要性 (Importantce)，他們就會愈珍視與你的關係。

讓別人覺得微不足道，可有可無，是樹敵的捷徑；別人邊跟你說話邊看手機，或叫你等一下讓他先接電話，你做何感想？

你對與人互動愈有興致，別人就愈會覺得自己受到重視。進到很多汽車經銷商，你之所以不會覺得受到重視，是因為業代油嘴滑舌，嘴上說著「歡迎光臨，看車嗎？」但心裡卻感受不到有任何誠意可言。他們表面上的客氣，只是希望你買車，如此而已，並不是真的對你這個人有什麼興趣。消費者心理的台詞是即便不一定跟你買，我還是希望讓你當成貴客，而這一點，是總公司規定的話術，還是再多的教育訓練，都沒辦法保證的。

所幸，要讓別人覺得自己重要，並不難，祕訣在於讓人覺得你人在心在，讓人覺得你真的想了解他們。而要讓對方覺得你人在現場，幾個重點在於：注意力集中、專心聆聽、表示興趣、提出問題。在忙碌的現代生活中，我們已經很少有機會變成別人關注的焦點，但也因為這樣，全心全意才會讓人覺得感激涕零，畢竟物以稀為貴。

學會對人感興趣，對你不論在生活上、商場上，都是一大利多。你愈能讓旁人感到受重視，他們就愈會想要留在你身旁。

觀念分享：http://book.personalmba.com/importance/ ↘

## 安全
### Safety

想想那些一天到晚跟你唱反調的人，他們在你眼中有多冥頑不靈，你在他們眼中就有多冥頑不靈。

——史考特・亞當斯 (Scott Adams)，漫畫家，《呆伯特》(Dilbert) 作者

「笨蛋，什麼爛點子！你說話到底經不經大腦啊？」

你在開會的時候有聽過老闆這樣飆人嗎？我是有啦。

很多人都有，說真的。

在《UP 學：所有經理人相見恨晚的一本書》(*What Got You Here Won't Get You There*) 一書中，資深企管顧問馬歇爾・葛史密斯 (Marshall Goldsmith) 娓娓道出了高階主管常常會有意無意貶低同僚或下屬，好證明自己比較聰明、比較重要。但嘴巴上占人便宜，其實只有一個效果，那就是讓對方以後不想理你，讓有效的溝通變成空談。

有效的溝通要能遂行，兩造必須都覺得安全 (safe)。交談的過程中只要有任何一方感覺到被貶低或受到威脅，他們就會開始築牆，開始關閉溝通的頻道。受到威脅的一方可能會持續表面上的互動，但是跟交談的對象已經是「貌合神離」了。

要避免被人擋在心牆之外，唯一的辦法就是讓溝通的對象覺得安全，覺得可以安心地暢所欲言，甚至於掏心掏肺。除了受到重視，表達意見、暢所欲言的安全感也是人的基本需求。只要一發現你看不慣、看不起他們的意見或立場，對方就會立刻關機。

《關鍵對話》(*Crucial Conversations*) 一書談的是如何在與家人、同事討論重要事情時，讓對方保有安全感。作者凱利・派特森 (Kerry Patterson)、喬瑟夫・葛瑞尼 (Joseph Grenny) 與朗恩・麥米倫 (Ron McMillan) 與艾爾・史威勒 (Al Switzler) 提出了一套縮寫為「STATE」的行為準則，或可幫助我們避免挑起溝通對象的憤怒或防禦本能：

一、**分享事實** (Share your facts)：事實較沒有爭議性，較有說服力，較像結論而不像挑釁，因此比較適合開局使用。

二、**分享經驗** (Tell your story)：從自身經驗的角度去說明狀況，言談間避免讓對方覺得受辱或受到批判，這兩點都會讓人覺得不安全。

三、**徵詢意見** (Ask for others' paths)：問問對方的立場，了解對方的意圖或需求。

四、**謹慎發言** (Talk tentatively)：不要把話說死，避免讓人覺得你在發表結論、作出判決，甚至在下最後通牒。

五、**善意測試** (Encourage testing)：本身提出一些可能性，同時請對方集思廣益，直到雙方能得到一個有建設性的雙贏局面。

　　有些人比較敏感，有些人則神經比較大條。學會去意識到自己做了什麼、講了什麼，進了別人的眼中、耳裡會變成什麼，是重要的第一課。想讓溝通有效、雙贏，兩造都必須覺得安全。而要做到這一點，就是要避免對人指指點點，專心讓對方覺得受到尊重；我推薦的教戰手冊包括前面提到的《關鍵對話》、戴爾・卡內基 (Daniel Carnegie) 的《人性的弱點》(*How to Win Friends and Influence People*)，還有丹尼爾・高曼 (Daniel Goleman) 的《EQ》(*Emotional Intelligence*)。

觀念分享：http://book.personalmba.com/safety/ ↖

## 黃金三原則
### The Golden Trifecta

心法 194

就算是笨蛋也有能力批判、譴責、抱怨，而批判、譴責、抱怨的也多半是笨蛋。

—— 戴爾・卡內基，《人性的弱點》作者

　　知道了人有覺得受重視，覺得安全的基本需求之後，接下來該問的就是我們要如何給人家這樣的感覺。

　　黃金三原則 (Golden Trifecta)，就是我讀《人性的弱點》的心得。如果你希望讓周遭的人覺得受到重視，請記得黃金三原則，記得給他們應得的感激、禮數與尊重。

　　**感激 (Appreciation)** 是用來感謝別人為你所做的一切，不論結果如何。假設你正在設計一項產品，而公司的首席設計師出於好意，送了一堆提

案給你過目；這時即便瞄了一眼就覺得都不符合你的理想，你還是應該謝謝人家。脫口而出「這些完全不對，給我重做！」，只會讓你的同事覺得自己沒有受到重視、反而受到威脅。相反地，如果你能出於感激的心情說道：「太感謝了！畫了這麼多真是辛苦你了，我真的不知道該怎麼謝你。我在想我們這產品的概念還不是很到位，但這裡有幾個重點我來跟你說一下。」其實兩句話說的是一樣的事情，但因為說法不同、口氣不同，得到的效果也會大大不同。

**禮數 (Courtesy)** 就是待人以禮，一點都不難懂。我曾經聽過禮數有一個定義是「為了別人的方便，忍受一點點小小的不便」，我個人覺得說得非常好。替人開門對我們自己而言是一個小小的不便，但這卻能大大地提升別人對我們的評價。吃虧就是占便宜，所以很多小事情，我們真的不需要斤斤計較，就像說幫人家開個門。

**尊重 (Respect)**，指的是把別人的存在當一回事。不論你跟對方是什麼關係，基本的尊重是非常重要，因為連尊重都不給，要求重視與安全感豈非緣木求魚？這點與對方的社經地位無關，所以才叫做基本的尊重。

黃金三原則不能有例外，必須對所有人一體適用，不能說你喜歡的人就多尊重一點，沒興趣的人就隨便。你應該有在應酬中見過有人對你很好，但簡直不把服務生當人看的，那樣子感覺會好嗎？對某些人好、某些人不好，就等於是公開承認你是個雙面人，這樣有誰敢信任你？

力行黃金三原則，用感激、禮數與尊重一視同仁地善待所有人，你的存在自然會讓人覺得受到重視、覺得安全。

觀念分享：http://book.personalmba.com/golden-trifecta/ ▶

心法
195

# 理由
## Reason Why

*文明的進步，源自於我們不用想也做得到的事情。*

——阿爾佛列德・諾斯・懷海德 (Alfred North Whitehead)，數學家、哲學家

請人替我們做事有一個訣竅：給他一個理由，他們願意照辦的機率就會大增。在《影響力：讓人乖乖聽話的說服術》(*Influence: The Psychology of Persuasion*) 書中，羅伯特・席爾迪尼博士 (Dr. Robert Cialdini) 介紹了一個超天才的實驗，可以說明這個訣竅如何在生活中應用。

一九七〇年代，哈佛大學有一位心理學家叫做艾倫・藍格 (Ellen Langer)，他做了一個很有名的實驗，主題是順從，也就是人為何會聽命行事。這實驗的主要道具，是哈佛校園裡一台非常忙碌的影印機。

藍格派學生用各種不同的方法去問在排影印機的人：「可以讓我先用嗎？」清湯掛麵、單刀直入的問法有六成的機率可以成功，但如果加上一個理由 (Reason)，藍格的研究發現，成功的機率就會大幅增加到九十五％。這理由可能非常的空洞，像是「因為我有東西要影印」，也可能非常合理，像是「我上課快遲到了」或「我趕時間」，都不影響這項「技巧」的威力，只要是用「因為」開頭的句子，效果都是一樣好，排了半天的人就會乖乖地讓開。

人性就是會對要求有所回應，只要給個理由，任何理由，得到回應的機會肯定都會大增。

觀念分享：http://book.personalmba.com/reason-why/

## 心法 196

# 指揮官的意圖
## Commander's Intent

交辦事情不用提過程，只要說清楚你要什麼就好，承辦的人自然會展現創意，令你驚喜。

—— 喬治・S・派頓將軍 (General George S. Patton)，二戰盟軍指揮官

沒人喜歡被人使喚，這一點幾乎是沒有例外的真理。「微管理」，也就是管太多、管太細，都是員工的大忌。只要對自己的專業還有一點點信心，任誰都會覺得由別人來鉅細靡遺地告訴你事情該怎麼做，睜大眼

睛看著你做，是件非常汙辱人的事情。

微管理不僅討人厭，實際上也是非常沒有效率。把每一步細節都交代得一清二楚，不僅會讓聽的人覺得不受重視，甚而還會拖累他們的工作表現。沒有哪一套標準流程，不論多麼詳細，可以把所有可能的狀況都交代清楚，而事情一旦有變，微管理就力有未逮了。

試想執行長如果堅持什麼事情都要親力親為或御駕親征，他的生活會過得多麼忙碌。人不是東西，管理人不是加法，所以人不是愈多愈好，規模的效益在這裡也不見得適用；事實上，一家公司人愈多，執行長需要下的命令就愈多。不用多，你公司只消有十名員工，微管理就會讓你忙到翻過去；如果你有一百名或一千名員工，我保證你會活在阿鼻地獄。

指揮官的意圖 (Commander's Intent) 這時就是你最好的朋友了。指揮官的意圖作為一種管理的概念，說的是你該如何指派任務給屬下。說明任務的時候，你要讓屬下知道**為什麼**這件事該做。你的代理人愈清楚你的命令背後有什麼目的，他們就愈能在情況有所改變時因時、因地制宜，他們的反應才會正確反映你的希望。

「指揮官的意圖」源自戰場。一位運籌帷幄的將軍（指揮官）若告訴前線的旅長該如何一步一步攻下某個高地，但真的到了前線事情卻與將軍說的不同，旅長就會被迫得回到指揮總部重新取得新的指令，而這樣是非常沒有效、非常耗時的作法。如果將軍對旅長所陳述的不是行動的細節，而是整體的戰略，是拿下這塊高地對整體的作戰為什麼重要，那麼旅長就可以根據這樣的目標自行去研判該採取什麼樣的行動，這時不管得到什麼最新的情報，實際作戰的旅長也可以調整戰術，去遂行整體戰略目標的達成。

指揮官的意圖可以降低溝通成本。領導人若能把行動背後的目的與團隊成員分享，那麼團隊成員間的聯繫確認就不需要那麼頻繁，但團隊的目標還是可以順利達成。

如果成員都知道行動的目的為何，那大家就可以在大部分的時候展現默契，朝著共同的目標邁進，但在作法上展現十足的彈性。

觀念分享：http://book.personalmba.com/commanders-intent/ ⬋

# 實績聲望
## Earned Regard

打算做但還沒做的事情，不能為你建立聲譽。

—— 亨利‧福特（Henry Ford），福特汽車公司創辦人、組裝生產線先驅

　　人與人之間要建立信任，費時費力。在大多數狀況下，他人都不會輕言賦予你顯著的「權力」（Power）、責任與控制力，除非你能先證明你值得信任並能使命必達。

　　**實績聲望**，是一種主觀的估計值，它估計的是你在某段時間內，於某人心目中建立之「信任感」的多寡。當你能表現得能幹、可靠、睿智、靈巧、或總是有能力把事情辦成時，你的實績聲望就會順勢升高。當你的表現與上述形容背道而馳時，你在某人心目中的實績聲望就會下降。

　　在接受部落客兼播客沈恩‧派瑞許 (Shane Parrish) 訪問的過程中，電商業者 Shopify 的共同創辦人與執行長托比‧盧特克 (Tobi Lütke) 為了解釋實績聲望的概念而提出了這樣的比喻：「信任電池」之電量的補充與耗竭，取決於長時間互動的質與量。❶ 這個比喻讓人得以用更直接、而較不帶情緒的方式去探討實績聲望：

> 　　團隊合作中有很大的一塊，是看你如何在合作中溝通，也是看成員如何相互給予回饋。比較好開口的說法是，「嘿，我很喜歡跟你共事，也很欣賞你的表現，但你都不來開會，而我只是希望你知道這樣一來一往，你會落得功過相抵。這就是為什麼看你在團隊其他成員之間的信任電池，電量會上不去，但明明你的工作表現非常好。」這麼說，絕對強過你去跟對方說：「嘿，你是不是不把我們其他人當回事啊？」〔……〕

> 　　我希望 Shopify 作為一家公司，可以是大家的個人自主性都很高（的地方）。但就這麼把自主性賦予每個人，是辦不到的，因為

別人給不了你信任，信任必須由你自己去掙得。所以說建立信任電池概念的好處就是你可以這麼說，「嘿，你去把身邊大多數人對你的信任電池都充飽到八、九十趴的電量，公司就給你專屬的領域去負責，到時候那一塊就全權交給你處理，我們不會過問。」其實這種做法已經有人在用，我們只是為其安上了一個比喻，讓大家方便溝通，也讓大家心裡有一個目標是「嘿，要是我能讓團隊信任我，我就能得到那樣的待遇。」

想用系統式的方式來取得實績聲望，是做得到的。莫・邦內爾 (Mo Bunnell) 作為一名銷售界的老將，在《雪球心法》(*The Snow-ball System*) 一書中建議把你最重要的職場人脈列成一張清單，旁邊附帶列出你希望建立起更新或更強韌關係的各個對象。這樣的一張 VIP 清單，有兩種用途：一來，你可以將之當成一張「檢查表」來確保你有定期跟貴客保持聯絡；二者，你可以將之用做一種「觸發設定」（Priming；心法 162）的工具，方便你留意各種你聯絡人會覺得有用或有趣的人事物。由此你將能獲得更多機會去與人進行更頻繁的正向互動，進而比把一切交給機率，在更短的時間內達成關係的強化。

你在生活周遭累積出愈多實績聲望，你的人際關係就會愈強，你因此獲得的發展機遇數量也會益發理想。

觀念分享：personalmba.com/earned-regard/ ↖

---

1. Shane Parrish, "The Trust Battery: My Interview with Shopify Founder Tobi Lütke," in The Knowledge Project, episode 41, podcast, MP3 audio, 1:45:56, http://fs.blog/tobi-lutke/.

## 旁觀者的冷漠
### Bystander Apathy

> 權責相符講的是由一個人來挑起責任，如果一件事情由兩個人來負責，那就等於沒人負責。
>
> —— 葛林・赫頓 (Glyn Holton)，投資風險管理顧問

　　小時候，我很熱中於童軍的活動，而一般的童軍活動裡頭有急救、心肺復甦術，與緊急狀況的處理。這些都算是基本的訓練，目的是讓童軍在面對常見的緊急狀況時，不會手足無措。

　　除了實際的技術之外，我還記得訓練中學到的兩個原則：一、勇於任事，除非有人更有經驗，或真正的專家在場；二、命令或請求要力求明確，一次只交代一件事，而且只對一個人下令。

　　在人潮擁擠的百貨公司裡面遇到有人心臟病發，你大喊著「叫救護車！」但都沒人動作。一大群人圍觀，但沒人把手機拿出來；事實上，圍觀的人愈多，就愈不會有人行動，因為大家都會假設別人會這麼做。所以正確的作法是，你應該在人群中鎖定一個先生，或一位小姐，與他眼神接觸，然後用手指著他，冷靜清楚地說出：「你，就是你，打一一九叫救護車。」這樣他們就會照辦。

　　**旁觀者的冷漠 (Bystander Apathy)** 是指有能力的人數跟會行動的人數成反比。愈多人有能力，就愈少人會覺得自己有責任行動。

　　說到旁觀者的冷漠，歷史上有名的案例包括一九六四年的凱蒂・吉諾維斯 (Kitty Genovese) 謀殺案，還有二〇〇九年的佩特魯・巴爾拉迪安努 (Petru Barladeanu) 槍擊案。在這兩個非常誇張的案子當中，被害人被攻擊的當下都有很多人在場，但卻沒有人伸出援手。究竟有多少人目擊了凱蒂・吉諾維斯的遇害，可能還有些爭議，但佩特魯的案子過程有被拍下來，所以我們知道從佩特魯被槍擊倒在地鐵站裡，到他流血過多身亡為止，期間不下幾十個人看到、走過，但就是沒有人做點什麼。

「旁觀者的冷漠」說明了為什麼一件工作只要是分派一組人，就永遠不會有完成的一天。如果你曾經跟一群互不隸屬的人工作過，你沒有權力管我，我也沒有權力管你，你就知道我的意思。這時除非有人站出來，把大家召集起來，挑起工作分配與推動的責任，否則七嘴八舌地討論再久，這群人也不會完成任何事情，因為每個人都會「以為」別人已經在做了。

要消除專案管理中旁觀者的冷漠，最好的辦法是讓每一件明確的任務，都有一個主人、一個期限。

每個人都得清楚知道自己該做什麼、何時必須做好，事情才不會變成孤兒，工作進度才不會拖泥帶水，有一搭沒一搭。一件事、一個人、一個期限，這是指派工作時的最高指導原則。

觀念分享：http://book.personalmba.com/bystander-apathy/

## 計畫謬誤
### Planning Fallacy

心法 199

> 侯世達定律：事情需要的時間永遠比你想的長，即便你已經知道什麼叫侯世達定律。
>
> ——道格拉斯・郝夫斯臺特（Douglas Hofstadter，中文名字是侯世達），
> 認知科學家、普立茲獎得主

人絕對不擅長計畫，從來如此，沒有例外。這句話雖然不中聽，但事實就是如此。即便負責統籌的執行長或專案經理再聰明、再細心，計畫也一定遠遠趕不上變化，耽誤的時間也一定比人預想的多很多，即便他們處理過類似的工作。

傑森・福萊德 (Jason Fried) 與大衛・海納米爾・漢森 (David Heinemeir Hannson) 曾在合著的《工作大解放：這樣做事反而更成功》(Rework) 一書中妙語如珠地說：「計畫就是在猜」，而我一直記得這句

話。我們之所以這麼不會計畫，是因為我們是人，不像上帝全知全能，因此有太多事情我們無法預見，太多臨時的狀況會讓原本周到的計畫破洞百出。計畫，只是出於我們對未來的猜測，我們會用自己的詮釋，腦補完未來的發展；我們可以堆砌深奧的文字、精美的圖表，但這都不能掩飾我們只是在黑暗中摸索的事實。

**計畫謬誤 (Planning Fallacy)** 指的是人會自然而然去低估完成一項工作所需要的時間。工作愈是複雜，條件之間的互倚因素或說交互影響（Interdependence；心法 228）就愈大，而各項因子間的交互影響愈大，事情出意外、不按牌理出牌的機率也就愈大。

計畫事情的時候，我們常常會想像最完美的狀況，進而低估了計畫出差錯的可能性，以及彌補過錯、重回正軌所需要付出的努力與時間。很少有企劃案會在裡面附註說：若遇專案經理染病（如單核球增多症），計畫完成日將遞延一個月。

**多數計畫之所以不精確，是因為嚴重低估打混 (Slack) 的時間。**如果你負責的企劃案相對複雜，那預留個幾個月的打混時間，並不過分，因為過程中你可能會遭逢到意料之外的延誤、休假、生病、或是其他想都想不到，狗屁倒灶的奇事，隨便來個幾樣就會讓結案遙遙無期。

但是要這麼做，其實是一項很大的挑戰，因為這樣的觀感很差，一副還沒開始就準備要摸魚的感覺。看到在企劃裡預留了三個月的緩衝，任何執行長、客戶或協力廠商都會直接送你一句：「這是在搞什麼？工期已經夠長了，還給我緩衝三個月是怎樣？」但把緩衝拿掉，結果就是工期延誤，計畫變成一場空談。

計畫固然不能非常精確，但並不表示計畫沒用。只不過計畫的用處不在於精準預測，**而在於計畫的過程能夠讓你更了解案子的需求、影響因素，還有牽涉到的風險。**軍人出身的美國前總統艾森豪 (Dwight D. Eisenhower) 的傳世之言是這麼說的：「戰爭永遠不會照著計畫走，但沒有計畫你打不贏戰爭……計畫本身沒用，但計畫的過程很有用。」計畫的價值在於心智模擬（Mental Simulation；心法 140）：**即計畫所需的思考過程。**

計畫還是可以計畫，但不要妄想事情會完全符合計畫，反正有空就趕快做，事情自然會完成在該完成的時候。

觀念分享：http://book.personalmba.com/planning-fallacy/ ◥

## 強制函數
### Forcing Function

你開發的行程表，會徹底感覺像個虛構的東西，直到你的客人因為你沒按著去做而開除你的前一刻。

——大衛‧艾金（David Akin），馬里蘭大學航太工程教授

基本上，沒有人喜歡做出取捨（Trade-offs；心法 33），除非是環境所逼。選擇是很寶貴的，所以除非有什麼很好的理由，否則合理的做法確實是盡量保留彈性與控制權。

**強制函數 (Forcing Function) 是一種必須以行動做結的程序或「限制」(Constraint)，是在特定時間架構下的「決定」或「取捨」。** 截止時間、計畫的里程碑、試行期間，或是季報、年報等有形無形的存在，都是強制函數的例子：**其目的在於以軟性或硬性的手段推動若無外力介入，則永遠不會發生的進步。**

強制函數可以創造出急迫性，但它也不是無所不能：強制函數無法只是人為加上一個截止日，就加速創造、發現與生產等需要按部就班走完的過程，即便你投入更多資源到專案上也改變不了這點。小費德列克‧P‧布魯克斯 (Frederick P. Brooks Jr.) 作為《人月神話：軟體專案管理之道》(*The Mythical Man-Month*) 的作者，用一個生動的比喻說明了內含於強制函數中的這種限制：「一名女性可以九月懷胎產下一個嬰孩……但你一次找齊九名女性，她們也無法在一個月內生出一個小孩。」以這種模式增加急迫性，並不能增加效率，只會加重莫須有的情境壓力。

善用強制函數最好的方式，是在研究工作上加上期限，或是在「不確

定」的狀況下促成「決定」。很多時候人會不確定該如何往下走，這時他們就會打著要「蒐集更多資訊」的名義，把事情拖著。透過為這「資訊蒐集」期間設下一個人為的期限，你將更能日起有功地繳出成果，特別是那些不容你拖過某個截止日的成果。

觀念分享：personalmba.com/forcing-function/

# 推介
## Referrals

要在世上闖出名堂，就要讓人覺得幫你對他們有好處。

——尚·德拉布呂耶爾 (Jean de La Bruyère)，十七世紀散文家、道德主義者

車子壞了，你會想牽去給朋友的汽車廠朋友整修，還是路邊隨便找一家修？

有得選擇的話，大部分的人都會希望找自己認識、喜歡的人來處理事情，這時候就需要推介 (Referrals)，我們才會願意選擇跟我們不認識的人合作。

推介之所以有效，是因為一種愛屋及烏的心態。你之所以會去你朋友推薦的地方修車，是因為你認識你的朋友，喜歡你的朋友，相信你的朋友，而你的朋友認識這位黑手，喜歡這位黑手，信任這位黑手，於是即便翻開電話簿或上網可以找到一大票看起來非常專業的車廠，你還是會前往朋友推薦的地方，這就是認識／喜歡／信任的力量，就是人脈的力量。推介的過程讓喜歡與信任的感覺在人群中傳遞，讓原本跟其他家一樣可疑的車廠，突然間變成你可以推心置腹的老地方。

陌生開發電話 (Cold-calling)，也就是隨機打給不認識的人來行銷，效果並不好，因為不認識的人事物，對我們的大腦而言都是潛在的威脅，防衛機制也會因為陌生而啟動。人家不認識你、不喜歡你，你豈能奢望他們照你的意思去做？

即便只是一些些的共通點，也有助於融冰。如果有人提及他們是你的同鄉或同學，或跟你有共同的朋友，你就會自動多喜歡他們一點點，即使你們的淵源薄如蟬翼。

凱爾希在曼哈頓銷售結婚禮服的最後一年，超過七成的客人都是介紹來的。畢竟結婚理論上就這麼一次，設計師的禮服又不便宜，一件動輒上萬美金，你當然會希望找你認識、喜歡的人做，這時凱爾希的好口碑就很管用了。因為經過介紹，很多客人都還沒進到婚紗店裡，對凱爾希就已經不覺得陌生、就已經存著好感了。這樣的好感不知讓凱爾希多做成了多少筆生意。

愈多人認識你、喜歡你、信任你，你做起生意就會愈容易；推介是拓展人脈最大的利器，我只能這麼說。

觀念分享：http://book.personalmba.com/referrals/ ↖

## 結黨
## Clanning

打仗的時候，要熱血，還是得喊『死吧！邪惡的人渣』；喊『死吧，那些跟我原本沒什麼不一樣，只是在不同環境長大的人啊！』就遜掉了。

——艾利爾澤・俞德科夫斯基 (Eliezer Yudkowsky)，人工智慧研究者、LessWrong.com 創辦人

一九五四年，二十二個十二歲的男孩獲選參加一個很特別的夏令營，地點在奧克拉荷馬州的羅伯斯洞州立公園 (Robbers Cave State Park)。這個夏令營之所以特別，在於這其實是一個心理學實驗，做實驗的是兩位博士，穆扎弗 (Muzafer) 與凱洛琳・沙利夫 (Carolyn Wood Sherif)。

經過挑選，這二十二個男孩具有很高的同質性，為了實驗，這些孩子包括智商、家庭背景跟童年經歷都力求相近。在實驗開始前，這二十二個小孩被分成兩組，分別安置在公園的兩端，雙方都不知道對方

的存在。

　　實驗的設計是讓雙方各自有時間去建構團體意識，再讓他們知道有另外一個團體存在，最後觀察會發生什麼事情。夏令營的指導老師其實都是心理學家與研究生，他們利用身分之便，可以進行這樣的貼身觀察。

　　實驗開始後，兩組男孩比預計早發現對方的存在，彼此間的敵意一觸即發。男孩一發現在同一個營區裡竟然還有另外一組人，他們便開始集結準備抵禦外敵。

　　**形成小團體是人的天性，這個過程就叫做結黨 (Clanning)**。在指導老師的要求下，兩隊男生分別給自己取了隊名，其中一組叫做「老鷹隊」，另外一組則叫做「響尾蛇隊」。不同的團隊認同有助於隊員區分誰是自己人、誰是外人。老鷹隊給自己創造出了一個英雄與正義的形象，而響尾蛇隊則採行了邊緣人與反抗者的性格。

　　以驚人的速度，小型的衝突如言語上的挑釁或竊取對方的旗幟，開始演變成大規模的對抗，男孩們開始襲擊對方的營區，甚至以拳腳扭打。競賽活動像是運動比賽，更是亂成一團。最終顧及安全，研究人員不得不開始緊急想辦法來化解兩造的敵意。

　　心理學家引入了需要雙方合作才能解決的挑戰、或才能達成的目標，比方說缺水找水，決定晚上要看哪一部電影，或把壞掉的卡車推回營區。透過這些活動，兩邊的男孩開始覺得自己屬於一個大團體，於是衝突開始慢慢消退。

　　結黨是人性，我們會在不知不覺中深深受到身邊人的影響。自覺屬於某個團體，不屬於其他團體，是一種本能，這種本能說明了為什麼每天會有那麼多戰爭在世界各地上演，國際新聞上的武裝衝突永遠不斷。

　　就以職業運動的球迷為例。球員、教練，甚至球場與制服都會來來去去，讓人不解球迷們到底是在替什麼東西加油；不過洋基輸還是贏，球迷的生活都不會受到任何的影響，但死忠洋基迷的心裡卻不這樣覺得。對球迷來說，洋基的勝利，就是他們的勝利。

　　球隊的對抗就是這樣。像我的故鄉是在俄亥俄州北部，當地俄亥俄

州州立大學與密西根州立大學就是死對頭。在我的老家，每當到了球季，密西根州立大學就會成為俄亥俄州州立大學球迷眼中的邪惡化身。在第三者的眼中，這樣的敵意非常無聊，兩邊的大學球員衝來殺去搶一顆橄欖形的球，兩邊各有數萬球迷嘶吼吶喊。但在比賽的當下，兩邊球迷的敵意卻是比什麼都還真實。

小團體自然會因著重要的議題、立場、事件形成。了解小團體形成的動機，你才不會被捲入爭端當中。

觀念分享：http://book.personalmba.com/clanning/

## 同化與異化
### Convergence and Divergence

心法 203

個人永遠需要努力不被所屬部落影響。但這麼做的代價，是你會經常遭到孤立，甚至得擔心受怕，但無論是什麼樣的代價，都是值得的；做自己的主人，無價。

——弗里德里希·尼采 (Friedrich Nietzsche)，哲學家，
《權力意志》(*The Will to Power*) 與《查拉圖斯特拉如是說》(*Thus Spoke Zarathustra*) 作者

近朱者赤，近墨者黑，隨著時間過去，你會跟身邊的人變得愈來愈像，跟不同團體的人愈來愈不像。

**同化 (Convergence)** 是一群人經過時間變得愈來愈像的趨勢，商場上有時候稱之為「企業文化」，也就是同公司的人會形成類似的特性、行為與想法。

同化還意謂著團體會自我監督巡視。團體內部的準則就像地心引力一樣，你要強出頭，要反其道而行，就會被其他人拉回來。就像俗諺所說：人怕出名，豬怕肥。

你如果在有加班文化的公司上過班，你就知道同化的力量有多強。如果對這家公司的人來說，從早上六點上班到晚上十點半是家常便飯，

那你的選擇就只有照辦或離職，因為不配合這樣的加班文化，就等於送出一個社會訊號 (Social Signal)，告訴同事你是異類、你不屬於這裡。我有一個客戶在一家大型的醫學研究機構服務，就遇到這樣的問題。同事常常覺得他無心在機構中上班，覺得他沒有為公司全心付出，雙方因而常起衝突。主要是我這位客戶都在下午五點準時下班，而不像大部分人撐到七點半。即便我的客戶在工作上的表現十分優異，事情也都沒有耽誤，他的同事卻不肯定他的高效率，反而因為他早回家，就覺得他「背叛」了公司。這很可悲，但也很常見。

**異化 (Divergence)** 是團體經過時間與其他團體愈來愈不像的趨勢。因為團體行為往往會朝向與其他團體成員有所區分的趨勢演化。不同團體會不斷自我調整，以避免與其他團體有所混淆。

異化說明了為什麼紐約上流社會的時尚定義會不斷以驚人的速度與幅度變動。在特定的社會階層或圈子當中，行頭就是財富與社會地位的象徵。一旦原本的時尚打扮出現在塔吉特 (Target) 這樣的量販店當中，開始變得大家都買得起也穿得到，走在時尚尖端的打扮就會改變來加以因應。持續地異化讓團體之間得以分化，讓團體旗幟永遠鮮明。

你投入的團體會在不知不覺中深深地影響到你的行為。吉姆·榮恩 (Jim Rohn) 在其所著的《卓越生活的藝術》(*The Art of Exceptional Living*)書中寫道：「你花最多時間相處的前五個人，平均起來就是你的樣子。」你與誰朝夕相處，誰的價值與行為模式就會對你產生壓力，讓你最終採取類似的價值與行為。

**同化**是很有用的概念。運用這樣「近朱者赤」的概念，你可以透過團體的選擇來決定自己未來的樣貌。如果希望自己不要那麼害羞，希望自己活潑外向一點，你就應該到社交場合去跟外向的人打成一片，這樣你的行為就一定會有所改變。當然，去一、兩次是不夠的，但只要假以時日你一定會慢慢受到這些人的影響，跟他們發展出類似的態度與想法。

與對你有負面影響的團體分道揚鑣，不是件容易的事情，但卻是成長必經的痛苦。戒菸戒酒均非易事，因為他們身邊盡是抽菸喝酒的朋

友。下午三點去陽台上抽支煙，晚上六點下了班去喝點小酒，都可以說是非常重要的應酬。朋友一招，一個「不」字到了嘴邊往往又吞了回去。這就是為什麼有時候為了要抗拒誘惑，你得離開「損友」，結交「益友」。像匿名戒酒會之類的支持團體，就有著這樣的作用。

一旦你了解到同化與異化的強大威力，你就能善用這兩者來幫助自己。如果你的社交圈不能幫助你朝著目標邁進，那也許你就該考慮跳槽。

觀念分享：http://book.personalmba.com/convergence-divergence/

心法
204

# 社會證據
## Social Proof

一件蠢事五千萬人說過，還是件蠢事。

——安納托・法蘭斯 (Anatole France)，小說家與詩人，諾貝爾獎得主

你有沒有在等紅綠燈的時候因為別人開始走，你便也開始走，但其實燈號根本還沒變？除非你能用意志力抑制自己的直覺反應，否則人真的很容易隨波逐流。

在大多數的狀況下，其他人的行為會讓我們深自覺得自己也可以比照辦理。情況不明朗的時候，我們往往會去觀察別人怎麼做。身處異鄉若覺手足無措，入境隨俗常常是個很安全的做法。

社會證據 (Social Proof) 有時會自己當家做主起來，就像某些人可能做了件事情而暴紅，結果別人將之視為社會訊號，然後也開始有樣學樣，最終形成的就是一個社會反饋迴圈（Feedback Loop；心法 221）。

流行時尚、病毒影片 (viral video)，還有股市的泡沫，都是透過社會證據生生不息。那麼多人都在做的事情，應該不會錯吧！

**現身說法 (Testimonial)** 是一種很有效的社會證據，商場上常常運用來強化業績。像亞馬遜 (Amazon) 之類的線上零售商都會大打消費者的見證，也就是用給予買、賣家評價的方式來增加潛在消費者對網路交易的

信心，好讓更多的人願意在線上購物。

　　見證不一定要說得天花亂墜，像棒呆了、史上最強、改變一生、革命性等用語，都已經用爛了，說了也是白說，根本沒人會相信。我認為最好的證言應該長得像這樣：「我對這項產品確實有興趣，但一開始也是半信半疑。我後來決定賭了、買了，成效讓我很滿意……。」

　　**相較於滔滔不絕地老王賣瓜，這樣的說法會比較有效，是因為比較符合消費者的心路歷程。**他們跟剛開始的你一樣想買，但又怕買錯而不敢下手。以過來人的身分分享你的購買經驗，他們自然會比較放膽去買。

　　社會證據用得好，你的東西自然也會賣得比較好。

觀念分享：http://book.personalmba.com/social-proof/

## 權威
## Authority

心法 205

給所有人尊重；不給任何人磕頭。

——特庫姆賽 (Tecumseh)，十八世紀北美原住民之蕭尼族 ( Shawnee) 酋長

　　一九七○年代，有一個知名平價咖啡品牌叫做山咖 (Sanka)，他們聘了一位叫做勞勃·楊 (Robert Young) 的演員來宣傳無咖啡因咖啡比較健康。很多人認識楊，是因為他在紅極一時的電視影集《醫門滄桑》(Marcus Welby, MD.) 裡扮演主角馬可斯·威爾比醫生 (Dr. Marcus Welby)。雖然楊不是專家，也不見得知道咖啡因對人體有什麼影響，但很多人還是會把他當成權威，因為他的話而去買山咖。使用楊的效果之好，讓山咖用「威爾比醫生」當了幾十年的代言人。

　　**人性對權威 (Authority) 的信任感，從小就開始養成**；畢竟要是不聽父母的話，我們豈能順利長大？而隨著我們日漸長大與社會化，我們又會開始尊敬其他的權威像是學校的老師、路上的警察、政府官員，甚或是神職人員。慢慢地，**當有權威角色出現，要我們去做某件事情，我們**

通常都會照辦，即便他們的要求有些過分，或者看不出有什麼道理。

　　權威的出現，會讓人去做平常不做的事情。在一個知名但極具爭議的社會心理學實驗當中，史丹利・米爾葛蘭姆 (Stanley Milgram) 證明了大多數人會服從權威到令人難以想信的地步，即便是不道德的事情，他們也會因為權威要求而照做不誤。

　　在一系列始於一九六一年的實驗當中，葛蘭姆把測試的對象安置在一個房間裡，房間裡還有另外兩個人，其中一個是穿著白色實驗袍的「科學家」，但其實兩個人都是演員。受試對象經告知這實驗是要研究懲罰對學習的影響，而房間裡面的第三個人，就是隨機挑選的「學生」。之後學生會被帶到隔壁房間，然後用皮帶綁在椅子上還接上電極。

　　受試者身為「教師」的工作是問學生問題，學生如果答錯就對其電擊。電擊是假的，但受試的教師並不知道，而由演員扮演的學生則會逼真地大哭大叫，哀求著要求獲釋。每隔幾分鐘，「科學家」會要求教師調高電壓。這項研究的目的是要了解受試者會服從科學家的權威到什麼程度。

　　最後的結果讓人怵目驚心，因為有八成的受試者就算學生哀求，也沒有要停手的意思，六十五％的受試者會一路電擊到最高的四百五十伏特，即便上面清楚標示了「致命」兩字。在整個研究過程中，受試者確實會有些不自在與一些不確定——這就是所謂「說服抗拒」（Persuasion Resistance；心法 75），但科學家只要說這是為了更遠大的科學知識的進展，他們還是會硬著頭皮繼續。❷

　　權威只要站在那兒，就自動會散發一種說服力。身邊站了個權威，很多人平常不敢做什麼，突然間都敢做了，平常想都不敢想的事情，突然間不但敢想，要衝也沒有問題。這就是為什麼很多醜聞，當中都會牽涉到名人，特別是有權有勢的名人。

---

2. 想進一步了解葛蘭姆實驗的細節，包括實驗進行時的錄音內容，可參考：Jad Abumrad and Robert Krulwich, "The Bad Show," January 9, 2012, in Radiolab, podcast, MP3 audio, 1:07:28, https://www.wnycstudios.org/story/180092-the-bad-show。

如果你本身位處高位，你的權威會隨著互動對象的不同而有所改變。面對的是下屬，你隨便發表個意見就會被奉為圭臬，就像皇帝下了道旨意一樣，由此很多人會開始過濾他們給你的資訊，說他們覺得你會想聽的話，但不見得是你需要聽到的話。這樣的自我節制、自我審核，說明了為什麼高層最終往往會「不食人間煙火」。**權威與順向偏見**（Confirmation Bias；心法 173）**組合起來，就會構成一道障礙，讓身居高位的人不容易察覺「民間疾苦」、不容易聽到逆耳的忠言。**也因為這樣，權威往往無以察覺過度自我感覺良好（Excessive Self-Regard Tendency；心法 172）而適時調整。

在特定領域建立起強大的聲譽或口碑，就能讓你累積出權威。**權威不是都不好，如果你的學識與經驗能讓人折服，他們自然會比較願意照你的意思去做，由此成為專家、建立口碑，對你絕對是有好處的，因為權威代表影響力，有了影響力，你想賣什麼都容易。**

觀念分享：http://book.personalmba.com/authority/ ◤


## 心法 206

## 承諾與言而有信
### Commitment and Consistency

愚蠢的堅持，是心胸狹隘者的心魔。

——拉爾夫・沃爾多・愛默生，散文家、詩人

幾個月前，凱爾希接到母校打來的一通電話，請我們捐款。有趣的是他們並沒有一開口就叫我們立刻匯錢，他們的問法是「您未來願不願意捐款給母校？」這樣的問題聽來無傷大雅，於是凱爾希隨口便說了句願意，然後壓根兒忘記了有這件事。

之後在我們就快要從紐約搬到科羅拉多前的某一天，信箱裡出現了一封母校寄來的信，裡頭是一張看起來煞有介事的收據，金額是一百五十美元，同時上面還印了一句話是「這是您價值一百五十美元的

承諾，所附的回郵信封是給您寄支票用的。」

當時正值搬家之際的我們手頭很緊，因為請搬家公司需要錢，買車需要錢，添購家具需要錢，但凱爾希還是咬著牙寄了支票，畢竟說話得算話，不是嗎？

沒有人喜歡被貼上「食言而肥」的標籤。承諾 (Commitments) 一向是歷史上用來維繫團結的利器，違反承諾常常不利於個人的社會地位（Social Status；心法 5）或聲譽，所以大多數人都會盡其所能言出必行，盡可能不在立場或承諾上出爾反爾，盡可能讓人覺得自己是個言而有信的人。

即便是隨口的承諾，某一天也會有得履行的壓力。說到承諾，我最喜歡的一個故事來自麥可・馬斯特生 (Michael Masterson)，他寫過一本書叫做《賺錢公司養成術》(*Ready, Fire, Aim*)。❸ 有次去到印度，麥可走訪了一家地毯店。他帶著高度戒心走進店裡，決心不買任何東西，他純粹只是想要逛逛地毯店，畢竟都來了嘛！

但地毯店老闆也不是省油的燈，看到客人上門就使出了兩個絕招。首先為了突破麥可的心防，老闆先不急著推銷東西，而是先用說故事（Narratives；心法 59）的方式說了一堆老顧客的滿意經驗，讓麥可有理由信任 (Trust) 他、喜歡他。接著他運用了承諾的概念，只要麥可稍微對架上某條地毯瞄一眼，老闆就會立刻叫店員拿下來讓他欣賞。店裡的地毯都很有份量，看到店員為了他爬上爬下，麥可心中多少會有點不好意思，而只要稍微表示對某條地毯有興趣，也就是某種形式的「承諾」或意向，老闆跟店員都會立刻忙得人仰馬翻。

一分一秒過去，麥可發現自己好像沒辦法全身而退了。因為如果不買，他剛剛看地毯看得興致盎然，剛剛給的「承諾」算什麼？老闆跟店員剛剛那麼辛苦，不買怎麼跟他們交代？出來混總是要知道禮尚往來，

---

3. 想知道故事的來龍去脈，請前往：http://www.earlytorise.com/2007/11/30/lessons-from-a-persian-rug-merchant-in-jaipur/。

知道要互惠（Reciprocation；心法76）。總之「不買」這兩個字，麥可實在是說不出來。

最後走出店門的時候，麥可消費的金額高達八千兩百美元，不過他臉上倒是帶著滿滿的笑容啦！

**先爭取到初步的小承諾，客人稍後就有可能為了不自打嘴巴而乖乖就範**。學著當個好業務，有一課就是盡快讓客人說出「好」字，而先把一隻腳伸進門縫裡，絕對是成功、也就是成交的一半。

這就是為什麼在爭取連署、在請願時，社運人士老愛先丟出這麼一句「你在乎兒童安全嗎？」、「你在乎環保嗎？」大部分人確實在乎兒童的人身安全、在乎環保議題，所以往往會不加思索給了肯定的回答。但一旦給了這樣的答案，你就沒辦法拒絕接下來的請求了，因為這樣會讓你顯得言行不一。

**爭取小承諾，用小承諾去包圍大承諾，成交就會是你的囊中物。**

觀念分享：http://book.personalmba.com/commitment-consistency/ ◤

## 動機偏見
### Incentive-Caused Bias

*神諭需謹遵。*

——西元前四世紀的《德爾菲神諭》(Oracle of Delphi) 第一百二十三筆格言

房仲或房貸專員最開心的，就是看到你買房子。他們會無所不用其極地說服你買房，而不會告訴你租比買划算，即便他們知道那才是真相。**❹**

**動機偏見 (Incentive-Caused Bias)** 說明了何以既得利益者會誤導你走錯方向，因為他們有自己的利益要顧。在談緩衝（Buffer；心法74）的時候，我們已經觸及了動機偏見的概念。如果仲介賺的是佣金、是手續費，那摸著良心叫你不買，豈不是搬石頭砸自己的腳；有句話說：「該不該理

髮，不要去問剃頭匠」，就是這個道理。

　　誘因會自然而然影響人的行為，因為是人都會去追求最大的報酬。由此誘因的組成，會主導人的行為。假設其他條件不變，改變誘因往往就能改變行為。

　　在《師父：那些我在課堂外學會的本事》(*The Knack*) 一書中，諾姆・布羅斯基 (Norm Brodsky) 與鮑・柏林罕 (Bo Burlingham) 描述了他們如何給手下的業務敘薪。大部分的公司一般採佣金制，成交愈多，業務賺的錢就愈多。在這樣的制度下，業務會一心一意想著成交，即便某筆交易無利可圖，或不利於公司長遠的發展。相對於此若是保障業務底薪，然後再根據其長期表現給予豐厚的獎金，業務才會開始認真思考做賺錢的生意，而不再撿到籃子裡都是菜。

　　有時誘因會產生意想之外的副作用（Second-Order Effects；心法230）。如股票選擇權作為一種薪資報償，本意是希望讓員工成為公司的股東，讓他們會想努力工作去衝高公司的股價，但這樣的想法只在一定範圍內為真。因為最符合這類員工利益的情境，是在他們要賣股前衝高股價即可，等到他們都倒完貨，股價高低也就與他們無關了。所以這些在公司中屬於高階，而且有決策權的員工，往往會為了在短期內把股價衝高，不惜犧牲公司長遠的利益。

　　誘因的運用有其困難度，是因為誘因必然會牽涉到人的感知控制（Perceptual Control；心法133）系統，也就是人的主觀感受。比方說給員工論功行賞，不論是獎金或加薪，有時會產生一個矛盾的結果，那就是讓員工停止原本獲得獎勵的行為。

　　乍聽之下，你可能會覺得這樣的發展很怪、很不合邏輯，但其實這樣的結果再合理也不過了。請記得對這些員工來說，他們表現好，原本是出於主動，他們想把事情做好，把事情做好本身就是一種內化了的獎

---

4. http://www.nytimes.com/interactive/business/buy-rent-calculator.html

勵與動機，結果你一雞婆，給了他們獎金或幫他們加薪，反而降低了他們求好心切的動力，讓他們覺得這還是在替老闆賣命。在遇到這種衝突的時候，主觀感受總是會勝過客觀誘因。

誘因用得好，會是管理上的利器，但在使用上必須如履薄冰，因為員工與你的利益若有衝突，事情就會很大條。

觀念分享：http://book.personalmba.com/incentive-caused-bias/ ⬉

## 主觀偏見
### Modal Bias

意見相同者讓我們舒服，意見相左者讓我們成長。

——法蘭克‧A‧克拉克 (Frank A. Clark)，政壇聞人

幾年前我跟一個同事一起出差，他看到我只背了個背包，沒有拖著行李箱，臉上盡是驚訝的表情。因為只過一夜，所以我自忖不需要帶太多東西，換洗衣物、電腦、書，也就夠了。這些東西全部塞進背包裡面也不嫌重。

但同行的同事卻覺得我這樣做是匪夷所思，念了我十分鐘，口中不停說著：「拖行李箱比較好、比較輕鬆，背著多重啊！你應該拖行李箱……你應該拖行李箱……。」

**所謂主觀偏見 (Modal Bias)，就是會自動覺得**自己的想法或做法最對。大多數人都會主觀地認為自己齊備了一切，覺得自己什麼懂、什麼都會、什麼都最厲害。但往往我們其實高估了自己。條條大路通羅馬，一件事情不會只有一種作法，更好的辦法俯拾皆是。

但在沒有人反駁的情況下，錢賺最多的人聲音通常最大，誰的薪水高，就聽誰的，也就是所謂的「官大學問大」的一種變形。「最高薪的意見」(Highest Paid Person's Opinion) 的英文縮寫，正好是跟單字河馬 (Hippo) 一樣，而這個有趣的縮寫，最早出現在艾維納許‧考希克

(Avinash Kaushik) 的《精通 Web Analytics：來自專家的最佳 Web 分析策略》(*Web Analytics: An Hour a Day*) 書中，他用這個概念說明了實事求是，提案與決策必須有事實的支持，為什麼至為重要。在欠缺數據或事實的情況下，人會不自覺聽命行事，老闆怎麼說就怎麼做。**有主觀偏見在，老闆就一定會覺得自己的意見最對，除非你能夠提出反證。**在沒有證據的意見拉鋸戰中，「河馬」永遠是勝利的一方。

**要避免掉這樣的偏見，最好的辦法就是透過抑制力（Inhibition；心法 143）去暫時放下主觀。**了解主觀偏見的存在有一項好處，就是體認到自己也不能自外於偏見，自己的主觀也不見得正確。而知道主觀偏見存在，你就比較有機會不受其左右。主觀偏見永遠存在、永不休息，我們只能盡量用意志力去抑制之。

你若身為領導者或經理人，應該盡量放下主觀去評估團隊成員或下屬所提供之意見。否則你就得冒著錯估情勢的風險。

提醒自己要對不同意見保持開放的態度，你的決策一定會比較客觀正確。

觀念分享：http://book.personalmba.com/modal-bias/

## 歸因謬誤
### Attribution Error

心法 209

掂量別人的錯誤，少有人不會在磅秤上加個幾兩。

——拜倫・J・蘭根費爾德 (Byron J. Langenfeld)，一次大戰飛行員

假設你請了一個包商來蓋房子，也給了他明確的完工期限。但期限到了、過了，房子卻沒有蓋好。最後多花了三個月，房子才落成。

除非你真的是佛心來的，否則你一定會認定這包商不專業、懶惰、沒經驗。你會把這件事告訴所有想找人蓋房子的朋友，叫他們不要找這個包商，因為他答應的太多，做到的太少。

從包商的觀點來看，原本的計畫是要向信得過的某家供應商採購木材，但對方的卡車壞了一輛，所以沒法兒出貨。在不得已的情況下，包商緊急找了另外一家供應商，但調貨還是不易，因為需要的木頭並不好找。在種種不利因素環繞下，包商還是使盡渾身解數，盡快蓋好了房子。沒有包商到處想辦法，新房子的落成可能得拖上六個月。

　　**歸因謬誤 (Attribution Error)** 說的是別人出錯都是努力不夠，我們出錯就是時運不濟。包商其實非常夠意思，工期的延誤並非他所願，供應商的車子拋錨也不是他所能控制，但他還是盡力不辱使命，他所做早已超過他該做的。但因為沒能盱衡情勢，你錯怪了他。

　　若能避免這樣的歸因謬誤，你跟任何夥伴的關係都會比較好，因為這樣的你會比較體諒別人。除非你合作的對象真的紀錄太差，一天到晚出包，那當然是另當別論，必要的時候你總是得把話講清楚。但**如果對方的表現並不差，並沒有讓錯誤變成一種習慣、一種模式，那麼多給別人一點信任，絕對是雙贏的選擇。**知道對方行為背後的原因，你對事情的解讀或許就會有所不同。

　　遇到事情不順利，盡可能先去了解行為背後的成因，很多時候你會發現很多事情是天災，而非人禍，是天地不仁，而非人謀不臧。

觀念分享：http://book.personalmba.com/attribution-error/

心法
210

## 讀心謬誤
### The Mind-Reading Fallacy

關於溝通這事兒最大的一個問題跟幻覺，就是大家以為溝通是可能的。
—— 蕭伯納 (George Bernard Shaw)，劇作家與政治運動者

　　許多人以為能幹的員工、包商與事業夥伴可以憑空預料到他們的想法、欲望跟偏好。

　　這種迷思造成了大量不必要的誤會、困惑、挫敗與衝突。

讀心謬誤 (The Mind-Reading Fallacy) 是「控制範圍」加上「指揮官的意圖」，必然會得到的結果：旁人不是你肚子裡的蛔蟲，他們沒有你心門的鑰匙，所以你必須要透過溝通，讓他們知曉你的目標、優先順序與偏好。

你的責任愈大，共事的人數愈多，清楚且沒有矛盾地表達你的想法跟欲求就愈發重要。身居領導位置，代表你必須進行大量的溝通，特別是針對環境因素會隨時間不斷改變的部分。而既然讓團隊的所有人都能掌握你目前的策略與考量，是一件重要的事情，那不厭其煩的溝通，就永遠會是一項不可少的努力，就必須持續進行。

這個原則，也可以用在日常生活中：它可以改善家人、朋友與熟人間的互動品質。透過將表達自身想法與感受的責任，完全攬在自己身上，一點都不期待別人能完全摸清你的需求與欲望，那你就更能讓別人知道該如何與你互動，才能得到雙贏的建設性結果。

觀念分享：personalmba.com/mindreading-fallacy/ ↖

## 心法 211 邊界設定
### Boundary Setting

*有時候從事自由業，最難的不是用紀律讓自己按時工作，而是用紀律讓自己不要工作。*

——蓋瑞特・狄蒙 (Garrett Dimon)，Sifter.com 與 Adaptable.org 創辦人

**邊界設定 (Boundary Setting)** 的內涵是：定義並告知他人在特定的情境下，什麼是可以接受跟不可接受的行為，然後在對方踩到紅線時採取遏止行動。

為了讓邊界存在，你必須有定義邊界的能力跟落實該定義的決心。工時就是常見的兵家必爭之地：公司往往會要求員工在特定的時間前到班，並持續工作特定長度的時間，也就是說不能遲到早退。

邊界設定是一種拉鋸戰：許多雇主要求起碼的工時但鼓勵員工無償加班，所以如果你能接受的是朝九晚五並週休二日，但職場希望的是你能朝七晚十且週休一天或甚至零天，那這當中就有了基本的「衝突」。你必須要在此時跳出來捍衛邊界，否則那邊界就會形同虛設了。

如果你是自由業，那為自己設定人為的工時邊界就很重要了。不這麼做，你就會成為「帕金森定律」的實例，為了讓業務蒸蒸日上而在各種「取捨」中不斷嚴重犧牲個人時間。同樣地，若你秒回了一封凌晨兩點寄來的電郵，那你就是告訴老闆：我沒有針對下班後的時間與精力用度設下邊界，也就是你二十四小時都處於為公司待命的狀態。

倫理標準、行為規範，乃至於各式各樣的政策性規定，都是在組織與文化層級上的邊界設定。先行定義好各種行為或活動可以或不可以，你事後要「執法」就會比較有白紙黑字可依循。你將因此比較能去因應各種棘手的處境，包括你可能得要去處理像騷擾這樣的人際關係問題，或是要去封鎖某個每秒登入你網站一千次的駭客。

邊界設定也有助於你定義那些不需要人為去監督的可接受行為。我在上班族時代歷經過一個很棒的公司政策，叫做「成年人約法三章」。本質上，這代表你可以利用上班時間去辦私事——看感冒、看牙科、投票、接生病的小孩回家等等——而且不用向公司請示或報備。公司會雇用你就是假設你已經是「負責任的成年人」了，不會因為私事而耽誤工作。只要你不濫用這項君子協定且工作最後有拿出成績，那公司就不會去深究你上班時間的足跡。有了這項政策，員工就不需要為了什麼可以跟什麼不可以而一肚子狐疑了，而這會為公司帶來兩個好處：這麼一個具體的明文規定，證明了公司對員工的「信任」(Trust)，且能順利為公司省下大量而不必要的管理成本。

邊界設定不容人小覷。不定義好你能接受什麼跟不能接受什麼，你就是在把自己推向不必要的「衝突」邊緣，到時等著你的就會是一團亂的結果。你必須在事前把你的期待說清楚，並在邊界遭到挑戰時起身捍衛自身的價值與優先順序。

觀念分享：personalmba.com/boundary-setting/ ↖

心法
212

# 慈善原則
## The Principle of Charity

傾聽之所以困難，理由是沒在傾聽的人不覺得自己沒在傾聽，他們只是覺得對方說的全錯。

——安德魯·巴德（Andrew Badr），程式設計師

與人合作，難免意見不同。那倒是沒什麼，但前提是你要懂得如何在大家理念不完全相同的狀況下作出大家都能接受的成果。

**慈善原則 (The Principle of Charity) 的作用，就是避免讓單純的理念不同惡化成真正的疙瘩與衝突**：相對於向人尋釁，比較好的做法是別人不論說什麼或做什麼，都是有理由或苦衷的。由此延伸出去，我們應該要先更進一步去了解他們的立場，而不要匆匆忙忙地去假定他們一定是存心不良、無知、無能、或是有其他令人搖頭的心思。

這並不是要你全盤接受對方的觀點：你可以花時間去了解他們的想法，然後再做成他們是資訊不夠完整、認知不夠準確，或是他們的提案不合你所用的結論。果真是這幾種情形，那很重要的就是你要能清楚理解並表達對方的立場，這樣才能讓雙方的互動具有建設性，也才能確保溝通的過程無損於對方的「安全感」，不至於導致「恐懼囚禁」（Threat Lockdown；心法 147）的發生。

丹尼爾·C·丹奈特 (Daniel C. Dennett) 作為知名的哲學家兼認知科學家，曾深入淺出地詮釋過這個概念，並將之收錄在其著作《直覺泵和其他思考工具》（*Intuition Pumps and Other Tools for Thinking*，陸譯）中。話說丹奈特的這本書，又是根據數學心理學者與系統理論學家阿納托爾·拉波波特 (Anatol Rapoport) 的研究所寫成。在你批評別人的工作表現或作品之前：

〈一〉你應該要嘗試用清晰、鮮明且公平的方式去重新表述一次對

方的立場，目標是讓對方說出，「感謝，我怎麼沒想到還有這種想法。」

〈二〉你應該要列出雙方英雄所見略同處，尤其是那些並不屬於一般性或普遍性的相同意見。

〈三〉你應該要提及你從對方身上學習到的大小事情。

〈四〉只有先做到前三點，你才可以稍加去反駁或批評。

這種程度的了解需要用時間與精力去換取，而這兩者都並非取之不盡用之不竭。在理想的世界裡，我們可以一窺他人每一句話背後的實情與動機，惟這種期待在多數案例裡都不切實際。即便你沒有餘裕去與人促膝長談或深入研究，凡事往好處想的慈善原則都有助於你去與人進行具有建設性的對話。

觀念分享：personalmba.com/principle-of-charity/

心法
213

## 斟酌選擇
## Option Orientation

*世界向前行是一項偉大的任務，但不必等偉大的人物來完成。*

—— 喬治・艾略特 (George Eliot)，十九世紀小說家

事情一出錯，如何善後至為關鍵。錯誤跟問題是避免不了的，所以先想好該如何因應，讓事情的衝擊降至最低，就變得非常重要。

事情出了差錯，懊悔錯誤的發生絕對是最糟糕的選擇。事情既已發生，就像覆水難收，改變事情已經不在你的控制範圍內；事情既已發生，你唯一要問自己的問題就是如何因應。

假設你服務於一家微波爐廠商，直屬於執行長，而你剛得知好幾台自家生產的微波爐發生了爆炸意外，引發大火還燒毀了好幾戶人家。面對這事情非同小可，你覺得如果你跑去找執行長說：「老闆，老闆，出

事了，我們怎麼辦？快告訴我們該怎麼辦！」，執行長會如何回應？

除非執行長有過人的耐性，否則一般人的回應應該是：「我知道我們出了XXX事情，幫我想想該怎麼辦。」這時你如果手足無措，渾身冒冷汗，幫不上執行長的忙，那很快你就會回家吃自己了。

與其一直想著公司的人怎麼會捅出這麼大的簍子，你真正該做的事情是斟酌選擇 (Option Orientation)。執著在已經發生的事情上面不能解決問題；你該思考的是接下來怎麼處理？下一步是什麼？把心思放在適當回應的評估上，你就有機會化危機為轉機，讓事情不至於失控，甚至還可以做到「塞翁失馬，焉知非福。」

什麼樣的反應，才能讓你的執行長刮目相看呢？下面的說法你可以參考一下：

> 我接到通報說我們家的微波爐引發了火警。公司現在可能的因應方式有下面幾個：我們可以先讓工程師地毯式檢查過產品的設計，然後再發表公開聲明，或者我們可以立刻公告全面召回產品。根據我們現在所掌握的資訊，問題可能真的是出在我們的產品上，而這可能會對其他的使用者造成威脅。我的建議是先立即全面召回產品，相關的損失大概會落在四百萬元。

用心去評估有哪些潛在的選項，才是最有建設性的態度。把可以走的路徑列出來、斟酌利弊，然後根據掌握的資訊來選擇一條最好的方向。執行長也好，客戶也罷，可以看著你建議的選項，問些問題，然後做出他們認為最好的選擇。力行這樣的做法，你很快就會建立起口碑，成為大家口中那個遇到危機仍能沉著以對的能人。

專注在未來可行的選項上，而非過往已經發生的問題，人生的無常就沒什麼好怕。

觀念分享：http://book.personalmba.com/option-orientation/

# 管理
## Management

管理就是把事做對，領導就是做對的事。

—— 彼得·杜拉克 (Peter Drucker)，現代管理學之父

在商學院裡，科學管理這四字已經是老生常談，而科學管理需要高學歷、高度專業的管理人才才能進行。但事實上，**管理是沒辦法學也沒辦法教的**，教室裡能傳授的只是幾個大原則，真正派得上的技巧只能透過經驗累積。

管理 (Management) 很單純，但決不簡單。說到底，管理是要統合一群人來達成一個共同的目標，同時又得因應隨時發生的變化與不確定性，這兩者我們後面都會加以討論。管理就像在暴風雨中的海面上掌舵，你能做的只有把舵往左或往右轉，非常簡單，但到底要往哪轉、轉多少、何時轉，就是經驗與技術的考驗了。

以我們目前所知，實務上的管理有六個基本原則：

一、**團隊要小、素質效率要高**。相對優勢說的是天生我才必有用，但人才分成許多種。要事半功倍，你必須在團隊的組成上多用點心，針對任務的特性尋找適合的人才。不要把工作小組搞成「大組」，在三到八名核心成員之外再增加員額，只會增加不必要的溝通成本，小而美，少就是多，是最理想的狀況。

二、**把希望達成的最終結果、每個人的職責，還有目前的進度說清楚**。隊上的每個人都應該知道指揮官的意圖、知道事情背後的理由，也一定要知道該完成的是哪個部分。否則旁觀者的冷漠（Bystander Apathy；心法 198）就會趁虛而入。

三、**尊重每個人**。時時把黃金三原則——感激、禮貌與尊重放在心上、掛在嘴上，你的同事或下屬才會覺得受到重視，你也才能成功扮演

領導者與管理者的角色。你的團隊成員愈是互相支持，正向的結黨效應就愈能發酵，你的小組也就會益發團結。

四、**創造出環境讓所有人都能發揮最高的生產力，然後就放手讓他們去幹、去闖。** 好的工作環境必然善用指導結構（Guiding Structure；心法 136），必然提供最好的設備與工具，必然確保環境有利於團隊工作的開展。要避免資源與能源虛擲在一心多用的注意力耗損（Cognitive Switching Penalty；心法 156）上，盡量避免團隊的工作受到外在因素的干擾，包括莫須有的官僚作風與沒必要的會議。

五、**規劃進度切忌不切實際，不要期待事情都會很順利。** 規劃進度可以積極、可以大膽，但千萬不可以忽視潛伏的不確定性與計畫謬誤。這兩個程咬金都有本事讓你的計畫變成笑話，甚至是神話。因時、因地制宜，見機調整計畫，才是最好的計畫，多用帕金森定律（Parkinson's Law；心法 170）去摸索方向，做出必要的取捨。

六、**衡量工作的進度，藉以判斷你當下的策略有沒有成效。** 如果成效不彰，便可以當下改弦易轍。有效管理一項很大的迷思，就是可以省掉學習曲線。這樣的心態假定你的計畫一開始就完美無瑕，參與的人可以完全照本宣科。但這樣的想法與事實完全是背道而馳，南轅北轍。實際上，**有效管理的內涵應該是一種學習計畫，帶有做中學的意味，亦即做到哪，學到哪，調整到哪。** 建議用一組精簡的關鍵表現指標（Key Performance Indicators；心法 235）來持續衡量工作的表現，如果測量的讀數不盡理想，你就應該實驗新的策略。

　　力行上面說的這一套方法，你的團隊絕對能展現高效率；做不到上面說的，你想達成任何目標，談何容易。

　　這種管理風格，並非一般人聽到管理二字時會想到了那種命令加控制的組合。在電視上或在多數的管理學文獻中，經理人是高高在上的企業幹部，他們的時間大都花在發號施令與重大決定上。但在現實裡，高高在上只是管理者表現欠佳的證據。

優秀的管理者不會一副自己很了不起的模樣：他們會更像是技藝精湛的助理，而其存在就是為了讓具身負「經濟性價值技能」的人員能專心精進「每家企業都有的五個部分」，也就是設法對公司的業績有所貢獻。重要的事情不由經理人決定，而由在該領域與問題上最具有專業與經驗的個人來決定。

在二〇一二年的一篇論述中，軟體企業家喬‧史波斯基（Joel Spolsky）解釋了何以經理人不該再繼續發號施令，而應該放手讓員工去發揮專業：

> 所謂「管理團隊」不等於「做決定」的團隊。管理的目的在於提供支援……你該建立的公司不該在最上頭有一顆大腦，然後下面有一堆小腦聽命行事。你應該要讓公司裡的各個領域都有自己的大腦，而你只提供最基本的行政支援來讓他們發出順暢運轉的嗡嗡聲。❺

管理作為一門獨特的技術，需要的是紀律、耐心、清晰的溝通，還有讓團隊免受不必要干擾並共同努力的決心。招募一支優秀的團隊並把摩擦降到最低，你就能得到你所追求的成績。

觀念分享：http://book.personalmba.com/management/ ↖

## 用人唯才
### Performance-Based Hiring

說了那麼多也做了那麼多，還是要繼續再說，繼續再做。

——盧‧霍茲 (Lou Holtz)，職業美式足球教練兼運動主播

你是否有團隊需要建立呢？你是否要負責招募新人來因應公司成長？你如何吸引並留住搜尋半徑內最好的人才？

徵才是一件眉角很多的工作。想要找到、吸引並留住搶手的員工或包商，放諸四海而皆準的防呆作法並不存在。請到錯的人，幾乎都會讓企業付出高昂的代價，包括你寶貴的時間、金錢，還有團隊的有限精力與耐性都會有所耗損。

好的員工與包商，並不見得都拿得出能把人唬得一愣一愣的履歷表，也不見得能在電話篩選或面試中表現特別凸出：真正的人才要能做出成績來，還要能與團隊成員和睦相處。理想的狀態下，你要找的是會做事、樂於接受挑戰，而且相處起來愉快的無死角人才。

**雇用人才的黃金準則是：最能用來預測人未來行為的，就是其過往的表現。**若想找到未來幾個月或未來幾年的戰力，那你就要去找以前有過這種表現的人。這代表你要去深入挖掘應徵者過去的實績，並給每一位認真的人選短暫的試用期，再決定對方是不是值得長期留住的人才。

用人唯才 (Performance-Based Hiring) 的第一步，就是要將徵才的消息廣發出去。對多數企業而言，徵才工作包括要撰寫工作內容，然後要麼循公開管道發布，要麼由人資在非公開的人脈中打聽。**不論走哪條路，都不要把工作內容寫像宣傳廣告：你該做的是清楚描述應徵者如果真進了公司，每天要做什麼事情，而且細節愈多愈好，文字愈不假修飾愈好。**你要找的是真心受工作內容吸引而且適合的人，話說得冠冕堂皇無助於人才就這一點進行判斷。

再來，你要找到某種基本的「酸性測試」來篩選應徵者。在人浮於事的雇用市場中，工作開缺往往會引來鋪天蓋地的應徵者上門，但這當中仍以不適任者占大多數，所以你不能在每一個應徵者上花太多時間，而必須用某種事半功倍的辦法過濾出有可能的人選。用學位或在校成績去篩選，是常用的做法但效果有限，主要是學歷與成績並不能告訴你應徵者當下的技能水準。你可以在招募的文字中問幾個需要專業知識才能

---

5. http://www.avc.com/a_vc/2012/02/the-management-team-guest-post-from-joel-spolsky.html.

回答的問題，強者很容易就會浮現在你面前。

確認出可能的人選後，在請他們舉幾個迄今最自豪的專案表現。這些案子不見得要與你公司的業務相關，重點是這些專案要能讓應徵者引以為傲，且能夠充分展現出他們的本領。這麼做的重點，在於你要去觀察應徵者曾在實績中展現過什麼等級的經驗與操守。如果應徵者自稱在產品開發上有「五年業界經驗」，但卻拿不出實際的成果，那你就要對這種人抱持懷疑。

確認推薦函是我推薦的做法。除了以前做過的案子以外，也請應徵者說明他們跟誰合作過，並請他們提供這些人的姓名與聯絡方式。等連絡上了推薦人，你的問題不能左拐又繞，而要盡量直接明瞭：有機會的話，你願意再跟他（或她）合作嗎？只要得不到正面回答，比方說對方顧左右而言他，那就是不願意。如果推薦人沒接到你的電話，你可以留個訊息，請他們若覺得應徵者非常值得推薦，就勞煩回你個電話。這麼一來，有沒有接到回電就成了一個很好的指標。

最後，讓有可能的人選去經手一個短週期的案子或情境，藉此對他們的思考方式、工作手法，還有溝通技巧，進行第一手的審視。小案子適合技術人員，情境分析則適合將來要負責產品開發、行銷、銷售、業務拓展、財務與管理角色的人才。這種試做要搭配一個可以具體呈現的「作業」，比方說一份書面報告、一場口語簡報、一項資產，或是一個流程。

不要置應徵者於人為的虛構環境中：他們應該要獲得充分的自由去使用他們覺得稱手的工具或資源；他們有問題要可以聯絡你詢問。結案後，請應徵者到你面前進行相當於面試過程的簡報。

這種試做的目的，在於讓你去觀察應徵者在現實環境中的實際表現。應徵者應該把重點放在哪兒？他們注意到了什麼跟沒注意到什麼？他們如何解釋自身的選擇與建議？他們如何回應你的問題與對結論的不同看法？

像這樣的任務應該要短，需時不超過幾小時。出於對應徵者的尊

重，你的徵人流程不應該成為變相的免費諮詢。如果想用比較大的案子去評估一名人選，你永遠有一個選擇是延攬他們擔任非全職的顧問，然後再視其表現決定要不要讓他或她正式加入公司的行列。

這種大致的雇用流程，可以直接而有效地協助你發現並評估有潛力的員工與包商。這種流程的重點在於不依賴履歷表與傳統面試，因為那只能讓你知道他們多會做書面資料跟多懂得在面試環境裡應對進退。把重點放在應徵者過往的表現，並第一手觀察他們的工作行為，才能讓你在人才的判斷上更為準確。

觀念分享：personalmba.com/performance-based-hiring/ ↖

# 第九章

# 了解體系
## Understanding Systems

對於不了解的東西，你不應該稱許，更不應該取締。

——李奧納多·達文西 (Leonardo da Vinci)，發明家、藝術家、博學家

　　企業本身就是一種很複雜的體系，而企業外面的體系還更加複雜，市場、產業與社會，都不是三言兩語可以交代得清楚的。複雜的系統包含了互相連結的組成份子，運作起來卻又像是一個整體，自成一個循環。

　　在本章中，你會得知所有系統共有的是哪些元素，環境因素如何影響體系運作，還有不確定性與改變如何與你長相左右。

　　觀念分享：http://book.personalmba.com/understanding-systems/

# 高爾定律
## Gall's Law

複雜但可行的系統，必然源自於單純但可行的系統，反之亦然。憑空設計出來的複雜系統一定窒礙難行，可用的系統必然始於簡單。

——約翰·高爾 (John Gall)，系統理論學家

　　週末你都在幹嘛，要不要自己做台車來開開？不准用現成的零件，不准參考已有的設計，只有一大塊鐵、幾樣簡單的工具、你對汽車的一切所知，還有浩瀚無邊的想像力。就這些東西，你覺得這車做不做得出來？做出來又會長得什麼模樣？

　　就算給你一年的時間，那就是五十二個週末，我也不看好這項「興趣」。我可以想像你硬著做出來的「車」，一定會慘不忍睹。且不論這團鐵有沒有資格叫做是車，它一定還遠不及市場上最爛的車來得有效率、來得可靠。

　　不論你是要組一台電腦、發明癌症的特效藥、複製人類，道理都一樣。只要是從零做起，你就必須付出昂貴的代價，同時還得忍受永無止境的挫折。

　　已經存在的東西，為什麼還要從零開始做起呢？複雜體系理論先驅約翰·高爾 (John Gall) 給了一個答案。

　　所謂的高爾定律 (Gall's Law)，意思是說所有可行的複雜體系，都是從類似的簡單版本中演化來的。複雜的體系之所以複雜，是因為當中充斥著變數與互倚因素（Interdependence；心法 228），而這些變數與互倚因素必須憑藉正確的排列組合，才能發揮正常的功能。無中生有的複雜體系之所以不可行，是因為在設計的過程中，它們欠缺了真實環境的考驗與篩選。

　　不確定性（Uncertainty；心法226）的存在，是因為你絕對不可能預測到所有的變數與互倚因素，由此無中生有的複雜體系將不斷地當機，

而每次當機的原因都不一樣。

環境篩選測試（Selection Test；心法224）與系統設計的概念碰撞在一起，得到的就是高爾定律。如果你希望做出來的系統可行，最好的辦法就是先弄一個簡單的版本出來，通過環境的篩選測試之後，再以之為基礎進行升級。假以時日，你自然能弄出一個能用的複雜系統。

高爾定律說明了何以原型開發（Prototype；心法28）與循環修正（Iteration；心法29）作為兩種價值創造的方法，效果如此之好。與其從零開始設計複雜體系，先豎立一個原型自然較為容易，原型在定義上就是最陽春的產品，但卻可以幫助你確認系統能否經得起環境的考驗。

原型一旦通過考驗，就可以將之放大為起碼可賣的商品／服務（Minimum Viable Offer；心法38），這過程可以幫助你確認你的成功要件可行，最後進化為雖然還是有點陽春，但消費者已經願意花錢購買的一項產品。透過一定時間的循環修正與精雕細琢（Incremental Augmentation；心法39），這產品必然可以蛻變成更複雜的產品，複雜到即便環境變了，這產品還是可以生存下來。

想無中生有設計出一個可行的系統，高爾定律就是顛撲不破的真理。

觀念分享：http://book.personalmba.com/galls-law/

## 心法 217

# 流動
## Flow

一個過程一旦停止，了解就不可能；了解必須伴隨著過程的流動，你必須加入流程，隨著流程忽高忽低。

——法蘭克・賀伯特 (Frank Herbert)，科幻小說家

一個體系不論功能為何，都一定有流動 (Flows)；所謂流動就是資源在體系中流進流出的過程。以汽車的生產線為例，原物料像是鐵、塑膠、矽、橡膠跟玻璃會流進去，發亮的新車會流出來。

流入 (Inflows) 是進入系統的資源，就像水流入水槽，錢流入銀行帳戶，原物料流入生產線，人才流入企業。

流出 (Outflows) 是離開系統的資源，就像水流出水槽，錢流出銀行戶頭，成品離開生產線，退休、解僱、跳槽的員工離開企業。

跟著流程一起流動，是了解系統運作的不二法門。

觀念分享：http://book.personalmba.com/flow/

## 進料
### Stock

倉庫裡的進料只是一堆廢物，除非有人拿出去用；人的知識也是一樣。

——湯瑪斯·J·華森 (Thomas J. Watson)，前 IBM 總裁

跟著系統流程一起流動，你就能發現資源集中在何處。

在此例中，進料 (Stock) 並不是企業的身分證，並不是說倉庫裡有進料，這公司就存在。**進料只是一池子的化學原料或一缸子的某種資源，等待著公司去運用。**銀行帳戶，其實也是一種進料的形式，戶頭就是那個池子或缸子，存放著一種叫做金錢的資源，但錢還是要花，才能顯現其價值。另外像是**庫存、排隊的客人與塞車的訂單等，都可以歸在進料的範疇當中。**

要增加進料有兩個辦法，一個是增加流入，另一是減少流出。如果你想增加銀行存款餘額的數字，辦法不外乎開源或是節流。如果你的生意是生產汽車而引擎總是不夠用，你要嘛多進點引擎，要嘛把車子的生產線調慢一點。

要減少進料同樣有兩個辦法，一個是減少流入，另一是增加流出。庫存太多，你可以暫停生產，或增加出貨。如果等待的客人太多，排隊的人龍已經太長，你可以增加接單，或是減少容許排隊的長度。

確認系統裡的進料多寡，你就能掌握資源都集中在何處，把寶貴的資

源用在刀口上。

觀念分享：http://book.personalmba.com/stock/

# 餘裕
## Slack

有餘裕的人可以控制環境，手頭緊的人只能受制於環境。受制於環境，
人的判斷力就無用武之地。

——哈維・S・菲爾史東 (Harvey S. Firestone)，
泛世通輪胎 (Firestone Tire and Rubber Company) 創辦人

知道了進料是資源的集中地，我們便可進而去研究公司的營運需要
多少資源。餘裕 (Slack) 就是處於庫存狀態的資源，**儲備的資源愈多，你
的餘裕就愈大。**

系統運作要正常，進料的數量就要剛好，過與不及都不理想。想想
我們舉過汽車生產體系的例子，這個體系是許多子系統的集合，每個子
系統的設計都是要負責某個零組件的生產與儲存。

如果汽車的半成品可以進到裝配引擎的階段，但生產線上的這個子
系統卻沒有引擎可以使用，問題就出現了。缺了引擎的車子得等引擎
來，於是整條生產線都會被迫停止運轉。為了避免這樣的問題出現，**我
們必須確保進料的存量足以支應產線的日常運轉所需，材料一用完就要馬
上補足。**

進料存量多，企業營運的餘裕就大，但這樣的餘裕也得付出代價。
工廠裡放五百顆引擎等著安裝，**表示你卡了很多錢在這些存貨上，由此
你的現金流量就會受到壓縮。** 存放這些引擎要錢，另外你還得花錢確保
這些寶貝不會放到壞掉、不會被偷，這些都會增加你的成本，減少你的
利潤。

庫存少的好處是企業營運效率比較高，但生產上的餘裕就少。你若
只有兩、三顆引擎的庫存，就不會卡一大筆錢在存貨上，但萬一生意好，

你沒有引擎可裝，巧婦難為無米之炊的機率就會增高。只要景氣稍微轉好，或是引擎的供應端出了一丁點問題，你的生產可能就會無以為繼。

餘裕講求的是很微妙的平衡。太多，時間跟錢只是閒置在那兒，白白浪費掉；太少，你的生產體系會隨時面臨停擺的危機。

觀念分享：http://book.personalmba.com/slack/

## 心法 220 侗限
### Constraint

*最大的問題解決了，第二大的問題會立刻遞補上來。*

——傑拉爾德・溫柏格 (Gerald Weinberg)，電腦科學家、系統理論專家

一個體系的表現永遠受限於某項關鍵進料的數量。消除了這項侗限 **(Constraint)**，系統的效能就會提升。

在《目標：簡單而有效的常識管理》(*The Goal: A Process of Ongoing Improvement*) 一書中，埃利胡・高德拉特 (Eliyahu Goldratt) 闡釋了他所謂的「侗限理論」(Theory of Constraints) 是：在目標的達成上，任何可以管理的系統永遠都受限於至少一項的侗限因素。如果你可以確認出這項因素並消除這項因素，你就有可能增加系統的產出。

面對侗限因素，創造或增加某項進料的規模會有幫助。經常缺引擎，最好的辦法就是增加引擎的存量，這樣你就比較不會受到缺貨的侗限。只要這項侗限不來煩你，你就可以安心地去追求系統表現的最大化。

為了追蹤、消弭某項侗限，高德拉特提出了「五步驟聚焦法」(Five Focusing Steps)，作為一種改善系統效能的泛用手段。

一、**確認** (Identification)：檢視系統，找出侗限因子。如果汽車生產線常常在枯等引擎送來，那引擎缺料就是你公司的侗限因子。

二、**利用** (Exploitation)：確保與侗限因子相關的資源獲得善用而沒有浪

費。如果負責製造引擎的員工還得注意生產前擋玻璃，或者是引擎生產遇到中午吃飯就會暫停，那麼「利用」這個步驟就是要確保員工把百分百的時間都用在引擎的生產上，而不用分心去做前擋，同時也應該安排員工輪班，這樣就不會因為用餐或休息而出現生產的空窗期。

三、**支配** (Subordination)：重新設計整個系統來因應偪限的存在。假設你已經把能做的事情都做了，但引擎的產量還是不夠，那麼「支配」這個步驟就能幫助你重新規劃整個廠區的配置，匯集更多資源去支援引擎的生產，盡量讓所有需要的東西集中在一地，減少引擎生產過程中不必要的麻煩。這麼做可能會排擠到其他子系統的資源運用，但不用大驚小怪，畢竟這些子系統不是偪限因子。

四、**提升** (Elevation)：不斷地去針對偪限因子這個弱點加強，包括提升其產能。以工廠為例，提升代表的是添購機器設備、增聘生產線作業員來擴充引擎的產能。提升通常很有成效，但不便宜。所以除非必要，不要砸錢，投資之前一定要經過深思熟慮。而這也就是何以「利用」與「支配」這兩個步驟會走在前頭。很多時候你不用花大錢，也一樣能快速排除偪限因子。

五、**重估** (Re-evaluation)：在做出上述任何一種改變之後，你必須重新評估系統，看看障礙排除得如何。惰性是你的死敵，不要假設出問題的永遠都是引擎，因為當你改正了引擎供應的瓶頸，前擋可能又會崛起成為新的問題。果真如此，你再把工作重點放在引擎的增產上就變得沒有道理。你現在得確保的是前擋的供應，系統的表現才能再更上層樓。

這五個步驟跟循環修正的速度（Iteration Velocity；心法 30）很像，都是你愈快能完成所有步驟，跑完愈多次循環，系統的處理量能就會愈有所提升。

觀念分享：http://book.personalmba.com/constraint/ ◥

# 反饋迴圈
## Feedback Loop

對所有的生命與人類活動來說，資訊反饋控制系統都是根本⋯⋯我們每個人、每個產業、每個社會所做的每件事情，都是在資訊反饋系統的脈絡下完成的。

——傑・W・佛瑞斯特 (Jay W. Forrester)，系統理論專家，麻省理工學院 (MIT) 教授

　　因果關係用想的很簡單，但萬一果變成因，那會是一幅什麼樣的光景呢？

　　**反饋迴圈 (Feedback Loop)** 的出現，是當系統的產出成為下一個循環當中的輸入。反饋表徵的是系統的學習能力，如果系統能夠感受環境，那麼反饋就能協助系統了解狀況是否在自己的控制之下，是否有通過環境篩選的考驗。

　　**平衡迴圈 (Balancing Loop)** 會壓抑系統週期的產出，進而使得系統的產出與輸入趨於平衡，使得系統得以抗拒改變。一顆網球若從肩膀的高度落下，會反彈個幾次，但反彈幅度會一次比一次小，壓抑其反彈的因素包括摩擦力與空氣阻力，最後系統的能量與環境達到平衡，網球就會靜止下來，一動不動地躺在地上。

　　平衡迴圈的作用是穩定系統、壓抑波動，保持系統在一個特定的狀態之下。感知控制（Perceptual Control；心法 133）系統就是由許多的平衡迴圈構成。我們可以再用恆溫器當做例子來說明：如果室溫高於參照值，冷卻系統就會自動啟動來讓溫度下降。如果溫度低於參照值水準，就會換暖氣上場讓溫度回升。透過這樣的機制，室內就能保持恆溫，而這也就是這系統存在的目的。

　　**強化迴圈 (Reinforcing Loop)** 會隨著每次系統循環，反覆強化系統的產出。在強化迴圈的作用下，系統的成長或衰敗都會像脫韁野馬一樣加速進行。兩家公司若打起價格戰，也就等於是陷入競相降價的迴圈中，這

時 A 公司降價，B 公司就會不甘示弱地報以更低的價錢。只要兩家公司參照值一直是「我們家的價錢一定要低於對手」，這項產品的市價就會持續下降，直到雙方都完全無利可圖，利潤歸零為止。

複利（Compounding；心法 123）是強化迴圈的正面範例。存在銀行的錢每次付息，都會讓下次孳息的本金變大，而本金變大又會讓第二次的利息變多，一個良性循環於焉成形。假以時日，累積的利息就會相當可觀，而這也就是複利體系的用意。

很多時候，每項進料的存量會同時受到多種迴圈的影響，但各種影響的拉扯卻有不同方向。就以你的銀行戶頭餘額來看，不同的反饋迴圈會同時控制著你的收入、房租／房貸支出、飯錢，與其他生活開支。像你會不斷地評估每個循環（每個月）的收支狀況，看看自己的花費有沒有過多，有沒有在某項支出上不夠節制，還是太過節制，這就是平衡迴圈在發揮作用。收支的過與不及都會讓你採取行動，影響則會呈現在下個週期當中。

看看四周，你身邊盡是反饋迴圈。注意到其存在，你就能體會人類生活中的系統有多龐雜、有多善變。

觀念分享：http://book.personalmba.com/feedback-loops/ ⬈

## 自體催化
### Autocatalysis

系統的成長要能達到最快的速度，其定位必得剛好落在快要失控的邊緣；秩序必須存在，但組成份子間的連結也必須鬆散得可以隨時輕鬆調整。

——Ｅ・Ｏ・威爾森 (E.O. Wilson)，生物學家、自然學家

自體催化 (Autocatalysis) 作為一種概念，源自化學，自體催化反應的特色是其產出正好是同一種反應的原料。

**自體催化系統的副產品，正好是下個週期所需要的進料，由此系統會**

隨著每個循環而逐步增強。自體催化是具有複利的特色、不斷正向自我強化的反饋迴圈；這系統會持續成長，持續到系統可以自行創造的進料減少。

　　一九五○到一九九○年代的電視廣告就是自體催化的絕佳範例。企業花一塊錢打廣告，然後隨著需求增加、鋪貨增加，賺回兩塊錢。這兩塊錢又會被拿去作為廣告經費，賺回四塊錢，接著四塊變八塊，八塊變十六塊，以此類推。企業像寶鹼、奇異電子、卡夫食品 (Kraft) 與雀巢都是使用這樣的循環，才能茁壯成為今日我們看到的龐大企業。

　　時至今日，投資一塊錢去打電視廣告，能拿回一塊兩毛錢已經算是幸運了。現在電視頻道太多，廣告費用比從前貴，觀眾還能運用科技去過濾掉他們不想看的東西。在某些條件配合下，這樣的迴圈依舊有用，但效果已經大不如前，

　　自體催化不一定跟錢有關係，像「網路效應」與「病毒迴圈」就是這樣的例子。當有人登入臉書，他們會自然而然邀請朋友加入；每次有人把有趣的影片上傳到 YouTube，就會有幾個好友看到，這就是自體催化。

　　如果你能在企業營運中加入自體催化的元素，公司的業績成長就會比你想的更快。

觀念分享：http://book.personalmba.com/autocatalysis/ ▶

## 心法 223　環境
### Environment

現實就是即便你不相信，也不會消失的東西。

——飛利浦・K・迪克 (Philip K. Dick)，科幻小說家，
《銀翼殺手》(The Blade Runner)、《魔鬼總動員》(Total Recall) 與
《關鍵報告》(Minority Report) 等電影原著作者

　　沒有系統能獨立存在。所有系統都不可避免地會受到周遭其他系統

的影響。

**環境 (Environment) 是系統運作於其中的結構。環境主要會影響到系統的流程、會改變系統的產出。**

天氣太冷或太熱，你的身體會如何反應？冷熱至極都會致命，人的身體必須對環境變化有所反應才能存活，太熱你得流汗排熱，太冷你得找地方躲躲。

**環境變了，系統就必須跟著改變才能持續運作。**最新的理論是恐龍之所以會滅絕，就是因為環境改變過劇，不論這改變究竟是冰河期的到來還是隕石的撞擊揚起漫天塵埃，遮蔽了日光。環境溫度太低，日照太少，引發的是恐龍賴以維生的食物變少，最後只好走向滅亡。

**環境因素會影響系統的運作。**二〇〇五年，油價一飛沖天，許多企業若需要原油當作原料來生產塑膠產品或從事產品的運輸，就會突然面臨到很大的麻煩。變動成本的增加讓很多企業沒辦法像以前那麼賺錢，甚至沒能力吸收成本增加的企業，就只好關門大吉。

**不想成為企業中的恐龍，你必須時時想著環境因素對你的系統有什麼影響，而你又該做些什麼去因應。**

觀念分享：http://book.personalmba.com/environment/ ↖

心法
224

# 篩選測試
## Selection Test

面對宇宙環境的任何回應，不論當下多麼有力，都會隨著時間與空間的變遷而逐漸變得不合時宜。一招半式走天下的人，遲早會黔驢技窮，遭到未來淘汰。

——法蘭克・賀伯特 (Frank Herbert)，科幻小說家

自我延續的系統如企業或有機體，要能夠成功「自我延續」，就必須達到環境因素的要求。

篩選測試 (Selection Test) 是一種環境的限制，這限制會決定何種系統可以自我延續，何種系統得一命嗚呼。像人類這樣的哺乳類動物必須通過數種篩選測試，這當中包括呼吸到足夠的空氣，吃進足夠的食物，攝取足夠的水分，保持足夠的體溫。企業必須通過的篩選測試則包括了有足夠的價值提供給客戶，能賺進足夠的營收來支付費用，能獲取足夠的獲利來維持財務上的所需無虞（Sufficiency；心法 101）。

很多人對篩選測試的詮釋是「適者生存」，但更接近的說法應該是「不適者淘汰」。某個自我延續的系統若未能通過篩選測試，就會消失。得不到足夠的空氣，你就會死；企業賺的不夠，就會倒。

隨著環境的變遷，篩選測試也會改變。篩選測試在科技市場中特別有趣，特別有可觀之處。因為在科技業當中，什麼事情做得到，什麼東西做得出來，會不斷地改變。企業若不能走在技術的尖端，就會很快發現自己做不出消費者想要的東西。

但環境的變遷與篩選測試，其實是企業家的好朋友，因為有這樣的變遷與測試，企業中的小蝦米，才能憑藉靈活的身手去扳倒陷入困局的大鯨魚。只要能看出市場中到底存在著什麼樣關鍵的篩選測試，你就能在與同業的激烈競爭中如魚得水、悠遊自在。

篩選測試是無情的劍客，順其者生，逆其者亡。

觀念分享：http://book.personalmba.com/selection-test/ ➘

## 熵
**Entropy**

誰不想接受改變帶來的進步，就準備接受不是進步的改變。

——查理‧蒙格 (Charlies Munger)，華倫‧巴菲特的億萬富翁合夥人、
魏斯可金融公司 (Wesco Financial) 前任執行長、波克夏‧海瑟威公司副董事長

放手讓其自然發展，複雜的體系將會陷入紊亂。

熵 (Entropy) 是複雜體系隨時間而降級的自然傾向，須知系統的長期運作需要外力的維護與改良。

這種現象有一個簡單的解釋：系統運作時所處的「環境」會隨時間改變，而這些改變會影響系統本身的運作，還有其為了持續運作而必須通過的「篩選測試」。如果系統不能做出繼續運作所需要的改變，那它就會降級，然後最終停止運行、停止存在。

熵無所不在。缺少足夠的營養、運動與氧，你的生理健康就會出現狀況。柏油路面每隔幾年就要刨除重鋪，否則就會出現龜裂、突起或坑洞。軟體必須更新或修補，否則隨著硬體與網路系統變新，軟體就會無法配合運作。房屋必須重新油漆、裝潢與改裝，才能維持好的狀況。

**熵的存在，使得維修變得必需而有價值。**在多數組織裡，創新被認為是屬於高「社會地位」（Social Status；心法 5）的活動，而維護現有系統則被認為是低地位的活動。這是一種嚴重的誤解：組織的強度，取決於現有系統的強度，因為組織可以運作，靠的就是當下存在的現役系統。將注意力與資源投注在現有系統的維護與改善上，不僅重要，而且還是組織長期運行與維持價值的關鍵。

觀念分享：personalmba.com/Entropy/ ↖

## 心法 226 不確定性
### Uncertainty

用水晶球算命維生的人，不久就得吞玻璃果腹。

——艾德格・R・費德勒 (Edgar R. Fiedler)，經濟學家

十年後的利息會是高還是低？明年的油價會高於還是低於每桶一百美元？某公司現在的股價算貴還是便宜？現在到底該不該囤積原物料，還是該再等幾個月？要做生意，這些問題就會天天纏著你。

但我也可以立刻給你答案：沒人知道。這個世界是個充滿變數的地

方，這點有好處也有壞處。天有旦夕禍福，不要說不可能。下個轉角是幸福還是災禍，沒有人會知道。

但是風險跟不確定性 (Uncertainty) 是不一樣的，我是說非常不一樣。美國前國務卿唐諾・倫斯斐 (Donald Rumsfeld) 的經典名言是：

> 有所謂「知知」，我們知道自己知道的事情；有所謂「知不知」，我們知道自己不知道的事情；還有所謂「不知不知」，我們不知道自己不知道的事情。

其中知知就是所謂的風險。去機場接朋友，班機有可能延誤個幾小時，但因為事前就知道有這種可能，你便可以安排一些備案，比方說你可以帶本書去看、點杯咖啡。

不知的不知，就是所謂的不確定性。說不定你沒辦法準時到機場接朋友，是因為前一天晚上天降隕石砸了你的車。這種事誰想得到？

面對不確定性，我們都得謙卑，因為沒有人可以根據過去去預測未來。意外隨時都會發生，不然也不會有青天霹靂這種說法。任誰也想不到的事情，往往會打亂我們精雕細琢的計畫與目標。

在《黑天鵝》(The Black Swan) 一書中，擔任過避險基金經理人的作者納西姆・尼可拉斯・塔雷伯 (Nassim Nicholas Taleb) 描述了不確定性的危險性。不論眼前局勢是如何的風平浪靜，前景是如何的晴朗無雲，「黑天鵝事件」都永遠潛伏著，你的生活永遠可能在一瞬間風雲變色。

「黑天鵝」一詞源於十六世紀倫敦，指的是原本被認為不可能或不存在的東西，因為當時所有的倫敦人，都完全沒想過天鵝可能不是白的，直到某日黑天鵝出現在他們眼前。黑天鵝所代表的正是十八世紀哲學家大衛・休謨 (David Hume) 所說的「歸納問題」(problem of induction)，也就是除非你看過世界上所有活著的天鵝，否則你其實並不能武斷地說出「世上的天鵝都是白的」，並將之奉為圭臬。只要一隻黑天鵝，這個假設就會完全崩潰。說到第一隻黑天鵝，至少是倫敦人眼中

的第一隻，出現在一六九七年，那年荷蘭籍船長 (Willem de Vlamingh) 正式記錄了黑天鵝的出現，地點是澳洲大陸。

在成為事實之前，黑天鵝事件發生的機率幾乎是零，討論這樣的機率高低，會是一件非常困難，而且意義不大的事情。因為沒有前例可循，所以多少人就會有多少種看法。這類事件會改變系統運作的環境，無預警改寫遊戲規則，讓篩選測試世代交替。**你不可能在事前預知黑天鵝事件的發生，你能做的只是預備彈性，未雨綢繆，展現韌性**（Resilience；心法264），有了這些東西，你在遇到問題的時候就可以放手一搏，不會手足無措，也不會毫無勝算。

不論你把歷史資料分析得多透澈、多詳細，你也不可能自外於不確定性。MBA 課程中所教授的財務模型，也有一個鞭長莫及的地方，就是不確定性。你的擬制 (Pro Forma) 報表、淨現值 (NPV) 法、資本資產定價模式 (CAPM) 等各種財務模型，不論多麼先進、看起來多了不起，說穿了都還是一種預測，而很多生意失敗都是死在預測錯誤上。你覺得你對十年後所做的財務預測，全部百分之百正確的機率有多高？你連明天會不會跟今天一樣都說不準吧！

很多人做生意賣的是確定性，但世界上根本沒有這種東西。預測、推估，或各式各樣粉飾太平或畫大餅的話術，之所以去到哪兒都無往不利，是因為他們讓人誤以為未來可以預知、可以控制。預測這東西根本不值得你花任何一分錢去買，原因很簡單。誰能準確預測油價、利率或股價，毫無誤差，那這人早就發了，還需要這麼辛苦來跟你兜售任何東西嗎？

**接受不確定性的無所不在，你才能看清現實，而不會昧於事實，一廂情願地把事情想得太美好。**直覺上，我們都會希望自己對未來有所掌握，特別是在損失趨避（Loss Aversion；心法146）與恐懼因禁（Threat Lockdown；心法147）心態的驅使下。不確定性讓人頭痛，是因為看不清未來，會讓我們感受到威脅；與其執著地想要預測看不見的、也不可知的威脅，還不如多花點力氣去充實自己，加強自己因應未知的能力。

不要妄想能準確預測未來，變化才是人生唯一的不變。**計畫事情時要保留彈性，要想到不確定性的存在。**與其假扮先知，不如善用情境規劃（Scenario Planning；心法267）。

觀念分享：http://book.personalmba.com/uncertainty/ ↖

## 改變
### Change

能夠生存下來的不是強者，也不是因為最聰明，而是因為對改變的反應最快。

——查爾斯·達爾文 (Charles Darwin)，自然學家、演化論先驅

系統都會改變 (Change)，沒有例外。靜止的系統，並不存在。

複雜的系統會持續變動。某個系統到底會如何變動，存在著許多的不確定性，可以確定的是系統一定會變。**任何計畫若不將潛在的變化，還有你該如何回應考慮進去，就沒有什麼太大的價值。**

改變是人生的一部分。從心理學的角度而言，某些事情純屬偶然，確實不容易為人所內化、接受；世上很多事情的發生，並不存在著節奏或理由。因著我們具有的樣式比對（Pattern Matching；心法139）能力，我們會傾向於在巧合的事件中看到模型，同時隨機的變化如果是好的，我們就會覺得一定是我們的技術好，如果隨機的變化是壞的，我們就會覺得自己運氣不好。換句話說，我們被隨機給騙了，而納西姆·尼可拉斯·塔雷伯 (Nassim Nicholas Taleb) 的第一本書《隨機的致富陷阱：解開生活中的機率之謎》(Fooled by Randomness)，說的就是這樣東西。

你絕對沒有辦法讓自己的生意臻於完美，讓所有事情都不再改變。很多企業主與經營者都有一種迷思，那就是只要讓公司從「好到更好」，公司就會「屹立不搖」，業務就會蒸蒸日上，一天一天把對手拋在腦後，獨占鰲頭數十年如一日。這是個美夢，但用這樣的夢想來衡量自己的表

現是不切實際的，就像你不可能要求世界停下來，永遠不再改變。

面對改變，我們能做的只有一件事，那就是增加自己處事的彈性，能夠用不同的態度與策略去因應不同的環境。你愈有彈性，就會愈有韌性，就愈不用擔心事情有變。

觀念分享：http://book.personalmba.com/change/ ◤

# 互倚因素
## Interdependence

每每我們想要根據事物的本質來選擇，才發現任何事情都與萬事萬物有所牽連。

——約翰‧繆爾 (John Muir)，自然學家

世界上沒有任何事情，能夠獨立存在。

往往，系統都需要仰賴其他系統才能運作。你的冰箱要有電才能用，遇到停電，你的冰箱就只是一個普通的大箱子而已。而這，就是所謂的**互倚 (Interdependence)**。

高度互倚的不同系統，有時候會被稱為「緊密配合」的系統組。系統中的流程愈是緊密結合，某一個步驟的錯誤或延誤就會愈影響系統的其他部分。

緊密配合的系統有幾個特色，包括時間卡得很緊，流程有一定的順序，而且容錯的空間與產能餘裕都很小。在這樣的系統當中，成功的路徑只有一條，任何部分出現問題，都會引發連鎖反應而禍延後面的流程。

如果你看過魯布‧戈德堡 (Rube Goldberg) 機器之類的連環機關，或者玩過一個兒童的紙板遊戲叫做「捕鼠器」(Mousetrap)，你就不應該對緊密配合的系統感到陌生。就像排好的骨牌一樣，只要倒了任何一張，整組骨牌都會應聲倒地。類似系統只要有一個地方出事，整個系統都會停止運轉。

如果你聽過有一個專案管理的術語叫做「要徑」(critical path)，你就知道互倚因素有多重要。要徑包含的全是必須完成、專案才能準時完成的細部任務。如果要徑上的某件事情有所變動，這變動一定會連動到要徑上其他的環節，亦即要徑上任何任務的延誤，都必然會導致整個專案的延誤。

**「鬆散配合」(Loosely coupled) 系統中的元素互倚程度較低**。鬆散配合系統比較不那麼緊張，因為這樣的體系通常不趕時間。你也許可以使用「平行處理」(parallel processing)，在同一時間完成多個步驟。工作的容錯空間與產能餘裕都多很多，可行的策略也有比較多的選擇。

一個交響樂團，當中包含一位指揮，與許多不同樂器的演奏者。萬一小提琴首席拉錯了音，整體演出的品質固然會受到影響，但單單一支小提琴的錯誤，並不見得會牽連到其他小提琴，乃至於其他樂器的演奏。

藉由將依賴性加以排除，你可以降低系統內的元素互倚程度。依賴性是下一階段流程所必須的輸入。系統中的依賴性愈多，流程遞延或系統當機的機率就愈高。

**減少依賴性，就能讓系統的緊密程度降低**。回到先前汽車組裝線的例子：如果你必須先裝引擎才能裝前擋玻璃，那引擎這一環一旦出包，後面的流程也會全部卡住，整個生產體系就會停擺。如果零組件的安裝不用按照特定的順序，那你就有可能用不同的方法來完成一輛車的組裝。

消除不必要的依賴性，你就能降低上述骨牌效應的風險。

觀念分享：http://book.personalmba.com/interdependence/

心法
229

# 交易對手風險
## Counterparty Risk

人如果真正懂得生活，就應該把幸福的責任攬在自己身上，不靠別人。

——柏拉圖 (Plato)，西元前四世紀古希臘哲學家

你的系統運作若有仰賴於人的配合，那這系統就會暴露在很大的風險之下。

　　**交易對手風險 (Counterparty Risk)** 說的是在交易的兩造當中，對方有可能不照所承諾的交付產品、服務，或貨款。如果你的房子燒毀了，你只能希望你的保險公司沒倒，萬一倒了，你就沒人可以申請理賠了。

　　如果你的製造系統得依賴供應商才能取得某些零組件，那麼萬一他們沒照合約出貨，你的生產線就會難以為繼。

　　如果你把每項工作委外出去，而承包商沒按進度履約，你的業務就會被迫延誤。

　　**交易對手風險太高，可能會導致系統出現大災難。**二○○八年的華爾街股市大崩盤，就曾出現類似的狀況。當時所有知名的大型投資銀行都岌岌可危，就是因為他們唇齒相依，在日常營運或緊急狀況時都互相依賴。

　　投資銀行與金融機構如高盛 (Goldman Sachs)、JP 摩根 (JP Morgan)與雷曼兄弟 (Lehman Brothers) 都習於向其他大公司買進「信用違約交換」(credit default swaps) 這種金融商品，也就是一種金融保險，來作為投資組合的一部分，主要是在投資銀行涉入許多高槓桿的交易，而他們認為這樣的「保險」可以保護他們不受市場波動的影響。但也正因為這樣的想法，他們才又更敢去拉高自己投資的風險層級、擴張自身的投資信用。

　　後來房市崩跌，投資銀行開始在房貸抵押證券上出現損失，於是他們想到自己還有信用違約交換的部分在手，就算不能完全弭平損失，但還是不無小補。但人算不如天算，他們的信用違約交換根本就是跟其他的投資銀行買的，而這些同業也都因為次貸風暴而蒙受了鉅額的虧損，因此根本沒有能力履行承保的義務。在這個系統中，每家投資銀行都是其他銀行的交易對手，因此也都是彼此的風險；一家倒，其他也很難屹立不搖。

　　**交易對手風險會受到計畫謬誤**（Planning Fallacy；心法199）**的強化。**說到預測未來，你的交易對手並不會比你在行，而每個人都有過度樂

觀、高估自身執行力的傾向。計畫不可免，但計畫時一定要留條退路，一定要想好意外時的因應措施。

如果你的系統運作仰賴某人的表現，而這人不在你的控制之內，你就必須做好最壞的打算，想好對方如果擺烏龍，你該怎麼辦。

觀念分享：http://book.personalmba.com/counterparty-risk/

## 副作用／二階效應
### Second-Order Effects

我們有選擇怎麼做的自由，但沒有不接受後果的自由。

—— 史蒂芬・柯維 (Stephen Covey)，
暢銷書《與成功有約：高效能人士的七個習慣》(*The 7 Habits of Highly Effective People*) 作者

幾年前，凱爾希跟我有機會能造訪巴林王國。現在提到這個位於沙烏地阿拉伯東岸外數英里遠的小小島國，最有名的就是其國際金融產業、珍珠採擷，與一級方程式賽車，但在不久之前，巴林最出名的還是島上獨特的生態系。

短短幾十年前，巴林的內陸還是一片綠蔭蓊鬱，甚至有人說這個綠洲之島，就是伊甸園。但現在，巴林的內陸已經變成單調的沙漠，本土的植物得透過灌溉才能存活。這到底是怎麼回事？

巴林四周圍繞著地下水泉網，可用來澆灌島上的植被，以及刺激當地的牡蠣生產出高檔的珍珠。作為島上唯一的大都市，麥納瑪 (Manama) 的日益開發使得可用的土地變得珍稀，於是建商開始填海造陸，也就是挖掘內陸的土石，填到岸邊，讓沿海的土地能夠向外延伸，由此陸地便被「造」了出來。

巴林用這種方法增加土地，非常成功，但代價非常之高，而且原先完全沒想到。那就是因為填土造陸的關係，島周圍的淡水水源逐漸乾涸，最終使巴林變成了沙漠。

做任何事情都有其後果，而後果本身也會生出後果，而這後果的後果就叫做副作用／二階效應 (Second-Order Effects)。骨牌只消人輕輕一推，就會啟動連鎖反應，而這連鎖反應一旦展開，停下來就會是一件很困難、甚至不可能的任務，因為因果是很難逆轉的。

紐約市在二戰後所實施的租金管制，則是關於副作用的又一個教訓。因為希望讓軍人回國後能有個平價的棲身之所，紐約市政府負責安排居住的單位給特定區域的房租設了上限，不准房東任意漲價；德政，不是嗎？

政府單位沒有想到的是：養屋修屋的費用不斷增加，但房東卻不能透過漲價來反應成本。按照當時的法律，房租管制是不能取消的，除非房客搬家，或是房子被宣告不適於居住。結果就是房東都不願意修繕房屋了，因為這根本是血本無歸的作法。在商言商，房東選擇讓屋子爛掉也不修理，是人之常情。

久而久之，房租上限使得房子的品質江河日下，而且隨著這樣的出租房一間一間變成危樓，供應量開始減少，進而使得租屋變貴。一項政策原本是要讓居住的成本降低，但卻適得其反，讓租屋市場的供給減少、價格提高。

改變複雜系統中的某些環節，必然會衍生副作用，其中有些會剛好與希望的結果背道而馳。複雜系統中的元素可能以數百萬種不同的方式彼此互倚，而因為不確定性的干預，你不會知道究竟是什麼方式。任何行為都有後果，而這些後果也都會有後果，即便你不知道或者不喜歡這些後果。

對複雜體系做出改變，一定要格外謹慎，一個不小心，你就會弄巧成拙，倒打自己一耙。

觀念分享：http://book.personalmba.com/second-order-effects/ ↖

心法
231

# 外部性
## Externality

我們的地球是廣大宇宙黑暗包覆下，一個孤獨的小點。在我們的黯淡渺小中，在宇宙的廣大無垠中，沒有任何線索顯示有其他力量能夠趕來救助我們……對我來說，這凸顯了我們有責任去更溫柔地對待彼此，去保守、珍惜這顆淡藍色的小點，我們僅有能安身立命的家鄉。

——卡爾・沙根 (Carl Sagan)，物理學者，
《淡藍色的小圓點：尋找人類未來新願景》(Pale Blue Dot: A Vision of the Human Future in Space) 作者

在一八六八年到一九六九年之間，凱霍加河 (Cuyahoga River) 作為貫穿美國俄亥俄州克里夫蘭市的伊利湖主要支流，至少起火了十三回。其中最大的一場火，發生一九五二年，並造成了超過一百萬美元的財產損失，換算成今天的幣值超過一千萬美元。

火勢的根源並不神祕：來自塑化產品、汙水與製造業副產品的汙染是如此嚴重，以至於凱霍加河從克里夫蘭到阿克倫 (Akron) 長達四十英里的河段，都已經無法支撐魚類或其他水中生物的生存。想便宜且方便地傾倒垃圾，河流是個很棒的地方，所以很多工廠都便宜行事地偷拉管線，把工業廢棄物直接放流進河川來節省成本，河流因此一命嗚呼（還燒起火來）。

這類事件有個專有名詞，叫做「外部性」(Externality)：**誕生於事件的主要過程，但作用於事件主要受益者或決策者以外之第三方的副作用。**以前例而言，事件的主要過程是在克里夫蘭當地或附近從事工業生產，事件的主要受益者是工廠老闆與員工，而凱霍加河的污染與該汙染對當地居民與生物的影響，就是事件的外部性。換句話說，須對汙染負責的不肖企業將處理廢棄物的成本從公司內部，轉移到了處於企業外部的社會大眾上。

今天的凱霍加河已經像樣很多了，但狀況的改善需要強大的外力介

入：法律、政策、用以遏止與懲戒傾倒廢棄物的各種管制措施、訴訟、針對違法者祭出的罰鍰、還有用來善後與復育的資金。一朝外部性獲得確認與理解，我們便能開始去統籌多股社會力量來解決問題，並避免類似問題重複發生。

汙染不是唯一的負面外部性。我這裡舉一個常見的例子：許多企業都會蒐集個人可識別資訊（Personally Identifiable Information，通常縮寫為 PII），也就是俗稱的「個資」，來做為他們行銷、銷售、客服之用。個資利於企業進行「客戶評估」、「分門別類」與主動行銷，所以他們願意大費周章去盡可能蒐集這類情報。但這當中有一個重要的外部性需要考量：如果未經授權的用戶（如駭客）破解了防護，那這些個資就會被用作各種非法的目的，而這都可能會導致與財務或法律相關的問題，並牽扯到企業的準客戶與現行用戶。

取得資料固然重要，但這並不能直接轉化為企業的獲利，所以很多企業也不會直覺地產生動力去維護好手中的個資，而結果就是一旦企業個資外洩，苦主不是企業本身，而是其準客戶跟現有客戶。所以說個資對於企業而言既是資產，也是負債：企業有責任顧好手中的個資系統，確保其不受到有心人士的濫用。

**許多負面的外部性可以用人為的方式去遏止或減輕，包括對「副作用」進行預測，或是以行動去防止意外的後果發生。**基本上，如果你預期到或判斷出有負向的副作用會因為你的行動而（可能）發生，你就有責任去盡量防止或減輕那些副作用的效應。

也有些外部性是好的。就以網際網路或電話網絡這類通訊科技而言，每多增加一名使用者，都會讓網路的價值提升，包括產生一種「網路效應」而讓系統中的所有人受益。社會政策如識字率的普及與公共衛生的推行（如提倡洗手與疫苗接種），也能產生類似的利益：文字溝通的門檻降低跟疾病傳染的風險降低，都能讓社會上的每一分子受益。

外部性有時並不容易事前預測，但那並不表示你不應該去起碼試試看。你的行動會產生的利益跟損害都是真真切切的，使原本沒預料到的

好處讓眾人雨露均霑，也在能力所及的範圍內去預防意想不到的損害，才是符合最大多數人利益的情勢發展。

觀念分享：personalmba.com/externality/

## 心法 232 常態意外
### Normal Accidents

*問題的存在不是問題；覺得不應該有問題，覺得有問題是一種問題，才是問題。*

*——希爾多・魯賓 (Theodore Rubin)，心理學家、專欄作家*

太空梭，一種能夠掙脫地球重力束縛的載人交通工具，無疑是一種很複雜的系統。在特製的飛機上綁上三支火箭，裡面裝了數百萬立方英尺高度不穩定的氫氣燃料，太空梭簡直就是高度互倚系統的縮影。任何一點點小小的錯誤，都有可能引發災難性的後果，而每次太空梭發射，都有無數的地方可以出錯。

一九八六年，太空梭挑戰者號 (Challenger) 就是一個不幸的案例。當時某支火箭有一個封口處結凍了，材質變脆，升空時遇到高熱後便告失效，結果引發連鎖反應，升空七十三秒後挑戰者號爆炸，任務組員全數罹難，無一倖免。

沒有人不希望能設計出一個絕不出錯的系統，但現實中不可能有這樣的東西，這一點我可以跟你賭身家。

**常態意外 (Normal Accidents) 理論是比較正式的講法，其實說大白話，意思就是倒楣的事永遠都有。**在緊密配合的系統當中，微小的風險會慢慢積累，最終導致難以避免的錯誤與意外。系統愈大愈複雜，某個環節出大紕漏的機率就會愈高。

**對於常態意外不應過度反應，過度反應只會有反效果，對工作並無幫助。**某個環節出包，我們的直覺反應往往是變得超級敏感，把所有鐵門

拉下來（停止原系統運作），加派警衛（增加新的系統），就怕事情再有惡化。但這樣的反應其實只會讓事情更糟，因為關閉原有系統，增加新的系統只會讓整個體系中的元素更加緊密互倚，結果就是讓嶄新意外發生的機率增高。

挑戰者號失事之後，美國太空總署 (NASA) 的反應是很值得學習的範本。他們沒有把原來的系統全部關閉，也沒有增加新的系統讓事情複雜化；他們的做法是找出失事的原因，然後集中全力研究該怎麼解決，希望能讓悲劇重演的機率降至最低，但又不增加新的系統讓可以出錯的地方變多。

**要避免常態意外的發生，最好的辦法就是去分析系統差一點點失靈的實際案例。**讓系統像人一樣進入恐懼囚禁的狀態，長遠來看只會製造出更多更大的問題，比較好的做法是去研究驚險躲過當機的案例，從中觀察出隱藏著的互倚關係。問題得到分析，你才能擘畫出未來遇到同樣狀況時，你該採取的創新做法。

時間跳到二〇〇三年，哥倫比亞號 (Columbia) 太空梭在返航進入大氣層時解體，主因是隔熱泡棉出了問題。再一次，太空總署全心研究該如何避免同樣的問題再度發生，而沒有讓系統變得更加緊密。幾年後當發現號 (Discovery) 太空梭在升空前出現隔熱層損壞，太空總署的工程師已經有所準備，經過處理後機組也得以安全返航。

考量到常態意外的存在，我們應該盡量讓重要的系統保持鬆散。系統可以追求的目標很多，但零失誤絕對不是其中之一。鬆散的系統也許不會那麼有效率，但好處是這樣的系統的壽命比較長，也比較不會出大紕漏。

系統愈複雜，運作得愈久，出大問題的機會就愈高。這不是「萬一」的問題，而是「何時」的問題。提防系統故障，準備好第一時間因應，才是上策。

觀念分享：http://book.personalmba.com/normal-accidents/

第十章

# 系統分析
**Analyzing Systems**

不了解，就沒辦法改變。

——艾瑞克·埃凡斯 (Eric Evans)，科技人

　　想要升級系統，你首先必須知道這系統目前的運作狀況如何。很不幸地對我們來說，這一點並不容易做到，你不可能叫世界停下來等你，讓你好整以暇地去評估現狀，就像一個活潑好動的小孩，要量他的身高絕非易事。

　　運作中的系統才有評估的價值，評估運作中的系統才有意義。而分析一個運作中的系統有其難度，但絕對可行，重點是你要抓到重點。

　　在本章，你會學到該如何解構 (Deconstruct) 一個系統，將之拆解為較小的部分，然後你便可以去測量重要的部分，

觀察系統各部分之間如何互動、如何互倚。

觀念分享：http://book.personalmba.com/analyzing-systems/

# 解構
## Deconstruction

*完美中生不出任何事物；所有的創造過程都是一種拆解。*

——喬瑟夫·坎柏 (Joseph Campbell)，

神話學家、《千面英雄》（*The Hero With a Thousand Faces*）作者

　　複雜的系統，如我們前面所討論過，是由許多互倚的流程、進料、製程與部門所組成。整體觀之，這樣的系統可能太過複雜，讓人沒辦法一下子「完全掌握」。一個系統裡如果有七到八個變數或相倚關係，人的認知範疇侷限（Cognitive Scope Limitation；心法148）就會介入，混亂的感覺就會油然而生。

　　如上所言，極度複雜的系統不就都沒辦法分析了嗎？

　　**解構 (Deconstruction) 作為一種過程，是把複雜的體系分解為可能的最小子系統，以方便我們了解系統運作的內涵。** 相對於想一眼把整個龐雜的體系看穿，比較好的做法是你可以把系統分解成較小的部分，然後針對這些子系統各個擊破，看看子系統本身如何運作、之間又如何互動。

　　**解構可以說是高爾定律**（Gall's Law；心法216）**的鏡射，後者主張的是由簡入繁，前者是要化繁為簡。** 記住，有效的複雜系統一定源自類似的簡單版本，先求找到、看懂較單純的子系統如何運作，還有彼此間如何配合，你終能了解整個系統是怎麼回事。

　　想知道家裡的愛車怎麼會動，把引擎蓋打開想研究只不過是治絲益棼。引擎室裡密密麻麻的裝置與管線，讓人光看眼就花了。要了解車子不是不可能，只是你要先知道車子裡重要的次系統有引擎、變速箱、散熱水箱等等，這樣你才能對整台車建立正確的概念。

知道了車子裡有哪些重要的子系統，接下來便是把它們在腦中分門別類，各自去研究它們運作的方式。與其一股腦兒地想著一整台車子，不如先專注在引擎的構造與運轉上：從哪裡到哪裡算是引擎？四行程是哪四行程？牽涉到哪些流程？流程中有沒有反饋迴圈（Feedback Loop；心法221）的存在？「流入」斷炊會產生何種後果？「流出」又有哪些東西？

**解構一個系統的時候也不能忘了互倚因素**（Interdependence；心法228）**的存在**，亦即每個子系統都屬於一個更大的系統，由此開關(trigger) 與終點 (endpoints)，也就是某個子系統與鄰近子系統互動的門戶，很值得留意。了解開關，你才知道某個子系統如何開始運作；掌握終點，才知道這個子系統如何停止運轉。

另外，我們必須知道系統裡存在哪些「條件」，也就是「如果……那麼」，或是「當」某條件成立，某結果便成立的關係，因為這些因果關係會決定系統如何運行。比方說，引擎需要霧化油氣的噴入才能運作，如果這樣的「流入」存在，火星塞上的火花就會點燃油氣，燃燒導致汽缸內氣體高速膨脹後推動活塞，帶動全車前進。如果這樣的流程中少了油霧這項「流入」，或是缺了火星塞點火，汽油中所蘊藏的能量就沒辦法釋放出來，車子就會寸步難行。換句話說，油霧的注入與火星塞的火花，都是汽車動力系統能夠運作的先決條件。

各式圖表與流程圖，可以幫助我們了解每一種「流入」、每一段流程、每一個開關、每一項條件、每一個終點、每一筆「流出」，是如何匯聚在一起發揮作用。**想要把複雜的體系闡釋清楚，光用文字會讓人覺得左支右絀；要想將事情釐清，我們應該多應用圖表去表達系統中的流程、進料、條件與製程。**架構完整的流程圖，可以幫助你清楚掌握系統如何開展，由此哪天系統出了問題，你也才能抓到病灶，對症下藥。❶

要分析系統，就得先解構系統以便於理解，這樣你對系統的了解才

---

1. 要看我的示範，可前往：http://book.personalmba.com/resources/。

會有所本、才會扎實。

觀念分享：http://book.personalmba.com/deconstruction/ ↖

心法
234

# 測量
Measurement

上帝可以祂說了算……其他人都要提供書面資料。
——W・艾德華茲・戴明 (W. Edwards Deming)，生產管理專家、統計流程控管先驅

　　了解系統的組成與次系統間的互動關係，接下來要問的問題是：系統的運作優不優？為了做到這一點，必須針對運作中的系統進行量測。

　　測量 (Measurement) 作為一種過程，是去蒐集系統的運作讀數。有了系統核心功能的相關資訊在手，你就比較能判斷系統運作的良窳。

　　測量也讓系統間能夠進行比較。比方說，一台電腦可以搭載的處理器非常多樣，你究竟該選哪一顆？藉由測量每顆處理器的時脈、電耗與發熱程度，我們對於該選哪一顆便可略知一二。

　　測量可以幫助我們在分析系統時避免眼不見為無（Absence Blindness；心法150）的盲點。我們常常會忽略看不見的東西，而測量運作中系統的各個部分，便可幫助我們在問題出現時一目了然。

　　比方說，患有糖尿病，代表人體中負責控制血糖水準的反饋迴圈（Feedback Loop；心法221）出現了問題。血糖過與不及都會威脅到生命，因此如果身體分泌的胰島素太多或太少，都是一個很嚴重的問題。

　　雖然胰島素的水準對糖尿病病人非常重要，但一個人的胰島素或血糖高低不會寫在臉上。不去測量，眼不見為無的心態就會導致「溫水煮青蛙」，等到我們發現不對的時候，身體往往已經病入膏肓，沒有挽救的餘地了。

　　為了避免這種悲劇，糖尿病的患者應該把量血糖與胰島素，變成每天的例行公事。要改善一樣東西變好，第一步就是要進行量測。彼得・

杜拉克 (Peter Drucker) 有句名言是：「有測量才有管理。」誠斯言哉！連公司賺多少錢、花多少錢都不知道，何能侈言該如何整頓業務？

沒有數據在手，人就像個瞎子。如果你想讓一件事變好，第一件事就是測量。

觀念分享：http://book.personalmba.com/measurement/ ↖

# 關鍵表現指標
## Key Performance Indicators

問題問對比較重要，答案大致正確就好；答案完全正確，問題問錯還是白搭。

——約翰・塔奇 (John Tukey)，統計學家


測量有一個最大的問題，那就是同一樣東西，你可以反覆測量上百萬個不同的面向。但過度測量，你只會淹沒在一大堆沒有用的資訊當中，成為認知範疇侷限的苦主。

有些測量格外重要，就像關鍵表現指標 **(Key Performance Indicators, KPIs)**，測量的是系統中的關鍵零組件。測量如果不能幫助你改善系統，那就是沒用中的沒用，徒然浪費你的精神與力氣。如果你的出發點是要提升系統的表現，那其實沒有必要鉅細靡遺地注意每件細節，你只需要把握幾個關鍵的讀數即可。

可惜，我們太容易把注意力集中在容易測量、而不是需要測量的事情上。比方說，一家公司的營收，感覺很重要對吧？營收確實重要，但不是無條件地重要；營收之所以重要是因為它是獲利的重要指標。但如果為了賺進一百萬的營收，公司付出的費用高達兩百萬，那這營收就沒有意義了。英國國家廣播公司 (BBC) 創業實境秀「龍穴」(Dragon's Den) 的主持人堤奧・帕菲提斯 (Theo Paphitis) 本身也熱愛創業，多次創業成功；他曾中肯地說過：「營收是面子；獲利才是裡子。」所以單獨

存在的話，營收並不能算是關鍵表現指標。

　　同樣的道理，如果你手下帶了一群程式設計師，有一種想法可能天天在你心中召喚著，那就是用程式碼的行數產能去評量每位成員的表現，畢竟寫了多少行程式碼，一清二楚，非常好測量。但問題是程式碼多不代表程式寫得好，事實上能夠用比較少的行數寫出好用的程式，才是程式設計中的強者。如果你執著在數量上，那精簡掉一萬行程式碼可能感覺會像是一個挫敗、一種損失，但其實這才是一種進步，一種效率的表徵。

　　更糟的情形，是去獎勵「多產」的程設人員。動機偏見（Incentive-Caused Bias；心法207）會導引小組寫出來的每一個程式，都像是一篇托爾斯泰的《戰爭與和平》(War and Peace)。

　　很多時候，企業相關的關鍵表現指標會直接連結到五項核心的企業流程或處理量能（Throughput；心法88）。這邊有幾個問題，我會用來確認企業有哪些關鍵表現指標：

- ▶ **價值創造** (Value Creation)：你的系統能以多快的速度創造出價值？目前流入的水準為何？
- ▶ **行銷** (Marketing)：多少人注意到你推出的產品或服務？多少潛在客戶主動想多了解你的東西？
- ▶ **銷售** (Sales)：多少潛在客戶被扶正成為掏錢的客戶？這些客人平均的終生價值（Lifetime Value；心法110）是多少？
- ▶ **價值交付** (Value Delivery)：你服務每個客人的速度有多快？回客率與遭投訴率各是多高？
- ▶ **財務健康** (Finance)：你的利潤有多高？你的企業購買力（Purchasing Power；心法117）有多強？你的財務面是否健全？

　　任何測量若與上述問題直接相關，那多半應該就是關鍵表現指標。任何測量若與核心企業流程或系統處理量能的關係較遠，那大抵就不會是

關鍵表現指標。

　　盡量把每個系統的關鍵表現指標限縮在三到五項以下。很多人在進行測量的時候，都會忍不住想要弄出一個儀表板，上面充斥著各式各樣、大大小小的資訊，但這是你必須抗拒的誘惑。太多資訊，會讓你見樹不見林，找不到重點，因為重要的、不重要的數據，通通都混在一起。有什麼細部的資料你覺得想再深入了解，隨時可以，沒必要急於一時。

　　確認系統有哪些關鍵表現指標，你就能執簡馭繁把系統給管理好。

觀念分享：http://book.personalmba.com/key-performance-indicator/ ↘

心法
236

# 垃圾進，垃圾出
## Garbage In, Garbage Out

好的開始，是成功的一大半。

　　──亞歷山大·克拉克 (Alexander Clark)，十九世紀美國駐外使節，活躍於民權運動

　　分析的資料品質差，得出的分析結果也至少一樣差，不但沒有幫助，甚至還會誤導判斷，導致損害。

　　**輸入的品質，一定會影響輸出的品質。**用低劣的原料所建構出來的物件，絕對不會好看，也不容易可靠。如果你每天吃進肚子裡的都是垃圾食物，也不太運動，又看太多電視，那你一定會覺得整天渾渾噩噩、無精打采。一項企劃如果交由能力不夠或熱誠不夠的人去負責，結果你覺得可能好嗎？

　　**垃圾進，垃圾出 (Garbage In, Garbage Out)** 是一個再簡單不過的概念：把無用的原料輸入到系統裡，得到的輸出也不可能有用。要有能力了解系統，就一定要有能力觀察系統的運行；你針對系統所蒐集到的資訊，其質與量的良窳，會決定你對運作中系統的了解能夠達到什麼樣的境界。

　　如果你不希望忙了半天得到一堆垃圾，就不應該用垃圾開始。小心地選擇你的起點，結果才會如你所願。

好的開始,絕對是成功的一大半。

觀念分享:http://book.personalmba.com/garbage-in-garbage-out/

# 容錯空間
## Tolerance

通往智慧的路徑?嗯,那說起來很直覺/也很簡單:/一錯/再錯/繼續錯,/但錯得少一點/再少一點/更少一點。

——皮亞特‧海恩 (Piet Hein),丹麥數學家暨詩人

許多人因為欠缺經商的經驗,所以會期待事情一切完美,由此任何一丁點錯誤或變異,都讓他們緊張兮兮。

就以企業網站而言,許多企業主會因為自家網站當掉了而大驚失色,然後就拚了命打電話要系統負責人去處理,他們用的字眼往往是:「不准再讓網站當機了,把事情給我搞定。」

但這樣的說法與想法,並不實際:百分百的穩定性是不可能的。常態意外(Normal Accidents;心法232)是生活的常態,所以正確的做法是一開始就將這些意外納入考量。愈穩定的系統,成本愈是高。

**容錯空間**,指的是系統中可接受的「正常」出錯率。在事先設定好的讀數範圍內,系統都算是在正常運作。只要誤差不超過某個特定的門檻,那使用者就沒有必要緊急介入。

容錯空間常被形容為「偏緊」或「較鬆」。較緊的容錯空間代表可容納誤差或變異的範圍較小、較窄,這較常見於零組件或子系統對整體系統的運行至關鍵的狀況中。寬鬆的容錯空間代表誤差與變異有較顯著的範圍可以在其中游移,而這常見於小錯不會造成太大影響的情境中。

系統的穩定性,常會表現為百分比的形式。當某系統在特定領域有著九十五%的穩定性時,那代表該系統可以在二十次的機會中,於預設的容錯空間裡產生十九次預期的結果。系統的穩定性愈高,這個百分比

數字也會愈高。

聽到有人用「五個九」去形容某系統的穩定性，他的意思是該系統有九十九點九九九％的機率可以得出使用者想要的結果。這種程度的穩定性非常了得，但也往往需要付出高昂的代價取得。企業會使用這種穩定性的百分比測量來做為容錯空間的指標，並以此與客戶簽下白紙黑字的「服務水準協議」（Service Level Agreement，簡稱 SLA），承諾若錯誤率超出特定門檻要賠償客戶。

偏緊的容錯空間非常管用，並且也是高品質的指標：畢竟出錯跟變異都不是你會想看到的東西。努力在自身系統中把關鍵部門的容錯空間收緊，是你有必要長期進行的努力。

觀念分享：personalmba.com/tolerance/ ◤

心法
238

# 變異
## Variance

牢記住事物的變遷是如此之快速而了無痕跡——包括那些現存與將來之事都不例外。存在從我們身邊經過，宛若一條河流：「什麼」在不停地跌宕流變，「爲什麼」更是變化萬千。穩定是幻覺，幻覺就在你的眼前。
——馬可・奧理略 (Marcus Aurelius)，西元前二世紀哲學家暨羅馬皇帝

會隨機波動的量測結果往往難以分析，如單位銷量數據就是一例：如果你在週一賣了三千零一十七件產品，週二賣了兩千九百六十七件產品，週三賣了三千一百四十二件產品，那你如何預估你「正常」的單日銷量呢？更具挑戰性的是：如果你銷量會逐日隨機增減，你怎麼知道特定的行銷或銷售策略有沒有奏效？

變異 (Variance)，指的是特定測量值或某組資料的波動程度。「典型性的量測」(Measures of Typicality) 工具，如平均數或中位數，是理所當然的起點，但這些工具並不能捕捉到你實際感受到的數值波動幅度。若不

先將正常波幅確立下來，你就無法依數據去作出適宜的決定。

在《理解變異：管理混亂的關鍵》（*Understanding Variation: The Key to Managing Chaos*，暫譯）一書中，唐諾‧J‧惠勒博士 (Dr. Donald J. Wheeler) 描述了一種名為「統計製程管制」(statistical process control) 的做法，而也就是這個辦法，讓變異得以獲得分析。從平均數或中位數開始，我們可以讓存在於資料組中的波動幅度接受量化。經過量化，你會得到一個典型值、一個正常值上界，一個正常值下界，而這三者組合起來，就是期望值的範圍。

一朝你確立了正常值的上下界，你就有了決策的基礎。資料點若突破上下界，就代表它們具有統計學上的意義，一如一系列超越上下界的連續資料點，也不是沒有意義的東西。回到日常銷售的例子裡：如果你日銷量的正常上界是三千五百件產品，那賣了四千件的那天就值得你拉出來研究。同樣地如果你連續五天銷量超過三千五百件，那就表示你可以繼續投入資源到目前的行銷策略中，因為它是有效的。

對變異進行測量，可以幫助你即便無法直接掌握或看清所有的輸入與輸出，也一樣能將企業經營的機會或問題抓出來。瑕疵率就是個很好的例子：假設你販售一項產品，但你既無法一一去測試每一個產品，也無法光靠抽樣把問題抓出來，這時候你就可以去追蹤客服進件、退貨筆數，或是保固次數的變異，這些與產品品質相關的讀數如果增加超乎正常的變異範圍，就代表你應該採取行動了。

觀念分享：personalmba.com/variance/

心法
239

# 客觀的分析態度
**Analytical Honesty**

事實可以摧毀的東西，就活該被事實摧毀。

——P‧C‧哈傑爾 (P. C. Hodgell)，大學教授、小說家

我在實驗的最後一個工作，是要開發出一個策略，來測量線上網頁廣告的行銷成效。實驗每年花數百萬美元買網頁的橫幅廣告、搜尋引擎廣告與線上影片的置入性行銷，而我的工作就是要判斷哪種廣告的投報率最高。

　　我的小組在編纂成效測量原則的過程中，發現了一件事，一件讓人頭皮發麻的事，那就是實驗網頁用來計算流量的系統，大部分都是錯的。實驗的系統不是單純計算點進自家網站的人，而是把源自搜尋引擎的查詢都當成是一次點擊。搜尋引擎不是人，是電腦程式，而電腦程式不會需要洗衣劑或洗髮精，但卻會被算進去，結果就是統計數據遭到灌水，潛在的客人根本沒有那麼多。

　　搜尋引擎的蜘蛛程式會在同一天內多次造訪同一個網站去更新資料，並不是什麼值得大驚小怪的事情，但實驗的系統卻沒有考慮到這一點。而因為這項統計數據灌了水，我們後面的分析也就跟著受到拖累，參考價值大減。標準的「垃圾進，垃圾出」於焉出現。

　　於是很自然地，我們建議公司升級新的流量追蹤系統，好讓訪客資料的計算更加精確。也同樣很自然地，公司駁回了我們的建議。公司知道我們的流量統計一塌糊塗，但他們也不太在乎的樣子，很奇怪吧！

　　問題的關鍵在於新的追蹤系統，會讓網站流量的統計作為一種關鍵表現指標，大幅下降。新的系統一定比較準確，但也一定會讓公司顏面無光。於是公司的選擇不是更正問題，而是繼續自欺欺人，他們寧願讓網站的功能大打折扣，也不能丟了面子。

　　**客觀的分析態度 (Analytical Honesty)**，是要我們在蒐集測量讀數、分析數據的時候，不要帶著主觀的感情。人是群居的動物，我們會在乎別人的看法、會要面子。而想要有面子，往往就會妨礙我們在資料的蒐集與分析上維持客觀。

　　要維持客觀的分析態度，最好的辦法就是把系統測量的工作交由沒有利益衝突的第三方來執行。動機偏見（Incentive-Caused Bias；心法207）與順向偏見（Confirmation Bias；心法173），都在一旁虎視眈眈，只要

你的社會地位（Social Status；心法5）受到威脅，這兩種偏見就會立刻
跳出來影響你的判斷。由有經驗、但沒有利害關係的第三方來審視你的
測量結果與分析角度，上述兩種偏見就不會給你添麻煩。公正第三方所
說的話，也許不中聽，但卻能讓你知道問題出在哪裡。

　　不要帶著有色的眼鏡去看事情，不要粉飾太平；自欺欺人，只會讓
你看不到數據想傳達給你的警訊。

觀念分享：http://book.personalmba.com/analytical-honesty/ ↖

# 脈絡
## Context

你之所以弄不懂一件事情，是因為你沒把脈絡考慮進去。

——李察·瑞伯金 (Richard Rabkin)，心理學家

　　這個月公司做了二十萬美元的生意，算好還是不好？

　　這要看情況。

　　如果你上個月賺十萬美元，那這個月成長一倍當然很好。但如果你
這個月的費用支出高達四十萬美元，那營收二十萬美元就不足觀。

　　**脈絡 (Context)** 是用周邊的測量讀數，來進一步解讀你所檢視的資料。
在上面的例子當中，光看營收並不足以讓你知道公司的營運狀況，這時
我們就需要借助相關的背景資訊。上個月的業績與這個月的費用都是重
要的脈絡，讓你可以看清公司的現況。

　　整體的測量數據，往往都是沒有用的，因為在欠缺脈絡的狀況下，總
數沒有辦法指出系統哪裡需要改進。光是知道這個月有兩百萬人次瀏覽
了你的網站，對你沒有太大意義，因為沒有脈絡告訴你這樣的表現是進
步了還是退步，你就不知道自己是該設法改進還是精益求精。

　　所以在追蹤系統的表現時，絕對要盡量避免跟單一的數據「談戀
愛」。光看單一的數字，表面上好像讓事情變得單純、變得容易掌握，

但這是有陷阱的。只看單一數據，會讓你的分析失去脈絡，讓你沒辦法注意到數據改變代表什麼樣的意義。量化的品質分數或者公司某一期間的業績數字，即便會時高時低，你還是不知道原因，也看不出這樣的變動重不重要、值不值得你去在意。這變動有可能是誤差範圍內的隨機結果，也有可能是系統出大問題的前兆。

簡單而言，對於數據要避免斷章取義、避免以管窺天，一定要搭配其他數據來架構出事情的脈絡。

觀念分享：http://book.personalmba.com/context/ ↖

心法
241

# 取樣
## Sampling

你不相信抽樣理論，沒關係，但是醫院要給你驗血時，麻煩醫生把你的血全部抽光。

——季安‧傅高尼 (Gian Fulgoni)，市調機構康姆斯科 (ComScore) 創辦人與董事長

如果你的系統太大、太複雜，每個流程都要蒐集資料的話很麻煩，怎麼辦？

有時候，要測量整個系統裡所有的流程，會太不切實際。如果你所管理的是一個可規模化的系統，那要把每一個生產出來的產品都檢查一遍，確認每個產品都沒有瑕疵，往往是強人所難、自尋煩惱。生產線不停地運轉，數百萬個單品不斷生產出來，訂單成千上萬筆地成交，這時全力趕工都不一定來得及了，哪有空閒去一個產品一個產品地檢查呢？

取樣 (Sampling) 做為一種過程，是從全數的產出中隨機抽選出一小部分，然後以之代表整體系統去接受檢驗。如果你有去給醫生驗過血，你就知道取樣是什麼意思。醫生會抽一點點血，送去檢驗。如果檢體驗出異狀，那你的血液中可能都有同樣的問題。

取樣可以幫助你辨認出系統中所存在的問題，但不需要把系統全數的

產出都送去檢測，由此省下大量的時間與金錢。做手機的你，不需要把出自生產線的每一支手機都送去檢驗。只要每二十支手機抽出一支來測試，你還是可以快速找出系統中潛在的問題。**根據你對偵錯效率與效度的需求，你可以選擇不一樣的取樣規模。**

隨機的現場抽測 (spot checks) 也是一種取樣。許多零售集團都會採用「祕密客」(secret shoppers) 的做法來測試店頭對客人的服務態度，或者是第一線銷售人員的待客技巧。這些訓練有素的祕密客走進店裡，通常會先表示對某種商品有興趣，問一堆問題，但最後又不買，這樣的行為往往會被歸為「奧客」。因為店家並不知道哪些客人為真，哪些客人是假，所以他們就得對所有的客人一視同仁，永遠以笑臉面對客人，於是總公司也就能確保店面的服務品質終日不墜。

**取樣會有偏差，有一種可能是抽樣的過程沒有做到完全隨機或標準一致。**比方說你現在要測量的是美國每戶人家的平均所得，而你的取樣卻集中在紐約曼哈頓的精華區屋主，那你的調查結果就會顯著偏高，抑或你的取樣集中在維吉尼亞州西部，你的調查結果就會顯著偏低。**要得到最好的結果，取樣要盡量做到隨機，同時盡量取多一點樣本。**

要抽測產品或服務品質，取樣是一種非常方便、有效，而且划算的做法，前提是你必須留意不要讓取樣的偏差扭曲了最終的結果。

觀念分享：http://book.personalmba.com/sampling/ ↖

## 誤差範圍
### Margin of Error

*每個人都會以偏概全，我就是一個例子。*

——史提芬・布魯斯特 (Steven Brust)，科幻小說家

你人在魔術道具店裡，買了一個魔術硬幣，回到家你想確認這個銅板真的會每次掉下來，幾乎都會是正面朝下，畢竟你不希望自己買到的

是一個沒用的東西吧。於是你會怎麼做呢，一般人都會試丟看看吧！

假設你丟的前五次，結果翻開是兩次正面朝下，三次反面朝下，你會覺得這東西有問題，去找老闆退貨嗎？

你最好要先確認自己的測試結果是準確的，才好去質疑店家的清譽。誤差範圍 (Margin of Error) 是一種估計值，它估計的是你能從某組觀察樣本中，信任你的結論到什麼程度。

因為只擲了五次硬幣，所以你無法確認這硬幣是劣質品：你的樣本數過少。每多擲一次硬幣，都能讓你的樣本規模變大。

如果你擲了一千次銅板，結果三分之二的次數都是反面朝下，那你就可以確定這銅板確實是被動了手腳的的魔術道具，只不過你要的是正面朝下，而這枚硬幣被弄成容易出現反面朝下。由於正常的硬幣應該會有半數機率出現正面朝下，所以你的大樣本數可以告訴你一件事情：店家多半是誤把鉛灌在反面了。

每多增加一次樣本，你都能增加手中的資料數，而這也將有助於你確定你手中這組觀察樣本具有代表性，可以反應統計母體的整體趨勢。**你手握的樣本愈多，誤差範圍就愈小，你對從檢視全數樣本所做出的結論就可以更有信心**。抽樣過程中無可避免的偏差，可以透過誤差範圍的擴大來予以反應。

誤差範圍背後的數學原理，不在本書的討論範圍內，但如果你能抓到訣竅的話，要了解什麼叫做誤差範圍的數學倒也不是件難事，特別如果你利用試算表或資料庫等軟體來作為輔助的話。若需要計算誤差範圍，我推薦你去買本 M・G・鮑默 (M.G. Bulmer) 的《統計學原理》(*Principles of Statistics*)，這是本深入淺出的入門書。

**千萬要提防樣本數太小所產生的結果偏差**。每當看到你不熟悉的平均值或百分比，一定要去了解一下樣本數的大小與資料的來源。樣本數大小或偏差，絕對會影響到最終的結果。

要提升調查與分析的可信度，樣本與分析的資料量絕對是多多益善。只要是能力所及，你絕對應該盡可能把樣本數做大。

觀念分享：http://book.personalmba.com/Margin-of-Error/ ▶

# 比例
## Ratio

不算數的人，說的話也往往難以算數。

　　　　　　　　　　　　　　　——約翰·麥卡錫 (John McCarthy)，
　　　　　　　電腦與認知科學家、人工智慧 (Artificial Intelligence) 一詞的發明者

**比例 (Ratio)** 做為一種方法，是把兩筆測量結果放在一起比較。把輸出除以輸入，你就能得出系統裡不同部分之間各種具有參考價值的關係。

比方說，假設每三十個客人走進你的店裡，有十個人會買。你的「成交率」就是十除以三十，也就是三分之一。

假設銷售人員經過教育訓練後，店內的成交率提高到每三十個人進來有十五個人會買東西，那新的成交率就是十五除以三十，也就是二分之一。

百分比只是把這些比率的分母改成一百，於是你的成交率一開始是三十三％，提升之後變成五十％。

關於經商，有些非常實用的比率包括：

▶ **促銷報酬率** (Return on Promotion)：你每花一塊錢打廣告，可以換回多少生意？

▶ **單位員工獲利** (Profit per Employee)：你每雇用一名員工，可以為企業創造出多少獲利？

▶ **成交率** (Closing Ratio)：面對客戶，你成交的機率有多高？

▶ **退貨／申訴比率** (Returns/Complaints Ratio)：在你做成的生意當中，多少比例的客人會跑來退貨或抱怨？

財務指標（Financial Ratios；心法106）在檢視財務狀況時非常好用。比方說投資報酬率 (Return on Investment)、資產報酬率 (return on assets)、資本報酬率 (return on capital)、庫存周轉 (inventory turns)，乃至於應受帳款天數 (day sales outstanding) 等，均為評定一家企業體質非常好用的指標。想一窺常見財務指標的全貌，我推薦《企業家該具備的財務智商》(*Financial Intelligence for Entrepreneurs*，暫譯)，作者是凱倫‧柏曼 (Karen Berman)、喬‧奈特 (Joe Knight) 與約翰‧凱斯 (John Case)。

長期追蹤這些資料，你就能掌握企業體系的長期表現趨勢。如果你的成交率或投資報酬率蒸蒸日上，恭喜你，這是好消息；如果這兩項指標江河日下，你就得有所警惕，趕緊去調查一下問題出在哪裡。

動動腦，了解一下自己的企業，然後開發出有用的比例與指標，來掌握系統的核心表現，會是你很重要的工作。

觀念分享：http://book.personalmba.com/ratio/ ↖

## 典型性
Typicality

*不知道什麼不會傷到你，以為自己知道什麼才會傷害你。*

——威爾‧羅傑斯 (Will Rogers)，美國牛仔兼笑匠

觀察《華爾街日報》(*Wall Street Journal*) 的讀者，其家戶平均淨資產竟高達一百五十萬美元！[2] 看來《華爾街日報》真的是有錢人的報紙，是嗎？

應該說他們是很有錢，但可能沒你想的有錢。比爾‧蓋茲跟華倫‧巴菲特也讀《華爾街日報》，而他們兩個人都是富可敵國；即便跟排名前百分之零點零一的商人比起來，這兩個身價數千億美元的富豪也都還是有錢非常多。只要有這兩個人的存在，只要他們健在一天，《華爾街日報》讀者的平均家戶資產就會受到扭曲。因此光看平均值，你便會誤

2. https://images.dowjones.com/wp-content/uploads/sites/183/2018/05/09164150/WSJ.com-Audience-Profile.pdf.

判一般華爾街讀者的富裕程度。

很多平均方法得仰賴如何定義典型性 (Typicality)，為某個重要測量找出常見或或典型的數值。底下有四種用來計算典型的數值的標準方法：算術平均、中位數、眾數、全距中值。

算術平均 (Mean or average) 的算法，是把所有統計數據加總，然後除以整體統計次數。平均值的計算並不困難，但其結果卻容易受到蓋茲或巴菲特這類離群值 (outlier) 的影響。受到離群值扭曲的平均數，就會過高或過低，因而失去對特定族群的代表性。不過如果能把極值去除，平均數確實是個還蠻精確的指標。

中位數 (Median) 的推導是把所有的數值由高排到低，然後找出剛好在中間的那一個。中位數其實源自一種特殊的分析形式叫做百分位數 (percentile)，也就是把所有的數值區分為一百等份，中位數就是名列第五十位的數值；按照這樣的定義，樣本群中百分之五十的數值會小於中位數。大部分的時候，我們只要比較一下中位數與算術平均，就可以看出你的算術平均有沒有受到少數極端值的扭曲。

眾數 (Mode) 是一組數值當中出現次數最高者，其存在可以幫助我們確認多個數值聚落，因為一組數值中可能不只一個眾數。觀察眾數的存在，可以幫助我們注意到系統中值得去進一步了解的互倚因素（Interdependencies；心法228）。

全距中值 (Midrange) 是在一群數值當中，最大與最小值的中點，其計算方式是將數據中的最大值與最小值加起來除以二。全距中值最大的優點，是可以讓你盡快掌握數值組的概況，缺點則是因為太過於簡單，所以很容易遭到極值的扭曲，就像是前面所提到的比爾·蓋茲與華倫·巴菲特。

算術平均、中位數、眾數與全距中值都屬於分析的利器，可以指引方向，你的任務是要知道在何種情境下選用何種工具。

觀念分享：http://book.personalmba.com/typicality/ ↖

# 相關性與因果關係
## Correlation and Causation

相關性不等於因果關係，但兩者絕對有關係。

——愛德華‧塔夫特 (Edward Tufte)，統計學家、資訊設計專家

你面前有一張撞球桌，如果你知道池子裡每顆球的確實位置，還有母球受力之後的種種細節，如力度、向量、顆星的角度，還有空氣的阻力，你就可以精確計算出母球行進的路徑與其會對子球造成的影響。職業撞球選手都非常善於心智模擬（Mental Simulation；心法140）母球、子球與環境間的關係，所以才能在短時間內「清檯」。

這就是所謂的因果關係 (Causation)，亦即完整的因果連鎖。計算一串完整的因果關係，絕對是辦得到的，因此你可以說你敲了母球，導致某顆子球進入底袋。每次只要球形相同，加上用同樣的方式敲擊母球，結果也一定會完全一樣。

我這邊再提供一個利用假設數據的思想實驗（Thought Experiment；心法169）供各位思考：假設心臟病發作的患者每年平均吃五十七個雙層起司培根漢堡，我們便可以推論吃雙層起司培根漢堡會造成心臟病發作嗎？答案是不見得。就像心臟病發作的人每年平均洗三百六十五次澡，眨五百六十萬次眼睛，但我們並不能下定論說洗澡和眨眼會引發心臟病一樣。

相關性 (Correlation) 不等於因果關係，有關係不表示就是成因。就算你注意到某一項測量的讀數與另外一個讀數高度相關，這點也不能證明前者為因，後者為果。

假設身為一家比薩店的老闆，你做了一個三十秒鐘的電視廣告要在地方性的電視台上播放，而在廣告開始播放後沒多久，你便注意到店裡的業績成長了三成。你是不是可以說廣告促成了業績的成長呢？

答案一樣是不見得。業績的成長可能肇因於一個或多個其他的事

件。也許鎮上這幾天剛好辦了場大型會議，主辦單位訂了很多比薩；也許學校放暑假，爸媽帶小孩出去吃飯慶祝；也許你店裡剛好特價在買一送一。也許業績成長應該歸因於上述某一項或某幾項原因，跟電視廣告根本沒有關係。這麼多事情同時發生，釐清彼此間的因果關係實非易事。

搞不好，電視廣告不但沒有提振業績的作用，還有反效果。觀眾有可能覺得廣告拍得不好，甚至覺得廣告的內容很討人厭，所以心一橫決定不去光顧了。只是說其他因素推動的業績成長幅度太大，抵消了廣告的反效果，還能結餘一些業績的正成長。

**因果關係必然比相關性難證明。**面對多變數、互倚因素盤根錯節的複雜系統要加以分析，欲找出其中真正的因果關係絕非易事。單位時間內系統中的變化愈多，多重因素造成一項結果的機率就愈大。

**根據已知的變數去進行調整，可以幫助你分離出系統中某項變化的潛在原因。**比方說，如果你已知很多全家福會出門用餐去慶祝放暑假，或者是某個團體的年會即將召開，**你便可以援引歷史資料，對業績數據進行季節性的調整。**

你愈能夠釐清系統中的各項因果關係，就愈應該對自己對系統所做的改變抱持信心。

觀念分享：http://book.personalmba.com/correlation-causation/ ↖

## 常態
### Norms

記不住歷史教訓的人，必然會再被歷史教訓。

—— 喬治·桑塔亞納 (George Santayana)，散文家、雋語家

如果你想要知道現在某項工作的成效好壞，一個很好的辦法往往是回顧過往。

**常態 (Norms) 是一條量尺；**透過歷史資料的映照，這條量尺可以提供

一個脈絡，讓你在其中得知目前工作的成效高低。比方說銷售數據所受到的季節性因素影響，就是個很好的例子。如果你店裡賣的是聖誕節的裝飾品，那比較第四季（每年十月到十二月）與第三季（七到九月）的業績，就不是個很恰當的做法，因為很少人會在八月買聖誕節的裝飾品。比較好的做法是比較今年第四季跟去年第四季的銷售數據，這樣才能在相同的基礎上比較出你的經營績效。

測量的方式一旦改變，奠基於原本測量法之上的「常態」也會因此失效。在實驗，原本有一套舊的方法來評估特定廣告行銷的有效性，已經用了很多年。在延用舊法的前提下，我們可以運用這些年的資料來進行比對，確認新推的廣告是不是如以往的廣告一樣有效。如果新廣告的效益未達到前幾年的常態，廣告就會被撤掉，甚或在開發階段就被抽掉。

如果公司突然決定要更換新的成效評估方法，那麼舊有的常態就將失效。改變測量法，奠基於其上的常態資料就將失去根基。如果你仍想要運用常態的概念，就得從頭重新建立新的歷史資料庫。

過往的表現不能預測未來。記住，我們所管理的一般都是極度複雜的系統，而在複雜的系統裡，事情無時無刻不在變化，一種方法曾經可行，不表示永遠可行。**要獲致最好的成效，你必須定期再三檢視你的「常態」，確認這些資料仍具有參考價值。**

觀念分享：http://book.personalmba.com/norms/ ↖

## 代理
### Proxy

如果我們把狗狗的尾巴改稱爲腳，狗狗會變成有幾隻腳？答案還是四隻。把尾巴改稱作腳，並不會讓尾巴真的變成腳。

——亞伯拉罕・林肯 (Abraham Lincoln)，美國第十六任總統

有件事情如果沒有辦法直接去測量，你怎麼辦？

運用代理 (Proxy) 的手法，我們可以測量 A，但其實是間接想要測量 B。比方說，在民主政體之下，選票就是一種代理物，功能是測量「民意」。我們沒辦法掃描每位公民的腦波，藉以得知他們的政治傾向，於是選票就成了次佳選擇（Next Best Alternative；心法70）。

代理物的運用在科學測量中是家常便飯。你有想過科學家怎會知道太陽有多熱、某顆化石又有多老嗎？他們測量的不是這些標的本身，而是他們的代理物，如電磁波的波長，或是已知輻射性同位素的半衰期，然後再根據測得的讀數與已知的定理去回推想要的答案。

好的代理物往往跟本尊過從甚密，兩者關係愈近愈好。就以網站流量的分析為例，你若想知道訪客每次來待多久、看了網站裡的哪些東西，但又沒辦法當網友肚子裡的蛔蟲，那你有一個辦法是可以去追蹤滑鼠游標的位置，效果一樣非常好。卡內基美隆大學 (Carnegie Mellon University) 所做的一項研究顯示：

> ……在八十四％的案例當中，一個區域有滑鼠游標經過表示使用者的視線也同步掃過；在八十八％的案例中，某區域若未被視線掃過，滑鼠游標也不會有經過的痕跡。❸

因為游標的移動與視線的聚焦（代表注意力）高度正相關，因此游標的移動軌跡會是上網者注意力的極佳代理。亦即正的相關性愈高，代理的品質就愈好。

要得到最好的結果，你得確定代理物真的與真正的目標相關。代理物有時候是會誤導人的，你可能以為它代表的是某件事情，結果它代表的是另外一件事情。前面我們說過程式設計師的生產力該如何測量的例子，例子中的關鍵表現指標是程式碼的行數。但我們前面也說過，程式碼的行數固然是程設效率的代理指標，但卻常常是個「反」指標，程式碼愈多，有時候代表著效率愈差，由此這樣的代理選擇可以說是適得其反，緣木求魚。

小心使用的話，代理可以幫助你測量沒辦法直接測量的東西，但你得確定所選擇的代理物與真正的測量標的直接且高度相關。

觀念分享：http://book.personalmba.com/proxy/

心法
248

## 分門別類
Segmentation

*分析的最高指導原則：絕對不要把一項讀數（即便是上帝最眷顧的關鍵表現指標），在沒有分門別類之前呈報出去……任何一個關鍵表現指標即便再善於單打獨鬥，都可以透過分門別類的過程，變得更加強大，讓你更能夠看出趨勢，或是更有信心力排眾議。*

——艾維納許・考希克 (Avinash Kaushik)，資料分析專家、創業家

一大堆資料中自有其黃金屋、自有其顏如玉，但你要得有本事找得到。分門別類 (Segmentation) 做為一種技巧，是把某個資料集合區分成各自具有不同定義的子集合，以便讓資料所處的脈絡輪廓更清楚。將資料區分為經過定義的子群組，可以幫助我們發掘出之前不知道的關係。比方說，知道這個月訂單成長了八十七％很好，但知道新訂單中有九成來自女性更棒。找出這些女性為什麼下單，你就有辦法將資訊轉換成企業更大的成功。

要將客戶的資料加以分門別類，一般而言有三套標準：過往表現、人口特徵、心理因素。

過往表現 (Past Performance) 分類是根據顧客過往的已知行為來將之分門別類。比方說，你可以用已建檔的舊客戶銷售資料來區分新進的銷售資料，藉此比較新、舊客戶間的銷售差異。終生價值（Lifetime Value；

---

3. http://portal.acm.org/citation.cfm?id=634067.634234

心法110）的計算就是按照過往的消費行為來將客戶分門別類。

人口特徵 (Demographics) 分類是按照外顯的個人特徵來將銷售資料分門別類。個人資訊如年齡、性別、收入、國籍與居住地，都可以幫助你判斷哪些人最可能上門光顧。事實上，多數企業會定義不同的業務與客戶，然後再據此去區分客戶的種類，並給予不同的待遇。

知道你的模範客戶是二十三到三十二歲、住在主要都會區，每個月可支出所得至少兩千美元的男性，對企業的經營絕對是大利多。你可以把所有的資源都投入去吸引更多這樣的客人。

心理層面 (Psychographics) 分類是根據心理特質來區分客戶類別。一般透過訪查、評估或焦點團體 (focus group) 等方式，我們可以測知在心理層面上，人是用什麼樣的態度或受到什麼樣的世界觀影響，去看待自己、看待這個世界。

心理層面的分類可以幫助你創造價值、行銷產品、擬訂銷售策略。若你賣的是居家的保全系統，那麼很有可能你的潛在客戶認為這世界是個危險的地方，就算人在家中坐也不見得百分百安全。因此試著在以野外生存或防身術為主題的雜誌中或網站上刊登廣告，或許會是個不錯的點子。

將你的客戶資料分門別類，你會發現當中隱藏著許多有趣的細節值得進一步探討。

觀念分享：http://book.personalmba.com/segmentation/ ↖

心法
249

# 人性化
### Humanization

*物質不是宇宙的中心，人才是。*

——史托夫・波依德 (Stowe Boyd)，社會科技學家

滿腦子都是數量的人最喜歡資料分析，但要真正善用數據，你必須

超脫在數字的操弄以外，才能夠真正看清楚數字想要傳達的訊息。

　　分析系統資訊的時候，我們很容易會忘記資訊始終源自於人性。比方說，某家公司的客服部門負責回答來電的抱怨，而在商言商，若能將每通電話的等待時間由十分鐘減少到八分鐘，表面上是天大的好事，客服的處理效率足足進步了二十％！

　　這時若把慶祝的香檳放下，你該思考的是單看數據我們會忽視的一點，是對一位很不爽的客戶來說，十分鐘固然很久，但八分鐘也一點都不短，兩種時間感覺都像一輩子。等待的每一分鐘，客人的怒火都會不斷上升，他們對公司的好感也會不斷流失。效率上兩成的進步，根本難以與企業聲譽（Reputation；心法61）受到的衝擊相提並論，要知道客戶不會只跟你抱怨，還會跟他們的親朋好友抱怨你這家公司有多難搞。

　　**人性化 (Humanization) 做為一種過程，是要用數據或資料去說故事**（Narrative；心法59），**說的是身為人的真實經驗或行為。**量化的做法可以幫助我們掌握事情的全貌，但要在個人的層次上理解事情的過程，我們往往得將抽象的數據轉化為具體的行為。

　　為了達成人性化的目標，很多企業會開發出一系列的顧客屬性，也就是從資料中歸納出客人有哪些類別。我在寶鹼開發家用品的時候，市調資料顯示我們面對的客人形式有兩大類別。一種，要的是深度的清潔，這類消費者的心聲是：不用漂白水擦到網球肘發作，誓不罷休；另一種人要的是快速與方便，他們的心聲是：忙都忙死了，東西只要看起來不髒就好。

　　知道有這麼兩種人，再配合上其他的資訊像是家戶所得、家庭統計數據、還有消費者的嗜好，我們建立起了一套目標消費者側寫。有了這個側寫，我們運用資料去做決策就變得方便得多。**相對於單純倚賴數據去評估決策，我們現在可以訴諸感性去問自己一句：「你覺得『溫蒂』會喜歡這項新產品嗎？」**當然你的虛構消費者不一定要叫做「溫蒂」，你可以給他取別的名字。**數據是死的，數據想要講的故事才是活的，才能讓你掌握現狀，也才能幫助你分析出有用的東西來。**

觀念分享：http://book.personalmba.com/humanization/ ⬆

# 改善系統
## Improving Systems

理論和實務在理論上沒差，在實務上有差。

——班傑明·布魯斯特 (Benjamin Brewster)，聖公會主教

　　系統的創造與改善是企業成功的關鍵。了解系統、分析系統的目的在於改善系統，而改善系統絕非易事，因為系統一變，很多想不到的事情都會變。

　　在本章中，你會學到最適化 (Optimization) 的祕密，學到如何將莫須有的摩擦 (Friction) 排除在關鍵的流程之外，還有如何建立一個堅強的系統，能經得起不確定性與情勢變遷的考驗。

　　觀念分享：http://book.personalmba.com/improving-systems/

# 介入偏誤
## Intervention Bias

每一個複雜的問題，都有一個清楚、簡單而錯誤的答案。

——亨利·路易斯·孟肯（H. L. Mencken），散文作家

在對系統做出改變之前，很重要的一點是你要了解到人性就是覺得一靜不如一動。如我們前面討論過的，「眼不見為無」（Absence Blindness；心法150）會導致我們把眼前的事物看得比不在我們眼前的事物更重要。這種天性會影響我們對系統的處理：「介入偏誤」(Intervention Bias) 會讓我們引入許多沒有必要的改變，為的是感覺一切盡在自己的掌握中。

許多企業政策都是基於介入偏誤所產生。每當壞事發生，主事者就會忍不住想要做點什麼來「亡羊補牢」，包括增設更多層的限制、回報與稽核機制。但這麼做帶來的不是「處理量能」（Throughput；心法88）或效率的改善，而是額外的「溝通成本」（Communication Overhead；心法191）、浪費，還有不具建設性的官僚作風。

要矯正介入偏誤，最好的辦法就是去觀察科學家所稱的「虛無假設」(null hypothesis)，也就是去看看如果你假設不好的結果只是單純的意外或普通的錯誤，並因此按兵不動，最後會有什麼結果。

試想若有一家公司開放員工買他們需要或想要的專業書籍，不需要任何理由都由公司買單。由於書作為高品質的資訊來源，其實是很便宜划算的，所以讓員工方便購書其實是有益於公司未來的明智決定。

一切看似美好，直到有天一名不肖員工濫用了這項福利，以公司的名義購入了數百本他想要自己看的小說或閒書，你身為公司主管該怎麼處理呢？

許多公司的反應會是砍掉這項福利或要求以後購書都要經由主管審核。但這樣的「改革」並不能解決這次的弊端，因為這次發生的只是個

案而非通例。真正這要改下去，只會惹怒那些奉公守法按公司規定購書的員工，浪費大家的時間，增加公文處理量與企業內部的官僚習氣，讓員工吸收專業知識來提升工作品質的時間成本提高，變相降低了人才的生產力。

正確的反應是什麼都不做。事實是只有一顆爛蘋果做了一個辜負公司好意的錯誤決定，對此公司只要開個會討論一下就可以結案，原本立意良善的政策無須大改。相關的損失並不嚴重，為了一個蠢貨讓全體善良員工受到連坐，談不上是個睿智的判斷。這只是個「常態意外」（Normal Accidents；心法232），反應過度無益而有害。

**在決定要逕行介入前先以虛無假設來模擬後果，會有助於你避免掉介入偏誤，確保你做出最接近理想的決斷。**

觀念分享：personalmba.com/intervention-bias/ ⬚

## 最適化
### Optimization

半吊子的最適化，是萬惡之源。

—— 唐諾‧努斯 (Donald Knuth)，電腦科學家，曾任教史丹佛大學

**最適化 (Optimization)** 做為一種過程，是要將系統所需的輸入降至最低，產出增至最高。系統與流程的最適化，通常圍繞著關鍵表現指標（Key Performance Indicators；心法235），因為這指標所測量的是整體系統中的關鍵元素。關鍵表現指標變好，系統表現必然變好。

最大化通常應用在系統的處理量能上。如果你想要多賺點錢，那你就得多生產些產品，或服務更多上門的客人，這就表示你得最適化處理量能。改變系統使其處理量能擴大，意謂著你的系統會以更精確、更客觀的方式去運作。

最小化通常應用在系統或流程運作時所需要耗費或投入的進料。如

果你想要增加利潤，投入的成本如何降低就是你的第一考量。成本降低，利潤自然增加。

　　按照定義，如果你想要最大化或最小化一件以上的事情，那麼你不是在最適化，而是在取捨（Trade-offs；心法33）。很多人口中的最適化，意思是字面上的「讓每件事都變好」，但這樣的定義沒辦法幫你完成任何事情。

　　在實務上，想要同時針對多個變數執行最適化，是不可行的。你必須專注在單一的變數上，才能掌握這單一的變數如果改變，會對整體系統產生什麼影響。只有一次操作一項變數，你才能發現變數調整與系統變遷之間的因果關係，而非僅是相關性；太多變數，隱性的互倚因素（Interdependence；心法228）就會變得複雜，讓你沒辦法確定什麼因結了什麼果。

　　記住，最適化不能貪心，不能一次想要操弄多重變數。選出最重要的變數，然後專心找出最適當的參數。

觀念分享：http://book.personalmba.com/optimization/ ↖

心法
252

# 重構
## Refactoring

優雅既不必要也不自然，而且成本極高。單純去做一件事，很少能談得上什麼優雅不優雅，但如果你重做一次，然後想到怎麼做可能會比較優雅，然後照著這樣的想法再做一次，那在經過不知多少次的循環修正之後，你出來的東西可能就會非常優雅。

——艾瑞克・納古姆 (Erik Naggum)，電腦程式設計師

　　不是所有的改變都是設計要改變系統的產出。有時候改變結果不如重構流程。

　　**重構 (Refactoring)** 做為一個流程，是要改變系統來提升效率，但不改

變系統的產出。重構這個詞，源自於電腦程式的撰寫。程式設計師會花好幾個小時重寫程式，但在正常情況下，設計師從頭到尾重寫的程式都會得到一模一樣的結果。他們為什麼要這麼做呢？重構最主要的用意不是要改變產出，而是要讓系統變得更快、更有效率。**將系統中的流程重新加以排列，產生的結果一樣，但卻可以讓我們找出速度最快、效率最高、耗用資源最少的運作方式。**

重構始於流程或系統的解構，然後是尋找模式。有哪些關鍵的流程是必須一點差錯都不出，才能讓系統達成我們想要的成果？這些流程是否必須按照固定的順序完成？目前想進行調整會面臨哪些侷限？哪些事情看起來格外重要？想想這些問題，盡可能多蒐集關於系統運作的資料，然後去沉澱一下。

往往，經過沉澱之後，你會慢慢發現系統裡有些事情沒啥道理。有些事你之所以做，是因為當時那樣做是對的，但隨著時間過去，原本的作法就會變得有些不合時宜。

新的系統運作模型一旦浮出水面，你便可以重新調整系統，將不同的流程或進料分門別類。如果你面對的是一條生產線，而你發現每次需要某種零件就得按下停止鍵，長途跋涉到廠區的另一端去補貨，那麼重新調整系統，讓這樣關鍵零件唾手可得，就變成你該做的事情。調整之後，系統生產出來的東西並未改變，但你可以把系統中不具效率的部分拿掉一些，這些小地方可能不算起眼，但集合起來卻讓企業的生產效率蒙受甚大的損失。

如果你的目標是提升系統的效率，那麼重構絕對是當務之急。

觀念分享：http://book.personalmba.com/refactoring/ ↖

# 關鍵少數
## The Critical Few

一般來說，動機、進料，或付出的心血可以分成兩類：一、無關緊要的多數；二、成敗關鍵的少數。

——理查·柯克 (Richard Koch)，作家、暢銷書《80/20法則》(The 80/20 Principle)作者

十九世紀經濟學家暨社會學家維爾弗雷多·帕雷托 (Vilfredo Pareto)對土地所有權與社會財富分配這兩個題目很有興趣。他蒐集了大量資料加以分析，結果發現了一個模型：義大利超過八成的土地屬於占人口兩成的地主。義大利的貧富不均，財富的分配曲線並非常態分布的鐘形，換句話說，在義大利，財富極端集中在相對少數的民眾手中。

帕雷托研究了生活中的其他面向，結果持續發現同樣的狀況：比方說在帕雷托的花園裡，兩成的豆莢結出了八成的豆實。怎麼會這樣？

在任一複雜體系當中，少數的來源總能創造出多數的產出。此一到處可見的非線性分布，就是我們現在所知的「帕雷托法則」(Pareto's Law)，也就是所謂的八十／二十法則。我自己則是喜歡叫它做關鍵少數 (The Critical Few)。

了解了這種模式，你會發現生活中其實到處都是這種情形：

▶ 很多行業裡，八成的生意來自兩成的客人。
▶ 一家公司裡，不到兩成的員工完成了八成以上的重要工作。
▶ 你八成的時候穿的是衣櫃裡兩成的衣服。
▶ 你八成的時候往來的是通訊簿裡兩成的熟人。

關鍵少數的非線性樣貌可以非常極端。比方說，全球不到三％的人口掌握了九十七％以上的財富。隨著時間演進，國家或企業裡的實權也往往會集中在少數的寡頭身上，由此少數幾個人所做的決定，往往會決

定億萬人的生活甚至命運；遠不及百分之一的電影可以賣座，不到百分之零點一的書寫出來，可以登上暢銷排行榜。

要得到最好的結果，我們應該專注於能產生最大產出的關鍵「輸入」。在《每週工時四小時》(*The Four-Hour Workweek*) 書中，提摩西·費里斯 (Timothy Ferriss) 就說明了如何用運關鍵少數的觀念來認出好客戶。在提摩西所服務的一百二十位客戶之中，最大的五位就貢獻了他九成五的收入。提摩西於是把這些大客戶照顧得服服貼貼，至於對其他眾多小客戶的服務就「適可而止」；就這樣，他讓自家的單月營收翻倍，工作時間則從每週八十個小時驟降到十五個小時。

同樣的做法也可以用來避免你不想要的結果。分析過自己的生意之後，費里斯發現有兩名客戶特別難搞、毛病特別多。最終他下定決心「開除」了這兩位客人，因為這兩位老爺實在太難伺候了。雖然他們也算是大客戶，但是費里斯還是決定與這兩位分道揚鑣，由此省下了不少時間與力氣，進而能夠確保其他三名大客戶所得到的服務品質。

討好也好不討好也罷，吃力的業務往往代表著不可承受的機會成本。老是在開一些沒用的會議，就是浪費時間，這些時間你原本可以拿去好好運用在重要的工作上。同樣地，非關鍵的費用也應該省下來，不要花不該花的錢，重要的預算才不會在要緊的時候遭到排擠。

找出產出最高、效益最高，最值得你投入心血的生意，然後全心投入，至於不值得你分心的，吃力不討好的生意，該分就分，愈早愈好。

觀念分享：http://book.personalmba.com/critical-few/ ◤

心法
254

## 遞減的報酬率
### Diminishing Returns

三分之一的成本，與三分之二的問題，往往源自於最後十％的運轉。

——諾曼·R·奧古斯丁 (Norman R. Augustine)，
航空業高級主管、曾任美國陸軍部副部長 (Undersecretary of the Army)

銀行帳戶裡有十塊錢，卻在剛洗好的衣服口袋裡找到五塊錢，那真是個天大的好消息；銀行裡有一千萬元，五塊錢只會讓你嘴角稍微揚起一秒鐘。

同樣的道理，一塊餅乾很好吃，兩塊餅乾超好吃，一百塊餅乾則跟好不好吃已經無關。這道理就是多不一定好。當然如果你本來就不喜歡吃餅乾，這例子你就會聽不懂，請自行把餅乾換成你在一定量內會喜歡的東西，啤酒也好、肯德基也行。

所有好的東西，都還是會受到**遞減報酬率 (Diminishing Returns)** 的制約，也就是量超過了一個程度，原本好的東西就會變得不好。在寶鹼的行銷部門，我們花了很多時間、很多精神去分析廣告的成效。新電視廣告播出的最初幾週，我們比較容易看出效果好不好，如果我們覺得效果令人滿意，我們就會編列更多預算，讓這支廣告播久一點，但天下無不散的筵席，再好的廣告也不能天長地久地永遠播下去。

不論觀眾的迴響多熱烈，廣告的效果總會慢慢消退，廣告的效益不可能永遠保持在一元廣告費換一元收入的高檔。**效益開始衰退的那個點，就是所謂的「報酬率遞減點」**(Point of Diminishing Returns)。如果我們得砸更多錢才能維持原本的廣告效果，公司就會開始虧損；聰明的做法是換個方法去促銷產品。

什麼都不做，絕對比不上用點巧思，輕輕鬆鬆釣到大魚。在《從0開始打造財務自由的致富系統》(*I Will Teach You To Be Rich*) 書中，拉米特・塞提 (Ramit Sethi) 建議我們運用所謂的「八十五％解決方案」。很多人會執著於所謂完美的解決方案，結果就是把自己搞得壓力很大，最後一事無成。想辦法事半功倍，然後晚上好好放鬆，去做自己想做的事情，不是很好嗎？

不要覺得自己得把每件事情都弄得超有效率，不要完美主義。**最適化與重構也同樣受到關鍵少數法則的影響，也就是可能幾件小事，些許調整或改變，或許就可以讓我們坐享極大的利益。**在蜜月期過了之後，好摘的水果都收成了之後，進一步的最適化可能會讓人得不償失，這時

候你就應該停下腳步，要知道完美主義只會讓你愈陷愈深，終於無法自拔。

最適化與重構必須適可而止，報酬率的遞減就是最好的警訊；發現某種做法的投報率開始衰退，我們就好開始去另作他計。

觀念分享：http://book.personalmba.com/diminishing-returns/

## 漸進式負荷
### Progressive Load

積近致遠。

——西班牙諺語

第一次綁好運動鞋帶就去跑馬拉松，或是第一次上健身房就舉四百磅的重量，我個人不太推薦。最有效且風險最小的策略是從你可以應付的小挑戰開始，等經過練習覺得輕鬆寫意後，再循序漸進挑戰更長的距離或更重的磅數。

這種策略的專業術語是「漸進式負荷」(Progressive Load)：**為了增加某系統的總承載量，你要給系統時間去面對需求的增加，讓它慢慢接受變化，適應變化。**

漸進式負荷的概念可以用在體能鍛鍊上，也可以通用在各種領域裡。企業常覺得事情做不完，多請人就是了，特別是在銷售跟客服的領域裡，更容易有這種心態。但員工進來要經過培訓才能達到最高的效率。有時候貿然增加不嫻熟的人手，可能老問題還沒解決，新問題會先浮現。

青澀的業務員有很高的風險會胡亂承諾公司做不到的事情；訓練不足的客服會不懂得如何面對氣急敗壞的客人、不懂得如何傳達企業的政策，也不懂如何在容許的範圍內破例。有用的訓練需要由主管或老鳥去進行指導、溝通與監督，而這都會加重現有人員的工作負擔。這樣的投

入往往可以在中長期獲得回收，但短線上必須付出員工壓力變大的代價，而壓力變得可能會逼著現役員工去思考其他出路，進而造成公司關鍵人才的流失，而關鍵人才代表的就是重要的經驗與能力。

想增加生產或服務量能最有效的辦法，就是穩定而持續，但少量多餐地慢慢擴產，以免一口氣造成系統對暴增的需求無法負擔。與其一下子找來好幾個菜鳥到隊上，每年分批單個擴編往往是後座力較小的做法。

持續的小進步可以「累積」成大進展。不確定的時候，就從小地方做起，正所謂行遠必自邇。

觀念分享：personalmba.com/progressive-load/ ⬉

# 摩擦
## Friction

世界這麼大，我不會浪費生命在磨擦上，我會善用每一筆前進的動量。
——法蘭西斯・E・威拉德 (Francis E. Willard)，
教育家、支持婦女參政權，一手推動美國憲法通過第十八與第十九號修正案

想像一下你面前的地上有一顆冰上曲棍球，姑且稱之為冰球 (puck)，你手中拿著標準的曲棍球球桿，準備帶球射入一英哩外的球門。

首先，假設冰球不在冰上，而在長草區中，草長到可以隨風飄蕩。你每揮一桿，冰球只能往前推進幾英尺，因為大部分的動能都流失在跟草的摩擦上了。按這種速度，你要到達球門前，得揮上好幾千桿，而這還是理想的狀況，因為說不定半途你就累癱了。就算你體力超凡，毅力過人，這一趟路也得花上你好幾個小時，讓你身心疲累不堪。

換種情況，你可以先用除草機把這段路程中的長草給修短，之後你揮起桿來，每次都能讓冰球前進至少二十呎，比原來的狀況好多了。冰球前進時遇到的長草少了，自然可以走得較為順遂。你還是得出力，才到得了目的地，但所花的時間與力氣都會比較少。

最後，假設你用水淹沒了這片草原，再用 X 戰警的力量讓這片沼澤結冰，之後你每揮一桿，冰球就都可以前進好幾百英尺，因為光滑的冰原不會讓冰球損失任何前進的動能。照這個速度，你只需要揮幾次桿，就可以到達球門前，流不到幾滴汗就能大功告成。

**摩擦 (Friction) 會讓系統無謂地耗損掉能量**。磨擦的存在，會讓人必須不斷挹注能量到系統之中，系統的運作才不會暫歇。除非有新的能量投入，否則摩擦終究會讓系統的運作慢下來，最後停下來。摩擦變小，系統的效率自然提升。

每個企業營運流程都內含有一定的摩擦。關鍵在於找到摩擦在哪裡，然後嘗試去做出改變，讓系統中的摩擦減少。持續減少摩擦，假以時日，就可以積少成多地累積出驚人的進步，讓產品品質與生產效率同時受益。

將哪怕是再微不足道的摩擦從你的行銷、銷售與價值輸送過程中排除，都能為獲利創造可觀的進步幅度。比方說像亞馬遜這樣的零售商就不惜大費周章，只求能讓顧客在下單時輕鬆那麼一點點。從讓顧客可以一鍵購物（扣款與出貨分別根據客人資料中預設的信用卡號與收貨地址）到推薦他們相關的產品，亞馬遜要的就是讓客人在線上買起東西像呼吸一樣愜意。

Amazon Prime 作為一種保證將客人的每筆訂單在兩日內送達的升級服務，就是教科書上所說，那種利用把摩擦降低來牟利的典型。只要繳少許年費，Amazon Prime 的會員就可以確保在兩日內收到寄來的商品，不用浪費時間去店裡採買。

每當顧客加入 Amazon Prime，他的全年下單量就會翻倍。四成六的 Prime 會員在 Amazon 網購的頻率是每週至少一次，三成一的會員每天都會到 Amazon 的網站上去逛逛……這全都要歸功於消費過程的摩擦下降。❶

摩擦還有一個妙用，是有時候用得好，你可以藉之去影響人的行為或想法。比方說，你可以要求客人在退貨的時候要提供收據，不然就是

要求他們說明退貨的理由，這樣客人退貨的過程就會遇到摩擦，他們退貨的意願就會降低。但是增加摩擦要謹慎為之，因為摩擦增加太多，你的企業聲譽可能會受到衝擊，客人會被激怒，會想怎麼合理退個貨會如此寸步難行。不過拿捏的好的話，一點點人為的摩擦，確實可以避免無聊的人亂退貨。

營運摩擦若能降低，事半功倍將非夢事。

觀念分享：http://book.personalmba.com/friction/ ↖

## 自動化
### Automation

企業採用任何科技的兩項原則：一是應用自動化，你可以讓高效率的流程效率更高；二是應用自動化，你可以讓沒效率的流程更沒效率。

—— 比爾·蓋茲 (Bill Gates)，微軟 (Microsoft) 創辦人兼董事長

摩擦減得夠多，你的營運流程搞不好可以不用人顧。

**自動化 (Automation)** 做為一個系統或一道流程，其運作可以不需要人為介入。工廠的生產線、水電瓦斯網絡、電腦程式，都是透過自動化去降低運作所必須的人為介入。系統運作需要的人為介入愈少，自動化的效率就愈高。

**自動化**，適合定義明確、重複性高的工作。比方說，如果每次有人跟我要推薦的商管書單，我就得回一次電子或傳統信件的話，那我早就進瘋人院了，聰明的我於是把書單刊登到網站上，設定成自動回覆，之後只要有人來信，書單的檔案就會自動傳送出去，不需要我再動手處

1. Rahul Chadha, "Nearly Half of US Households Are Now Amazon Prime Subscribers," eMarketer, June 26, 2018, https://www.emarketer.com/content/nearly-half-of-us-households-are-now-amazon-prime-subscribers.

理。這份書單可能已經有世界各地、成千上萬的讀者看過，而這都得歸功於自動化。

　　**想個辦法讓系統自動化**，你便透過了複製（Duplication；心法89）與繁殖（Multiplication；心法90）敲開了規模（Scale；心法91）的大門，由此你便會更有能力去創造價值，並將價值交付到更多顧客手中。

　　觀念分享：http://book.personalmba.com/automation/ ⬉

## 自動化的矛盾
### The Paradox of Automation

五十個普通人可以用一台機器取代；一個優秀的人沒有機器可以取代。
——阿爾伯特·哈伯德 (Elbert Hubbard)，出版人、《致加西亞的信》(*A Message to Garcia*) 作者

　　自動化很好，但不是全部都好。

　　假設你有一條完全自動化的生產線，做的是每顆兩百美元的電腦處理器，線上有作業員，但作業員只需要按一下按鈕，生產系統就會火力全開，每分鐘產量高達兩千四百顆。在這裡上班真愜意啊，不是嗎？

　　是歸是，但這有一個很重要的前提。假設有一台矽晶圓的鑽孔機沒有對齊，鑽出來的極微小孔隙不在正確的位置，而落在了處理器正中央的心臟部位，這表示每一秒鐘，有四十顆處理器「出師未捷身先死」。

　　假設每顆處理器的原料成本是二十美元，工廠每秒鐘的損失就是八百美元，而且如果沒有人發現，這虧損就會無上限地持續累積。稍微算一下，每分鐘的損失就將高達四萬八千美元，而這還只是原料部分的直接虧損，要是計入每顆處理器的售價高達兩百美元，公司每分鐘的損失其實高達五十二萬八千美元，這當中包括四萬八千美元的直接成本與四十八萬美元的機會成本。

　　覺得很扯嗎？真正扯的是在二〇〇九年底，豐田汽車發現自家許多熱門車款的油門踏板出了大問題，而就因為出狀況的這些車款長年很受

歡迎，這問題的嚴重性開始繁衍到其實沒事的車款。最終豐田召回的代價超過五十億美元。

在召回事件之前，豐田在業界與消費者的心中是汽車業的第一把交椅。如今這一點在許多層面上仍未改變，但公司的聲譽已經受到重創。這說明了問題出現若不能馬上止血，再強大的公司也難以承受。

這就是所謂自動化的矛盾 (Paradox of Automation)：自動化的系統效率愈高，人為操作的重要性就愈大。錯誤一旦發生，操作人員必須快狠準地介入，否則自動化的特性會讓洞愈破愈大，而能把洞補起來的一定是人。

李珊・班布里基 (Lisanne Bainbridge) 博士是在倫敦大學學院 (University College London) 任教的心理學家，也是研究高效可靠系統特性的先趨。[2] 事實上自動化的「矛盾」，就是她第一個發現、第一個提出的。她認為高效率的自動化系統減少了人力的需求，但也讓人的參與變得較以往關鍵。

系統效率愈高，自動化的程度愈高，人的重要性也會同步升高、而非下降。

觀念分享：http://book.personalmba.com/paradox-of-automation/

心法
259

# 自動化的弔詭處
## The Irony of Automation

總有些意外，是自動化的設計沒辦法想到，或想得到卻也無能為力的。系統愈是穩定，偵錯就愈困難，補救也愈困難。

——拉賈・帕拉蘇拉曼博士 (Dr. Raja Parasuraman)，
喬治梅森大學 (George Mason University) 心理學教授

---

2. http://www.bainbrdg.demon.co.uk/Papers/Ironies.html

系統效率愈高，自動化程度愈高，人的介入與人的技術就益發重要；有優秀人才的介入，錯誤才不會一發不可收拾。所以，我們隨時隨地都得有人才在現場看著，是嗎？

理論上是這樣，但實務上有其困難。付錢讓高薪人才枯坐著看機器運轉，只是要以防萬一，我想十家公司有十一家不願意，因為只要系統還算穩定，這個職務可能真的就只有坐一整天的份兒。這樣的公司政策如果真的推動下去，線上的人員大概都會無聊到爆。

這就是所謂自動化的弔詭處 (Irony of Automation)：系統愈穩定，人需要做的就愈少，由此人的專注力就會降低，對於運作中的系統就不會那麼注意。前面討論到新鮮感（Novelty；心法 153）的時候，我們曾經提過二戰時期英國雷達操作員所接受的注意力研究，還提到所謂的「麥克沃斯鐘」(Mackworth Clock)，還記得嗎？事情一成不變，人很快就會疲乏，而系統愈是穩定，看起來就會愈一成不變。

很弔詭地，系統愈穩定，操作者的感官就會漸不敏銳，他們要注意到問題就愈不容易；一分神，事情往往就趁隙發生了。由此系統愈穩定，人員注意到事情有異的機率反而愈低，要他們見微知著根本就是奢望。

久不管，小錯誤就會變成常態，被視為「新的正常」，這說明了何以知名如豐田，也會落得必須召回車輛，蒙受五十億美元損失的下場。豐田的員工絕對不笨，也沒有吊兒啷噹，如果你這樣想，那就是犯了歸因謬誤（Attribution Error；心法 209），今天換了是你站在高度自動化的系統前面，情況不但不會更好，反而可能更糟。

要把自動化系統出錯的案例降到最低，最好的辦法就是一而再、再而三地嚴格取樣（Sampling；心法 241）與測試（Testing；心法 178）。記住，常態意外就是常態，意外遲早會發生。做最壞的打算，假設錯誤必然發生，然後安排一連串的測試去找出最可能發生的錯誤。知道潛在的錯誤在哪裡，負責人員自然就知道該注意什麼地方，這樣第一時間發現問題的機率就會提高。

對於自動化系統的操作人員，一定得要求他們時時專心；時時提

醒，他們自然會比較能注意到必然發生的錯誤。

觀念分享：http://book.personalmba.com/irony-of-automation/

# 心法 260 標準作業程序
## Standard Operating Procedure

成不成功，不是看你手上的問題困不困難，而是看這問題是不是跟去年
那個一樣。

—— 約翰・福斯特・杜勒斯 (John Foster Dulles)，前美國國務卿

　　遇到客人抱怨或要求退錢，你怎麼辦？雷射印表機沒有碳粉了，你
怎麼辦？副總出差了，辦公室又發生緊急狀況，誰來當家？

　　**標準作業程序 (Standard Operating Procedure; SOP) 是事前訂好的流程，
可以用來完成特定的任務或解決特定的問題。**企業體系中常常包含著重
複性的工作，這時如果公司裡有標準作業流程可循，這類反覆單調但又
必要的工作就可以在最短的時間內完成，而且不用每個人都傷一次腦
筋，就像你不用再重新發明一次輪胎一樣。反正大家遇到同樣的事情，
就都按照標準程序去跑一遍就行了。不用為了這類勞力的工作傷神，你
就可以把精神留給需要創意的事情。

　　定義明確的標準作業程序之所以有用，是因為可以降低摩擦的干
預。與其浪費寶貴的時間與力氣去解決一個別人已經解決過許多次的問
題，預備好的標準作業程序可以確保你不用多花時間、不用多傷腦筋在已
經有答案的問題上，讓你的時間花在刀口上，讓時間發揮最大的價值。

　　標準作業程序還有一個作用，就是讓新進人員快速上手，或讓初次合
作的兩造加速磨合。有可以奉為圭臬的標準作業程序，新加入的員工或
新合作的對象就可以比較輕鬆地了解你的作業方式，這是聊備一格的教
育訓練所做不到的。標準作業程序最好能存在電子檔，這樣最新的版本
才能隨時對所有人更新。

不要讓標準作業程序隨著時間僵化，變成企業官僚的幫兇。記住，標準作業程序的目的在於提高作業的效率，但前提是作業必須有其價值，無效的標準作業程序就跟摩擦沒有兩樣。

要避免這樣的情況發生，**標準作業程序必須定期檢討，所謂定期以每二到三個月為最理想**。如果你發現標準作業系統出現了落伍、浪費或莫須有等弊病，就應該立即做出改變。不論是你或你的客戶，都不應該被迫忍受一絲絲難忍的僚氣。

創造一套屬於你的標準作業程序，來處理所有重要但重複性高的工作，你的營運效率便能一飛沖天。

觀念分享：http://book.personalmba.com/standard-operating-procedures/

## 心法 261 確認清單
### Checklist

*不論你有多專精於一樣工作，設計良好的確認清單都能幫助你百尺竿頭、更上層樓。*

——史帝文‧李維特 (Steven Levitt)，《蘋果橘子經濟學》(*Freakonomics*) 共同作者

想要確保某項重要的工作萬無一失，每次都能做對嗎？那你需要的就是一張確認清單。**確認清單 (Checklist) 是針對特定工作所預先制定，且經過外部化的標準作業程序**。確認清單之所以有其價值，有兩個最大的原因。首先，**確認清單可以幫助你將尚未上軌道的系統流程，賦與清楚的定義**；一旦有了確認清單，你就能看出系統可以如何改進、可以如何自動化。第二，將確認清單的使用納為例行工作的一部分，你可以確保自己不會忙忘了重要的細節或某個不起眼卻關鍵的步驟。

關於飛機的起降，機師都有極其詳盡的確認清單，因為一個不小心，某個步驟就可能溜過機師的眼皮底下，而這樣一點點疏失，卻可能造成難以想像的人員傷亡。即便是極其有經驗，飛了二、三十年的機師，

都還是會依賴清單來確認所有的起降程序。這就是為什麼飛機失事就機率上來看，是非常罕見的。單純從統計學的觀點出發，搭客機要比開車安全多了。

工作流程不論看起來再簡單，也可以受益於系統化及確認清單。二○○一年，彼得・普羅諾佛斯特 (Peter Pronovost) 博士以確認清單為題做了一項研究。身為醫生的阿圖・葛文德 (Atul Gawande) 在《檢查表：不犯錯的祕密武器》(The Checklist Manifesto) 一書中詳盡介紹了研究的內容，同時也在《紐約客》(The New Yorker) 雜誌 ❸ 上發表過一篇文章，講的同樣是這項研究。這項研究的進行是在底特律的一家醫院裡，該醫院有全美最高的十天期靜脈輸液感染機率，而這種感染不但治療起來非常昂貴，致命的機率也非常之高。普羅諾佛斯特做這項研究，是要判斷使用確認清單是否能降低打點滴感染的機率。

研究的介入過程是每次醫生給病人插上點滴的時候，都要使用確認清單，清單上的項目如下：

▶ 步驟一：用肥皂洗手。
▶ 步驟二：用氯已定 (chlorhexidine) 給病人的皮膚消毒。
▶ 步驟三：把無菌處理過的醫療用手巾覆蓋病人身體。
▶ 步驟四：醫生本身戴上無菌帽、口罩、手套與手術衣。
▶ 步驟五：針插入後立刻覆蓋上無菌的含藥紗布。

這些步驟沒有一樣特別複雜。事實上，這些步驟都非常簡單，簡單到很多醫生都很不願意配合這項研究，因為他們覺得使用清單確認這麼簡單的療程，是在污辱他們，畢竟他們都是受過專業訓練的醫生。但這還不是最侮辱人的，真正侮辱人的是按照研究的規定，護士長有權力指

---

3. http://www.newyorker.com/reporting/2007/12/10/071210fa_fact_gawande

正不願意使用檢查清單的醫生。對醫生來說，這是角色錯亂，是可忍孰不可忍！

儘管如此，這項研究經過了兩年多，得到的結果還是非常驚人：十天期的靜脈輸液感染率由原本的十一％降到了〇％，醫院省下的成本超過兩百萬美金。這告訴了我們人一忙、工作壓力一大，原本我們看不起的、很基本的，幾乎是常識的工作程序，也可能被忘得一乾二淨。

有了檢查清單的幫助，我們不但可以把自己份內的工作做好，也可以把工作分配得更好。確認清單強迫我們把工作的內容說得清清楚楚，把工作進度掌握得清清楚楚，由此我們犯大錯的機率，看走眼的機率也會降低，也比較不會因為要重覆思考解決同一個問題而把自己搞到意志力耗竭。另外，確認清單一旦完備，我們就可以在這樣的基礎上完成系統一部分或全部的自動化，由此你就可以用省下來的精力去做更重要的決策。

要得到最好的效果，你應該根據「每家企業都有的五個部分」（The Five Parts of Every Business；心法 1）來建立確認清單，然後確認這份清單能得到貫徹。

觀念分享：http://book.personalmba.com/checklisting/

## 流程固定成本
### Process Overhead

心法 262

不必要的事情你做得三倍快，也不是什麼進展。

——彼得‧杜拉克（Peter Drucker），現代管理學之父

再好的東西，也不是多多益善。

流程不是免費的東西：系統裡每一樣流程或每一張「確認清單」(Checklist)，都有你必須支付的時間、精力與「注意力」(Attention) 成本。**流程固定成本 (Process Overhead)** 是畫在內部程序而非價值創造活動上的系

統量能總額。

　　企業系統中往往內含大量的流程固定成本：不能不開的現狀匯報會議、不能不寫的書面報告、不能不遵守的規定與公文體系。這些作法都有其不得不為的理由：資訊的溝通是重要的，針對朝共同目標邁進的進度追蹤也是重要的，遵循「標準作業程序」來消除可避免的錯誤，同樣是重要的。問題會出現，是因為這些流程「累積」到某個點上，已經反客為主地占用了組織最大宗的能量與精力。

　　各種流程都會在過了某個點後呈現「報酬遞減」，所以我們有必要去挑出已不具效益的流程，並將之剔除。流程的存在不該是出於上對下的命令，更不該為了存在而存在。**最好的做法是讓流程保持彈性，並做好它們可能改變或過時的心理準備。**一旦某個流程沒用了，多此一舉了，「適可而止」（Cessation；心法 263）就是正確而應該的做法。

　　**誰與實際工作朝夕相處，誰就最有資格去創造並維護各個流程：**給這些人必要的彈性與權限去根據企業的目的進行流程的移除或更新，才能讓新陳代謝順利進行，讓相關的企業流程得以去蕪存菁。

觀念分享：personalmba.com/process-overhead/ ➘

# 適可而止
## Cessation

把沒用的事情做得嚇嚇叫，還有什麼比這個更無聊的嗎？

——彼得・杜拉克，現代管理學之父

　　有時候要管好一家企業，做得多不如做得巧。

　　**適可而止 (Cessation) 是一種選擇，當你發現某件事有反效果時，就應該當機立斷選擇不再繼續。**因為眼不見為無，我們常常會弄不清楚自家的系統到底出了什麼問題，但又覺得某處確實不對勁，於是出於本能我們會刻意想要做點什麼，否則自己好像很不認真似的，但其實什麼都不

做，才是對的。

在《一根稻草的革命》(The One-Straw Revolution) 一書中，福岡正信 (Masanobu Fukuoka) 寫到他所推動的「自然農業」是一種實驗，是要讓大自然走自己的路，是要盡量減少人為的干擾。相對於大多數的農場都把化學農藥或肥料，乃至於農用機械當成好朋友，但福岡先生卻篤信無為而「耕」，結果他不但收穫豐碩，土壤也一天比一天更肥沃。這樣的他，對「適可而止」是這麼看的：

> 人類喜歡干預事情，其實已經做錯了，而且所造成的傷害又放著不管。哪天傷害愈積愈大，人類只得努力去收自己的爛攤子；要是僥倖收得還不錯，人又會沾沾自喜，覺得自己人定勝天，真了不起。這就是人類的宿命，永遠鬼打牆地反覆這樣的循環。這就像某個傻子踏破自己的屋瓦，然後等到下雨了，天花板開始爛，他才急急忙忙地爬上屋頂去亡羊補牢，勉強修好了屋頂還自鳴得意，自以為幹了什麼偉大的事蹟。

與其心太大，想做太多，福岡先生懂得適可而止，剛好就好。因為這樣，他的田地總是在生產力上名列前茅。

適可而止需要勇氣。什麼都不做，說出來不好聽，沒面子，即便大家心知肚明什麼都不做，才是對的。一個很好的例子，就是價格泡沫；價格泡沫往往是因為政府干預了某些市場，結果產生讓特定行為的成本降低的副作用（Second-Order Effects；心法 230），成本一低，這行為就變得投機，就會一大堆人跳進來想海撈一筆。等到有天不得不面對現實了，泡沫也就破了，就像二○○○年的科技泡沫，也像二○○八年的美國次貸風暴；遇到這樣的經濟危機，政府豈敢袖手旁觀，一副束手無策的樣子？即便大家內心都知道什麼都不做，讓市場機制自行調整才是正道，都知道過於雞婆、干預太多才是一開始把事情搞成這樣的起因。太多時候，政府出了手，結果導致幾年後的泡沫更大、更難收拾。

開除你的客戶，辭掉你的工作，不再續推某項產品，或退出某個打不進去的市場，都是很痛苦、很不容易的決定，但這些決定對你長遠是有好處的。

做點什麼不見得是最好的決定，有時候也可以考慮什麼都不做。

觀念分享：http://book.personalmba.com/cessation/ ↖

# 韌性
## Resilience

一成不變就像系統的緊身衣，只會讓系統停止演化，體值愈來愈脆弱。

——C・S・賀林 (C.S. Holling)，生態學家


在動物界裡，烏龜一點也不起眼。牠們跑不快、不能飛，沒有又大又利的爪子或牙齒可以嚇唬人，更沒有毒液可以殺死敵人。相較於猛虎或獵鷹，烏龜實在是遜了點。

但烏龜倒也並非一無是處，牠有好些策略可以自保，比方說牠游得挺快、懂得偽裝、會以迅雷不及掩耳的速度咬人，就算這些都行不通，牠還可以龜縮到堅硬的殼中，等待危險過去。

其他動物如果遇到兇狠的掠食者，就只有認命的份兒了，但烏龜卻還有機會活命，因為穿著盔甲的牠們就是自然演化出來的。牠們什麼都吃，必要的時候還可以休眠，這說明了牠們怎麼能夠這麼長壽。

老虎相對之下，生存所恃的是力量、速度；因著這兩樣東西，老虎才能捕到獵物。日子好過的時候，老虎是叢林之王，但如果老天爺不賞臉，獵物不夠的時候，或者是牠們年老力衰或受傷的時候，殘酷的死亡命運就會立刻降臨到牠們身上，牠們不會有任何退路。

在商場上，我們寧可當一隻烏龜，而不要當老虎。

這世界極其不確定，意外的事情天天都在發生，也許是驚喜，也許是噩耗。你永遠不會知道自然之母今天會不會想到你，不會知道幸運女

神今天會不會眷顧你，不會知道哪隻飢餓的獵食動物，今天會不會想拿你開刀。

在商場上，韌性 (Resilience) 是一種遭到高度低估的人格特質。面對人生種種磨難，一次次的驚濤駭浪，你需要兼具韌性所代表的強度與彈性，才能安然過關；有這樣的特質，恭喜你，這是老天爺賜給你的禮物。相信我，要緊的時候，這特質可以救你一命，我是說真正可以救你的「命」。有能力因時因地因人制宜，**有能力調整策略，你就有能力從天堂掉到地獄，再爬回天堂。**

如果你只看一個系統的處理量能，那韌性並不能給你太多助力。韌性所代表的彈性有其代價，像烏龜韌性極強，但就得背負沉重的外殼，拿掉外殼，烏龜其實並不慢，但牠們就會暴露在環境的危險之中，而這些危險，並不是增加一點點速度可以躲過的。**同樣的道理，短視近利讓很多企業犧牲掉了更寶貴的資產，最終付出慘痛的代價。**

大型投資銀行就是極其經典的案例。保留現金在手可以讓企業有能力面對突如其來的風險，但在現今的金融圈中，這做法卻時而遭污名化為「過於保守」、「資金運用欠缺效率」，不少人認同的做法是運用公司總資產數倍的槓桿，把每一季的獲利衝到最高，但這樣做的風險極高，能增加的業績卻相對有限，兩相比較可以說是得不償失。

一家公司沒有現金、沒有保險，把信用額度全部用光再拿東西去抵押借錢，或許真的能讓某幾個月、甚至某幾季的每股盈餘很好看，但哪天公司營收開始走下坡，哪怕只是下來一點點，你就有可能付不出貸款利息，就有可能被抽銀根而兵敗如山倒。

**你可以把槓桿想成是火箭燃料，用得對，你的企業可以一飛沖天，用不好，你的企業就會變成「煙火」。**很不幸地，商學院裡所傳授的很多「先進」的財務操作策略，都形同是在用寶貴的韌性換取紙糊的利益，多年基業因而毀於一旦。

**未雨綢繆，凡事做最壞的打算，就是你韌性的根源。**對個人來說，家庭的緊急應變能力、急救箱、額外的資源像是乾糧與飲水，都是應

該做的投資，不能被污名化為緊張過度或杞人憂天。對聰明人來說，是所費不貴，但非常有用的保險，特別是遇到要過冬的時候。同樣的道理，我們也應該為了公司多存點錢，適量地買些保險。你或許永遠用不到這些預備，你最好永遠用不到這些預備，但你不能一天沒有這些預備。

企業的韌性，靠的是下面這些東西：

▶ 低（零）負債
▶ 低例行營運成本／低固定成本／低營業費用
▶ 充沛現金可支應緊急狀況所需
▶ 多重獨立產品／產業涉獵／業務線
▶ 機動彈性的勞工配置／多用途的優秀員工
▶ 不要有單點失效 (SPOF) 或罩門的存在
▶ 所有核心流程都須配備有失效安全（Fail-Safes；心法65）或備用系統

韌性的規劃、績效的表現，都是好管理的註冊商標。韌性絕沒辦法讓你耍帥，因為韌性的好處沒人看得到，而眼不見為無在這裡同樣適用。但是真的遇到難關的時候，韌性卻能扎扎實實地救你一命。

多想想烏龜是怎麼過日子，少沉迷老虎的威風，你的生意將能經得起大部分的風浪。

觀念分享：http://book.personalmba.com/resilience/ ↖

## 心法 265 失效安全
### Fail-Safes

『永遠』跟『絕不』是你永遠要記得絕不使用的兩個詞。

——溫道爾・強森 (Wendell Johnson)，心理學家與語言病理學先驅

每個星期三，正午時分，我老家外面都會有一台發電機發動起來。正常狀況下，這發電機會跑個大約十分鐘，然後自動關掉，這已經是一種例行公事。而這樣不斷地測試，只是為了在停電的時候，這台發電機能確實派上用場。

測試這發電機的是我父親，一個當過消防隊員，也當過專業急救人員的父親。對他來說，「未雨綢繆」已經成了一門藝術。他準備這台發電機，是要在家中主要電源斷掉時自動啟動，無縫銜接地供應家中需要的電力。我們家車庫後面有一個丙烷槽，裡面的丙烷可以供應發電機一週運轉所需。萬一颶風或其他天災造成大停電，我們家就不會突然間陷入黑暗。

有其父故有其子。我如今住在科羅拉多的山區，自然也得提防車子在雲深不知處的地方拋錨，畢竟山裡天候寒冷，距離市區又遠，不僅美國道路救援協會 (AAA) 鞭長莫及，就連手機也不一定有訊號。

為了我在車裡放了一堆平常不穿的衣服、睡袋、雪靴跟衛星定位發射器，凱爾希常常笑我，但我笑罵由她，因為我知道不怕一萬，只怕萬一。萬一哪天真的發生了什麼事，這些東西我們一定都用得上。這些東西買起來好像不便宜，但我當做保命的投資，就一點也不嫌貴了，何況這些東西好好保養，都可以用很久。

**失效安全 (Fail-Safe) 是一種備用系統，用意是要避免系統失效，或讓系統失效後能夠快速復原。**主要系統萬一故障，好的失效安全系統可以確保系統繼續運作，不會讓使用者因遽變而手足無措。作為備用系統，穩定性絕對是一項美德。

在動見觀瞻的百老匯劇場圈中，演員們都有隨時可以頂上來的替補。如果說「秀場開了就得演下去」，那準備好替補絕對沒壞處，誰知道哪個主角會突然噎著、突然扭到腳？事實上大部分的戲都有一些演員是可以勝任好幾個角色的，這樣即便有任何突發狀況，導演也比較有調配的空間，不會因為「一個蘿蔔一個坑」而被迫開天窗。

外接硬碟現已廣泛用來備份重要的電腦資料。萬一電腦當機，放在

外接硬碟裡的備份資料便可派上用場，趕著交論文或做簡報的你就不致於得從零開始。有些企業甚至小心到會把重要的資料備份在特定的安全地點，以免受到火災或天然災害的侵襲。

飛機上都配備有系統負責偵測艙壓，艙壓下降到一定程度，系統就會自動降下氧氣面罩，這樣即便意外造成機艙失壓，機上的乘客也不會全數昏迷；讓全部的人獲救固然是一種奢求，但救一個算一個，這樣的系統仍舊非常值得安裝。

失效安全作為一種系統，有些人會覺得很不符合經濟效益，因為裝這種系統，每個人都希望永遠不要用到。備用系統與保險，從某個角度看來，就好像把錢白白丟到水裡；賺錢那麼辛苦，我們為什麼要去買個最好不要用到的東西呢？

原因很簡單：失效安全系統一定要事前準備好，才會有效果，臨時抱佛腳是絕對來不及的。哪天電腦都開不了機了，試問你是要怎麼樣備份資料？買房屋保險，平常可能像是在亂花錢，但哪天真的失火，你就不會這麼想。等到房子都已經燒成焦黑一片，再去買保險也於事無補。

失效安全與主要系統一定要盡可能分開，有多遠隔多遠。很多人跟銀行租保險箱，就是怕寶貝放在家裡會被燒掉或偷走；放在銀行的保險箱裡，貴重的東西就不會受到家中發生的意外波及。把備份資料放在另外的地方，就是這個道理；萬一主要的工作站或伺服器損壞，備份的資料便不會跟著陪葬。

失效安全系統若與主要系統過於互倚，就會衍生出額外的風險。把備份系統跟你想要保護的系統混為一談，絕對會是一場災難。比方說，我爸如果把備用的發電機連上家裡主要的電源系統，要掛兩個一起掛，那不就是在「莊孝維」嗎？自動化的電腦備份系統若會把備份過的檔案刪掉，那還能叫做備份嗎？

可能的話，盡量避免單點失效 (single point of failiure) 的狀況，也就是不要有明顯的罩門存在。如果系統倚賴關鍵的輸入或流程才能運作，那麼你最好能先想好哪天這些輸入與流程無以為繼的時候，你該如何因

應。系統失效的時候該怎麼辦？你心裡一定得先有譜。

事先想好每個關鍵環節的失效安全備案，你的系統就會顯現出十足的韌性。

觀念分享：http://book.personalmba.com/fail-safe/

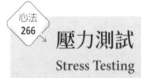

# 壓力測試
## Stress Testing

人不可能不犯錯，但智者會從錯誤中學習，將錯誤轉換成智慧。

——普魯塔克 (Plutarch)，西元一世紀希臘史家、作家

假設你開發出一個你認為夠強、夠有韌性的系統，但你還是想確定一下，這時請問你該怎麼進行測試？

**壓力測試 (Stress Testing) 作為一種流程，是要透過特定情境的模擬來確認系統的極限。**與其總是站在系統工程師的立場，像父母一樣去呵護自己的寶貝，壓力測試讓你進入「小惡魔」的心境中，讓你去思考要做到多過分，你一手打造的系統才會崩潰？

自學 MBA 在開發的初期，每次我公布新版的書單，網站的伺服器就會被灌爆，因為索取的人數太多，一下子湧入網站，伺服器根本來不及處理。我已經把系統升級過好幾次了，但最終都還是難以招架暴增的網站流量。

伺服器的問題一直沒有解決，最後有天我終於下定決心要進行壓力測試。我不等新書單公布的那天到來，而直接替系統設計了一條給蛙人爬的「天堂路」；透過刻意安排的壓力，我希望讓系統在面對困境時展現彈性、展現韌性。

利用一個自動化的工具，[4] 我模擬了有大量網友同時進站的狀況。這工具會持續增加索取書單的人數，並同時記錄網頁的回應速度。而隨著索取書單的筆數增加，網站的處理效能同步下降，直至當機。

根據壓力測試所呈現的數據，我針對網站的基本架構與各個子系統進行了若干重大的調整。自此之後，即便數千名網友恰巧同時登入，網站的效能也不會產生明顯的波動，這對我來說是一個很大的突破。

壓力測試可以幫助我們瞭解系統運作的狀況。**如果身處在製造業，你可以模擬數千個產品的急單湧入，看公司的產能吃不吃得下來；如果身處客服部門，你可以模擬短時間內有大量問題或申訴湧入，看自己能不能應付得來。**測試的內容可以天馬行空，只要你想得到，時間上允許，就不妨放手一試，讓你內心的惡魔為所欲為。這樣系統的破綻就會提前暴露出來，讓你有餘裕可以預先想好對策。

觀念分享：http://book.personalmba.com/stress-testing/ ➘

## 情境規劃
### Scenario Planning

避凶趨吉，要從能預見危險做起。

——英國諺語

預見未來是不可能的，這點我們前面已經談過很多次；不論是明天，還是十年後的未來，我們都無從得知。這會是個問題，尤其如果你的計畫成敗、目標達成與否，並不在你的控制範圍（Locus of Control；心法 182）之內時。面對不確定的未來，你該做好什麼樣的準備？

**情境規劃 (Scenario Planning) 作為一種過程，是要建構一系列假設性的處境，然後透過心智模擬**（Mental Simulation；心法 140）**去想像你該怎麼因應。**你或許不能看見所有的事情，但思想實驗（Thought Experiment；

---

4. LoadImpact.com 是專門針對網頁、手機應用程式或軟體提供負載和性能測試服務的網站。透過類似這樣的工具，可以輕易模擬在數百名（或數千名）用戶突然湧入時所形成的高負載量流量，系統可能會出現的錯誤和性能問題。

心法 169）是一種力量，讓我們可以去想像可能發生的狀況，然後先琢磨出我們可以如何處理。簡言之，情境規劃必須注重細節、必須詳盡、必須有系統，必須是關係到重大決定的思想實驗。

情境規劃的開頭一定先問：「萬一……我怎麼辦？」，其中「萬一……」的部分由你想像，而你的計畫必須奠基於這個想像，而所謂計畫就是這想像一旦成為真實時，你要採取的行動。拿筆寫下所有可能的行動，你就能胸有成竹地面對所有可能的意外。

有情境規劃，才有有效的策略。想要預測利率、油價、股價，然後妄想大撈一筆，無非是癡人說夢，因為百分之百預測未來，你辦不到，任誰也辦不到。但情境規劃就不一樣了，情境規劃只是想像未來可能的不同發展，然後沙盤推演出你該如何回應。相對於死板板地只有一種做法，情境規劃讓你的公司更有彈性、更有韌性，更有能力去改變、去適應變局。

多數企業運用情境規劃來作為「避險」的基礎，而所謂避險就是購入不同種類的保險來降低意外的衝擊。比方說，油價對製造業來說動見觀瞻，因為油價代表了原物料的成本，油價漲就代表原料變貴，還有成品運輸的成本也會墊高，而成本變高就代表利潤收縮。透過原油期貨來鎖定成本，企業可以受益於油價上漲，賺取差價來抵銷運輸成本的增加。

情境規劃很容易被忽略，特別是你的事情已經多到忙不完的時候。但請記住，情境規劃所花的時間絕不會白費，你的生意一定會因而受益。只不過商場如戰場，忙著活下去往往會讓我們忘記重要的事情。養成習慣，定期靜下心來規劃未來，有天你一定會感謝自己。

規劃未來不等於預測未來。想清楚哪些狀況最有可能發生，你最適當的回應又是什麼模樣，關鍵時刻你就不會手軟、不會手足無措。

觀念分享：http://book.personalmba.com/scenario-planning/ ↖

# 探索／利用
## Exploration / Exploitation

我們只能透過臆測去征服真理，別無他途。

——查爾斯・桑德斯・皮爾斯（C. S. Peirce），十九世紀哲學家暨數學家

　　釐清哪些改變或投資可以為你帶來最好的結果，是機率理論中的重要研究領域，而該理論可以用「多臂搶匪問題」（multi-armed bandit problem）來進行最好的說明。

　　假設你走進賭場，玩起俗稱「獨臂搶匪」的吃角子老虎機。眼前有一整排拉霸機台，每台都有不同的中獎機率，有幾台的機率可能是普通，有幾台可能非常高，但究竟哪一台的投資報酬率最高，你不會知道。❺

　　如果你知道，那你就一直玩同一台就好了，但你不會知道，也不可能問到。想知到哪台機器最好賺只有一個辦法，那就是開始隨機亂玩，並且邊玩邊記錄輸贏，最後再拿這些記錄去進行分析。

　　這種做法內建有一種不容小覷的「取捨」（Trade-offs；心法 33）：若你選擇拉下某支新拉桿，你將能得到新的資訊，而這項資訊將有助於你找出賠率第一高的機器，但這麼做會讓你付出「機會成本」（Opportunity Cost；心法 121），因為拉下新拉桿，就代表你放棄了去拉目前賠率最高的舊拉桿。有一定的機率，新拉桿將無法給你與現行最棒拉桿一樣的回饋，而這是實實在在的一種成本。

　　資訊是有價值的，而想得到有價值的東西都得付出成本：實驗有時

---

5. 吃角子老虎機，或稱拉霸機，還有個別名是「獨臂搶匪」，而這也就是「多臂搶匪問題」得名的原因。說真的，我不推薦大家玩吃角子老虎機——要知道賠錢的生意沒人做，賠錢的賭場沒人開，在標準的賠率下，加上只要時間拉得夠長，莊家永遠是最後的贏家，你想贏只有一個辦法，就是不玩。在此我們為了進行思想實驗，就先假設你可以免費玩——每次玩只花你拉桿跟看結果的時間。

候就是一種「不當投資」（Malinvestment；心法 186）。而這點認知也正是解決搶匪問題的關鍵。

數學的計算不論，搶匪問題的答案其實並不難理解：最佳的策略是在一無所知時先進行一段時間的探索 (Exploitation)，也就是隨機去玩各個機台並藉此蒐集情報，然後等你慢慢知道哪些機台賠率高於哪些機台後，你就可以用較多時間去玩那些賠率高的吃角子老虎（利用 [Exploration]），但同時你還是要繼續去探索其他的可能性，免得還有更高賠率的機台不為你所知。

上一段的最後一句話，正是「最適化策略」的重點：探索是沒有終點的。即便你確信自己已經找到了最佳的選項，實驗也必須繼續下去，因為你透過實驗而取得的資訊，永遠是有價值的。**想要打敗多臂搶匪，你唯一的辦法就是對新事物不斷進行嘗試。**

在現實世界中，你的處境不會像上述思想實驗中那麼嚴峻：其他人會跟你玩同樣的遊戲，你可以從旁觀察來以他人為師，不用親身涉險。這麼做是蒐集資訊一種事半功倍的好辦法。

這種做法在日常生活中的延伸應用，也很直截了當：盡可能以各種條件變化去進行自身的實驗，也仔細觀察其他人做的實驗，這過程中只要發現有你希望得到的結果，就多花時間精力在同樣的做法上面。隨著你的努力慢慢能看到結果，加上你對特定選擇的效果愈來愈篤定，就可以增加對該項選擇的資源投入。你實驗做得愈多，知道的資訊就會愈多，而知道的資訊與選項愈多，就愈有機會找到能如你所願的結果。

想得到能提升自身處境那些有建設性的發現，你就一定要去嘗鮮。現在就開始實驗，永遠不要停歇。

觀念分享：personalmba.com/explore-exploit/ ↖

# 永續成長循環
## Sustainable Growth Cycle

勝利後的第一件事，綁緊你頭盔的繫帶。

——德川家康，十七世紀初日本德川幕府創建者

認為系統可以沒有上限地不斷成長，是一種迷思。系統多半有其符合自然的規模，超出該規模便可能衍生出許多問題。系統中的失控元素必須加以清除。

就以細胞的成長為例，你體內的細胞會有一個成長的極限，並會以特定的速率去分裂，以確保新生與死亡細胞的新陳代謝。當這些比例處於平衡時，你的身體就能運作得相當良好。但一旦細胞的成長或分裂失去控制，狀況就會威脅到整個系統的存續。癌細胞必須加以移除才能確保身體的健康。

企業與生物有很多相似處：它們都是由相互關聯的部分與系統構成，而這些部分與系統都會隨著時間改變與成長。如果「每家企業都有的五個部分」成長失控或比例超出其他部分，情況就可能會威脅到組織的健康。

「永續成長循環」(Sustainable Growth Cycle) 是我在可以年復一年成長而沒有大問題的企業中，所觀察到的一個模式。這種循環有三個獨特的階段：擴張、維持與整合。

在擴張階段，公司會專注於成長之上。他們會創造出新的產品或服務並加以測試。新的市場會獲得探索。新的營運單位會獲得建立並撥以人手，新的計畫將有所籌設。初期有效的做法會進行資料的蒐集，以供日後借鏡。

在維持階段，公司會專注在現有計畫的執行上。行銷、銷售與價值交付等業務將進行得如火如荼，重點會被放在徹底探索現行業務結構的最大潛能。各個系統會完成設置來確保執行面一切順利。

在整合階段，公司會專注在分析工作上。關於營運表現的資料會獲得仔細的檢視，為的是釐清哪些東西行得通，哪些行不通。行不通的做法會被縮減或剔除，行得通的會被賦予更多資源。

一如植物的培育：優秀的園丁會讓植物生長，會確保植物能獲得苗壯所需的資源，然後再把施了肥澆了水也長不起來的植株移除。這樣的循環必須逐季反覆，每次循環都不容輕忽。

許多企業家會因為營運進入高原期，成長開始停頓而感到氣餒。花時間在維持與整合工作上，感覺像是資源的浪費，甚至會被視為經管理念上的一種缺陷。但事實完全不是如此：維持與整合階段都是確保企業成功必須的步驟，必須獲得器重。

一家企業若只專注在擴張上，而把維持跟整合工作棄如敝屣，那企業做為一個有機體，就會得到相當人體得到的癌症，也就是不正常的細胞增生。企業的某部分會大肆成長而失控，成為一個時間、能量與資源的黑洞，但換來對企業健康發展的助益卻零零落落。新機會的嘗試會搞到欲罷不能，已經證明可行的商機卻會遭到忽視與冷落。

**維持與整合是讓系統回復平衡所必須的工作。只要企業系統嗡嗡嗡地穩定運作，成長周期就會自然入檔，進而形成一個良性的循環。**

一家健康的企業會在擴張、維持、整合三階段中往復循環。不論你身處在哪個階段，你都要認清各階段對企業健康的重要性。讓每個階段各司其職，給它們所需的時間與關注去讓其發揮應有的功能，你才能確保事業經營的長治久安。

觀念分享：personalmba.com/sustainable-growth-cycle/ ↖

心法
270

# 中道
## The Middle Path

任何藝術大師都會避免過與不及，他們所追求與選擇的，叫做中道。

——亞里斯多德 (Aristotle)，古希臘哲學家

經商絕非易事，你得是藝術家，也得是科學家。

**中道 (Middle Path)** 是太過與不足之間的永續平衡，也就是所謂的「減一分則太瘦，增一分則太肥」，中道所追求的境界，就是剛好。這聽起來並不難，難是難在沒人能告訴你中道在哪裡，你必須自己上路走走看，才能體驗出屬於你自己的心得。很多人能做生意賺到錢，但要真正在商場上發光發熱、有傲人的成績，你必須能在瞬息萬變的環境中，找到剛剛好的那一點，找到那個微妙的中道。

遇到事情最好的處理辦法，往往就落在「太少」與「太多」之間。就像做菜不能全靠食譜一樣，做生意也沒有規則可循。在廚房裡的你可能知道這道菜需要哪些材料、需要哪些技巧，甚至需要哪些工具，但真正開火煮起菜來，那又是另外一回事，那需要的是專注，是用心，是火候，是調味的拿捏。

沒有人能真正做到全然的「成竹在胸」，沒有人動手前有百分百的把握成功，每個人多多少少都會害怕事情不能盡如人意。很多人功成名就，正是因為他們能忍受不確定性，能忍受害怕，能從錯誤中學習，能不中止嘗試新事物。

對所有一心向上的人，我有個良心的建議：找到中道，追隨中道。找到平衡，你就能關關難過關關過。

觀念分享：http://book.personalmba.com/middle-path/

心法
271

# 實驗精神
## The Experimental Mind-set

要學會翻鍋，只有一個辦法，就是翻鍋！

——茱莉亞·柴爾德 (Julia Child)，
名廚，說這話時她人在電視上，前一秒剛把馬鈴薯煎餅翻到地板上

我們都想讓自己更好，讓公司更好，但我們往往不知道該怎麼

做，才能得到想要的結果。這時我們所需要的，就是一種實驗精神(Experimental Mindset)。

只有不斷地實驗，我們才能找到有效的做法。往往，我們要學會一樣事情最快，也是唯一的辦法，就是跳下去做、去嘗試。一開始你一定會覺得難、覺得很掙扎，但這是必經的過程，是你必須忍受的陣痛，沒有第二條路。下定決心去闖、去嘗試，絕對會比你在旁邊看學得快。

人必須由做中學，甚至最好能從錯中學；只要別讓自己萬劫不復，那錯誤絕對會是我們最好的老師。知道哪些做法沒效，你就會更接近有效的做法。失敗是一時的，過程中學到什麼才是重點，只要成功一次，多少次的跌倒都會值得。

你可以把實驗想成是在玩，但又能學到東西。做生意不用太嚴肅，不用一想到犯錯就覺得緊張兮兮、就動彈不得。選擇追求自我，就一定會犯錯，而每個人都有犯錯的權利，每項錯誤都是你的良師益友，都能讓你更有實力去看清未來、面對未來。

希望日子過得很充實、很滿足、很成功，實驗精神絕對不可或缺。你愈是勇於嘗試，勇於實驗，學到的東西就會愈多，你的成就也會愈高。

觀念分享：http://book.personalmba.com/experimental-mindset/ ↖

# 全劇終？慢著

真正能教給我東西的好書，不是讀完就算了。我必須把書放下，開始按照書的提點去生活。閱讀所起的頭，我必須用行動去為其畫下句點。

——亨利‧大衛‧梭羅，美國作家、哲學家

很多我的讀者與顧客問我：

「這些教人經商技巧的東西很棒，但我要學到何時才算是個頭呢？」

這個問題有點問題。自我學習，不論跟商業有沒有關係，都是一個永無止境的過程……世上不存在某個點可以讓你說出「OK，我做到了——我什麼都不用再學了」。你每遭遇到一個新的概念，都是你可以進行成千上萬種探索的新機會。

這就是自學如此有趣而值得的原因：在東方哲學裡，所謂

「道」指的是道路或者途徑——亦即你行將踏上的一段旅行。道無所謂起迄——道就是道。自學任何一樣東西，都算是一種道——**道沒有一個你要抵達的終點，旅程本身就是回饋。**

即便是像股神巴菲特這種致富神人，都仍日復一日在學習新的事物。某次在接受內布拉斯加—林肯大學的學生訪問時，巴菲特被假設性地問到他想要哪種超能力，巴菲特回答說：「我希望自己的閱讀速度可以加快。」巴菲特平日的生活就是閱讀財經報告跟吸收新的概念，為的是找出新方法去提升自家公司的價值。

即便是世界首富級的人物，也有可以改進跟探索的地方。那股從不間斷的好奇心，就是他們一開始會成功的原因。

你一路上會途經許多里程碑：讀完一本書、習得新技術、開公司、生意成交。但無論何時，你都可以發現新的叉路，展開新的旅途。

你可以成長到什麼程度，永遠沒有極限。

你如今讀了這本書，我建議你可以前往 personalmba.com 訂閱 Personal MBA 的電子信。我會定期調整推薦書單並發布新的研究成果，而且完全免費，我很樂於跟大家共享我在商管新知上的發現，讓大家一起走在時代的前沿。

臨行前我想跟大家分享的智慧出自《富比世》雜誌創辦人博蒂·查爾斯·富比士 (B.C. Forbes)，主要是他在一九一七年寫了一篇文章叫做《成功的關鍵》。我經常引用之，因為我發現經商與人生是怎麼回事，裡面全部都告訴我們了。


你的成功要靠自己
你的幸福要靠自己
你的航向必須由自己掌握
你的命運必須由自己形塑
你必須自我學習
你必須獨立思考

你必須帶著良知生活

你的心靈只屬於你，也只能為你所用

你隻身來到這個世界

也將隻身離開這裡

在這之間的人生旅程中，只有你跟你的心聲相伴同行

你凡事必須自己決定

也必須承擔決定的後果……

你的習慣只能靠自己去調節，你的健康與否只取決於你自己

有形無形的一切事物都只能靠你自己去吸收……

你終生都只能靠一己之力去充實自己

你可以讓老師教，但融會貫通還是得靠你自己，老師沒辦法像輸血一樣把知識輸進你的腦子裡

你的心靈細胞與腦細胞只歸你一個人控制

你可以把古往今來的智慧攤開在自己的面前，但只有將其內化為自己的東西，你才能從中受益，沒有人能硬是將其塞進你的腦袋瓜裡

能動你那雙腿的，只有你

能動你雙膀子的，只有你

能善用你雙手的，只有你

能控制你肌肉的，只有你

不論是在現實中還在作為一種比喻，你必須靠自己頂天立地

你必須靠自己一步步前進

親如父母也不能進入你的體內，替你操縱你的身心機器，將你塑造成某種東西

你不能替你的兒子奮戰，他必須自己為自己戰鬥

你必須扮演自身命運的船長

你必須用自己的眼睛去觀看

你必須用自己的耳朵去傾聽

你必須通曉自己的各種官能

你必須解決自己的各種問題

你必須形成自己的各種理念

你必須創造自己的各種想法

你必須選擇自己的遣詞用字

你必須學會控制自己的唇舌

你的現實等於你的思緒

你的思緒由你自行產生

你的人格就是你的作品

材料只能由你自行決定

只有你能把關不讓某些東西混進去

只有你能創造出你專屬的人格

能讓你丟臉的只有你自己

能顧好自己提升自己的也只有你

你必須寫成自己的紀錄

你必須建立自己的碑塔——或者自掘墳墓

你打算怎麼選擇？

　　我希望你喜歡這本書，希望你從中有所收穫——果真如此，請將之分享給你的朋友、同事，讓他們也在商業知識上有所長進，並且從中受益。如果你有任何問題或意見，都歡迎你與我聯繫——我在josh@personalmba.com. 等你。

　　最後再次感謝您的閱讀，也預祝你在精彩絕倫而瞬息萬變的經商之旅中事事順心。

　　玩得開心點！

## 謝辭

給凱爾希：我們辦到了。謝謝你對我堅定的愛、信心與支持。

給爸媽：謝謝你們從小帶領我閱讀，你們的身教成就了我對世界的好奇心與開放的心胸。

給賽斯‧高汀 (Seth Godin)：謝謝你啟發了我，謝謝你在各個方面改造了我的人生。

給查理‧蒙格 (Charlie Munger)：謝謝你與全世界分享你的所知，我因此得以成長。

給陶德‧賽特斯頓 (Todd Satersten) 與傑克‧柯渥特 (Jack Covert)：謝謝兩位引薦我給 Portfolio 的出版團隊；沒有你們慷慨伸出援手，這本書不可能問世。

給班‧卡斯諾查 (Ben Casnocha) 與拉米特‧塞提 (Ramit Sethi)：鼓勵我寫這本書，幫忙審稿，引薦我給莉莎，還用自身的成功案例給了我信心，謝謝！

給卡洛斯‧米契利 (Carlos Miceli)：好心的您協助我架起了與本書搭配的網站，感激不盡！

給莉莎‧迪莫那 (Lisa DiMona)：真是名不虛傳，您在工作時所展現出的熱誠、投入與耐心，都堪稱是世界級的，謝謝您的付出。

給阿德里安‧札克罕姆 (Adrian Zackheim)：謝謝你願意給我這樣的年輕人、這樣的瘋狂點子一次機會，也謝謝你把出版好書當成一份志業。你出過的書，對我與我的人生產生了深遠的影響，很高興我也能為這份志業盡一份力。希望這本書能銷售長紅。

給大衛‧莫德沃 (David Moldawer)：我期待的是一位有智慧、有經驗、有膽識的編輯，而你全部的條件都具備了，甚至還超出了我的期待，因為你還是一位值得信賴的摯友。謝謝你敏銳的眼睛與鋒利的思路。因為你，這本書出落得更加出色了。

給威‧懷瑟 (Will Weisser)、莫琳‧柯爾 (Maureen Cole)、李察‧藍儂 (Richard Lennon)、喬瑟夫‧裴瑞茲 (Joseph Perez)、奧利佛‧蒙戴 (Oliver Munday)、傑米‧普托爾提 (Jaime Putorti)、諾瓦琳‧魯卡斯 (Noirin Lucas)、麥可‧柏克 (Michael Burke) 與所有 Portfolio 出版社的幕後工作人員：多年前，我答應自己要不出書則已，如果要出書，合作的出版社一定要是最好的、最優秀的。為了讓這本書能夠付梓出版，你們所表現出來的經驗與專業都令人折服，你們是最棒的。

致艾瑞克‧貢查拉斯 (Eric Gonzalez)、安諾克‧高 (Enoch Ko)、史帝夫‧麥克顧諾堤 (Steven McGuinnity)、彼得‧米隆尼格 (Peter Millonig)、丹佛‧瑞克斯 (Denver Rix)、瑪麗娜‧默瑞 (Marina Murray)、約瑟夫‧馬格里奧科 (Joseph Magliocco)、提姆‧沙德爾 (Tim Shadel、喬爾‧馬斯特 (Joel Masters)、思維妮‧安曼雅 (Sweeney Amenya)、東尼‧甘崔普 (Tony Guntrip)、艾米‧海 (Amy Hay)、艾瑞克‧羅格史塔 (Eric Rogstad)、陶德‧F‧達米崔胥 (Tudor F. Dumitrescu)，感謝你們的絕佳的眼力、對細節的專

注和改善建議，在修正本書的錯誤上帶來極大的助益。

特別感謝契斯·卡普斯 (Chase Karpus)、妮琪·帕帕達普拉斯 (Niki Papadopoulos)、大衛·莫達爾 (David Moldawer)、莫莉·林德莉·皮薩尼 (Molly Lindley Pisani)、麗莎·迪默娜 (Lisa DiMona) 以及 凱爾希·考夫曼 (Kelsey Kaufman)，你們在編輯上的協助讓十周年全新增訂版得以順利付梓；還有彼得·蓋修 (Pete Garceau)，感謝你為十周年全新增訂版精心設計的封面。

給我的客戶與讀者：沒有你們，就不會有這本書。謝謝你們的支持、回饋與鼓勵。我衷心希望你們可以受益於本書，希望你們不論出發去做什麼，都能有所成就。

附錄 A

# 如何繼續
# 你的商管學習

*我們所讀過的每一本書，都是我們寫書的指路明燈。*

——李察·佩克 (Richard Peck)，作家

*如果知道一樣事情是第一志願，那知道去哪裡可以查到就是第二志願。*

——山繆爾·約翰 (Samuel Johnson)，散文家

這本書涵蓋了大量的商業文獻，是你自學 MBA 的起點，而非終點。如果覺得這本書對你很有助益，我建議可進一步閱讀你感興趣或覺得實用領域的相關書目。

最佳的「自學 MBA」的起點，正是從我的自學 MBA 推薦閱讀書單，請參考這個連結：personalmba.com/best-business-books/

如果想收到我更新的閱讀清單通知，請到這個網站註冊，留下電子信箱：joshkaufman.net/newsletter。

展讀愉快！

附錄 B

# 追求卓越必問的
# 四十九個問題

問對問題可以幫助你用不同的角度看世界。只要在腦中抱著疑問，然後去思索可能的答案，你就能找到不同的路徑去達到你的目標，讓你從現處的位置有所提升。

下面我列出了一連串的問題，是我幾年前為自己寫的。這些問題的用意是要釐清我對自己的生活與工作有哪些地方不滿意，有哪些地方想要改進。這些問題可以幫助我在職涯遇到瓶頸的時候想清楚自己是誰，自己要什麼。我希望你跟我一樣，能因為這些問題而找到人生的答案。

**我有善待／善用自己的身體嗎？**

- 我有好好吃飯嗎？
- 日常的睡眠充足嗎？
- 我每天的體能管理恰當嗎？
- 我每天的壓力管理有效嗎？
- 我的姿勢與儀態合宜嗎？
- 我該怎麼做，才能讓自己對周遭世界的觀察能力更強？

## 我知不知道自己要什麼？

- ⊘ 什麼樣的成就會讓我真的很開心？
- ⊘ 我希望每天過什麼樣的生活？我希望自己以什麼樣的方式「存在」？
- ⊘ 對我而言，人生有沒有很清楚的輕重緩急與價值？
- ⊘ 我做決定能不能不拖泥帶水，不時時懊悔？
- ⊘ 我能不能專注在自己想要的事情上，而不會被不重要的事情牽絆？

## 我在怕什麼？

- ⊘ 我有沒有把所有擺脫不了的恐懼都列出來？
- ⊘ 我有沒有正面迎戰這些恐懼，想像萬一遇到該怎麼應對？
- ⊘ 我知不知道自己的極限在哪兒？知不知道如何提升自己的潛能？
- ⊘ 我有沒有一步一步自我超越，而不會急於表現而把自己逼得太緊？

## 我的思緒是否清晰而專注？

- ⊘ 我是否能很有條理地用筆或其他媒介把我的想法「外部化」？
- ⊘ 當我腦中浮現時，我能不能輕易地捕捉這些想法？
- ⊘ 我此刻把注意力放在何處？
- ⊘ 我有沒有時時用適當的問題來導引自己的思路與行為？
- ⊘ 我有沒有把大部分的時間專心做一件事情，還是會不停地換來換去？
- ⊘ 我有沒有花足夠的時間去反省自己，掌握自己的目標、工作與進度？

## 我夠不夠有自信？夠不夠放鬆？夠不夠有效率？

- ⊘ 我有沒有找到一套適合自己的方法來規劃事情？
- ⊘ 我是不是不夠有條理？是不是瀕臨混亂的邊緣？
- ⊘ 我能不能掌握各項企劃與工作的最新動態？
- ⊘ 我有沒有定期檢視所有的承諾，看答應的事情有沒有做到？
- ⊘ 我有沒有定期，真正放輕鬆去休假？

- 我有沒有主動去養成好的習慣？
- 我有沒有主動去戒除壞的習慣？
- 我有沒有對人說「不」，拒絕別人的能力？

## 我如何進入最佳狀態？

- 我喜歡什麼？
- 我擅長什麼？
- 在什麼樣的環境之下，我的工作表現最好？
- 在什麼樣的條件之下，我的學習成果最佳？
- 我習於如何與人共事或溝通？
- 我目前在工作或學習上遇到什麼樣的瓶頸？

## 我究竟要怎樣才會快樂，才會滿足？

- 對現在的我來說，「成功」的定義是什麼？
- 有沒有別種成功，可能讓我得到更大的滿足？
- 跟別人對我的評價比起來，我屬於「自我感覺良好」？亦或是「妄自菲薄」？
- 我是不是習於量入為出，賺十塊花一、兩塊？
- 我最想要的一百樣東西，是哪些？
- 我分得清什麼是需要，什麼是想要嗎？
- 在生活中與工作上，我覺得很感激的有哪些東西？

　　拿本筆記，騰出一個小時，好好地回答這些問題。不要緊張，不用太嚴肅，事實上你應該對自己好一點。中午或晚上去吃頓好的，貴一點也沒關係；上了咖啡之後把問題拿出來好好作答，之後帶著人生的方向去櫃檯買單，走出餐廳，迎向嶄新的生活，在商場上大展身手。

國家圖書館出版品預行編目資料

不花錢讀名校 MBA：200 萬留著創業，MBA 自己學就好了！/ 喬許・考夫曼
(Josh Kaufman) 著；鄭煥昇譯. —— 三版. —— 新北市：李茲文化，2022.1
　　面：公分
10 周年全新增訂版
譯自：The personal MBA 10th Anniversary Edition
ISBN 978-626-95291-0-0（平裝）

　1. 企業管理

494                                                                        110017386

不花錢讀名校 MBA：
200 萬留著創業，MBA 自己學就好了！【10周年全新增訂版】
The Personal MBA 10th Anniversary Edition

作　　者：喬許・考夫曼 (Josh Kaufman)
譯　　者：鄭煥昇
責任編輯：陳家仁、莊碧娟
主　　編：莊碧娟
總 編 輯：吳玟琪

出　　版：李茲文化有限公司
電　　話：+(886) 2 86672245
傳　　真：+(886) 2 86672243
E-Mail: contact@leeds-global.com.tw
網　　站：http://www.leeds-global.com.tw/
郵寄地址：23199 新店郵局第 9-53 號信箱
　　　　　 P. O. Box 9-53 Sindian, Taipei County 23199 Taiwan (R. O. C.)

定　　價：550 元
出版日期：2012 年 4 月 1 日　初版
　　　　　2023 年 1 月 10 日　三版四刷

總 經 銷：創智文化有限公司
地　　址：新北市土城區忠承路 89 號 6 樓
電　　話：(02) 2268-3489
傳　　真：(02) 2269-6560
網　　站：www.booknews.com.tw

# Change & Transform

想 改 變 世 界 · 先 改 變 自 己

# Change & Transform

想 改 變 世 界 · 先 改 變 自 己